日本大学付属高等学校等

基礎学力到達度テスト 問題と詳解

〈2024 年度版〉

理 科

収録問題　令和２～令和５年度
物理／化学／生物
３年生 9月

清水書院

目　次

令和２年度

令和３年度

令和４年度

令和５年度

デジタルドリル「ノウン」のご利用方法は巻末の綴じ込みをご覧ください。

令和2年度

基礎学力到達度テスト
問題と詳解

令和2年度　物　理

I

次の文章(1)～(5)の空欄【１】～【５】にあてはまる最も適当なものを，解答群から選べ。ただし，同じものを何度選んでもよい。

(1)　小球を鉛直に投げ上げるとき，小球の速さ y と投げてからの時間 x の関係を表すグラフは【１】である。

(2)　力学台車に一定の力を加えて等加速度運動をさせるとき，力学台車に生じる加速度 y と，力学台車の質量 x の関係を表すグラフは【２】である。

(3)　一定の温度の空気中を伝わる音の振動数 y と，音の波長 x の関係を表すグラフは【３】である。

【１】～【３】の解答群

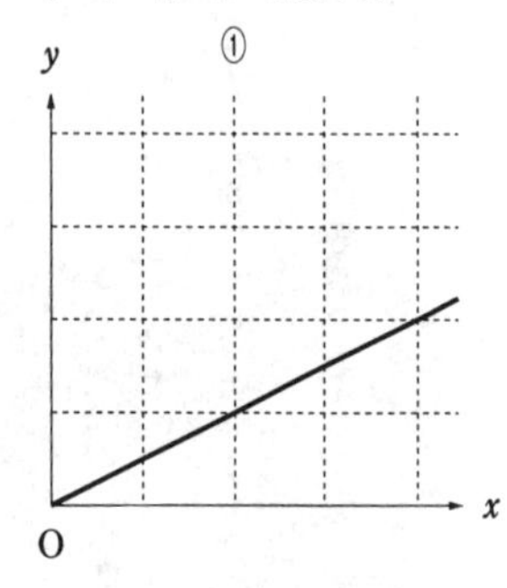

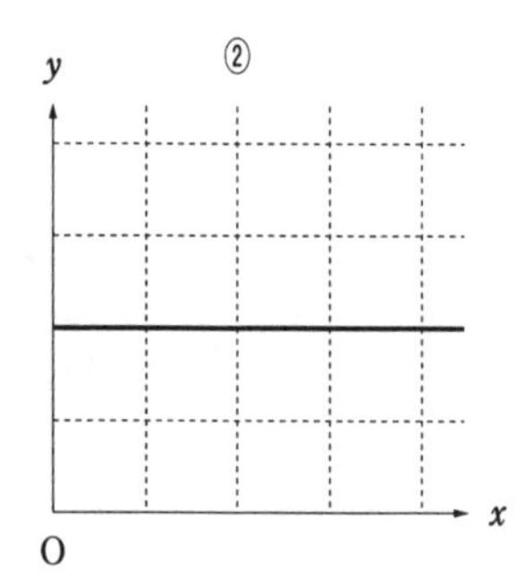

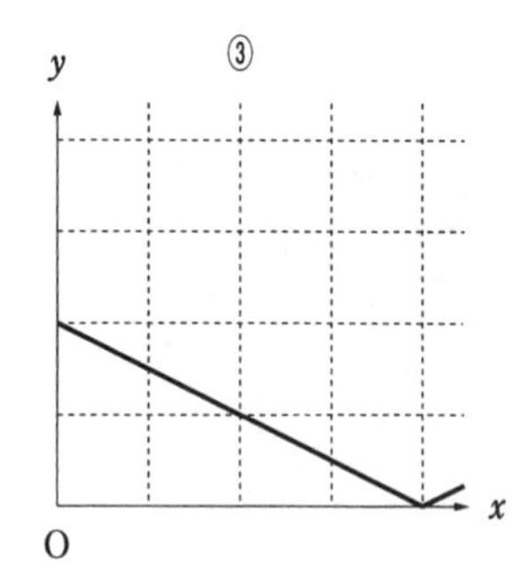

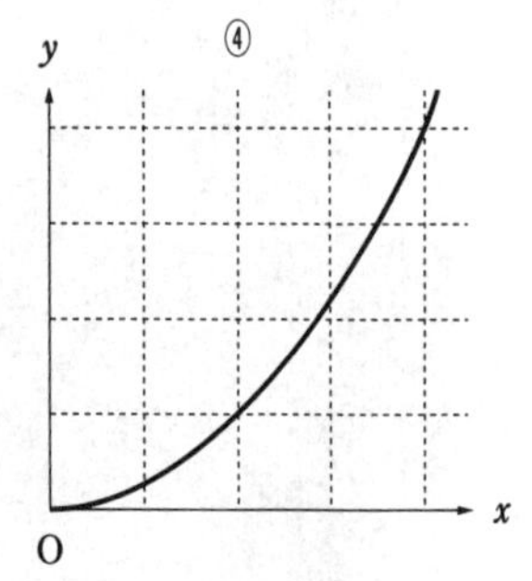

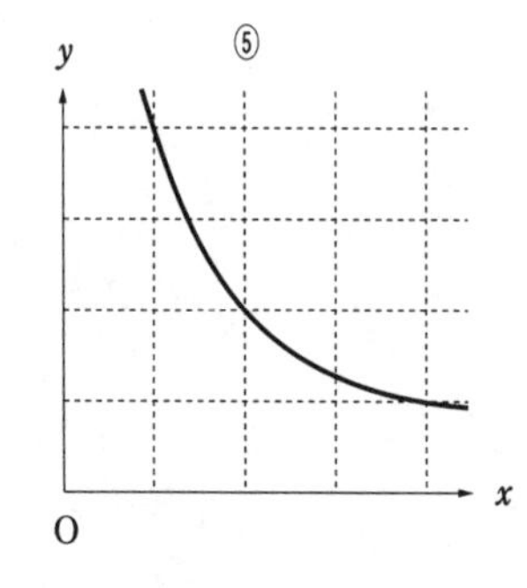

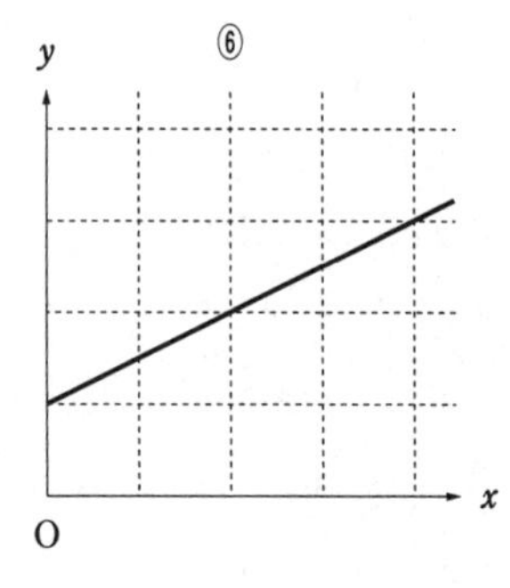

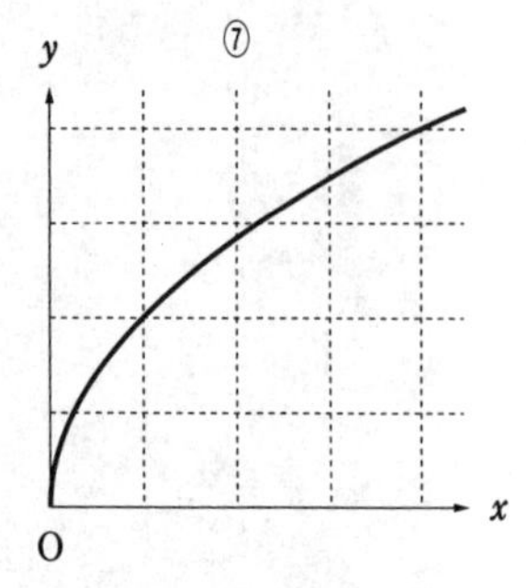

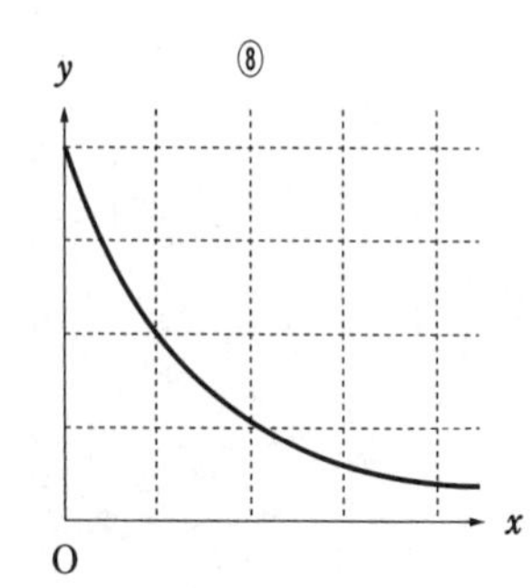

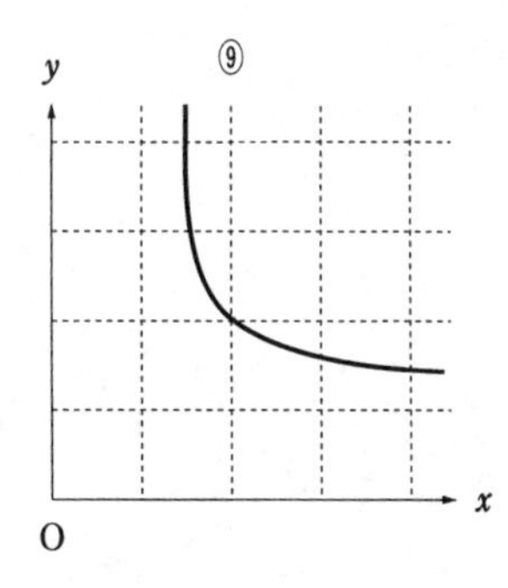

(4) 物体を自由落下させるとき，落下距離を２倍にすると，落下時間は【４】倍になる。

(5) 一定の抵抗に加える電圧を２倍にすると，抵抗の消費電力は【５】倍になる。

【４】，【５】の解答群

① $\frac{1}{4}$　② $\frac{\sqrt{2}}{4}$　③ $\frac{1}{2}$　④ $\frac{\sqrt{2}}{2}$　⑤ 1

⑥ $\sqrt{2}$　⑦ 2　⑧ $2\sqrt{2}$　⑨ 4

2 **次の文章の空欄【6】〜【10】にあてはまる最も適当なものを，解答群から選べ。ただし，同じものを何度選んでもよい。**

図1のように，あらい水平面上に質量 m，一辺の長さが ℓ の一様な薄い正方形の板が置かれている。重力加速度の大きさを g とする。図2のように，板の右端の辺の中央の点Aに軽い糸をつけ，鉛直上方に $\frac{\ell}{3}$ の高さまでゆっくり引き上げた。図2の状態における糸の張力の大きさ T は，$T=$【6】$\times mg$ で，図1から図2の間に糸の張力が板にした仕事 W は，$W=$【7】$\times mg\ell$ である。

図1　　図2

次に，図3のように板の上に質量 m の物体Pをのせ，糸をゆっくり引き上げた。

図3　　図4

途中まで，物体Pは板に対して静止していたが，水平面に対する板の角度が図4の状態を超えた瞬間に，物体Pは板に対して滑り始めた。図4の状態において，物体Pに作用する垂直抗力の大きさ N は，$N=$【8】$\times mg$，静止摩擦力の大きさ F は，$F=$【9】$\times mg$ である。このことから，物体Pと板との間の静止摩擦係数 μ は，$\mu=$【10】である。

【6】～【10】の解答群

① $\frac{1}{6}$	② $\frac{\sqrt{2}}{6}$	③ $\frac{1}{4}$	④ $\frac{1}{3}$	⑤ $\frac{\sqrt{2}}{4}$
⑥ $\frac{\sqrt{2}}{3}$	⑦ $\frac{1}{2}$	⑧ $\frac{2}{3}$	⑨ $\frac{\sqrt{2}}{2}$	⓪ $\frac{2\sqrt{2}}{3}$

3 **次の文章の空欄【11】〜【15】にあてはまる最も適当なものを，解答群から選べ。ただし，同じものを何度選んでもよい。**

図1のように，質量M，半径Rの地球の表面から高さRの円軌道を速さv_0で周回する質量mの人工衛星がある。万有引力定数をG，人工衛星がもつ万有引力による位置エネルギーの基準点を地球から無限に遠い点とする。地球は，密度が一様な完全な球であるものとする。

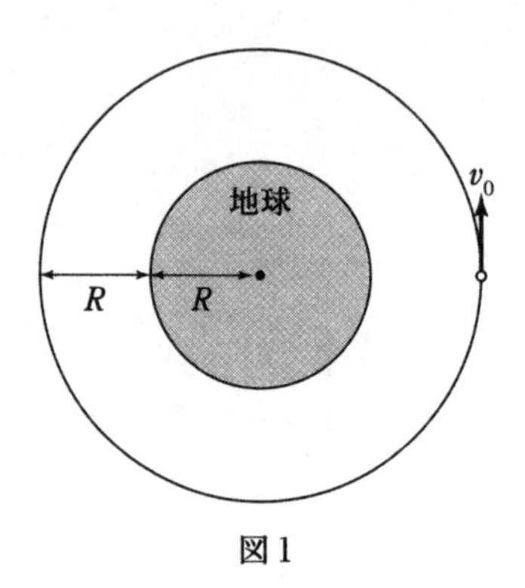

図1

円軌道を運動する人工衛星に働く向心力は，人工衛星と地球の間に作用する万有引力である。このことから，$v_0=\sqrt{【11】\times\frac{GM}{R}}$と表せる。このとき，人工衛星がもつ万有引力による位置エネルギーU_0は，$U_0=【12】\times\frac{GMm}{R}$である。

図2の点Pで人工衛星が瞬間的に加速し，速さが v_1 になり，その後，図3の楕円軌道を周回した。

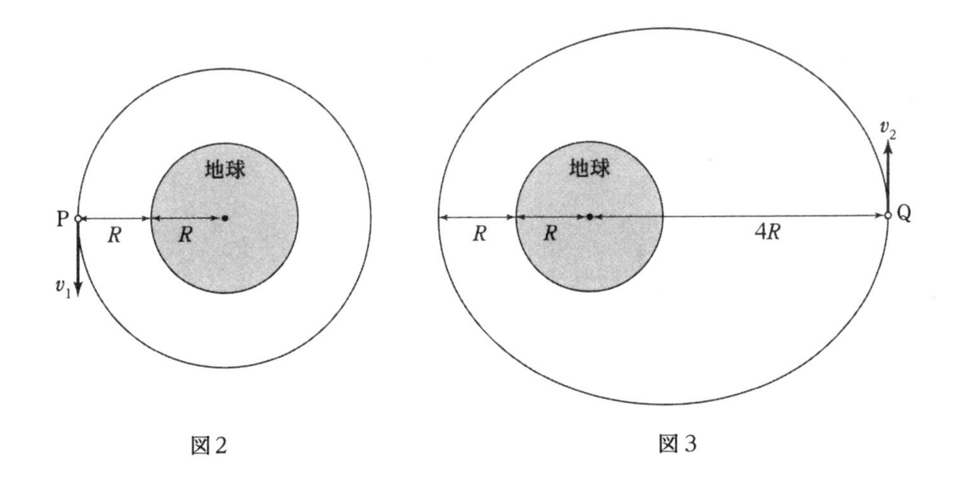

図2　　　　図3

点Qにおける人工衛星の速さ v_2 は，$v_2=$【13】$\times v_1$ で，このとき，人工衛星がもつ万有引力による位置エネルギー U_2 は，$U_2=$【14】$\times\dfrac{GMm}{R}$ である。人工衛星が楕円軌道を運動しているとき，力学的エネルギーは一定に保たれる。このことから，$v_1=\sqrt{【15】\times\dfrac{GM}{R}}$ と表せる。

【11】～【15】の解答群

① $-\dfrac{3}{2}$　② -1　③ $-\dfrac{2}{3}$　④ $-\dfrac{1}{2}$　⑤ $-\dfrac{1}{4}$

⑥ $\dfrac{1}{4}$　⑦ $\dfrac{1}{2}$　⑧ $\dfrac{2}{3}$　⑨ 1　⓪ $\dfrac{3}{2}$

4 **次の文章の空欄【16】～【20】にあてはまる最も適当なものを，解答群から選べ。ただし，同じものを何度選んでもよい。**

n〔mol〕の単原子分子理想気体を，図1のA→B→C→Dのように状態変化させた。C→Dは断熱変化で，気体定数をR〔J/(mol·K)〕，気体の温度をT〔K〕とすると，この気体の内部エネルギーU〔J〕は，$U=\frac{3}{2}nRT$で表される。

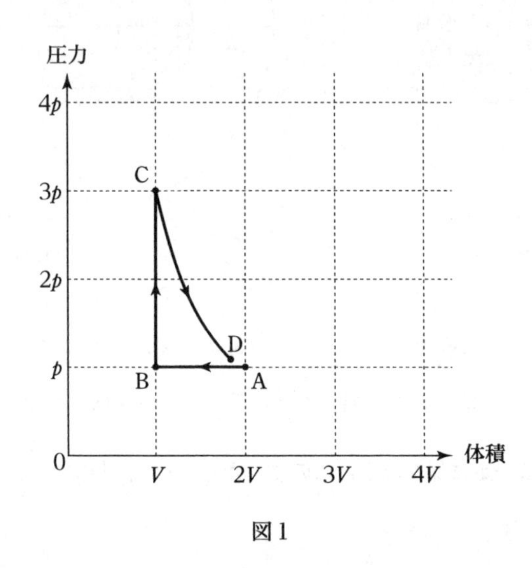

図1

状態Bの温度をT_B〔K〕とする。状態変化A→B→Cにおける気体の温度と体積の関係を表すグラフは**【16】**である。

状態変化A→Bは定圧変化で，気体がされた仕事W_{AB}は，W_{AB}=**【17】**$\times pV$である。

状態変化B→Cは定積変化で，気体がされた仕事W_{BC}は，W_{BC}=**【18】**$\times pV$である。

状態変化B→Cにおいて，内部エネルギーの変化をΔU_{BC}，気体が吸収した熱量をQ_{BC}とすると，熱力学第1法則より，$\Delta U_{BC}=Q_{BC}+W_{BC}$なので，$Q_{BC}=\Delta U_{BC}-W_{BC}$=**【19】**$\times pV$である。

状態変化C→Dは断熱変化で，気体が吸収した熱量Q_{CD}は，$Q_{CD}=0$なので，内部エネルギーの変化をΔU_{CA}，気体がされた仕事をW_{CA}とすると，熱力学第1法則より，$\Delta U_{CD}=W_{CD}$となり，W_{CD}=**【20】**$\times pV$である。ただし，状態Dの温度を$2T_B$〔K〕とする。

【16】の解答群

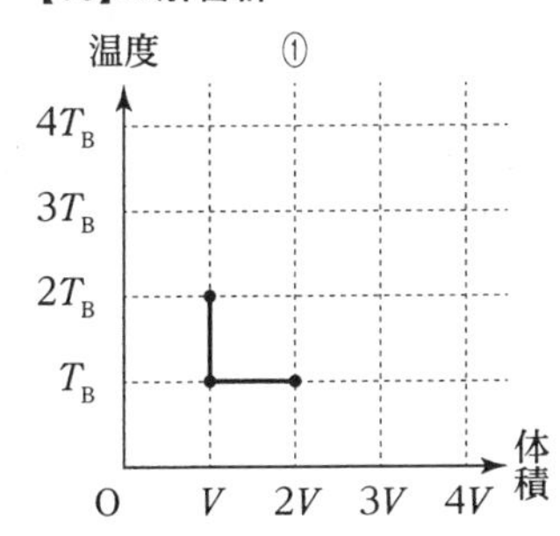

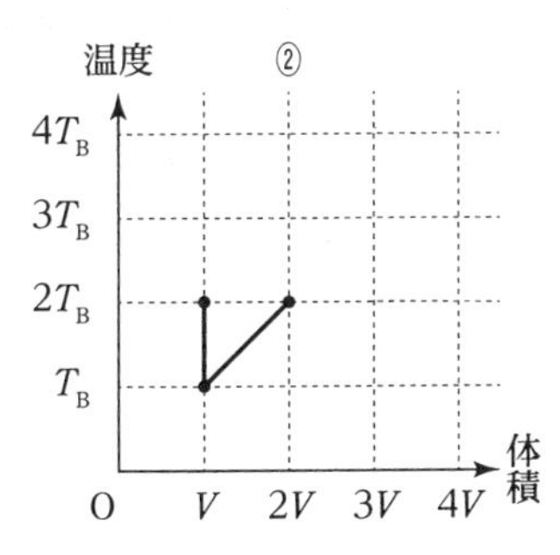

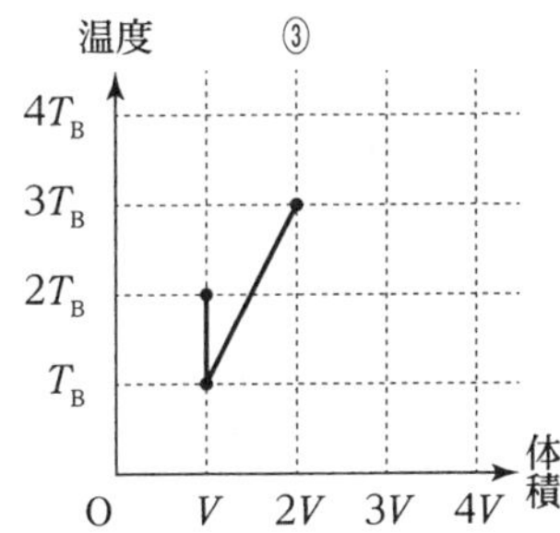

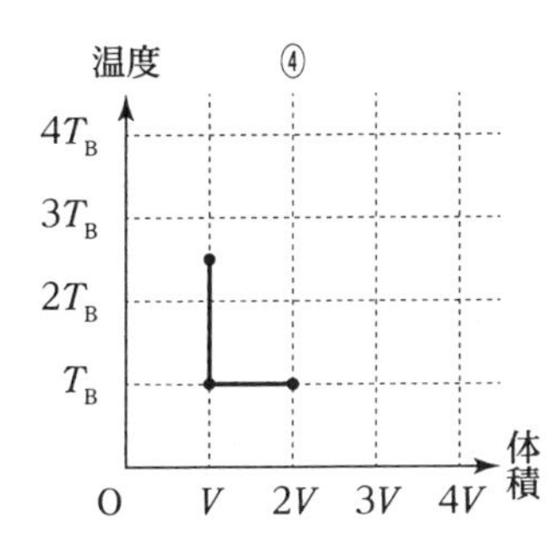

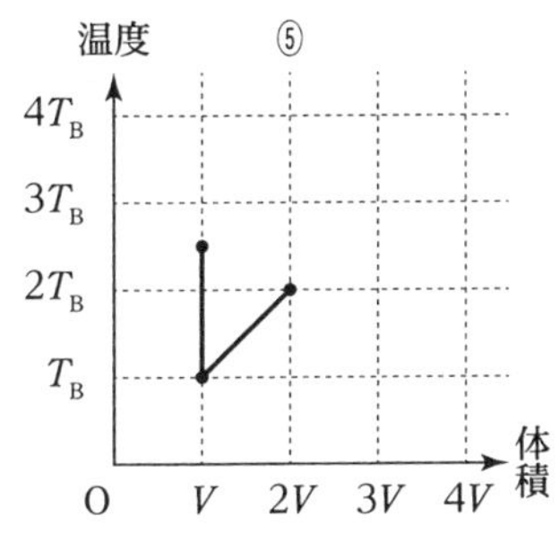

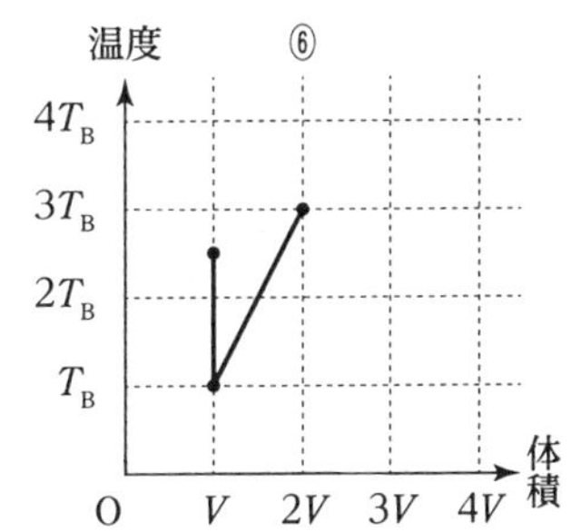

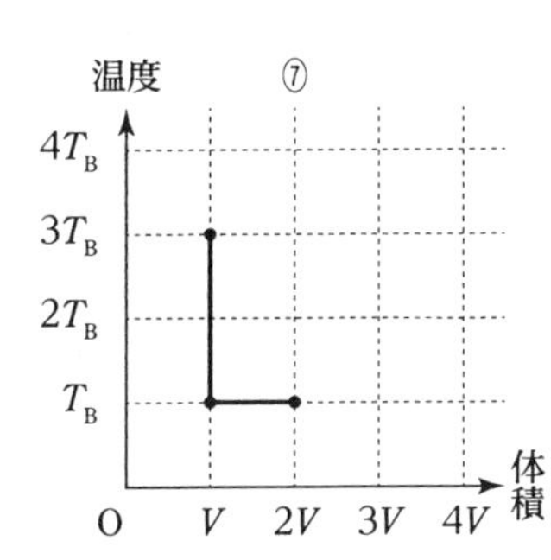

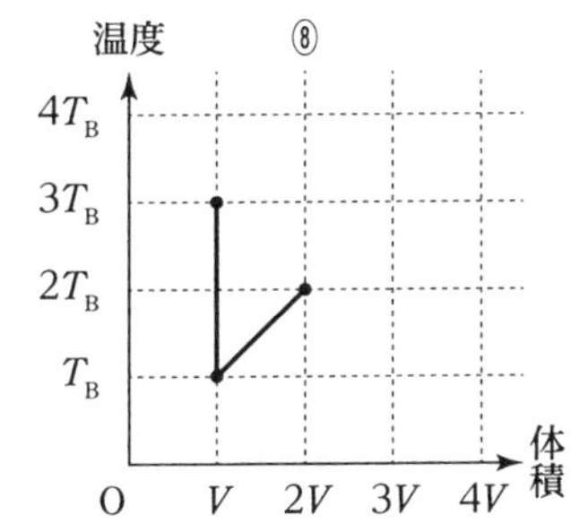

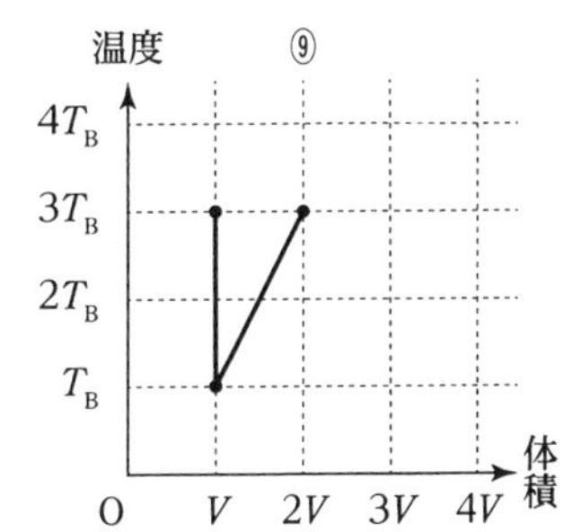

【17】～【20】の解答群

① -3　② -2　③ $-\frac{3}{2}$　④ -1　⑤ 0

⑥ 1　⑦ $\frac{3}{2}$　⑧ 2　⑨ 3

5 次の文章〔A〕,〔B〕の空欄【21】～【29】にあてはまる最も適当なものを，解答群から選べ。

〔A〕 x 軸上を正の向きに，速さ 4.0 m/s で連続して進む正弦波があり，図1は $t=0$ s の瞬間の波形である。この横波の振幅 A〔m〕と波長 λ〔m〕の組み合わせは【21】であり，周期 T〔s〕は【22】s である。

時刻 t，位置 x における媒質の変位 y は，【23】と表される。$x=10$ m における媒質の $t=10$ s の瞬間の変位 y は【24】m である。

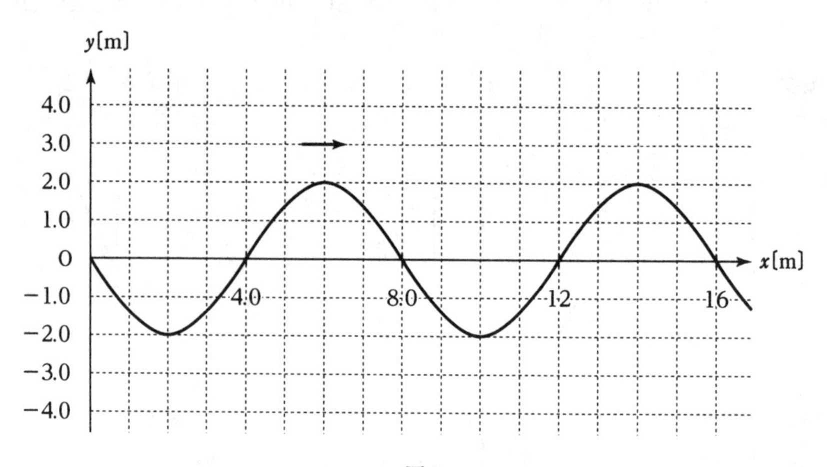

図1

【21】の解答群

	①	②	③	④	⑤	⑥	⑦	⑧	⑨
A〔m〕	2.0	2.0	2.0	4.0	4.0	4.0	8.0	8.0	8.0
λ〔m〕	2.0	4.0	8.0	2.0	4.0	8.0	2.0	4.0	8.0

【22】の解答群

① 1.0　② 2.0　③ 3.0　④ 4.0　⑤ 5.0
⑥ 6.0　⑦ 7.0　⑧ 8.0　⑨ 9.0

【23】の解答群

① $y=A\sin\frac{\pi}{2}\left(\frac{t}{T}-\frac{x}{\lambda}\right)$　② $y=A\sin\frac{\pi}{2}\left(\frac{t}{T}+\frac{x}{\lambda}\right)$

③ $y=A\sin 2\pi\left(\frac{t}{T}-\frac{x}{\lambda}\right)$　④ $y=A\sin 2\pi\left(\frac{t}{T}+\frac{x}{\lambda}\right)$

⑤ $y=2A\sin\frac{\pi}{2}\left(\frac{t}{T}-\frac{x}{\lambda}\right)$　⑥ $y=2A\sin\frac{\pi}{2}\left(\frac{t}{T}+\frac{x}{\lambda}\right)$

⑦ $y=2A\sin 2\pi\left(\frac{t}{T}-\frac{x}{\lambda}\right)$　⑧ $y=2A\sin 2\pi\left(\frac{t}{T}+\frac{x}{\lambda}\right)$

【24】の解答群

① −2.0　② −1.5　③ −1.0　④ −0.5　⑤ 0
⑥ 0.5　⑦ 1.0　⑧ 1.5　⑨ 2.0

〔B〕 図2のように，振動数f_0の超音波を発しながら，コウモリが水平右向きに速さvで移動している。超音波が空気中を伝わる速さをVとする。風の影響はないものとする。

人が聞き取ることができる音の振動数の範囲は，およそ20～20000 Hzで，この範囲にある音を可聴音という。コウモリが利用している超音波は，【25】音である。

コウモリが水平右向きに移動し，壁に近づいている。時刻0 sのとき点Aでコウモリが発した超音波は，壁(面C)で反射し，コウモリはこの反射音を時刻t〔s〕のときに点Bで聞いた。壁(面C)で反射した超音波の振動数f_Cは，f_C=【26】×f_0であるから，点Bでコウモリが受けとる超音波の振動数f_Bは，f_Cを用いればf_B=【27】×f_Cである。これに【26】を代入して，f_B=【28】×f_0が得られる。

この考え方は，次のページの図3に応用することができる。

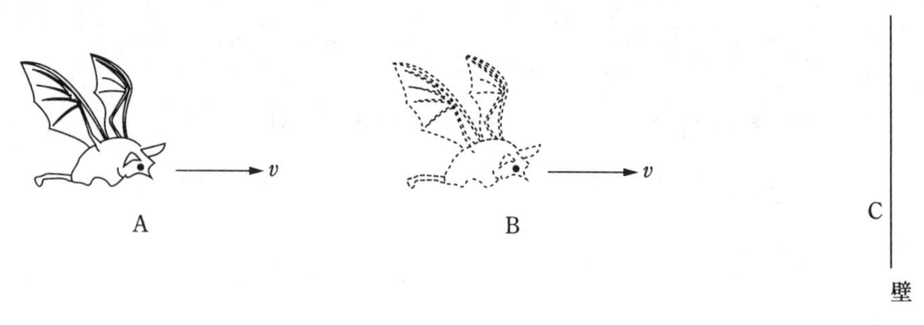

図2

【25】の解答群

① 可聴音よりも振動数が小さく，波長が短い
② 可聴音よりも振動数が小さく，波長が長い
③ 可聴音よりも振動数が大きく，波長が短い
④ 可聴音よりも振動数が大きく，波長が長い

【26】～【28】の解答群

① $\frac{V}{V+v}$　② $\frac{V}{V-v}$　③ $\frac{V-v}{V}$　④ $\frac{V+v}{V}$

⑤ $\frac{V-v}{V+v}$　⑥ $\frac{V+v}{V-v}$　⑦ $\frac{2V}{V-v}$　⑧ $\frac{2V}{V+v}$

図3のように，コウモリが水平右向きに速さ v で移動している。時刻 0 s のとき，点 D でコウモリが発した超音波が地上の点 F にある岩で反射し，時刻 t〔s〕のとき，コウモリは点 E でその反射音を聞いた。岩は超音波を等方的に反射するものとし，岩の大きさの影響は考えなくてよい。このとき，コウモリは岩に近づきながら超音波を発し，超音波を聞いているから，速度の DF 方向の成分，および，速度の EF 方向の成分を考えると，コウモリが聞く超音波の振動数 f' は，$f' =$【29】$\times f_0$ である。

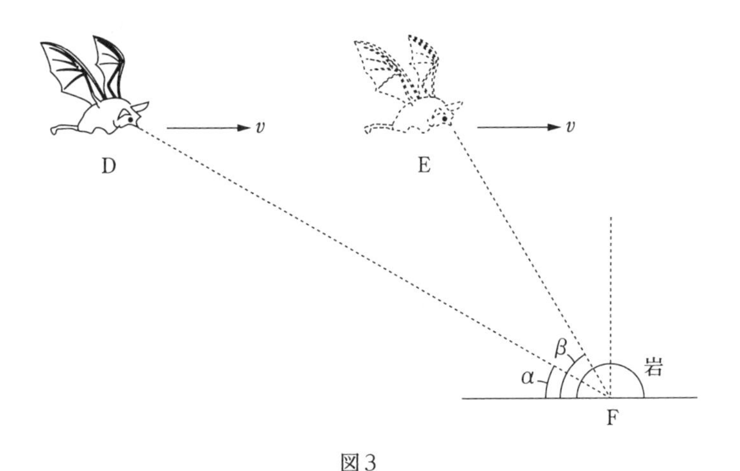

図3

【29】の解答群

① $\dfrac{V-v\sin\alpha}{V+v\sin\beta}$　② $\dfrac{V+v\sin\alpha}{V-v\sin\beta}$　③ $\dfrac{V-v\sin\beta}{V+v\sin\alpha}$　④ $\dfrac{V+v\sin\beta}{V-v\sin\alpha}$

⑤ $\dfrac{V-v\cos\alpha}{V+v\cos\beta}$　⑥ $\dfrac{V+v\cos\alpha}{V-v\cos\beta}$　⑦ $\dfrac{V-v\cos\beta}{V+v\cos\alpha}$　⑧ $\dfrac{V+v\cos\beta}{V-v\cos\alpha}$

6 **次の文章の空欄【30】～【34】にあてはまる最も適当なものを，解答群から選べ。ただし，同じものを何度選んでもよい。**

図1のように，電池，電流計，一様な太さで長さ 1.0 m で電気抵抗 40 Ωの抵抗線(電熱線)をつなぐ。抵抗線の左端を点A，右端を点Bとし，接点PはAB間の 0.10 m≦x≦0.90 m の範囲で変えることができる。抵抗線の点Pより左の部分を抵抗 R_1，点Pより右の部分を抵抗 R_2 とする。ただし，電池と電流計の内部抵抗および導線の抵抗は無視できるものとする。

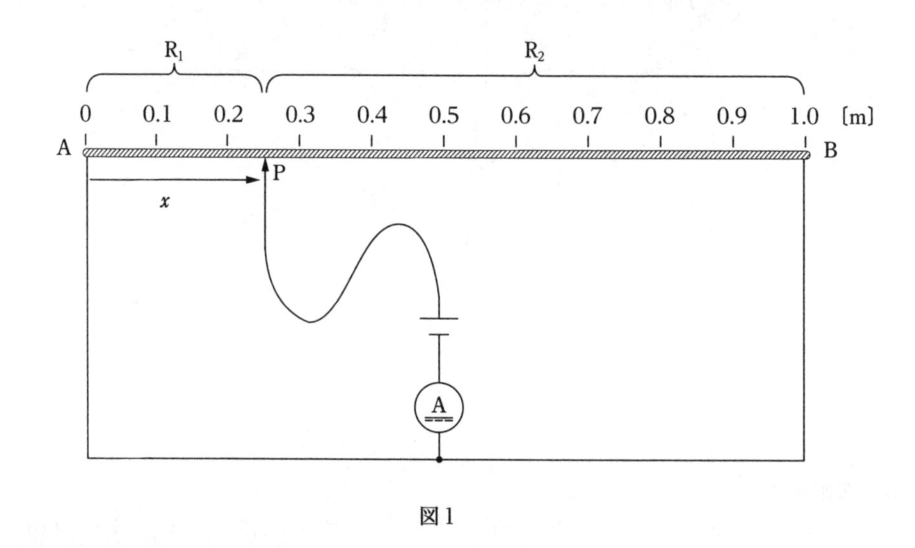

図1

図1では，抵抗線の途中から電流が左右に分かれて流れている。図1を抵抗 R_1，R_2 などを用いた電気回路で表すと，**【30】**となる。x=0.25 m のとき，回路の合成抵抗は**【31】**Ωである。

電流計に流れる電流が最小になるのは，x=**【32】**m のときで，回路の合成抵抗は**【33】**Ωである。また，電流計に流れる電流が最大になるときの回路の合成抵抗は**【34】**Ωである。

【30】の解答群

①
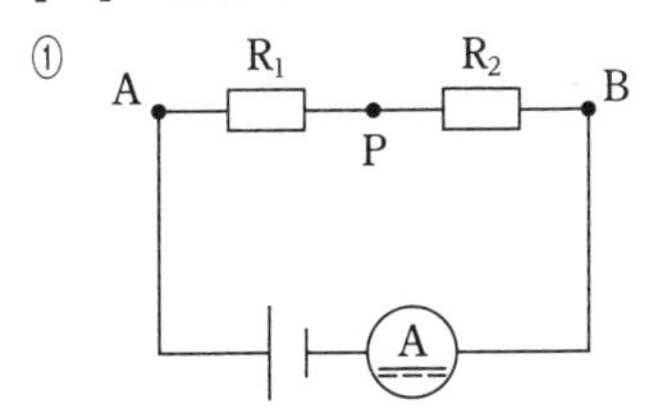

②
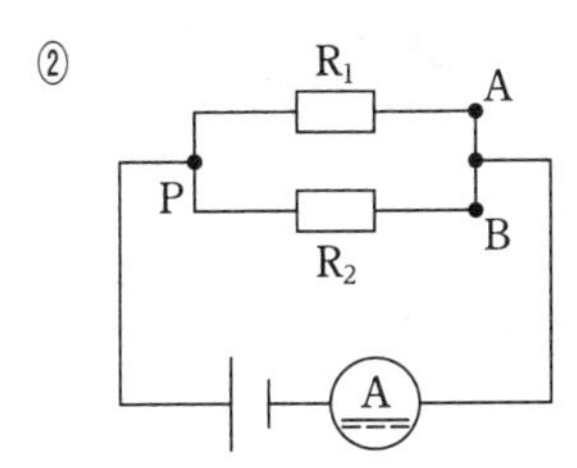

③
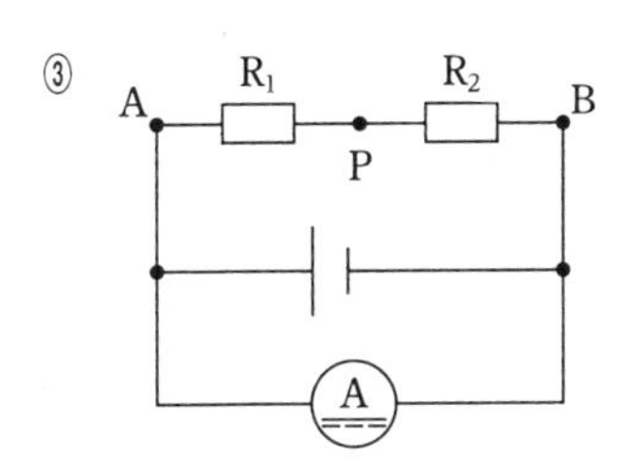

④
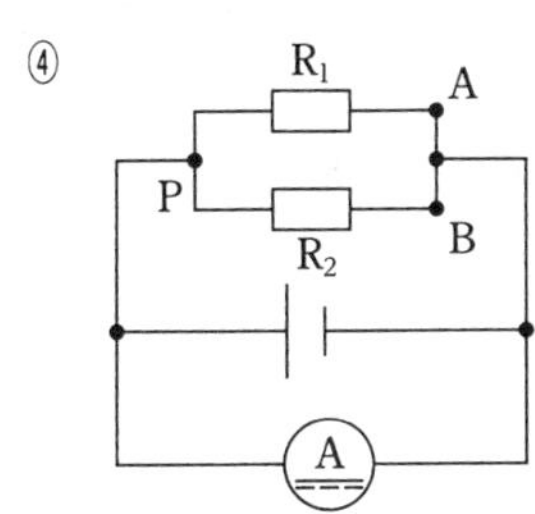

【31】，【33】，【34】の解答群

① 3.6	② 6.4	③ 7.5	④ 8.4	⑤ 9.6
⑥ 10	⑦ 20	⑧ 30	⑨ 40	⓪ 50

【32】の解答群

① 0.10	② 0.20	③ 0.30	④ 0.40
⑤ 0.50	⑥ 0.60	⑦ 0.70	⑧ 0.80

令和2年度　化　学

I　物質の構成に関する以下の問いに答えよ。

次の(1)~(8)の文中の【1】~【9】に最も適するものを，それぞれの解答群の中から1つずつ選べ。

(1)　次の文中の下線部A～Cの酸素は，単体，元素のどちらかの意味で使われている。その正しい組み合わせは【1】である。

水は水素と $_A$酸素からなり，水素と $_B$酸素が反応して生成する。また，魚は，水に溶けた $_C$酸素を呼吸に利用する。

【1】の解答群

	A	B	C
①	元素	元素	元素
②	元素	元素	単体
③	元素	単体	元素
④	元素	単体	単体
⑤	単体	元素	元素
⑥	単体	元素	単体
⑦	単体	単体	元素
⑧	単体	単体	単体

(2)　金属イオン $^{40}M^{2+}$ 1個には18個の電子が含まれている。この金属原子M 1個に含まれる中性子は【2】個である。

【2】の解答群

① 8　② 10　③ 12　④ 18　⑤ 20
⑥ 22　⑦ 38　⑧ 40　⑨ 42

(3)　次の(a)~(e)のうち，同位体の関係にあるものは【3】である。

(a)　重水素と三重水素
(b)　酸素とオゾン
(c)　金と白金
(d)　青銅と黄銅
(e)　亜鉛と鉛

【3】の解答群

① (a)　② (b)　③ (c)　④ (d)　⑤ (e)

(4) 次の分子のうち，非共有電子対を３組もつ分子は【4】種類あり，極性分子は【5】種類ある。なお，電気陰性度の大きさの順は，H<C<N<Cl<O<F である。

N_2　　Cl_2　　NH_3　　H_2O　　HCl　　CO_2　　CH_3F

【4】，【5】の解答群

① 1　② 2　③ 3　④ 4　⑤ 5　⑥ 6　⑦ 7

(5) 原子番号８の仮の元素記号Ａと原子番号13の仮の元素記号Ｂからなる化合物の組成式は【6】である。

【6】の解答群

① AB　② A_2B_3　③ AB_2　④ BA　⑤ B_2A_3　⑥ B_2A

(6) 次の記述(a)～(c)は，アルミニウム，ダイヤモンド，黒鉛の性質に関するものである。記述中の物質Ａ～Ｃの組み合わせは【7】である。

(a) A，B，Cのうち，固体状態で電気伝導性を示すのはＡとＣである。
(b) ＡとＢは展性・延性をもたないが，Ｃは展性・延性をもつ。
(c) Ｂは非常に硬い。

【7】の解答群

	A	B	C
①	アルミニウム	黒鉛	ダイヤモンド
②	アルミニウム	ダイヤモンド	黒鉛
③	ダイヤモンド	黒鉛	アルミニウム
④	ダイヤモンド	アルミニウム	黒鉛
⑤	黒鉛	アルミニウム	ダイヤモンド
⑥	黒鉛	ダイヤモンド	アルミニウム

⑺　電子がK殻に2個，L殻に8個，M殻に8個，N殻に1個あるときの電子配置をK(2)L(8)M(8)N(1)とするとき，$_{36}$Krの電子配置は【8】となる。

【8】の解答群

① K(2)L(8)M(24)N(2)　② K(2)L(8)M(18)N(8)
③ K(2)L(8)M(8)N(18)　④ K(2)L(8)M(8)N(10)O(8)
⑤ K(2)L(8)M(10)N(8)O(8)

⑻　元素の分類に関する記述として**誤りを含むもの**は【9】である。

【9】の解答群

① 周期表の第1周期から第3周期までの元素はすべて典型元素である。
② 周期表の第3周期のすべての元素の原子の最外殻電子はM殻にある。
③ すべての典型元素の原子の価電子の数は周期表の族の番号の一の位の数に一致する。
④ すべての遷移元素は金属元素である。
⑤ 周期表の第4周期の元素は18種類ある。

2 物質の変化に関する以下の問いに答えよ。

次の(1)~(5)の文中の【10】~【19】に最も適するものを，それぞれの解答群の中から1つずつ選べ。

(1) 希塩酸に炭酸ナトリウムを加えると，炭酸ナトリウムは二酸化炭素を発生しながら溶解する。ただし，標準状態で気体のモル体積は 22.4 L/mol とする。

この反応の化学反応式の係数 b は【10】である。ただし，化学反応式の係数は最も簡単な整数比をなすものとし，係数が1のときは1とする。

$$a\ Na_2CO_3 + b\ HCl \longrightarrow c\ NaCl + d\ H_2O + e\ CO_2$$

【10】の解答群

① 1　② 2　③ 3　④ 4　⑤ 5　⑥ 6

希塩酸 50 mL が入ったビーカーを多数用意して，それぞれに異なった質量の炭酸ナトリウムを加えた。発生する二酸化炭素の標準状態での体積と加えた炭酸ナトリウムの質量の関係は次の図のようになった。図中の x の値は【11】で，希塩酸のモル濃度は【12】mol/L である。ただし，式量は Na_2CO_3＝106 とする。

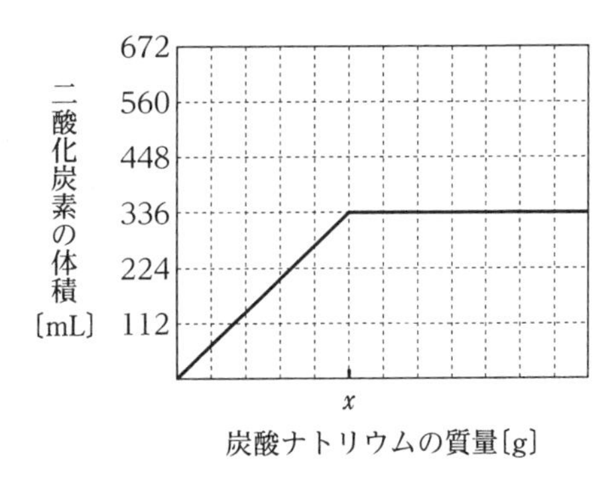

【11】の解答群

① 0.80　② 1.0　③ 1.6　④ 2.0　⑤ 2.4
⑥ 3.2　⑦ 4.0　⑧ 4.8　⑨ 5.0　⓪ 5.6

【12】の解答群

① 0.20　② 0.30　③ 0.40　④ 0.50　⑤ 0.60
⑥ 0.70　⑦ 0.80　⑧ 0.90　⑨ 1.1　⓪ 1.2

(2) 水酸化ナトリウム水溶液の濃度を決定する次の実験を行った。

シュウ酸二水和物$(COOH)_2 \cdot 2H_2O$の結晶 3.15 g をビーカーにとり，少量の純水で溶かした後，全量を a メスフラスコに移し，さらに，純水を加えて 500 mL とした。このシュウ酸水溶液 20.0 mL を b ホールピペットを用いて c コニカルビーカーにとり，d ビュレットから濃度不明の水酸化ナトリウム水溶液を滴下したところ，12.5 mL 加えたところで中和点に達した。

この実験で調製したシュウ酸水溶液のモル濃度は【13】mol/L である。下線を付した a ～ d の器具のうち，洗浄直後に内壁が純水でぬれている状態で使用してよいものの組み合わせは【14】である。また，水酸化ナトリウム水溶液のモル濃度は【15】mol/L である。ただし式量は，$(COOH)_2 \cdot 2H_2O = 126$ とする。

【13】の解答群

① 0.0150　② 0.0200　③ 0.0250　④ 0.0300　⑤ 0.0350
⑥ 0.0400　⑦ 0.0450　⑧ 0.0500　⑨ 0.0550　⓪ 0.0600

【14】の解答群

① a と b　② a と c　③ a と d
④ b と c　⑤ b と d　⑥ c と d

【15】の解答群

① 0.0400　② 0.0800　③ 0.120　④ 0.160　⑤ 0.200
⑥ 0.240　⑦ 0.280　⑧ 0.320　⑨ 0.360　⓪ 0.400

(3) 次の a ～ h での下線を付した原子の酸化数について，酸化数が－2 であるものは【16】であり，酸化数が最大なものは【17】である。

a $\underline{Mn}O_4^-$　b $\underline{N}O_2$　c $\underline{N}H_3$　d $\underline{N}O_3^-$
e $\underline{N}_2$　f $Na_2\underline{S}O_3$　g $\underline{S}O_4^{2-}$　h $H_2\underline{S}$

【16】,【17】の解答群

① a　② b　③ c　④ d　⑤ e　⑥ f　⑦ g　⑧ h

(4) 過酸化水素水と二クロム酸カリウム水溶液が硫酸酸性下で酸化還元反応を起こすとき，$Cr_2O_7^{2-}$は酸化剤として，H_2O_2は還元剤として，それぞれ次のように反応する。

$$Cr_2O_7^{2-} + 14H^+ + 6e^- \longrightarrow 2Cr^{3+} + 7H_2O$$

$$H_2O_2 \longrightarrow O_2 + 2H^+ + 2e^-$$

$K_2Cr_2O_7$ 0.10 mol と硫酸酸性下で過不足なく反応する H_2O_2 の物質量は【18】mol である。

【18】の解答群

① 0.10　② 0.20　③ 0.30　④ 0.40　⑤ 0.50
⑥ 0.60　⑦ 0.70　⑧ 0.80　⑨ 0.90　⓪ 1.0

(5) 次の反応における酸化剤・還元剤の組み合わせは【19】である。

$$SO_2 + Cl_2 + 2H_2O \longrightarrow 2HCl + H_2SO_4$$

【19】の解答群

	酸化剤	還元剤
①	SO_2	Cl_2
②	SO_2	H_2O
③	Cl_2	SO_2
④	Cl_2	H_2O
⑤	H_2O	SO_2
⑥	H_2O	Cl_2

3　物質の状態に関する以下の問いに答えよ。

次の(1)~(4)の文中の【20】~【28】に最も適するものを，それぞれの解答群の中から１つずつ選べ。

(1)　次の図は，塩化ナトリウムの単位格子(立方体)である。この単位格子中に含まれるナトリウムイオンの数は【20】個である。また，この単位格子の質量は【21】g であり，この結晶の密度は，【22】g/cm^3 である。ただし，単位格子の一辺を a〔cm〕，塩化ナトリウムのモル質量を M〔g/mol〕，アボガドロ定数を N_A〔/mol〕とする。

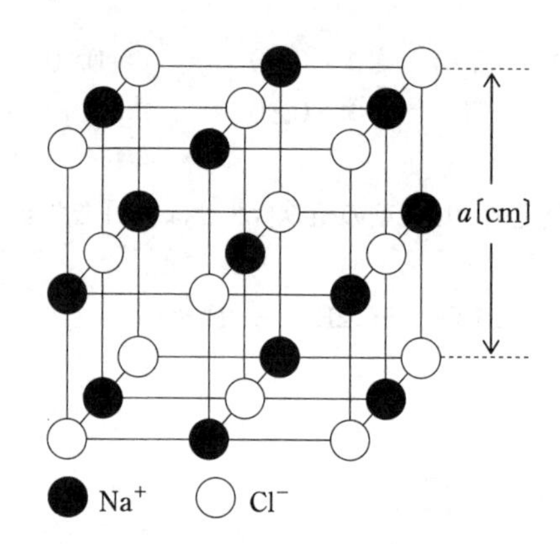

【20】の解答群

①　2　　②　4　　③　6　　④　8　　⑤　10　　⑥　12

【21】の解答群

①　$\frac{M}{8N_A}$　　②　$\frac{M}{6N_A}$　　③　$\frac{M}{4N_A}$　　④　$\frac{M}{2N_A}$　　⑤　$\frac{M}{N_A}$

⑥　$\frac{2M}{N_A}$　　⑦　$\frac{4M}{N_A}$　　⑧　$\frac{6M}{N_A}$　　⑨　$\frac{8M}{N_A}$

【22】の解答群

①　$\frac{M}{8a^3N_A}$　　②　$\frac{M}{6a^3N_A}$　　③　$\frac{M}{4a^3N_A}$　　④　$\frac{M}{2a^3N_A}$　　⑤　$\frac{M}{a^3N_A}$

⑥　$\frac{2M}{a^3N_A}$　　⑦　$\frac{4M}{a^3N_A}$　　⑧　$\frac{6M}{a^3N_A}$　　⑨　$\frac{8M}{a^3N_A}$

(2) ピストン付きの容器に水 10 L と酸素を入れ，温度を 27℃に保ったところ，容器内の気体は，圧力が 2.0×10^5 Pa，体積が 1.0 L となった。水に溶けている酸素の物質量は【23】 mol であり，気体の酸素の物質量は【24】 mol である。この状態から，温度を 27℃に保ったままピストンを動かし，気体の体積を 0.60 L に圧縮したときの容器内の気体の圧力は【25】 Pa である。ただし，27℃において 1.0×10^5 Pa の酸素は水 1.0 L に対して 1.23×10^{-3} mol 溶解し，気体は理想気体とし，酸素の溶解度はヘンリーの法則にしたがい，水の蒸気圧は無視できるものとする。また，気体定数は 8.3×10^3 Pa·L/(mol·K)とする。

【23】の解答群

① 1.2×10^{-3}　② 2.5×10^{-3}　③ 4.9×10^{-3}
④ 1.2×10^{-2}　⑤ 2.5×10^{-2}　⑥ 4.9×10^{-2}
⑦ 1.2×10^{-1}　⑧ 2.5×10^{-1}　⑨ 4.9×10^{-1}

【24】の解答群

① 2.0×10^{-3}　② 4.0×10^{-3}　③ 8.0×10^{-3}
④ 2.0×10^{-2}　⑤ 4.0×10^{-2}　⑥ 8.0×10^{-2}
⑦ 2.0×10^{-1}　⑧ 4.0×10^{-1}　⑨ 8.0×10^{-1}

【25】の解答群

① 1.1×10^5　② 2.2×10^5　③ 2.9×10^5
④ 3.6×10^5　⑤ 4.8×10^5　⑥ 6.0×10^5
⑦ 7.1×10^5　⑧ 7.8×10^5　⑨ 9.0×10^5

(3) モル質量 M〔g/mol〕の物質を溶質とする質量モル濃度 m〔mol/kg〕の水溶液がある。この水溶液の質量パーセント濃度は【26】％であり，この水溶液のモル濃度は【27】mol/L である。ただし，この水溶液の密度は d〔g/cm^3〕とする。

【26】の解答群

① $\dfrac{M}{mM+1000}$　② $\dfrac{100M}{mM+1000}$　③ $\dfrac{m}{mM+1000}$

④ $\dfrac{100m}{mM+1000}$　⑤ $\dfrac{mM}{mM+1000}$　⑥ $\dfrac{100mM}{mM+1000}$

【27】の解答群

① $\dfrac{1000md}{mM+1000}$　② $\dfrac{1000m}{(mM+1000)d}$　③ $\dfrac{1000m}{mM+1000}$

④ $\dfrac{md}{mM+1000}$　⑤ $\dfrac{m}{(mM+1000)d}$　⑥ $\dfrac{m}{mM+1000}$

(4) 次の図において，Aは水の蒸気圧曲線であり，Bは水 1 kg にグルコース(分子量 180) 18 g を溶かした水溶液の蒸気圧曲線である。水 1 kg に尿素(分子量 60) 18 g を溶かした水溶液の沸点はおよそ【28】℃である。なお，グルコース，尿素は非電解質である。

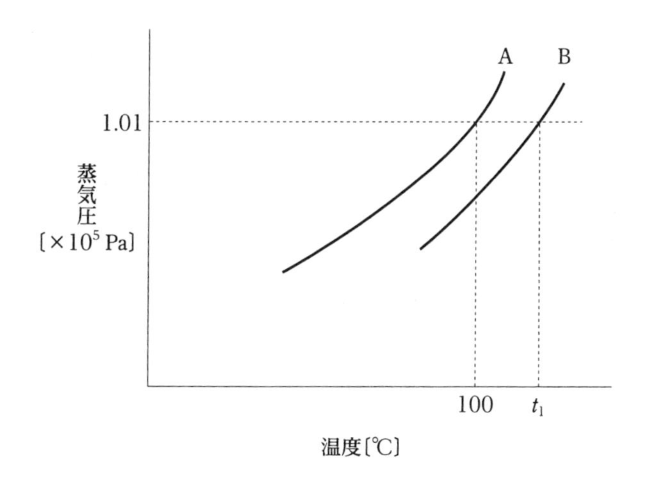

【28】の解答群

① 100　② t_1　③ $3t_1$

④ $100+t_1$　⑤ $100+3t_1$　⑥ $3t_1-200$

4 物質の変化と平衡に関する以下の問いに答えよ。

次の(1)~(4)の文中の【29】~【37】に最も適するものを，それぞれの解答群の中から1つずつ選べ。

(1) 次の熱化学方程式と結合エネルギーの値より，エタン C_2H_6 の生成熱は【29】kJ/mol であり，O=O の結合エネルギーは【30】kJ/mol である。

C_2H_6(気) + $\frac{7}{2}O_2$(気) = $2CO_2$(気) + $3H_2O$(液) + 1561 kJ

C(黒鉛) + O_2(気) = CO_2(気) + 394 kJ

H_2(気) + $\frac{1}{2}O_2$(気) = H_2O(液) + 286 kJ

H_2O(液) = H_2O(気) − 44 kJ

H−H の結合エネルギー：436 kJ/mol

H−O の結合エネルギー：463 kJ/mol

【29】の解答群

① −211　② −170　③ −121　④ −95　⑤ −85
⑥ 85　⑦ 95　⑧ 121　⑨ 170　⓪ 211

【30】の解答群

① 160　② 179　③ 215　④ 257　⑤ 295
⑥ 320　⑦ 348　⑧ 394　⑨ 430　⓪ 496

(2) 鉛蓄電池は，負極の Pb と正極の PbO_2 を希硫酸に浸した電池である。鉛蓄電池を放電すると，各電極では次のような反応が起こる。

$$Pb + SO_4^{2-} \longrightarrow PbSO_4 + 2e^-$$

$$PbO_2 + 4H^+ + SO_4^{2-} + 2e^- \longrightarrow PbSO_4 + 2H_2O$$

鉛蓄電池を外部回路に接続して放電させ，0.10 mol の電子が流れたとき，鉛蓄電池の負極と正極の質量の変化の組み合わせは【31】で，消費される硫酸の質量は【32】g である。ただし，原子量は H＝1.0，O＝16，S＝32 とする。

【31】の解答群

	負極	正極
①	4.8 g 減少	3.2 g 増加
②	4.8 g 減少	6.4 g 増加
③	9.6 g 減少	6.4 g 増加
④	9.6 g 減少	12.8 g 減少
⑤	4.8 g 増加	3.2 g 増加
⑥	4.8 g 増加	6.4 g 増加
⑦	9.6 g 増加	6.4 g 増加
⑧	9.6 g 増加	12.8 g 増加

【32】の解答群

① 1.8　② 2.9　③ 3.8　④ 4.9　⑤ 6.0
⑥ 7.2　⑦ 9.8　⑧ 11　⑨ 13　⓪ 18

(3) 次の化学反応において，反応速度 v は $v=k[H_2O_2]$（k は速度定数）で表されるものとする。

$$2H_2O_2 \longrightarrow 2H_2O+O_2$$

この化学反応によって，過酸化水素のモル濃度は時刻と共に次の表のように変化した。

時刻〔s〕	0	50	100
モル濃度〔mol/L〕	0.50	0.30	0.18

時刻 0 s～50 s の過酸化水素の平均の分解速度は【33】mol/(L・s) である。時刻 0 s ～ 50 s の過酸化水素の平均の濃度を用いて k を求めると，【34】/s となる。

【33】，【34】の解答群

① 1.0×10^{-4}　② 2.0×10^{-4}　③ 4.0×10^{-4}
④ 8.0×10^{-4}　⑤ 1.0×10^{-3}　⑥ 2.0×10^{-3}
⑦ 4.0×10^{-3}　⑧ 8.0×10^{-3}　⑨ 1.0×10^{-2}
⓪ 2.0×10^{-2}

(4) アンモニアは窒素と水素から合成され，化学反応式は，$N_2 + 3H_2 \rightleftarrows 2NH_3$ で表される。物質量比が窒素：水素＝1：3の窒素と水素を10 Lの容器に入れ，一定の温度で反応させたところ，平衡状態になった。このとき，混合気体の全物質量は50 mol，アンモニアの体積百分率は20％であった。平衡状態での窒素の物質量は【35】mol で，平衡定数は【36】L^2/mol^2 である。

反応前の窒素と水素の物質量比を変えて，同温同体積で反応させ平衡状態になったとき，窒素が1.0 mol，水素が3.0 molであった。このとき，アンモニアの物質量は【37】mol である。

【35】の解答群

① 1　② 2　③ 3　④ 4　⑤ 5
⑥ 6　⑦ 7　⑧ 8　⑨ 9　⓪ 10

【36】の解答群

① 1.1×10^{-3}　② 3.3×10^{-3}　③ 3.7×10^{-3}
④ 1.1×10^{-2}　⑤ 3.3×10^{-2}　⑥ 3.7×10^{-2}
⑦ 1.1×10^{-1}　⑧ 3.3×10^{-1}　⑨ 3.7×10^{-1}

【37】の解答群

① 0.10　② 0.25　③ 0.32　④ 0.46　⑤ 0.63
⑥ 0.72　⑦ 0.79　⑧ 0.85　⑨ 0.98　⓪ 1.1

令和2年度　生　物

I　**生物の特徴に関する次の各問いについて，最も適当なものを，それぞれの下に記したもののうちから１つずつ選べ。**

次の表は，原核細胞と真核細胞の構造を比較したものである。＋は存在するもの，－は存在しないものを示している。

	原核細胞	真核細胞	
		動物	植物
DNA	＋	＋	＋
(a)	＋	－	＋
(b)	－	＋	＋
ミトコンドリア	(c)	＋	(d)
葉緑体	(e)	－	＋

【1】 真核細胞からなる生物はどれか。

① 大腸菌　② 乳酸菌　③ 根粒菌
④ ネンジュモ　⑤ ミカヅキモ

【2】 生物の共通性に関する記述として**間違っているもの**はどれか。

① 水分を含む。
② エネルギーのやり取りには mRNA が用いられる。
③ 自己複製能力がある。
④ 遺伝情報を子孫に伝える。
⑤ からだの最小単位は細胞である。

【3】 表中の(a)，(b)にあてはまる構造体の組み合わせはどれか。

	①	②	③	④	⑤	⑥
(a)	ゴルジ体	ゴルジ体	細胞壁	細胞壁	液胞	液胞
(b)	核膜	細胞膜	核膜	細胞膜	核膜	細胞膜

【4】 表中の(c)～(e)にあてはまる記号(＋，－)の組み合わせはどれか。

	①	②	③	④	⑤	⑥	⑦	⑧
(c)	－	－	－	－	＋	＋	＋	＋
(d)	－	－	＋	＋	－	－	＋	＋
(e)	－	＋	－	＋	－	＋	－	＋

【5】 ミトコンドリアと葉緑体は，原始的な真核細胞に共生した原核生物を起源にもつと考えられている。その根拠となるミトコンドリアと葉緑体に共通する特徴に関する記述として正しいものはどれか。

① 炭酸同化を行うことができる。
② 二重膜で包まれており，内膜がクリステを形成している。
③ 内部が多数の袋状の膜構造で埋められている。
④ 有機物を分解してエネルギーを取り出すことができる。
⑤ 核とは異なる独自の DNA をもっている。
⑥ 細胞外に出て増殖することができる。

2 呼吸と酵素に関する次の各問いについて，最も適当なものを，それぞれの下に記したもののうちから１つずつ選べ。

呼吸の際に働くコハク酸脱水素酵素に関する実験を，以下の手順で行った。ニワトリの肝臓を生理食塩水中ですりつぶし，抽出液を得た。右の図のようなツンベルク管の主室に抽出液を入れ，副室にはメチレンブルー溶液とコハク酸ナトリウム水溶液を入れた。$_a$管内の空気を抜いたのち，ツンベルク管全体を35℃に保ち，副室の液体を主室にすべて入れた。$_b$3分後，混合液のメチレンブルーの青色が消えた。メチレンブルーは還元されると無色になる性質がある。実験では，$_c$コハク酸から外れた水素がメチレンブルーに結合していることになる。

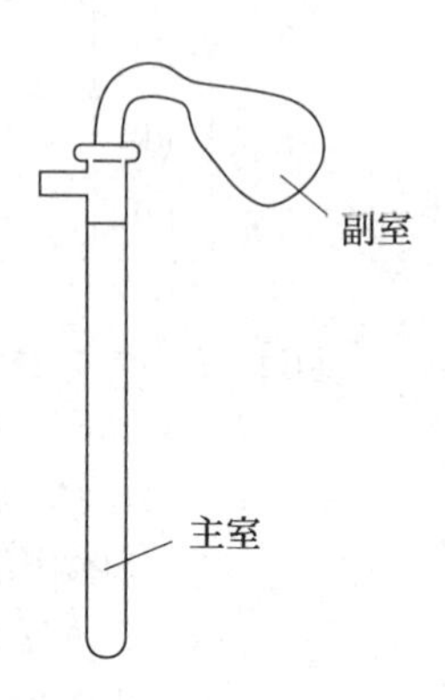

【6】 この実験結果がニワトリの肝臓に含まれる物質によるものであることを示すには，対照実験が必要である。どのような実験を行い，どのような結果が得られればよいか。

① コハク酸ナトリウム水溶液の代わりに水を入れて同様な実験を行い，メチレンブルーの青色が消えればよい。

② コハク酸ナトリウム水溶液の代わりに水を入れて同様な実験を行い，メチレンブルーの青色が消えなければよい。

③ 抽出液の代わりに水を入れて同様な実験を行い，メチレンブルーの青色が消えればよい。

④ 抽出液の代わりに水を入れて同様な実験を行い，メチレンブルーの青色が消えなければよい。

⑤ 抽出液の代わりに生理食塩水を入れて同様な実験を行い，メチレンブルーの青色が消えればよい。

⑥ 抽出液の代わりに生理食塩水を入れて同様な実験を行い，メチレンブルーの青色が消えなければよい。

【7】 下線部aの目的はどれか。

① 酸素を除去するため。　② 窒素を除去するため。

③ 二酸化炭素を除去するため。　④ 水蒸気を除去するため。

⑤ 水素を除去するため。

【8】 下線部bの結果の際，酵素反応の速度がその酵素濃度における最大反応速度の $\frac{1}{2}$ であったとする。次の(i)，(ii)の条件で実験を行ったときの結果の組み合わせはどれか。

(i) 副室に入れるコハク酸ナトリウム水溶液の濃度を2倍にする。

(ii) 他の条件を変えずに酵素濃度を $\frac{1}{2}$ にする。

	(i)	(ii)
①	青色は3分で消える	青色は3分で消える
②	青色は3分で消える	青色は3分よりも早く消える
③	青色は3分で消える	青色は3分よりも遅く消える
④	青色は3分よりも早く消える	青色は3分で消える
⑤	青色は3分よりも早く消える	青色は3分よりも早く消える
⑥	青色は3分よりも早く消える	青色は3分よりも遅く消える
⑦	青色は3分よりも遅く消える	青色は3分で消える
⑧	青色は3分よりも遅く消える	青色は3分よりも早く消える
⑨	青色は3分よりも遅く消える	青色は3分よりも遅く消える

【9】 コハク酸脱水素酵素の作用により，コハク酸はフマル酸となる。この反応に関する記述として正しいものはどれか。

① 解糖系の一部であり，細胞質基質で起こる。
② 解糖系の一部であり，ミトコンドリアで起こる。
③ クエン酸回路の一部であり，細胞質基質で起こる。
④ クエン酸回路の一部であり，ミトコンドリアで起こる。
⑤ 電子伝達系の一部であり，細胞質基質で起こる。
⑥ 電子伝達系の一部であり，ミトコンドリアで起こる。

【10】 下線部cに関して，細胞内でコハク酸から外れた水素を受け取る物質はどれか。

① ATP　② ADP　③ FAD　④ NAD^+　⑤ $NADP^+$

3 呼吸基質と呼吸商に関する次の各問いについて，最も適当なものを，それぞれの下に記したもののうちから１つずつ選べ。

生物体が主にどのような物質を呼吸基質にしているかは，呼吸商(RQ)を求めることにより推定できる場合がある。RQ は炭水化物では約 1.0，脂肪では約 0.7，タンパク質では約 0.8 になる。RQ を求めるために図１のような実験装置を用意し，フラスコ A，B に植物の発芽種子をそれぞれ同量ずつ入れ(フラスコ A には二酸化炭素を吸収する水酸化カリウム水溶液が，フラスコ B には蒸留水がそれぞれ入っている)，一定時間後に，ガラス管内の着色液の左への移動距離(mm)を測定することを２種類の植物の種子 X，Y に対して行ったところ，結果は表１のようになった。図２は，脂肪，炭水化物，タンパク質が呼吸基質になった場合の代謝経路を示したものである。

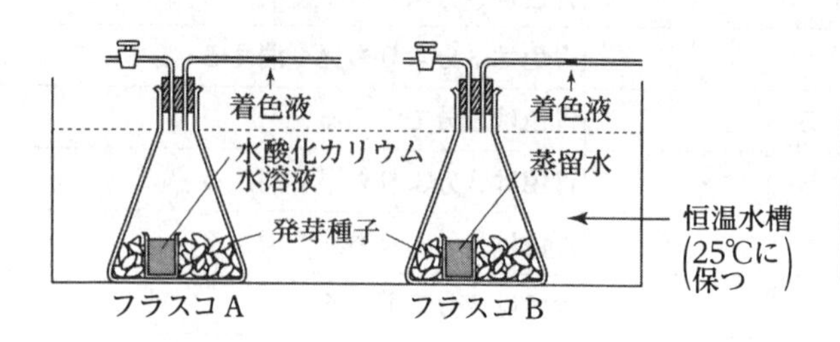

図１

表１

	種子 X	種子 Y
フラスコ A	83 mm	130 mm
フラスコ B	24 mm	2 mm

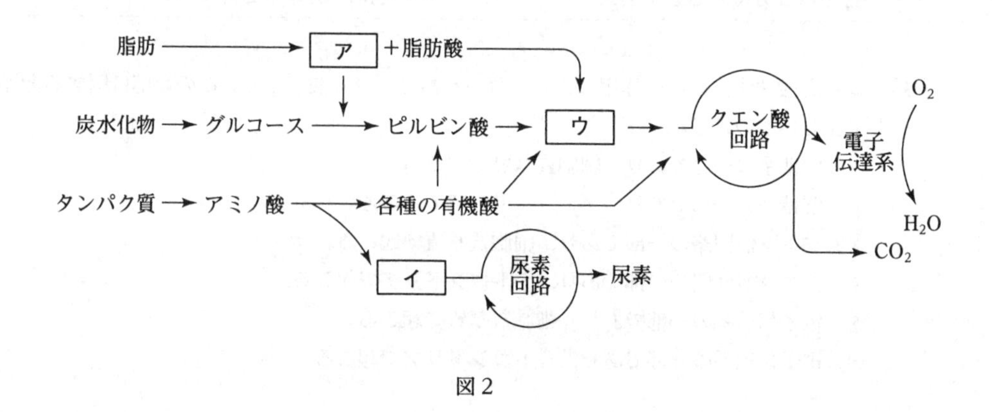

図２

【11】 図２中の ア ， イ にあてはまる語の組み合わせはどれか。

	①	②	③	④	⑤	⑥
ア	グリセリン	グリセリン	アンモニア	アンモニア	グリコーゲン	グリコーゲン
イ	グリコーゲン	アンモニア	グリコーゲン	グリセリン	アンモニア	グリセリン

【12】 図２中の尿素回路はヒトではどの器官で行われるか。

① 腎臓　② 副腎　③ すい臓　④ 肝臓　⑤ ひ臓

【13】 図２中の ウ にあてはまる語はどれか。

① クエン酸　② リンゴ酸　③ オキサロ酢酸

④ フマル酸　⑤ アセチル CoA

【14】 種子ＸのRQはいくらか。

① 0.69　② 0.71　③ 0.79　④ 0.81　⑤ 0.98　⑥ 1.01

【15】 種子Ｘ，Ｙの主な呼吸基質の組み合わせはどれか。

	①	②	③	④	⑤	⑥
X	炭水化物	炭水化物	脂肪	脂肪	タンパク質	タンパク質
Y	脂肪	タンパク質	炭水化物	タンパク質	脂肪	炭水化物

4 ヒトの血液とその循環に関する次の各問いについて，最も適当なものを，それぞれの下に記したもののうちから１つずつ選べ。

a血液は心臓の働きにより全身を循環する。血液は血球と血しょうに分けられ，b血球で最も多い赤血球はヘモグロビンを多量に含んでいる。cヘモグロビンは，まわりの環境に応じて酸素と結合したり，解離したりする。白血球は免疫に関与し，血小板は止血や血液凝固の際に働く。血液凝固は化学反応の連鎖の結果，血ぺいが形成される反応である。血ぺいはdタンパク質Xから構成される繊維によって血球が絡められたものであり，血管の修復に伴って溶かされる。

e毛細血管にはすき間があり，そこから出た成分は細胞を取り巻く組織液となる。組織液の多くは毛細血管に戻るが，一部はリンパ管に入る。

【16】 下線部ａに関して，ヒトの心臓の４つの部位のうち，動脈血が流れる部位の組み合わせはどれか。

① 右心房と右心室　② 右心房と左心房　③ 右心房と左心室
④ 右心室と左心房　⑤ 右心室と左心室　⑥ 左心房と左心室

【17】 下線部ｂに関連して，ヒトの赤血球に関する記述として**間違っているもの**はどれか。

① 骨髄でつくられる。
② 核がない。
③ 中央がくぼんだ円盤型をしている。
④ 直径は６～９μmである。
⑤ 肝臓や腎臓で壊される。

【18】 下線部cに関して，次の図はヘモグロビンの酸素解離曲線である。実線が肺胞の二酸化炭素濃度の場合を示し，破線が組織Yの二酸化炭素濃度の場合である。肺胞の酸素濃度が100(相対値)，組織Yの酸素濃度が30(相対値)の場合，肺でヘモグロビンに結合していた酸素の何%が組織Yに与えられるか。

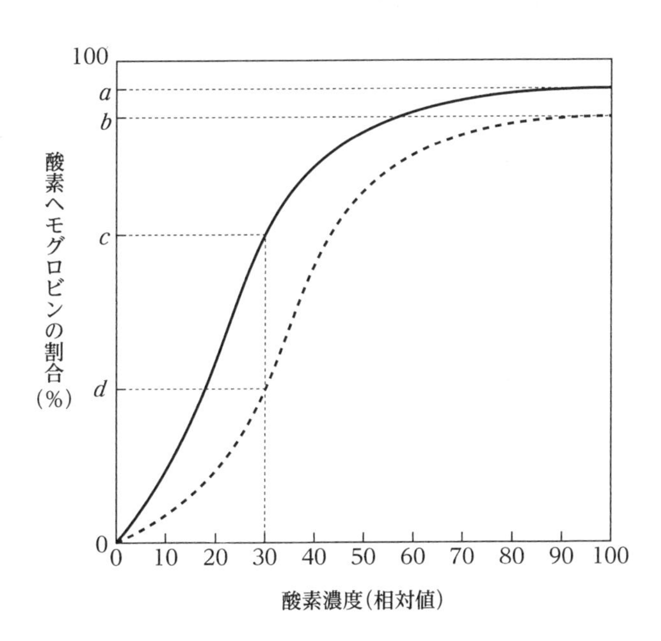

① $(a-c)$% ② $(a-d)$% ③ $(b-c)$% ④ $(b-d)$%

⑤ $\frac{a-c}{a}\times100\%$ ⑥ $\frac{a-d}{a}\times100\%$ ⑦ $\frac{b-c}{a}\times100\%$ ⑧ $\frac{b-d}{a}\times100\%$

【19】 下線部dに関して，タンパク質Xの名称はどれか。

① コラーゲン ② アクチン ③ フィブリン
④ ミオシン ⑤ トロンビン

【20】 下線部eに関して，組織に異物が侵入した情報を感知して毛細血管のすき間から組織に出る血球を過不足なく選んだものはどれか。

① 赤血球 ② 白血球
③ 血小板 ④ 赤血球と白血球
⑤ 赤血球と血小板 ⑥ 赤血球と白血球と血小板

5 **ヒトの体温調節に関する次の各問いについて，最も適当なものを，それぞれの下に記したもののうちから１つずつ選べ。**

体が寒冷刺激を受けると，［ア］の視床下部にある体温調節中枢から交感神経を通じて情報が伝えられ，体の表面からの放熱量が減少する。交感神経からの情報は副腎髄質にも伝えられ，ホルモンXの分泌が促される。ホルモンXは代謝を促進し，発熱量を増加させる。体温調節中枢からの情報は脳下垂体にも伝えられ，甲状腺刺激ホルモンの分泌が促される。これによって甲状腺からホルモンYの分泌が促進される。ホルモンYも代謝を促進し，発熱量を増加させる。

【21】 体温の低下に対抗して体で起こる変化として**間違っているもの**はどれか。
① 立毛筋の収縮　② 皮膚の血管の収縮　③ 発汗の促進
④ ふるえが起こる　⑤ 心臓の拍動の促進

【22】 文中の［ア］にあてはまる語はどれか。
① 大脳　② 中脳　③ 小脳　④ 間脳　⑤ 延髄

【23】 X，Yにあてはまるホルモンの組み合わせはどれか。

	X	Y
①	アドレナリン	グルカゴン
②	アドレナリン	チロキシン
③	アドレナリン	バソプレシン
④	インスリン	グルカゴン
⑤	インスリン	チロキシン
⑥	インスリン	バソプレシン

【24】 交感神経の働きとして**間違っているもの**はどれか。
① すい液分泌の抑制　② 胃のぜん動運動の抑制　③ 心臓の拍動促進
④ 気管支の拡張　⑤ 瞳孔の縮小

【25】 ホルモンXの作用に関する記述として正しいものはどれか。

① グリコーゲンをグルコースに分解する反応を促進する。

② グルコースの細胞への取り込みを促進する。

③ 小腸から毛細血管へのグルコースの取り込みを促進する。

④ タンパク質からグルコースを生成する反応を促進する。

⑤ 腎臓における水分の再吸収を促進する。

⑥ 腎臓におけるナトリウムイオンの再吸収を促進する。

6 ヒトの免疫に関する次の各問いについて，最も適当なものを，それぞれの下に記したもののうちから１つずつ選べ。

免疫のうち，食細胞が異物を非特異的に排除する働きは自然免疫とよばれ，白血球の中で最も数が多い［ア］などが主に働く。食作用を行う白血球のうち，［イ］は，取り込んだ異物の情報をリンパ節でＴ細胞に伝える。Ｔ細胞の中の［ウ］Ｔ細胞は，感染細胞を攻撃する［エ］Ｔ細胞を活性化させ，また，Ｂ細胞の増殖，分化を促す。さらに，異物を排除するマクロファージなどの食細胞の働きを促進する。Ｂ細胞は抗体産生細胞(形質細胞)に分化し，抗体を産生，分泌するようになる。以上のような働きは自然免疫に対して獲得免疫(適応免疫)とよばれる。獲得免疫の特徴には「特異性」と「記憶」がある。

【26】 文中の［ア］，［イ］にあてはまる語の組み合わせはどれか。

	①	②	③	④	⑤	⑥
ア	樹状細胞	樹状細胞	NK 細胞	NK 細胞	好中球	好中球
イ	NK 細胞	好中球	樹状細胞	好中球	樹状細胞	NK 細胞

【27】 文中の［ウ］，［エ］にあてはまる語の組み合わせはどれか。

	①	②	③	④	⑤	⑥
ウ	ヘルパー	ヘルパー	キラー	キラー	リプレッサー	リプレッサー
エ	キラー	リプレッサー	リプレッサー	ヘルパー	ヘルパー	キラー

【28】 文中のＴ細胞とＢ細胞が分化する場所の組み合わせはどれか。

	①	②	③	④	⑤	⑥
Ｔ細胞	骨髄	骨髄	胸腺	胸腺	副腎	副腎
Ｂ細胞	胸腺	副腎	骨髄	副腎	骨髄	胸腺

【29】 ヒトに同じ抗原が再び侵入するとき，一度目と比べたときの分泌される抗体量と血中の抗体濃度の上昇速度の組み合わせはどれか。

	①	②	③	④	⑤	⑥	⑦	⑧	⑨
抗体量	等量	等量	等量	少量	少量	少量	多量	多量	多量
上昇速度	同じ	速い	遅い	同じ	速い	遅い	同じ	速い	遅い

【30】 1つの抗体産生細胞(形質細胞)は1種類の抗体を合成する。B細胞が成熟する際，抗体の遺伝子では遺伝子の再構成(再編成)が行われる。抗体分子の可変部の各領域の遺伝子の数が次の表のようになるとき，B細胞がつくることのできる抗体は，理論上何種類になるか。ただし，遺伝子の再構成(再編成)の際の突然変異などはないものとする。

領域	V	D	J
H鎖	40	25	6
L鎖	40	なし	5

① 6×10^3 種類　② 12×10^3 種類　③ 24×10^3 種類
④ 12×10^4 種類　⑤ 24×10^4 種類　⑥ 12×10^5 種類

7 **DNA の解析に関する次の各問いについて，最も適当なものを，それぞれの下に記したもののうちから 1 つずつ選べ。**

一定の領域の DNA を増やす技術に PCR 法がある。次の図に示すように，目的の塩基配列のみからなる DNA 領域を X とする。図中の 5′，3′ は，それぞれ 5′ 末端，3′ 末端を示す。

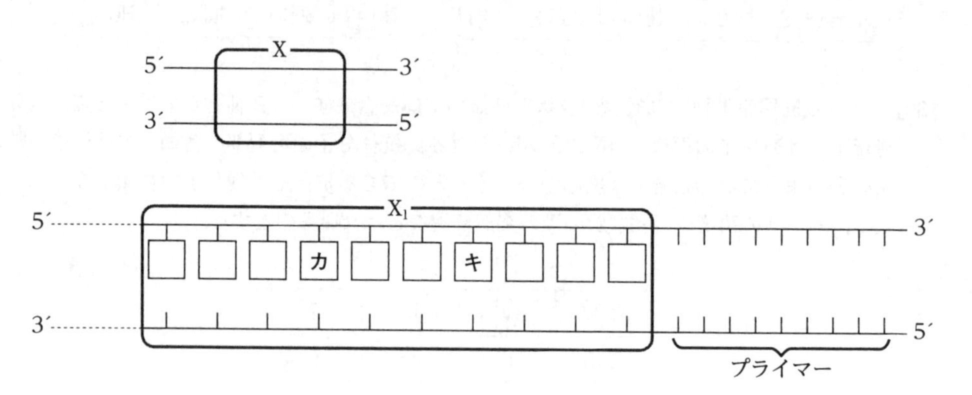

PCR 法の手順は以下の通りである。組織から得た DNA に，2 種類のプライマー，4 種類のヌクレオチド，DNA ポリメラーゼを加え，サーマルサイクラーという機械にかける。サーマルサイクラーは試料の温度を 95℃→ 60℃→ 72℃と変化させ，それをくり返す機械である。鋳型の 2 本鎖のゲノム DNA 1 組から始めると，X のみの 2 本鎖 DNA の断片が初めて現れるのは理論上 ア サイクル目であり，このとき現れる X のみの 2 本鎖 DNA の断片は イ 個である。X の存在は電気泳動のバンドで確認することができる。寒天のようなゲルに電流を流すと，DNA は ウ 極から エ 極に移動する。そして長さが長い DNA ほど移動速度は オ なる。

X の部分の塩基配列を調べるには次のような方法がある。鋳型の DNA，1 種類のプライマー，DNA ポリメラーゼ，4 種類のヌクレオチド，4 種類の特殊なヌクレオチドを混合し，サーマルサイクラーにかける。特殊なヌクレオチドが鋳型の DNA に相補的に結合すると，それ以降ヌクレオチドは結合せず，DNA の合成が止まる。なお，特殊なヌクレオチドには 4 種類の蛍光色素が結合している(A は黄，T は青，G は緑，C は赤とする)。PCR 法により生じたさまざまな長さの DNA 鎖を電気泳動で分離し，どのバンドが何色を呈するかによって塩基配列を決定することができる。

【31】 文中の ア , イ にあてはまる数値の組み合わせはどれか。

	①	②	③	④	⑤	⑥
ア	2	2	3	3	4	4
イ	1	2	2	4	4	8

【32】 文中の ウ , エ , オ にあてはまる符号や語の組み合わせはどれか。

	ウ	エ	オ
①	＋	－	速く
②	＋	－	遅く
③	－	＋	速く
④	－	＋	遅く

【33】 プライマーに関する記述として正しいものはどれか。

① PCR法ではプライマーが必要であるが，細胞内ではプライマーは存在しない。

② 細胞内でもPCR法に用いたのと同じDNAのプライマーが，DNAの複製の際に使われる。

③ 細胞内ではDNAの複製の際にプライマーが使われるが，プライマーはRNAであり，やがてDNAに置き換わる。

④ 細胞内では転写の際にプライマーが使われるが，プライマーはRNAであり，DNAに置き換わることはない。

【34】 下線部の結果として短いDNA断片から順に，黄・緑・青・赤・緑・黄・黄・青・緑・緑の色が確認できたとする。このとき，図中のXの一部であるX_1における カ , キ にあてはまる塩基の組み合わせはどれか。

	①	②	③	④	⑤	⑥	⑦	⑧
カ	A	A	T	T	G	G	C	C
キ	C	G	C	G	A	T	A	T

【35】 図中のX_1における全塩基中のAの割合は何％か。

① 12.5%　② 23%　③ 25%　④ 27%　⑤ 30%

8 植生の多様性と分布に関する次の各問いについて，最も適当なものを，それぞれの下に記したもののうちから１つずつ選べ。

世界のバイオームは，森林，草原，荒原に大別され，それらはさらにいくつかの型に分かれる。どの型になるかは，年平均気温と年降水量とよく対応する。

バイオームは，「暖かさの指数」により，ある程度推測できる。一般的に，植物の生育には月平均気温で5℃以上が必要とされる。「暖かさの指数」とは，１年間のうち，月平均気温が5℃以上の各月について，月平均気温から5℃を引いた値の合計値のことである。「暖かさの指数」で見ていくと，次の表のように，一定の範囲内に特定のバイオームが成立することが知られている。

バイオームには，表に示されている以外にも，ステップ，サバンナ，硬葉樹林，雨緑樹林，砂漠がある。

暖かさの指数	0 ~ 15	15 ~ 45	45 ~ 85	85 ~ 180	180 ~ 240	240 以上
バイオーム	ツンドラ	針葉樹林	夏緑樹林	照葉樹林	亜熱帯多雨林	熱帯多雨林

【36】 次の表は，ある地点での月平均気温の近年の平均値を示したものである。この地点の暖かさの指数はいくらか。

月	1	2	3	4	5	6	7	8	9	10	11	12
気温(℃)	−4	−4	0	6	12	15	19	20	16	9	4	−1

① 22　② 34　③ 42　④ 52　⑤ 62

【37】 ステップとサバンナに関する記述として正しいものはどれか。

① 年降水量が等しいとき，年平均気温が高い方がステップとなる。
② 年降水量が等しいとき，年平均気温が高い方がサバンナとなる。
③ 年平均気温が等しいとき，年降水量が多い方がステップとなる。
④ 年平均気温が等しいとき，年降水量が多い方がサバンナとなる。

【38】 表中のバイオームと，その代表的な植物の組み合わせとして**間違っているもの**はどれか。

① ツンドラ・地衣類　② 針葉樹林・コメツガ
③ 夏緑樹林・ブナ　④ 照葉樹林・ミズナラ
⑤ 亜熱帯多雨林・オヒルギ　⑥ 熱帯多雨林・つる植物

【39】 本州中部の丘陵帯で見られるバイオームはどれか。

① 亜熱帯多雨林　② 照葉樹林　③ 夏緑樹林　④ 針葉樹林

【40】 硬葉樹林が見られる地域および硬葉樹林を構成する特徴的な植物の組み合わせはどれか。

	地域	植物
①	地中海沿岸，オーストラリア南部	チーク
②	地中海沿岸，オーストラリア南部	フタバガキ
③	地中海沿岸，オーストラリア南部	オリーブ
④	東南アジア，アフリカ	チーク
⑤	東南アジア，アフリカ	フタバガキ
⑥	東南アジア，アフリカ	オリーブ

9 **生態系における物質循環に関する次の各問いについて，最も適当なものを，それぞれの下に記したもののうちから１つずつ選べ。**

次の図は，生態系における炭素の流れを示したものである。

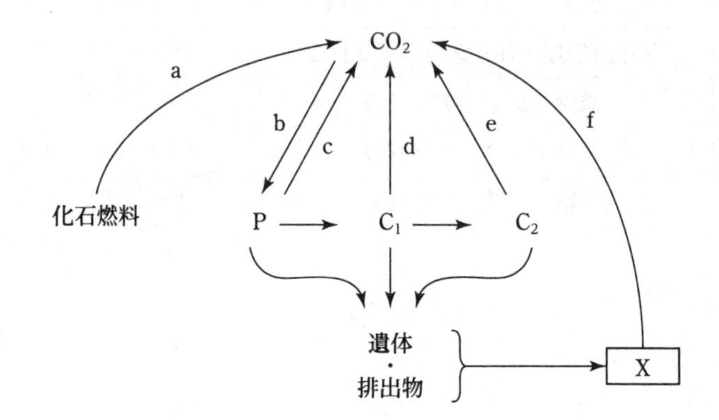

光合成をする植物など，自ら有機物を合成できる生物は生産者(P)とよばれ，他の生物が合成した有機物を摂取する生物は消費者(C)とよばれる。消費者のうち，生産者を食べるものを一次消費者(C_1)，C_1 を食べるものを二次消費者(C_2)といい，さらに図にはないが，C_2 を食べるものを三次消費者(C_3)，C_3 を食べるものを四次消費者(C_4)という。これら P，C_1，C_2 などは栄養段階とよばれる。図中の［ X ］は消費者であるが，分解者とよばれることもある。

一方，窒素の流れを考えてみよう。大気中に豊富にある窒素は動物，植物ともに直接は利用できない。大気中の窒素を直接利用できる生物である窒素固定細菌は，窒素を体内で［ ア ］に変えることができる。土壌中には細菌の働きなどによる［ ア ］が存在し，［ ア ］は，ある硝化菌によって［ イ ］となり，［ イ ］は別の硝化菌によって［ ウ ］となる。植物は根から［ ア ］，［ ウ ］を取り入れ，それらをもとに窒素有機化合物を合成する。

【41】 図中の［ X ］にあてはまる生物として**間違っているもの**はどれか。

① アオカビ　② ナメコ　③ シイタケ
④ シアノバクテリア　⑤ 大腸菌

【42】 図中のａ～ｆから呼吸によるものを過不足なく選んだものはどれか。

① a，b，d，e　② a，c，d，e　③ a，d，e
④ c，d，e　⑤ c，d，e，f　⑥ d，e

【43】 下線部に関して，窒素固定細菌はどれか。

① アゾトバクター　　② ミドリムシ　　③ アオミドロ
④ 乳酸菌　　⑤ 大腸菌　　⑥ 酵母

【44】 文中の ア ， イ ， ウ にあてはまる語の組み合わせはどれか。

	ア	イ	ウ
①	亜硝酸イオン	アンモニウムイオン	硝酸イオン
②	亜硝酸イオン	硝酸イオン	アンモニウムイオン
③	アンモニウムイオン	亜硝酸イオン	硝酸イオン
④	アンモニウムイオン	硝酸イオン	亜硝酸イオン
⑤	硝酸イオン	亜硝酸イオン	アンモニウムイオン
⑥	硝酸イオン	アンモニウムイオン	亜硝酸イオン

【45】 窒素の流れに関する記述として正しいものの組み合わせはどれか。

エ　大気中の窒素は，空中放電によって無機窒素化合物に変化する。
オ　動物の中には土壌中の無機窒素化合物を直接利用できるものがいる。
カ　細菌の中には土壌中の無機窒素化合物を大気中の窒素に変化させるものがいる。
キ　根粒菌は共生するイネ科植物より炭水化物を供給されている。

① エ・オ　　② エ・カ　　③ エ・キ
④ オ・カ　　⑤ オ・キ　　⑥ カ・キ

令和2年度　物　理　解答と解説

1 さまざまな物理現象

【1】 放物運動の鉛直投げ上げ運動の速さと時間の関係 $v=v_0-gt$，小球の鉛直投げ上げの速さ v は，初速度の大きさを v_0，重力加速度の大きさを g，投げてからの時間を t とすると，上記の通り表せる。

そこで，問で与えられている通り，小球の速さを y，投げてからの時間を x で表すと，$y=v_0-gx$ となる。さらにこの問でのそれぞれの定数を a, b でくくると，$y=-ax+b$ と表せる。よってマイナスの1次関数のグラフは③となる。

答【1】③

【2】 運動方程式 $F=ma$，力学台車に与えられている一定の力の大きさ F は，力学台車に生じる加速度の大きさを a，力学台車の質量を m とすると，上記の通り表せる。

そこで，問で与えられている通り，力学台車に生じる加速度の大きさを y，力学台車の質量を x で表すと，$F=xy$ となる。さらにこの問での定数を a でくくると，$y=\dfrac{a}{x}$ と表せる。よって反比例のグラフは⑤となる。

答【2】⑤

【3】 波（空気中を伝わる音波も同様）の速さと振動数と波長の関係 $v=f\lambda$，空気中を伝わる音波の速さ v は，音の振動数を f，音の波長を λ とすると，上記の通り表せる。

そこで，問で与えられている通り，音の振動数を y，音の波長を x で表すと，$v=yx$ となる。さらにこの問での定数を a でくくると，$y=\dfrac{a}{x}$ と表せる。よって反比例のグラフは⑤となる。

答【3】⑤

【4】 放物運動の自由落下運動の距離と時間の関係 $y=\dfrac{1}{2}gt^2$，落下距離 y は，重力加速度の大きさを g，落下してからの時間を t とすると，左記の通り表せる。

さて，落下距離を変化させたときの落下時間の変化を比較するために，落下距離が y の場合と $2y$ の場合の2式を立てる。落下距離が y のときの落下時間を t とすると，$y=\dfrac{1}{2}gt^2$ と表せる。同様に落下距離が $2y$ のときの落下時間を t' とすると，$2y=\dfrac{1}{2}gt'^2$ と表せる。よってこの2式を連立させると，$2\times\dfrac{1}{2}gt^2=\dfrac{1}{2}gt'^2$ となるため，$t'=\sqrt{2}t$ と求まる。

答【4】⑥

【5】 抵抗の消費電力の式 $P=VI$，抵抗の消費電力 P は，抵抗にかかる電圧を V，流れる電流を I とすると，上記の通り表せる。またオームの法則 $V=RI$，抵抗の抵抗値 R は左記の通り表せる。よってこの2式を連立させると消費電力は，$P=VI=\dfrac{V^2}{R}$ と表せる。

さて，抵抗の消費電力の変化を比較するために，抵抗にかかる電圧が V の場合と $2V$ の場合の2式を立てる。電圧が V のときの抵抗の消費電力を P とすると，$P=\dfrac{V^2}{R}$ と表せるため，以後代入できるように $V^2=PR$ と整理する。同様に電圧が $2V$ のときの抵抗の消費電力を P' とすると，$P'=\dfrac{(2V)^2}{R}$ と表せる。よってこの2式を連立させると，$P'=\dfrac{4PR}{R}$ となるため，$P'=4P$ と求まる。

答【5】⑨

答【1】③【2】⑤【3】⑤
【4】⑥【5】⑨

2 力のモーメントに関する問題

【6】 板に取り付けた糸の張力の大きさを求めるために，板でつりあう力のモーメントについて考える。

また，モーメントを考えていく前に，三平方の定理を利用して，板の傾斜から $\sin\theta$ と $\cos\theta$ を算出しておく。下図のように水平面と板とのなす角を θ とおく。板は一辺の長さが l で鉛直上方に $\frac{l}{3}$ の高さまで引き上げられているため三平方の定理を利用すると下図の x は，$l^2=\left(\frac{l}{3}\right)^2+x^2$ と表せるため，整理すると $x=\frac{2\sqrt{2}}{3}l$ と求まる。

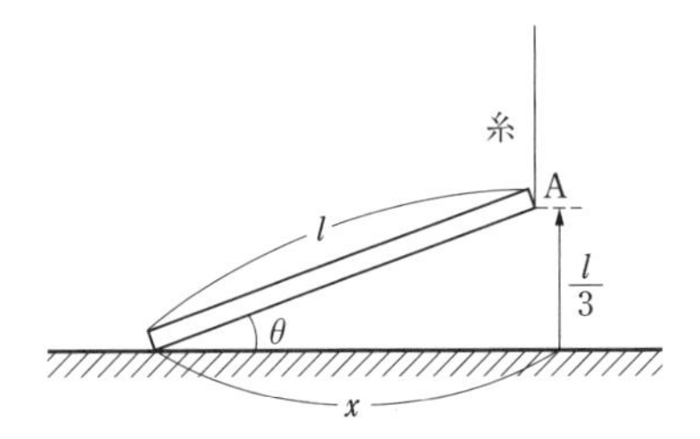

これを利用して $\sin\theta$ を算出すると，$\sin\theta=\frac{\frac{l}{3}}{l}=\frac{1}{3}$ と求まる。同様に $\cos\theta$ を算出すると，$\cos\theta=\frac{\frac{2\sqrt{2}}{3}l}{l}=\frac{2\sqrt{2}}{3}$ と求まる。

さて，次に板でつりあう力のモーメントについて考える。板にはたらく力はそれぞれ下図のように表せる。

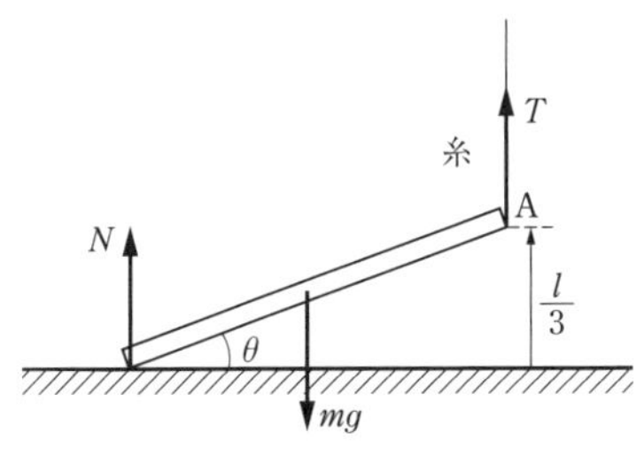

次に回転軸の中心を決定させる。問の問題文を見ると今回は，糸の張力，重力，垂直抗力のうち，糸の張力を重力を用いて表す解答形式になっている。そこで，回転軸を垂直抗力がはたらく部分に設定する。すると力のモーメントのつりあいで考えなくてはならない力は，張力と重力に決定される。

次に力のモーメントのつりあいの式を立てるために下図のように張力と重力のベクトルを同一作用線上で移動させることで回転軸と力の角度を直角にする。

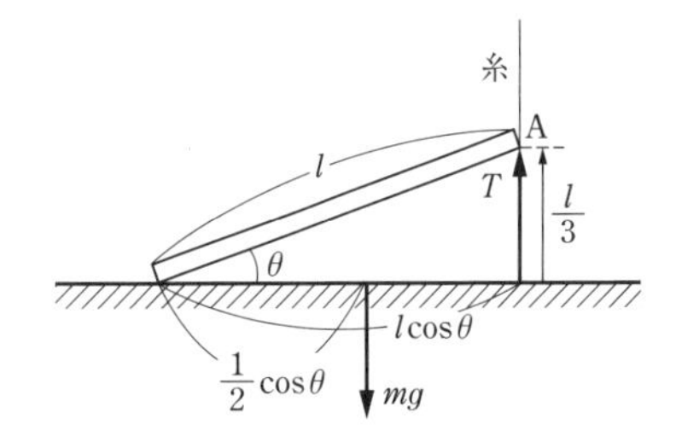

回転軸から実際の張力までの距離が l であり，かつ回転軸から重力までの距離が $\frac{l}{2}$ であることを考慮すると，張力と重力のベクトルを移動させた後のそれぞれの力のベクトルと回転軸までの距離は上図の通りに表せる。

また，力のモーメント N は，力の大きさを F，力と回転軸までの距離を l とすると，$N=Fl$ と表せる。よって，張力と重力のモーメントのつりあいの式は，張力が反時計回りに回転させるモーメントであり，重力が時計回りに回転させるモーメントであることに留意し立式すると，$T\times l\cos\theta-mg\times\frac{l}{2}\cos\theta=0$ と表せる。よって，整理すると糸の張力の大きさ T は $T=\frac{1}{2}\times mg$ と求まる。

答【6】⑦

【7】 図1から図2の間に糸の張力がした仕事を求めるために，仕事について考える。一般的に力がした仕事 W は，力の大きさを F，力を加えて移動させた距離を s とすると，$W=Fs$ と表すことができる。

図1の状態から板の右端の辺の中央の点Aに軽い糸をつけ，鉛直上方に $\frac{l}{3}$ の高さまで引き

上げているため，糸の張力 T がした仕事 W は，$W=T\times\frac{l}{3}$ と表せる。また【6】より，$T=\frac{1}{2}\times mg$ であるため，これを前式に代入すると，$W=\frac{1}{2}mg\times\frac{l}{3}=\frac{1}{6}mgl$ と求まる。

答【7】①

【8】 図4の状態での物体Pに作用する垂直抗力の大きさを求めるために，物体Pにはたらく力のつりあいを考える。図4の状態での物体Pにはたらく力は，重力 mg，垂直抗力 N，静止摩擦力 F の3力であり，下図のようになる。

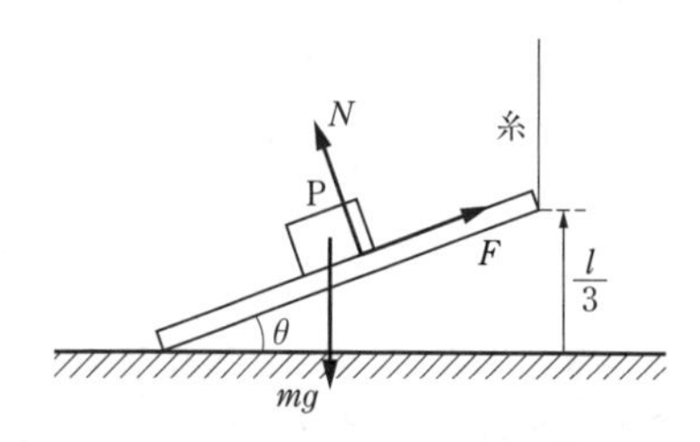

次に，力をつりあわせるために，重力 mg を斜面に沿って水平方向と鉛直方向に分解する。重力 mg を分解すると下図のようになる。

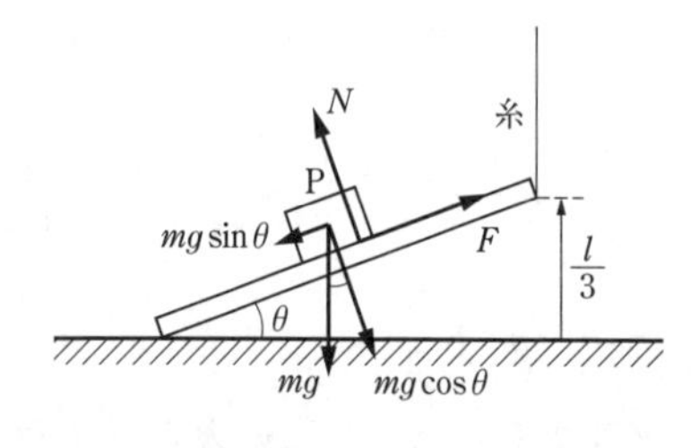

よって，斜面に沿って水平方向と鉛直方向で力のつりあいの式を立てると，それぞれ $F=mg\sin\theta$ と $N=mg\cos\theta$ と表せる。そこで，垂直抗力の大きさを求めるために，斜面に沿って鉛直方向のつりあいの式に，【6】より，$\cos\theta=\frac{2\sqrt{2}}{3}$ を用いて代入すると，$N=mg\cos\theta=mg\times\frac{2\sqrt{2}}{3}=\frac{2\sqrt{2}}{3}\times mg$ と求まる。

答【8】⓪

【9】 図4の状態での物体Pにはたらく静止摩擦力の大きさを求めるために，【8】と同様に物体Pにはたらく力のつりあいを考える。

斜面に沿って水平方向の力のつりあいの式は【8】より，$F=mg\sin\theta$ と表せる。そこで，斜面に沿って水平方向のつりあいの式に，【6】より，$\sin\theta=\frac{1}{3}$ を用いて代入すると，静止摩擦力の大きさは $F=mg\sin\theta=mg\times\frac{1}{3}=\frac{1}{3}\times mg$ と求まる。

答【9】④

【10】 物体Pと板との間の静止摩擦係数を求めるために，【8】【9】と同様に物体Pにはたらく力のつりあい，また静止摩擦力の公式を考える。静止摩擦力Fは，静止摩擦係数を μ，垂直抗力の大きさを N とすると，$F=\mu N$ と表せる。

そこで，【9】より，$F=\frac{1}{3}mg$ と，【8】より，$N=\frac{2\sqrt{2}}{3}mg$ をそれぞれ上式に代入すると，$\frac{1}{3}mg=\mu\times\frac{2\sqrt{2}}{3}mg$ と表せる。よって式を整理すると，静止摩擦係数は $\mu=\frac{1}{2\sqrt{2}}=\frac{\sqrt{2}}{4}$ と求まる。

答【10】⑤

答【6】⑦【7】①【8】⓪
【9】④【10】⑤

3 万有引力に関する問題

【11】 人工衛星が半径 R の地球の表面から高さ R の円軌道を回転運動する際の速さ v_0 を求めるために，向心力（等速円運動の運動方程式）と万有引力の法則を考える。まず向心力の大きさ F は，物体（人工衛星）の質量を m，軌道半径を r，角速度を ω とすると，$F=mr\omega^2$ と表せる。また，円運動の速さを v とすると，軌道半径と角速度には $v=r\omega$ という関係があるため，この式を上式に代入すると向心力の大きさ

は$F=mr\omega^2=m\dfrac{v^2}{r}$と表せる。次に，万有引力の大きさ$F$は，万有引力定数を$G$，2物体間の距離を$R$，2物体それぞれの質量を$m$，$M$とすると，$F=G\dfrac{mM}{R^2}$と表せる。

さて，問の問題文を見ると，円軌道を運動する人工衛星にはたらく向心力は，人工衛星と地球の間に作用する万有引力であると表記されている。そこで，軌道半径および2物体間の距離が$2R$であることと，人工衛星の速さがv_0であることに留意して，表記をそのまま立式に反映させると，$m\dfrac{v_0^2}{2R}=G\dfrac{mM}{(2R)^2}$と表せる。よって整理すると，$v_0=\sqrt{\dfrac{1}{2}\times\dfrac{GM}{R}}$と求まる。

答【11】⑦

【12】 人工衛星がもつ万有引力による位置エネルギーを求めるために，万有引力による位置エネルギーを考える。一般的に万有引力による位置エネルギーUは，$U=-G\dfrac{mM}{R}$と表せる。

そこで，【11】と同様に2物体間の距離が$2R$であることに留意すると，人工衛星がもつ万有引力による位置エネルギーは$U_0=-G\dfrac{mM}{2R}=-\dfrac{1}{2}\times\dfrac{GmM}{R}$と求まる。

答【12】④

【13】 点Qにおける人工衛星の速さを求めるためにケプラーの法則のうち，第2法則である面積速度一定の法則を考える。面積速度一定の法則とは，惑星と太陽を結ぶ線分が，一定時間に描く面積は一定であるという法則である。太陽に対して惑星が，ある点Aにいた場合，太陽と惑星との距離をr_1とし，その時の惑星の速さをv_1とする。同様に惑星が，ある点Bにいた場合，太陽と惑星との距離をr_2とし，その時の惑星の速さをv_2とすると，これらは，$\dfrac{1}{2}r_1v_1=\dfrac{1}{2}r_2v_2$と表せる。

ここで，問に即して法則を解釈すると惑星は人工衛星であり，太陽は地球と捉えることができる。また問より点Qにおける人工衛星の速さを点Pにおける速さで解答として表すため，比較する点は点Pと点Qとなる。よって，点Pでの人工衛星の速さがv_1であり，かつ人工衛星と地球との距離が$2R$であることと，同様に点Qでの人工衛星の速さがv_2であり，かつ人工衛星と地球との距離が$4R$であることに留意して，面積速度一定の法則の式を立てると$\dfrac{1}{2}\times 2R\times v_1=\dfrac{1}{2}\times 4R\times v_2$と表せるため，整理すると点Qにおける人工衛星の速さは，$v_2=\dfrac{1}{2}v_1$と求まる。

答【13】⑦

【14】 点Qにおける人工衛星がもつ万有引力による位置エネルギーを求めるために，【12】と同様に万有引力による位置エネルギーを考える。

さて，【13】と同様に点Qでは2物体間の距離が$4R$であることに留意すると，人工衛星がもつ万有引力による位置エネルギーは$U_2=-G\dfrac{mM}{4R}=-\dfrac{1}{4}\times\dfrac{GmM}{R}$と求まる。

答【14】⑤

【15】 点Pで瞬間的に加速した人工衛星の速さを求めるために，万有引力による位置エネルギーを加味した力学的エネルギー保存則を考える。力学的エネルギーの内，万有引力による位置エネルギーについては【12】と同様と考える。また一般的に運動エネルギーKは，$K=\dfrac{1}{2}mv^2$と表せる。かつ，ある状態Aの物体の速さをv_1，物体（人工衛星）と地球との距離をR_1とし，同様に状態Bの物体の速さをv_2，物体（人工衛星）と地球との距離をR_2とすると，これら

は力学的エネルギー保存則で$\frac{1}{2}mv_1^2-G\frac{mM}{R_1}=$ $\frac{1}{2}mv_2^2-G\frac{mM}{R_2}$と表せる。

さて，問の問題文を見ると，人工衛星が楕円軌道を運動しているとき，力学的エネルギーは一定に保たれると表記されている。そこで，点Pにおける人工衛星の速さがv_1であり，かつ人工衛星と地球との距離が$2R$であることと，同様に点Qでの人工衛星の速さがv_2であり，かつ人工衛星と地球との距離が$4R$であることに留意して，点Pと点Qにおいて力学的エネルギー保存則を立てると，$\frac{1}{2}mv_1^2-G\frac{mM}{2R}=\frac{1}{2}mv_2^2-G\frac{mM}{4R}$と表せる。また，【13】より，$v_2=\frac{1}{2}v_1$を用いて，上式に代入すると$\frac{1}{2}mv_1^2-G\frac{mM}{2R}=\frac{1}{2}m\left(\frac{1}{2}v_1\right)^2-G\frac{mM}{4R}$と表せる。よって，上式を整理すると，点Pで瞬間的に加速した人工衛星の速さは，$v_1=\sqrt{\frac{2}{3}\times\frac{GM}{R}}$と求まる。

答【15】⑧

答【11】⑦【12】④【13】⑦【14】⑤【15】⑧

4 理想気体の状態変化に関する問題

【16】 状態変化A→B→Cにおける気体の温度と体積の関係を表すグラフを求めるために，ボイル・シャルルの法則を考える。ボイル・シャルルの法則では，ある気体の温度をT，圧力をp，体積をVとすると，これらは$\frac{pV}{T}=$一定と表せる。

そこで，次図の問のグラフを参考に，状態Bの温度T_Bと圧力pと体積Vを基準として，状態Aと状態Cの温度や体積を算出していく。

まず，状態Bと状態Aを比較する。状態Bの温度がT_B,圧力がp,体積がVであることと，状態Aの温度がT_A，圧力がp，体積が$2V$で

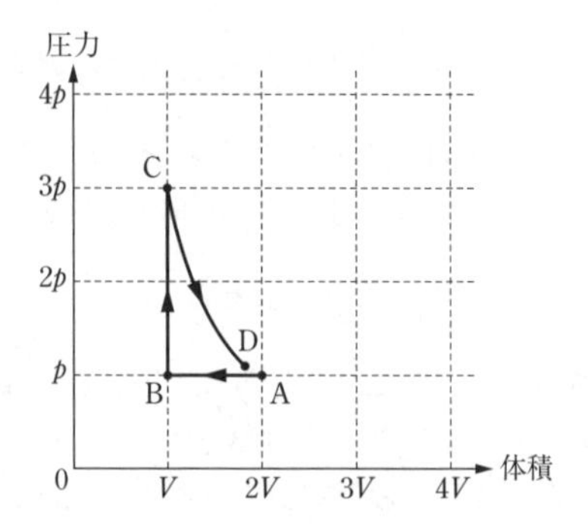

あることに留意してボイル・シャルルの法則を立てると，$\frac{pV}{T_B}=\frac{p\times2V}{T_A}$と表せる。よって状態Aの温度は，$T_A=2T_B$と求まる。また，併せて問のグラフより状態Aの体積が$2V$であることも確認しておきたい。

さて，同様に状態Bと状態Cを比較する。状態Bの温度がT_B，圧力がp，体積がVであることと，状態Cの温度がT_C，圧力が$3p$，体積がVであることに留意してボイル・シャルルの法則を立てると，$\frac{pV}{T_B}=\frac{3pV}{T_C}$と表せる。よって状態Cの温度は，$T_C=3T_B$と求まる。また，併せて問のグラフより状態Cの体積がVであることも確認しておきたい。

よって以上をまとめると，状態Aでは温度が$T_A=2T_B$で体積が$2V$であり，状態Bでは温度が$T_B=1T_B$で体積がVであり，状態Cでは温度が$T_C=3T_B$で体積がVであるため，この3点のプロットが示されているグラフは⑧となる。

答【16】⑧

【17】 状態変化A→Bの定圧変化で，気体がされた仕事W_{AB}を求めるために，仕事と圧力と体積の関係について考える。一般的に，気体が外部にする仕事Wは，気体の圧力をp，体積の変化量をΔVとすると，$W=p\Delta V$と表せる。

さて，状態変化A→Bを【16】のグラフより確認する。状態変化は定圧変化であるため，状態Aから状態Bに変化させる際の圧力はpで一定である。次に体積の変化を確認する。グラフより状態Aの体積は$2V$であり，状態Bの

体積は V であることが確認できる。よって体積の変化量 ΔV は，$\Delta V=V_B-V_A=V-2V=-V$ と求まる。よって，状態変化A→Bの定圧変化で，気体がした仕事は $W=p\Delta V=p\times(-V)=-pV$ と求まる。

ここで，気体が外部にされた仕事と，気体が外部にした仕事について確認したい。気体の体積を変容させられる容器の中の気体が，外部から押されることにより，体積が収縮する場合がある。これを，気体が外部にされた仕事という。その反対に気体が外部を押すことにより，体積が膨張する場合がある。これを，気体が外部にした仕事という。よって，した仕事 $W_{した}$ とされた仕事 $W_{された}$ には，$W_{した}=-W_{された}$ の関係がある。

また問は，気体がされた仕事 W_{AB} を求めるため，先述の状態変化A→Bの定圧変化で，気体がした仕事 $W=p\Delta V=p\times(-V)=-pV$ は，$W_{した}=-W_{された}$ の関係を用いると，$W_{AB}=-W$ の関係があるため，気体がされた仕事は $W_{AB}=-W=1\times pV$ と求まる。

答【17】⑥

【18】 状態変化B→Cの定積変化で，気体がされた仕事 W_{BC} を求めるために，【17】と同様に仕事と圧力と体積の関係について考える。

さて，状態変化B→Cを【16】のグラフより確認する。状態変化は定積変化であるため，状態Bから状態Cに変化させる際の体積は V で一定である。そこで，気体の仕事のうち，体積の変化量 ΔV が $\Delta V=0$ であるため，気体の仕事も $W=p\Delta V=0$ となる。よって状態変化B→Cの定積変化で，気体がされた仕事は，$W_{BC}=0\times pV$ と求まる。

答【18】⑤

【19】 状態変化B→Cにおいて，気体が吸収した熱量 Q_{BC} を求めるために，熱力学の第一法則と理想気体の内部エネルギー（単体・かつ変化量），さらに理想気体の状態方程式を考える。熱力学の第一法則は，理想気体の内部エネルギーの変化量を ΔU，気体がされた仕事を W'，気体が吸収した熱量を Q とすると，これらは $\Delta U=Q+W'$ [J]の関係がある。また，理想気体の内部エネルギー（単体）U は，物質量を n，気体定数を R，絶対温度を T とすると，これらは，$U=\frac{3}{2}nRT$ と表せる。よって理想気体の内部エネルギーの変化量は，$\Delta U=\frac{3}{2}nR\Delta T$ と表せる。さらに理想気体の状態方程式は $pV=nRT$ と表せる。

さて，問の問題文を見ると，状態変化B→Cにおいて，内部エネルギーの変化を ΔU_{BC}，気体が吸収した熱量を Q_{BC} とすると，熱力学第一法則より，$\Delta U_{BC}=Q_{BC}+W_{BC}$ なので，$Q_{BC}=\Delta U_{BC}-W_{BC}$ と表記されている。まず，【18】より状態変化B→Cで気体がされた仕事が $W_{BC}=0\times pV$ であることを確認する。次に，状態変化B→Cでの内部エネルギーの変化を考える。【16】のグラフより，状態Bでは圧力が p で体積が V であり，状態Cでは圧力が $3p$ で体積が V である。また内部エネルギーの変化 ΔU に理想気体の状態方程式 $pV=nRT$ を代入すると，$\Delta U=\frac{3}{2}nR\Delta T=\frac{3}{2}\Delta pV$ と表せるため，上記状態Bと状態Cの条件をさらに代入すると状態変化B→Cでの内部エネルギーの変化 ΔU_{BC} は，$\Delta U_{BC}=\frac{3}{2}\Delta pV=\frac{3}{2}(3p-p)V=3pV$ と求まる。よって，最終的に状態変化B→Cにおいて，気体が吸収した熱量 Q_{BC} は $Q_{BC}=\Delta U_{BC}-W_{BC}=3pV-0\times pV=3\times pV$ と求まる。

答【19】⑨

【20】 状態変化C→Dにおいて，気体がされた仕事 W_{CD} を求めるために，【19】と同様に熱力学の第一法則と理想気体の内部エネルギー（単体・かつ変化量），さらに理想気体の状態方程式を考える。

さて，問の問題文を見ると，状態変化C→Dは断熱変化で，気体が吸収した熱量 Q_{CD} は，$Q_{CD}=0$ なので，内部エネルギーの変化を ΔU_{CD}，気体がされた仕事を W_{CD} とすると，熱力学第一法則より，$\Delta U_{CD}=W_{CD}$となり，$W_{CD}=$と表記されている。そこで，内部エネルギーの変化を求めるために，状態Cと状態Dの温度を確認する。状態Cの温度は，**【16】**より，$T_C=3T_B$であり，状態Dの温度は問題文より$T_D=2T_B$となる。よって，状態変化C→Dでの内部エネルギーの変化ΔU_{CD}は,$\Delta U_{CD}=\frac{3}{2}nR\Delta T=\frac{3}{2}nR(T_D-T_C)=\frac{3}{2}nR(2T_B-3T_B)=-\frac{3}{2}nRT_B$と求まる。また，この結果に状態Bでの理想気体の状態方程式$pV=nRT_B$を代入すると，$\Delta U_{CD}=-\frac{3}{2}nRT_B=-\frac{3}{2}pV$と表せる。

よって，最終的に熱力学第一法則より，問題文にも記載の通り，$\Delta U_{CD}=W_{CD}$となるため，状態変化C→Dにおいて，気体がされた仕事は，$W_{CD}=-\frac{3}{2}\times pV$と求まる。

答**【20】**③

答**【16】**⑧**【17】**⑥**【18】**⑤
【19】⑨**【20】**③

5 [A]波の要素と正弦波に関する問題 [B]ドップラー効果に関する問題

【21】 横波の振幅と波長を求めるために，波の基本的な用語の確認をする。振幅とは，つりあいの位置（図の$x=0$〔m〕）からの山の高さ（谷の深さ）のことを指す。また，山とは波形の最も高いところを指し，谷とは波形の最も低いところを指す。次に波長とは，隣りあう山と山(谷と谷）の間隔のことを指す。

そこで，次図の問の図を参考に，横波の振幅と波長を導いていく。

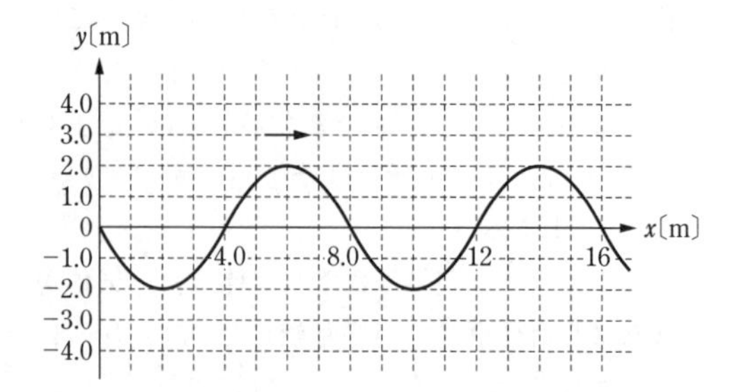

まず波の図より，振幅A〔m〕を求める。振幅は左記の通り，つりあいの位置(図の$x=0$〔m〕)からの山の高さ（谷の深さ）のことを指すため，下図の部分が振幅に該当するため，$A=2.0$〔m〕と求まる。

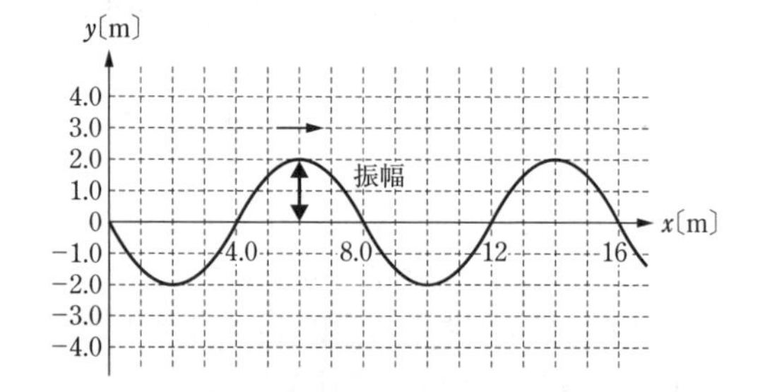

次に，同様に波の図より，波長λ〔m〕を求める。波長は前記の通り，隣りあう山と山（谷と谷）の間隔のことを指すため，下図の部分が波長に該当するので，$\lambda=14-6.0=8.0$〔m〕と求まる。

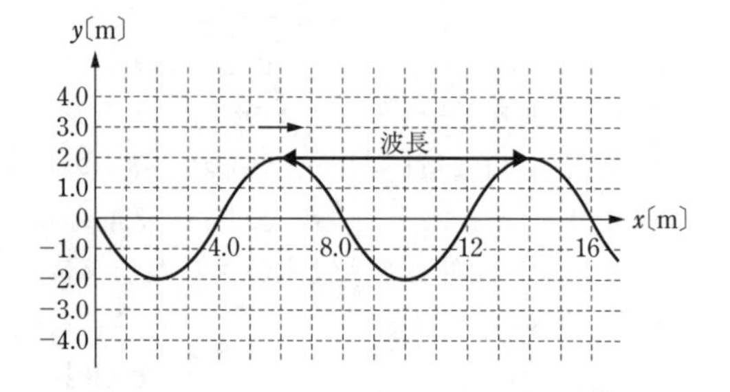

答**【21】**③

【22】 横波の周期を求めるために，波の速さと振動数と波長の関係および，振動数と周期の関係を考える。波の速さをv〔m/s〕，振動数をf〔Hz〕，波長をλ〔m〕とすると，これらは$v=f\lambda$〔m/s〕の関係がある。また，周期をT〔s〕とすると振

動数とは，$f=\dfrac{1}{T}$〔Hz〕の関係がある。よって上記２式を連立すると $v=\dfrac{\lambda}{T}$〔m/s〕と表せる。

さて，周期を求めるために波の速さと波長を確認する。波の速さは問題文に4.0〔m/s〕という表記があり，さらに波長は【21】より，$\lambda=8.0$〔m〕と確認できる。よって，上式にそれぞれの値を代入すると $4.0=\dfrac{8.0}{T}$〔m/s〕と表せるため，横波の周期は，$T=\dfrac{8.0}{4.0}=2.0$〔s〕と求まる。

答【22】②

【23】 時刻 t〔s〕，位置 x〔m〕における媒質の変位を求めるために，正弦波の式を考える。一般的に原点O（$x=0$〔m〕）の媒質が単振動をしており，$y=0$〔m〕を y 軸の正の向きに通過する時刻を０〔s〕とすると，時刻 t〔s〕における $x=0$〔m〕の媒質の変位 y〔m〕は，振幅を A〔m〕，周期を T〔s〕とすると $y=A\sin\dfrac{2\pi}{T}t$〔m〕と表せる。また，位置 x〔m〕における媒質の変位については，x 軸の正の向きに進む波の速さを v〔m/s〕とすると，$x=0$〔m〕から位置 x〔m〕まで振動が伝わるのに $\dfrac{x}{v}$〔s〕かかる。したがって，時刻 t〔s〕において，位置 x〔m〕の媒質の変位 y〔m〕は，前式の t を $\left(t-\dfrac{x}{v}\right)$ に置き換えて，$y=A\sin\dfrac{2\pi}{T}\left(t-\dfrac{x}{v}\right)=A\sin2\pi\left(\dfrac{t}{T}-\dfrac{x}{\lambda}\right)$〔m〕と表せる。

さて，問の問題文を見ると，x 軸上を正の向きにと表記されている。よって，上記の位置 x〔m〕における媒質の変位の式を立てた時と同条件になるため，時刻 t〔s〕，位置 x〔m〕における媒質の変位は，$y=A\sin2\pi\left(\dfrac{t}{T}-\dfrac{x}{\lambda}\right)$〔m〕と求まる。

答【23】③

【24】 $x=10$〔m〕における媒質の $t=10$〔s〕の瞬間の変位を求めるために，【23】と同様に正弦波の式を考える。

さて，【23】より，問の図の正弦波の式は，$y=A\sin2\pi\left(\dfrac{t}{T}-\dfrac{x}{\lambda}\right)$〔m〕と与えられているため，【21】より，$A=2.0$〔m〕，$\lambda=8.0$〔m〕を，また【22】より，$T=2.0$〔s〕を，さらに $x=10$〔m〕，$t=10$〔s〕を上式に代入すると，$y=2.0\sin2\pi\left(\dfrac{10}{2.0}-\dfrac{10}{8}\right)$〔m〕と表せる。よって，整理すると $y=2.0\sin2\pi\left(\dfrac{15}{4.0}\right)=2.0\sin\dfrac{15}{2.0}\pi=2.0\sin\dfrac{3.0}{2.0}\pi$〔m〕と表せる。また，$\sin\dfrac{3.0}{2.0}\pi=-1$ であるため，$x=10$〔m〕における媒質の $t=10$〔s〕の瞬間の変位は，$y=-2.0$〔m〕と求まる。

（別解） $x=10$〔m〕における媒質の $t=10$〔s〕の瞬間の変位を求めるために，波の図の $x=10$〔m〕における媒質の振動と周期の関係を考える。

まず，位置 $x=10$〔m〕の点を次図のように確認する。

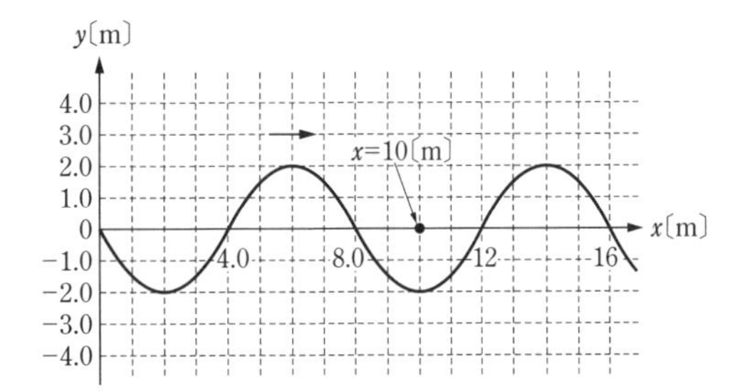

上図の通り，時刻 $t=0$〔s〕のときの媒質の変位 $y=-2.0$〔m〕である。次に時刻を $t=0$〔s〕から $t=10$〔s〕まで進める。周期は【22】より，$T=2.0$〔s〕であるため，$t=0$〔s〕からの経過時間である10〔s〕の間にどれだけ波が進むかを確認するために経過時間を周期で割ると，$10\div2.0=5.0$ と求まる。よって，10〔s〕間にちょうど５つの波が通過して，上図と同じ状態であることがわかるため，$x=10$〔m〕における媒質の $t=10$〔s〕の瞬間の変位は，$y=-2.0$〔m〕と求まる。

答【24】①

【25】 超音波を求めるために，可聴音域と超音波音域について確認をする。可聴音域とは問の問題文にもある通り，人が聞き取ることができる音域であり，一般的にその振動数の範囲は，およそ20~20000〔Hz〕である。振動数が小さくなると音は低く聞こえ，大きくなると高く聞こえる。また，20~20000〔Hz〕の可聴音域を超えると基本的には人が聞き取ることができなくなる。そして，20〔Hz〕以下の域を超低周波音域と呼び，20000〔Hz〕以上の音域を超音波域と呼ぶ。

よって，超音波は「可聴音よりも振動数が大きい」と求まる。

次に超音波の波長について考える。【22】より，波の速さと振動数と波長には $v=f\lambda$〔m/s〕の関係があるため，音（波）の速さ v を一定とすると，振動数と波長は反比例の関係にあることが上式より理解できる。よって，振動数が大きい超音波の波長は短くなることがわかるため，超音波は「可聴音よりも振動数が大きく，波長が短い」と求まる。

答【25】③

【26】 コウモリ（音源）が発した超音波が壁（面C）で反射する際に，壁（観測者）で反射した超音波の振動数を求めるために，ドップラー効果について考える。一般的に，音源が観測者に近づき，観測者が音源から遠ざかるとき，音源から出る音の振動数を f，観測者が聞く音の振動数を f'，音（波）の速さを V，音源の速さを $v_{音}$，観測者の速さを $v_{観}$とすると，これらは，

$f'=\dfrac{V-v_{観}}{V-v_{音}}f$ と表せる。

さて，問のコウモリ（音源）と壁（観測者）の関係は下図の通りとなる。

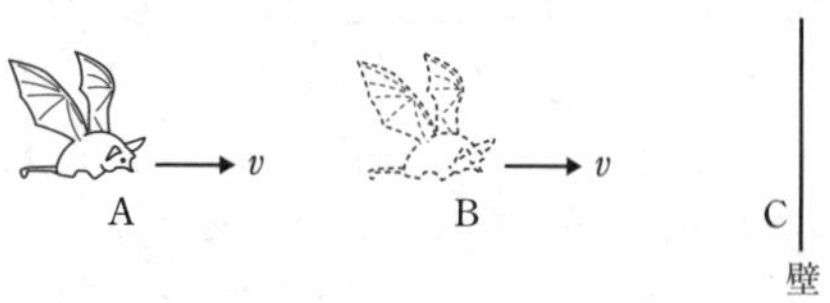

A　$\longrightarrow v$　　B　$\longrightarrow v$　　C　壁

よって，コウモリ（音源）は壁（観測者）に近づき，壁（観測者）は静止していることが確認できる。さらに，コウモリ（音源）の超音波の振動数が f_0であり，速さが v であるため上式の $v_{音}=v$ であることと，壁（観測者）が静止しているため同様に前式の $v_{観}=0$ であることに留意し，かつドップラー効果の式の条件と一致（観測者は静止しているためこの条件には含まれない）しているためそのまま前式に代入すると，壁（観測者）で反射した超音波の振動数 f_C は，$f_C=\dfrac{V-0}{V-v}f_0=\dfrac{V}{V-v}\times f_0$ と求まる。

答【26】②

【27】 壁で反射した超音波をコウモリが受け取るときの超音波の振動数を求めるために，【26】と同様にドップラー効果について考える。

さて，音源と観測者を決定するために，改めて【26】の図を確認する。【26】でコウモリ（音源）が動いていた影響で壁で反射する超音波の振動数は変化した。そしてその振動数が変化した超音波をコウモリが受け取るため，問では壁が音源となり，コウモリが観測者になると考える。すると，壁（音源）は静止しているため，【26】の $f'=\dfrac{V-v_{観}}{V-v_{音}}f$ の $v_{音}=0$ となり，コウモリ（観測者）は音源に近づいていくため，同様に上式の $v_{観}=-v$ となる（【26】の $f'=\dfrac{V-v_{観}}{V-v_{音}}f$ での条件は観測者が音源から遠ざかるときであり，問のコウモリ（観測者）は音源に近づいているためマイナスとなる）。最後に壁（音源）で反射される超音波の振動数が【26】より f_C であることに留意し，これらを上式に代入すると，壁で反射した超音波をコウモリが受け取るときの超音波の振動数 f_B は，$f_B=\dfrac{V-(-v)}{V-0}f_C=\dfrac{V+v}{V}\times f_C$ と求まる。

答【27】④

【28】 壁で反射した超音波をコウモリが受け取るときの超音波の振動数 f_B を，初めにコウモリが出した超音波の振動数 f_0で表すために，【26】の解と【27】の解を連立させる。

【26】の解は$f_C=\dfrac{V}{V-v}\times f_0$であり，【27】の解は$f_B=\dfrac{V+v}{V}\times f_C$であるため，【27】の解に【26】の解を代入すると，壁で反射した超音波をコウモリが受け取るときの超音波の振動数f_Bは，

$$f_B=\frac{V+v}{V}\times f_C=\frac{V+v}{V}\times\frac{V}{V-v}\times f_0=\frac{V+v}{V-v}\times f_0$$と求まる。

答【28】⑥

【29】 コウモリが聞く超音波の振動数を求めるために，音源や観測者がそれぞれに対して直進しない場合のドップラー効果を考える。ドップラー効果とは音源や観測者が近づいたり遠ざかったりすることで音の振動数が変化し，音の高さが変わる現象である。よって，音源や観測者が単に動いていれば音の振動数（音の高さ）が変化するわけではない。あくまでそれぞれが近づくか遠ざかるかというところがポイントである。

さて上記の観点からコウモリの運動を考える。コウモリは下図のように右向きに運動しているが，今回コウモリが出す超音波をあてる対象の岩はコウモリに対して直線上に存在しない。そこでドップラー効果で重要である音源や観測者が近づくか遠ざかるかというところを重要視し，コウモリの運動（速度）を岩に対して成分分けする。成分分けした結果は下図の通りとなる。

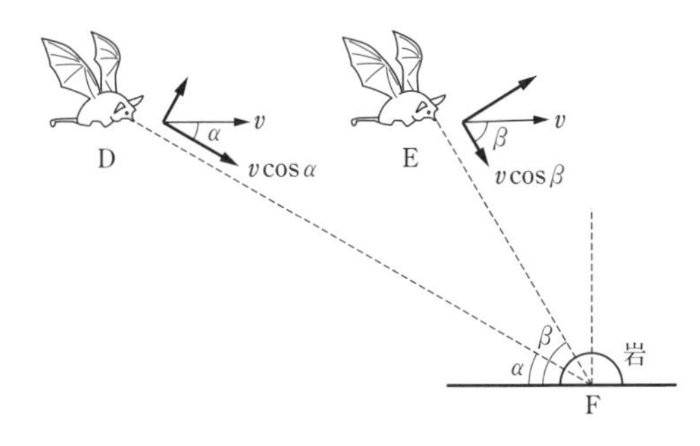

上図の通り，コウモリが点Dおよび点Eで運動しているときに対象物である岩に向かう速度の成分はそれぞれ$v\cos\alpha$および$v\cos\beta$である。次にこの岩に向かう速度の成分を音源や観測者の速度として扱うことでドップラー効果を考える。まず，コウモリが音源となり超音波を岩にあて，岩は観測者となり超音波を受け取りかつ反射させる。またその反射した超音波をコウモリが受け取ることになるため，岩が音源となり，コウモリが観測者となる。この一連の流れは【26】～【28】と同様である。よって，【28】の解である$f_B=\dfrac{V+v}{V-v}\times f_0$，の分母と分子の$v$を左記の$v\cos\alpha$および$v\cos\beta$で代用すればよい。そこで，【26】より求められた上記式の分母の$V-v$のvに該当するのが$v\cos\alpha$であり，【27】より求められた上記式の分子の$V+v$のvに該当するのが$v\cos\beta$であることに留意し，上式に代入すると，コウモリが聞く超音波の振動数f'は，$f'=\dfrac{V+v\cos\beta}{V-v\cos\alpha}\times f_0$と求まる。

答【29】⑧

答【21】③【22】②【23】③
【24】①【25】③【26】②
【27】④【28】⑥【29】⑧

6 電気抵抗の並列回路に関する問題

【30】 図1を抵抗R_1〔Ω〕，R_2〔Ω〕などを用いた電気回路で表すために，電気回路の基本的な知識を確認する。電気回路には大きく分類して2種類の回路が存在する。直列回路と並列回路である。直列回路は電気抵抗を接続する際に電流が1方向のみに進むように配列する回路である。また，並列回路は同様に電気抵抗を接続する際に電流が枝分かれして進むように配列する回路である。

さて，問の回路を下図に示す。

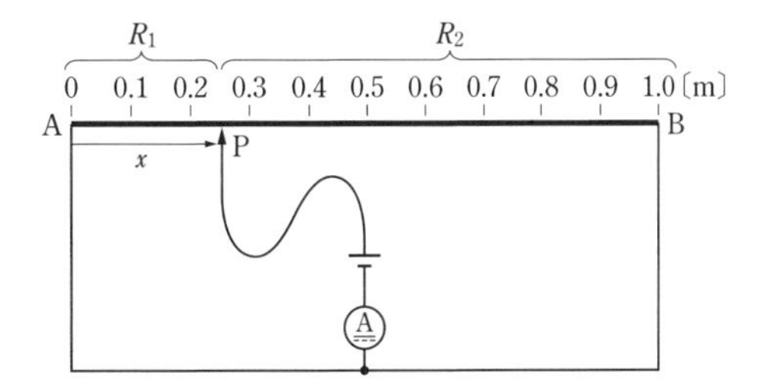

また問の問題文を見ると，抵抗線の途中から電流が左右に分かれて流れていると表記されている。そこで，問題文の通りに電流の流れを前図に組み込むと下図のようになる。

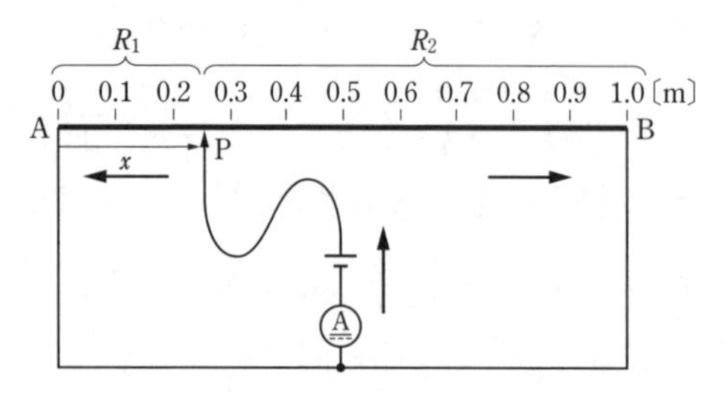

よって，電流が枝分かれて流れるため並列回路であることが確認できる。また，上図からも理解できるように電池と電流計は１本の導線でつながれており，かつ電流計は回路に対して直列接続する観点からも，このすべての要素が取り入れられている電気回路図は②と求まる。

答【30】②

【31】 $x=0.25$〔m〕のときの回路の合成抵抗を求めるために，電気抵抗の並列接続の際の合成抵抗を考える。一般的に並列接続の場合は，接続する電気抵抗の抵抗値を R_1〔Ω〕，R_2〔Ω〕とすると，これらの合成抵抗値 $R_合$〔Ω〕は，$\frac{1}{R_合}=\frac{1}{R_1}+\frac{1}{R_2}$ と表せる。

さて，一様な太さで長さ1.0〔m〕の抵抗線（電熱線）の抵抗値が40〔Ω〕であるため，$x=0.25$〔m〕を接点Ｐとすると，【30】の図の抵抗線の左側の抵抗線の抵抗 R_1〔Ω〕と右側の抵抗線の抵抗 R_2〔Ω〕の長さは１：３となる。抵抗線の長さに抵抗値は比例するため，40〔Ω〕の抵抗値も同様の比をとる。よって左側の抵抗線の抵抗 R_1〔Ω〕の抵抗値は $R_1=40\times\frac{1}{4}=10$〔Ω〕と求まる。同様に右側の抵抗線の抵抗 R_2〔Ω〕の抵抗値は $R_2=40\times\frac{3}{4}=30$〔Ω〕と求まる。そこで，各抵抗値を上式に代入すると $x=0.25$〔m〕のときの回路の合成抵抗は，$\frac{1}{R_合}=\frac{1}{10}+\frac{1}{30}=\frac{4}{30}$ と表せるため，$R_合=\frac{30}{4}=7.5$〔Ω〕と求まる。

答【31】③

【32】 電流計に流れる電流が最小になるときの接点Ｐの位置を求めるために，オームの法則と【31】と同様に電気抵抗の並列接続の際の合成抵抗を考える。オームの法則では，抵抗にかかる電圧を V〔V〕，流れる電流を I〔A〕，抵抗値を R〔Ω〕とすると，これらは，$V=RI$〔V〕の関係がある。

さて，【30】の図の抵抗線の左側の抵抗線の抵抗 R_1〔Ω〕と右側の抵抗線の抵抗 R_2〔Ω〕の合成抵抗を $R_合$〔Ω〕として，上式に代入すると $V=R_合I$〔V〕と表せる。電池の電圧は常に一定であるため定数と捉えると，合成抵抗値 $R_合$〔Ω〕と電流 I〔A〕は反比例の関係にあることがわかる。そこで，電流の値が最小値を示すときは，合成抵抗値 $R_合$〔Ω〕が最大であると考えられる。よって，合成抵抗値 $R_合$〔Ω〕が最大になるときの接点Ｐの位置を求める。【31】より，並列接続の合成抵抗値 $R_合$〔Ω〕は，$\frac{1}{R_合}=\frac{1}{R_1}+\frac{1}{R_2}$ と表せる。また，【30】の図の抵抗線の左側の抵抗線の抵抗 R_1〔Ω〕を，抵抗値が抵抗線の長さに比例することを利用すると $40x$〔Ω〕と表せる。よって，右側の抵抗線の抵抗 R_2〔Ω〕は $40(1-x)$〔Ω〕となる。この値を上式に代入すると，$\frac{1}{R_合}=\frac{1}{40x}+\frac{1}{40(1-x)}$ となるため，整理すると，$\frac{1}{R_合}=\frac{1-x+x}{40x(1-x)}=\frac{1}{40(1-x)}$ となるため，$R_合=40x(1-x)$ となる。この式を平方完成すると，$R_合=-40(x-0.5)^2+10$ と表せる。よって，上に凸の二次関数となるため，$x=0.5$〔m〕のときに，合成抵抗値 $R_合$〔Ω〕が最大値をとる。よって，電流計に流れる電流が最小になるときの接点Ｐの位置は，$x=0.5$〔m〕と求まる。

答【32】⑤

【33】 電流計に流れる電流が最小になるときの回路の合成抵抗を求めるために，【32】の平方完成した二次関数を考える。

【32】より，合成抵抗値 $R_{合}$〔Ω〕は $R_{合}=-40(x-0.5)^2+10$ と表せる。【32】より，$x=0.5$〔m〕のときの合成抵抗値 $R_{合}$〔Ω〕を求めるため，そのまま $x=0.5$〔m〕を代入すると，電流計に流れる電流が最小になるときの回路の合成抵抗は，$R_{合}=10$〔Ω〕と求まる。

答【33】⑥

【34】 電流計に流れる電流が最大になるときの回路の合成抵抗を求めるために，【32】と同様にオームの法則と，【32】の平方完成した二次関数を考える。

さて【32】と同様に合成抵抗を $R_{合}$〔Ω〕として，オームの法則の式に代入すると $V=R_{合}I$〔V〕と表せる。電圧を定数と捉えると，合成抵抗値 $R_{合}$〔Ω〕と電流 I〔A〕は反比例である。そこで，電流の値が最大値を示すときは，合成抵抗値 $R_{合}$〔Ω〕が最小であると考えられる。よって，合成抵抗値 $R_{合}$〔Ω〕が最小になるときの接点Pの位置を求める。【32】より，合成抵抗値 $R_{合}$〔Ω〕は $R_{合}=-40(x-0.5)^2+10$ と表せる。接点PはAB間の 0.10〔m〕$\leqq x \leqq 0.90$〔m〕の範囲で変えることができるため，この範囲で合成抵抗値 $R_{合}$〔Ω〕の最小値を探ると，上式のうち $-40(x-0.5)^2$ の部分が最大値をとる値のため，$x=0.1$〔m〕もしくは $x=0.9$〔m〕と求まる。

よって，そのまま $x=0.1$〔m〕もしくは $x=0.9$〔m〕を代入すると，$R_{合}=-40(0.9-0.5)^2+10$ となるため，電流計に流れる電流が最大になるときの回路の合成抵抗は，$R_{合}=3.6$〔Ω〕と求まる。

答【34】①

答【30】②【31】③【32】⑤
【33】⑥【34】①

物　理　　正解と配点

（60分，100点満点）

問題番号		正　解	配　点
1	【1】	③	3
	【2】	⑤	3
	【3】	⑤	3
	【4】	⑥	3
	【5】	⑨	3
2	【6】	⑦	3
	【7】	①	3
	【8】	⓪	3
	【9】	④	3
	【10】	⑤	4
3	【11】	⑦	3
	【12】	④	3
	【13】	⑦	3
	【14】	⑤	3
	【15】	⑧	4
4	【16】	⑧	3
	【17】	⑥	3
	【18】	⑤	3
	【19】	⑨	3
	【20】	③	4

問題番号		正　解	配　点
5	【21】	③	2
	【22】	②	2
	【23】	③	3
	【24】	①	3
	【25】	③	2
	【26】	②	2
	【27】	④	2
	【28】	⑥	2
	【29】	⑧	3
6	【30】	②	3
	【31】	③	3
	【32】	⑤	3
	【33】	⑥	3
	【34】	①	4

令和2年度　化　学　解答と解説

1　物質の構成

(1)　単体なのか元素なのかを判断する際，「元素名の物質を指している」のか「元素名の成分を指している」のかを考えると決定しやすい。

A　水という物質を構成する成分である酸素Oを指しているので，元素の意味で使われている。

この酵素を指している

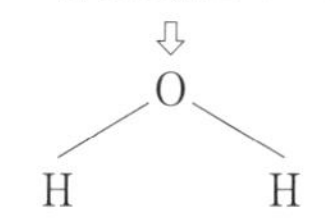

特に「水素と酸素からなり…」という表現は，「水素（という成分元素）と酸素（という成分元素）からなり…」という意味で使われている。つまり「からなり」と出てきた場合は元素と考えてよい場合が多い。

B　水素という物質が，酸素という物質と反応して水ができる。物質である酸素O_2を指しているので，単体の意味で使われている。

$$2H_2 \quad + \quad \underline{O_2} \quad \rightarrow \quad 2H_2O$$

⇧

この酸素を指している

特に「水素と酸素が反応して…」という表現は，「水素（という物質）と酸素（という物質）が反応して…」という意味で使われている。つまり「反応して」と出てきた場合は物質（単体）として考えてよい場合が多い。

C　生物が呼吸に利用する酸素は，酸素という物質。物質である酸素O_2を指しているので，単体の意味で使われている。

すなわち，Aは元素，Bは単体，Cは単体。

答【1】④

(2)　$^{40}M^{2+}$元素記号の右上の数字はイオンの価数を表す。2+とは電子を2個放出したことを示している。2個放出して18個の電子が含まれるので，原子の状態では20個の電子をもっていたことになる。原子では必ず

陽子数＝電子数

なので，陽子を20個もっている（原子番号が20番）。次に，元素記号の左上の数字は質量数を表す。質量数は陽子の数と中性子の数の合計に等しい。つまり

質量数＝陽子の数＋中性子の数

ということになる。質量数が40で陽子の数が20なので，中性子の数は20になる。

答【2】⑤

(3)　(a)　^{2}Hと^{3}Hの2つの原子の関係は同位体。同位体とは同じ元素（原子番号が同じ・陽子数が同じ）で，中性子数が異なる（質量数が異なる）ものどうしを指す。水素という同じ元素で質量数が2および3と異なるので，同位体の関係にある。

(b)　O_2とO_3の2つの物質の関係は同素体。同素体とは，同じ元素からできている単体で，性質が異なるものどうしのことを指す。以下の例はよく出題されるので，暗記しておくとよい。

(例)

リンの同素体　黄リンP_4と赤リンPなど

炭素の同素体　黒鉛とダイヤモンドなど

硫黄の同素体　斜方硫黄と単斜硫黄など

(c)　AuとPt　金と白金は異なる元素どうし。元素が異なれば同位体や同素体になりえない。

(d)　CuとSnの合金　とCuとZnの合金。同位体は元素に関する，同素体は単体に関する用語。混合物には用いない。

(e)　ZnとPb　亜鉛と鉛は異なる元素どうし。

答【3】①

(4)　各分子の電子式は次のように表される。

:N:::N:　　:Cl:Cl:　　H:N:H
　　　　　　　　　　　　H

H:O:H　　H:Cl:

　　　　H
:O::C::O:　　H:C:F:
　　　　H

非共有電子対を3組もつ分子はHClとCH_3Fの2つ。

答【4】②

NH_3（三角錐構造），H_2O（折れ線構造），HCl（異なる原子からなる2原子分子），CH_3F（四面体構造で頂点方向に結合する原子のうち1つが異なっている）は各共有結合で生じる極性が，分子全体でも打ち消されないため極性分子である。

N_2，Cl_2はそれぞれ同じ元素どうしの結合なので極性が存在しない。CO_2は炭素と酸素間に極性があるが，分子全体としては打ち消されるため無極性分子である。

答【5】④

(5) 原子番号8番は酸素O，原子番号13番はアルミニウムAl。非金属元素と金属元素はイオン結合で結びつく。最外殻電子が3個のアルミニウム原子は，3個電子を放出してAl^{3+}となる。最外殻電子が6個の酸素原子は2個電子を受け取ってO^{2-}となる。全体の電荷が0になる比で陽イオンと陰イオンが結びつく。$Al^{3+}:O^{2-}=2:3$で結びつくと全体の電荷が0になるので，Al_2O_3という化学式で表される。AlがB，OがAなのでB_2A_3と表せる。

答【6】⑤

(6) (a) アルミニウムは金属なので，固体状態で電気伝導性を示す。黒鉛は共有結合の結晶だが，自由電子をもつので電気伝導性を示す。これよりBがダイヤモンドだとわかる。なお，金属ではない黒鉛が電気伝導性を有することは必ず覚えておくこと。

(b) 金属は展性（うすくひろげられる性質）・延性（細長く伸ばせる性質）を示すので，Cがアルミニウムだとわかる。これよりAが黒鉛だとわかる。

(c) ダイヤモンドをはじめとする共有結合の結晶は，非常に硬いものが多い。例が少ないので，具体例を覚えること。

(例) ケイ素Si　二酸化ケイ素SiO_2

すなわち，Aは黒鉛，Bはダイヤモンド，Cはアルミニウム。

答【7】⑥

(7) クリプトン$_{36}Kr$は第四周期・18族に属する。第四周期の元素は最外殻電子がN殻にある。また18族の元素はヘリウムHeを除き，最外殻電子数を8個もつ。これらより$_{36}Kr$の電子配置は②のK(2)L(8)M(18)N(8)が当てはまる。

答【8】②

(8) ①は正しい。原子番号順にみると遷移元素は原子番号21番のスカンジウムScが最初。遷移元素は3族～11族で，第四周期から出現する。

②は正しい。各元素が所属する周期が，第一周期ではK殻，第二周期ではL殻，第三周期ではM殻，第四周期ではN殻，第五周期ではO殻（ただし$_{46}Pd$はN殻），第六周期はP殻，第七周期はQ殻が最外殻になる。

③は誤り。希ガス元素以外は当てはまる。希ガスは化学反応性に乏しいので，価電子（原子がイオンになったり原子どうしが結合したりするときに重要な役割を示す電子）の数は0としている。

④は正しい。記述通り。3～11族の元素が遷移元素で，すべて金属元素である。

⑤は正しい。原子番号19番のカリウムKから36番のクリプトンKrまでの18種類。

答【9】③

2 物質の変化

(1) 両辺の各元素の個数が等しくなるように係数をつける。$a=1$とすると左辺のナトリウムが2個になるので，右辺も2個にするために$c=2$とする。$c=2$とすると右辺の塩素が2個になるので，左辺も2個にするために$b=2$とする。$b=2$とすると左辺の水素が2個になるので，右辺の水素も2個にするために$d=1$とする。$a=1$とすると左辺の炭素が1個になるので，右辺の炭素1個にするため $e=1$ とする。これで酸素は両辺とも3個になり，数が合う。これらより，$b=2$ が解答になる。

$$Na_2CO_3 + 2HCl \rightarrow 2NaCl + H_2O + CO_2$$

答【10】②

化学反応式の係数より，反応する炭酸ナトリウムの物質量は，生じる二酸化炭素の物質量と等しい。

（CO_2の物質量）

＝（Na_2CO_3の物質量）×（Na_2CO_3のモル質量）

$$\frac{336\ \mathrm{mL}}{22.4\times10^{3}\ \mathrm{mL/mol}}\times 106\ \mathrm{g/mol}=1.59\ \mathrm{g}$$

答【11】③

反応する塩化水素の物質量は，生じる二酸化炭素の物質量の2倍。求める濃度を c mol/L とする。

（CO_2の物質量）×2＝（塩酸のモル濃度）×（体積）

$$\frac{336}{22.4\times10^{3}}\times 2 = c\times\frac{50}{1000}$$

$$c=0.60$$

答【12】⑤

(2) シュウ酸二水和物は126 g/mol なので，シュウ酸二水和物の物質量は次の式で求められる。

$$\frac{\text{シュウ酸二水和物の質量}}{\text{シュウ酸二水和物のモル質量}}$$

＝シュウ酸二水和物の物質量

シュウ酸二水和物1 mol にはシュウ酸が1 mol 含まれるため，シュウ酸水溶液のモル濃度は次の式で求められる。

（溶液のモル濃度）

＝（シュウ酸二水和物の物質量）÷（溶液の体積）

$$\frac{3.15\ \mathrm{g}}{126\ \mathrm{g/mol}}\div\frac{500}{1000}\ \mathrm{L}=0.0500\ \mathrm{mol/L}$$

答【13】⑧

メスフラスコは溶液を調製する器具。後から純水を加えて正確な体積にする。そのため純水でぬれている状態で使える。

ホールピペットは正確な体積をはかりとる器具。純水でぬれていると器具内にある水の分だけ体積が小さくなる。またはかりとる溶液の濃度も変わってしまう。そのため純水でぬれている状態では使えない。

コニカルビーカーは正確にはかりとった溶液を入れる器具。純水でぬれていても溶液に含まれる溶質の物質量は変わらない。そのため純水でぬれている状態で使える。

ビュレットは溶液を滴下する器具。ある濃度の溶液を入れて使うので，純水でぬれているとその濃度が変わってしまう。そのため純水でぬれている状態では使えない。

つまり純水でぬれたまま使えるのはaのメスフラスコとcのコニカルビーカー。

答【14】②

中和反応では，酸が放出する水素イオンの物質量と塩基が放出する水酸化物イオン物質量（もしくは塩基が受け取る水素イオンの物質量）が必ず等しい。

つまり

（酸が放出できる水素イオンの物質量）

＝（塩基が放出できる水酸化物イオンの物質量）

という式が成り立つ。

シュウ酸は2価の酸，水酸化ナトリウムは1価の塩基。求める濃度を c mol/L とする。

（酸の水溶液の濃度）×（水溶液の体積）×（価数）

＝（酸が放出可能な水素イオンの物質量）

（塩基の水溶液の濃度）×（水溶液の体積）×（価数）

＝（塩基が放出可能な水酸化物イオンの物質量）

$$0.0500\times\frac{20.0}{1000}\times 2 = c\times\frac{12.5}{1000}\times 1$$

$$c=0.160$$

答【15】④

(3) 下線が引かれた元素の酸化数を x とすると，それぞれの酸化数は以下のように求められる。

a　$x+(-2)\times4=-1$　　$x=+7$

b　$x+(-2)\times2=0$　　$x=+4$

c　$x+(+1)\times3=0$　　$x=-3$

d　$x+(-2)\times3=-1$　　$x=+5$

e　$x\times2=0$　　$x=\pm0$

f　$x+(-2)\times3=-2$　　$x=+4$

g　$x+(-2)\times4=-2$　　$x=+6$

h　$(+1)\times2+x=0$　　$x=-2$

酸化数が－2であるものはhの硫化水素 H_2S

中の硫黄。

答【16】⑧

酸化数が最大なのはaの過マンガン酸イオンMnO_4^-中のマンガンMn。酸化数は+7。

答【17】①

(4) 酸化還元反応では，酸化剤が受け取れる電子の物質量と還元剤が与えられる電子の物質量が必ず等しい。

つまり

（酸化剤が受け取れる電子の物質量）

＝（還元剤が与えられる電子の物質量）

という式が成り立つ。

問題文に与えられた電子を用いた化学反応式より，1 molの二クロム酸イオン$Cr_2O_7^{2-}$と反応する過酸化水素H_2O_2の物質量は3 molとわかる。これより，0.10 molの二クロム酸カリウム$K_2Cr_2O_7$と硫酸酸性下で過不足なく反応する過酸化水素の物質量は，0.30 molとなる。

答【18】③

(5) $\underline{S}O_2 + \underline{Cl}_2 + 2H_2O \rightarrow 2H\underline{Cl} + H_2\underline{S}O_4$

Sの酸化数は+4から+6に変化している。SO_2がCl_2に電子を与えて還元させているので，還元剤としてはたらいている。

Clの酸化数は±0から−1に変化している。Cl_2がSO_2から電子を奪って酸化させているので，酸化剤としてはたらいている。

酸化剤：塩素Cl_2　　還元剤：二酸化硫黄SO_2

答【19】③

3 物質の状態

(1) 頂点上の原子は3面で半分ずつに切断されているので$\frac{1}{8}$個分，辺上の原子は2面で半分ずつに切断されているので$\frac{1}{4}$個分，面上の原子は2面で半分ずつに切断されているので$\frac{1}{2}$個分が格子内に含まれる。ナトリウムイオンNa^+の数は内部に1個存在し，辺上に12個配置されているので，$\frac{1}{4}\times 12 = 3$　合計4個分が格子内に含まれる。

答【20】②

なお塩化物イオンCl^-は面上に6個，頂点上に8個配置されているので，$\frac{1}{2}\times 6 + \frac{1}{8}\times 8 = 4$　合計4個分が格子内に含まれ，$Na^+ : Cl^- = 1 : 1$になっている。

ナトリウムイオンと塩化物イオンがそれぞれ1 mol（$=N_A$個）ずつあると，その質量はM g。この値がモル質量（M g/mol）になる。格子内には4個ずつあり，その質量をm gとすると次の式で単位格子の質量が求められる。

$$N_A : M = 4 : m$$

$$m = \frac{4M}{N_A}$$

答【21】⑦

密度は次の式で求められる。

（密度）＝（質量）÷（体積）

単位格子（ナトリウムイオン4個，塩化物イオン4個）の質量は【21】の解答，体積はa cm^{3}なので，次のように表せる。

$$\frac{4M}{N_A} \div a^3 = \frac{4M}{a^3 N_A}$$

答【22】⑦

【20】～【22】の問いは【20】を間違えると，残りの2問も連動して間違えてしまう。このような連動する問題には十分注意する必要がある。

(2) 1.0×10^5 Paの酸素O_2は水1.0 Lに対して1.23×10^{-3} mol溶解する。基準（水1 Lで酸素の圧力1.0×10^5 Pa）に対して，今は水の量が10倍の10 L，酸素の圧力が2倍の2.0×10^5 Paなので，次の式で溶解量は求められる。

$$1.23\times 10^{-3}\ \text{mol} \times 10 \times 2 = 2.46\times 10^{-2}\ \text{mol}$$

答【23】⑤

気体の状態方程式$PV=nRT$に圧力・体積・絶対温度を代入して求める。

$$2.0\times 10^5 \times 1.0 = n \times 8.3\times 10^3 \times 300$$

$$n = 8.03\cdots 10^{-2}$$

答【24】⑥

密閉容器中で圧力・空間の体積・温度が一定

になっている状態から，それらの値を変えると溶媒に溶解する気体の量が変化する。それにともなって，気体の圧力が変化するため，水に溶ける量が変わる。このような問題は，以下のように式を立てるとよい。

1．気体の圧力を P Pa とし，気体の状態方程式を用いて空間部に存在する気体の物質量を求める。

2．気体の圧力が P Pa の下で，溶媒に溶解する気体の量を，ヘンリーの法則を用いて求める。

3．空間部分の気体の物質量と溶媒に溶解した気体の物質量の合計は変化しないことを利用して，

(圧力変化前の物質量)＝(圧力変化後の物質量)

という方程式を作る。

容器内の酸素の全物質量（約0.105 mol）は変わらない。求める圧力を P Pa として，気体部に存在する酸素の物質量と水に溶けている酸素の物質量を，それぞれ P を用いて表す。その合計が 0.105 mol になるという方程式を立てて解答を導く。

1．気体の状態方程式を用いて空間に存在する気体の物質量を求める。

$$\frac{P\times0.60}{8.3\times10^3\times300}\ \text{mol}$$

2．水の量が10倍，圧力が $\dfrac{P}{1.0\times10^5}$ 倍になるので，ヘンリーの法則を用いて水に溶けている気体の物質量を求める。

$$1.23\times10^{-3}\times10\times\frac{P}{1.0\times10^5}\ \text{mol}$$

3．1と2の合計が，空間の体積を変化させる前に存在した気体の物質量と等しい。

$$\frac{P\times0.60}{8.3\times10^3\times300}+1.23\times10^{-3}\times10\times\frac{P}{1.0\times10^5}$$

$$=0.105$$

$$P=2.89\cdots\times10^5$$

答【25】③

(3)　質量モル濃度は溶媒1 kg あたりに溶解している溶質の物質量を表す濃度。m mol/kg とは溶媒1 kg に m mol(＝mM g) を溶かした溶液を指す。

次に，質量パーセント濃度は次式で求められる。

$$\frac{\text{溶質の質量}}{\text{溶液の質量}}\times100$$

溶液は溶媒（1000 g）と溶質（mM g）の合計なので，(mM＋1000) g と表せる。この溶液に mM g の溶質が溶けていることになる。

$$\frac{mM}{mM+1000}\times100\%$$

答【26】⑥

モル濃度は次式で求められる。

$$\frac{\text{溶質の物質量（単位は mol）}}{\text{溶液の体積（単位は L）}}$$

溶液の密度が d g/cm³なので，(1000＋mM) g の溶液の体積は

$$\frac{(1000+mM)}{d}\ \text{cm}^3$$

単位を L にするために，1000で割る（1000 cm³ は1 L）。

$$\frac{(1000+mM)}{1000d}\ \text{L}$$

そこに m mol の溶質が溶けている。これらを上の式に代入する。

$$m\div\frac{(1000+mM)}{1000d}=\frac{1000md}{(1000+mM)}$$

$$\frac{1000md}{(1000+mM)}\ \text{mol/L}$$

答【27】①

(4)　A の沸点が100 ℃で，B の沸点が t_1 ℃。これより A の沸点上昇度は (t_1－100) K と表される。B のグルコース水溶液の濃度は $\dfrac{1}{10}$ mol/kg。尿素水溶液の濃度は $\dfrac{3}{10}$ mol/kg。濃度が3倍なので沸点上昇度も3倍。沸点が100 ℃から 3 (t_1－100) K 上昇するので，

$$100+3(t_1-100)=3t_1-200$$

これより，沸点は ($3t_1$－200) ℃となる。

答【28】⑥

4　物質の変化と平衡

(1)　与えられた熱化学方程式を，上から順番に①，②，③，④とする。②× 2 +③× 3 −①より，

$$2C(黒鉛)+3H_2(気)=C_2H_6(気)+85\,kJ$$

という熱化学方程式が得られる。

答【29】⑥

結合エネルギーは気体分子において，共有結合1 molを切断して気体原子にするために必要なエネルギーである。また気体原子から1 molの共有結合が生じるときに発生するエネルギーともいえる。③+④より，

$$H_2(気)+\frac{1}{2}O_2(気)=H_2O(気)+242\,kJ$$

として，すべての物質が気体として存在するときの熱化学方程式を作る。

求める結合エネルギーをx kJ/molとする。水素分子1 molの共有結合を切断するのに必要なエネルギーは436 kJ，酸素分子$\frac{1}{2}$ molの共有結合を切断するのに必要なエネルギーは$\frac{1}{2}x$ kJ。水素原子と酸素原子が結びついて2 mol分の共有結合が生じるときに発生するエネルギーは463× 2 kJ。発生したエネルギーから必要なエネルギーを引いた値が反応熱になる。

$$463\times2-436-\frac{1}{2}x=242$$

$$x=496$$

答【30】⓪

(2)　問題文に与えられた電子を用いた化学反応式より，両極において2 molの電子をやり取りすると，負極はPbから$PbSO_4$へと96 gの質量増加が，正極はPbO_2から$PbSO_4$へと64 gの質量増加があることがわかる。今は0.10 molの電子をやり取りしているので，以下の式で質量増加量を求めることができる。

負極：$\frac{96}{2}\times0.10=4.8$　　4.8 gの質量増加

正極：$\frac{64}{2}\times0.10=3.2$　　3.2 gの質量増加

答【31】⑤

同様に問題文に与えられた電子を用いた化学反応式より，負極で2 molの電子を失うと1 molの硫酸イオンSO_4^{2-}を消費するのがわかる。また正極で2 molの電子を受け取ると，4 molの水素イオンH^+と1 molの硫酸イオンを消費することがわかる。つまり両極合わせると，2 molの電子のやり取りで水素イオン4 mol，硫酸イオン2 molを消費する。これを硫酸H_2SO_4に換算すると，2 molの電子のやり取りで硫酸2 mol分（= 2 ×98 g）を消費することになる。つまりやり取りする電子の物質量と，消費する硫酸の物質量が等しいことがわかる。

今は0.10 molの電子をやり取りしているので，以下の式で硫酸消費量を求めることができる。

$0.10\times98=9.8$　硫酸消費量9.8 g

答【32】⑦

(3)　反応速度は$\frac{濃度変化量}{時間}$で求められる。

$$\frac{(0.50-0.30)\,mol/L}{50\,s}$$
$$=4.0\times10^{-3}\,mol/(L\cdot s)$$

答【33】⑦

0 ～50 sにおける平均濃度は$\frac{(0.50+0.30)}{2}$ mol/L。その間の平均分解速度は4.0×10^{-3} mol/(L・s)。これらを$v=k\,[H_2O_2]$に代入して，kの値を求める。

$$k=\frac{v}{[H_2O_2]}$$
$$=\frac{4.0\times10^{-3}\,mol/(L\cdot s)}{0.40\,mol/L}$$
$$=1.0\times10^{-2}/s$$

答【34】⑨

(4)　気体50 molのうち20%がアンモニアなので，アンモニアが10 mol生じたことがわかる。アンモニアが10 mol生じるためには窒素5 mol,

水素 15 mol が反応する必要がある。はじめ，窒素と水素の物質量比が１：３なので，はじめの窒素の物質量を n mol とすると，水素は $3n$ mol と表せる。

	N_2	+	$3H_2$	⇄	2NH3
はじめ	n		$3n$		
変化量	-5		-15		$+10$
平衡時	$(n-5)$		$(3n-15)$		10

（単位は mol）

平衡時の物質量の合計が50 mol なので次の式で n の値を求めることができる。

$$(n-5)+(3n-15)+10=50$$

$$n=15$$

これより，平衡時の窒素の物質量は$(15-5)=10$となり，10 mol だとわかる。

答【35】⓪

平衡定数を表す以下の式

$$K=\frac{[NH_3]^2}{[N_2][H_2]^3}$$

に各気体の濃度を代入する。

$$K=\frac{\left(\frac{10}{10}\right)^2}{\frac{10}{10}\times\left(\frac{30}{10}\right)^3}$$

$$=\frac{1}{27}$$

$$=3.7\cdots\times10^{-2}$$

答【36】⑥

アンモニアの物質量を x mol とする。

$$\frac{1}{27}=\frac{\left(\frac{x}{10}\right)^2}{\frac{1.0}{10}\times\left(\frac{3.0}{10}\right)^3}$$

$$x^2=\frac{1}{100}$$

$$x=\frac{1}{10}=0.10$$

答【37】①

化　学　　正解と配点

（60分，100点満点）

問題番号		正　解	配　点
1	【1】	④	3
	【2】	⑤	3
	【3】	①	2
	【4】	②	3
	【5】	④	3
	【6】	⑤	3
	【7】	⑥	3
	【8】	②	3
	【9】	③	2
2	【10】	②	3
	【11】	③	2
	【12】	⑤	2
	【13】	⑧	2
	【14】	②	2
	【15】	④	3
	【16】	⑧	2
	【17】	①	3
	【18】	③	3
	【19】	③	3

問題番号		正　解	配　点
3	【20】	②	2
	【21】	⑦	3
	【22】	⑦	3
	【23】	⑤	3
	【24】	⑥	3
	【25】	③	3
	【26】	⑥	2
	【27】	①	3
	【28】	⑥	3
4	【29】	⑥	3
	【30】	⓪	3
	【31】	⑤	3
	【32】	⑦	3
	【33】	⑦	2
	【34】	⑨	3
	【35】	⓪	2
	【36】	⑥	3
	【37】	①	3

令和2年度　生　物　解答と解説

1 生物の特徴

【1】【3】【4】 核を有し，その内部に染色体が存在する細胞を真核細胞という。ミカヅキモは単細胞生物の真核生物である。また，核を有さない細胞を原核細胞という。細胞質基質中の染色体にはDNAが含まれる。また，原核細胞には，ミトコンドリアや葉緑体，中心体や小胞体などの小器官は存在せず，リボソームと細胞骨格は存在する。ネンジュモや，ユレモ，アナベナなどはクロロフィルaとチラコイドをもち，酸素発生型の光合成を行う。原核細胞と植物細胞にあり，動物細胞にないのは細胞壁である(a)。また，動物細胞，植物細胞にあり，原核細胞にないのは核膜である (b)。

	構造	主な働き	原核細胞	動物細胞	植物細胞
核	球形またはだ円形。染色体を含む。	染色体の遺伝情報に従って，細胞の働きや形態を決定する。	−	+	+
染色体	DNAとタンパク質からなる。	遺伝情報をもつ。	+	+	+
細胞膜	厚さ5～6 mmの膜。	細胞内外への物質の運搬。	+	+	+
細胞質基質	液状でタンパク質などを含む。	化学反応の場となる。	+	+	+
ミトコンドリア	粒状または糸状にみえる。	呼吸を行う。	−	+	+
葉緑体	凸レンズ形，クロロフィルを含む。	光合成を行う。	−	−	+
液胞	内部に細胞液を含む。	物質の濃度調節や貯蔵に関係。	−	+	+
細胞壁	セルロースを主成分とする外壁（植物細胞）。	細胞を強固にし，形を保持する。	+	−	+

＋：存在する。　－：存在しない。

答【1】⑤【3】③【4】③

【2】 生物体を構成する物質の60～80％は水分である。また，生物の共通性は遺伝情報であるDNAを複製，分配することで自己複製（増殖）し，また生殖によって子孫に残すことである。細胞は，すべての生物の構造および機能の単位であるという説は細胞説と呼ばれる。あらゆる細胞は別の細胞に由来するという一般原理を唱えたのはフィルヒョー (1855)，細胞分裂による細胞の増殖が，親から娘細胞への染色体の伝達であることを明らかにしたのはフレミング。エネルギーのやり取りにはmRNAではなく，ATPが用いられる。このことからATPはエネルギーの通貨と呼ばれる。

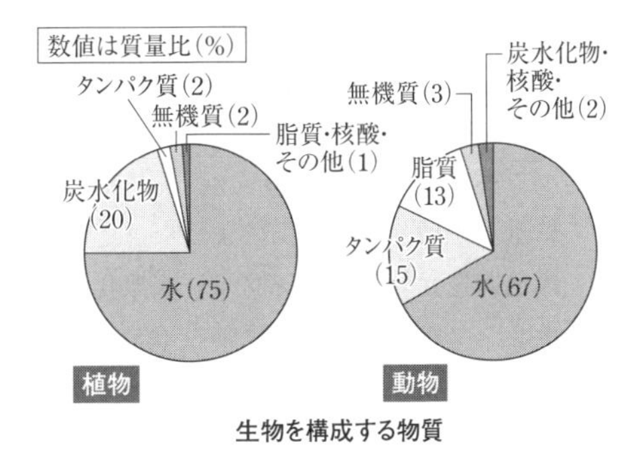

生物を構成する物質

答【2】②

【5】 ミトコンドリアと葉緑体は独自のDNAをもち，このDNAは原核生物同様の環状構造となっている。このことが，これらの細胞小器官が原核生物に起源をもつと考える(細胞共生説)根拠となっている。

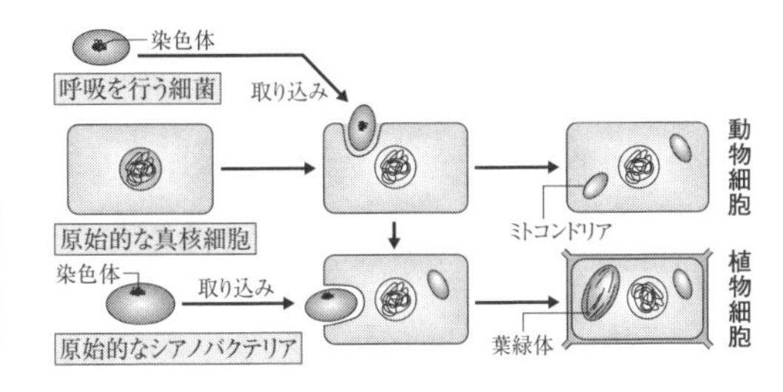

答【5】⑤

2 呼吸と酵素

【6】【9】【10】 細胞内のコハク酸脱水素酵素は，真核生物ミトコンドリアの内膜に結合し，呼吸代謝のクエン酸回路や電子伝達系ではたらく酸

化還元酵素である。この酵素反応によりコハク酸は還元されてフマル酸となり，取り出された水素は，補欠分子族（電子受容体FAD）と結合し$FADH_2$になる。実験のツンベルク管の主室には酵素液が含まれており，副室には基質のコハク酸ナトリウムが含まれている。また，副室に入れるメチレンブルー（Mb）溶液は，酸化型（青色）が水素で還元されると還元型（無色）に色が変化する指示薬である。実験では，メチレンブルーはFADから電子を受け取り，周囲のH^+と結合して還元される。ニワトリの肝臓を生理食塩水で抽出しているので，対照実験では生理食塩水のみを入れる。その結果として，メチレンブルーの青色が消えなければよい。

答【6】⑥【9】④【10】③

【7】 ツンベルク管の中に酸素が残っていると，すぐに水素を切り離して次のような反応が起こり，無色の還元型メチレンブルーが酸化型となりメチレンブルーの色が無色になるまでに時間がかかってしまう。よってアスピレーターなどを用いて空気（酸素）をあらかじめ抜いて減圧しておく必要がある。

$$MbH_2 + \frac{1}{2}O_2 \rightarrow Mb + H_2O$$

答【7】①

【8】（ i ）は酵素反応の基質を2倍とする条件であるが，問題文では3分後の速度が最大速度の半分であるとなっていることから，この条件では反応速度が2倍となる。その結果，青色は3分よりも早く消えることになる。（ii）は酵素濃度を半分にした条件である。よって反応速度も半分となるので，青色は3分よりも遅く消えることになる。

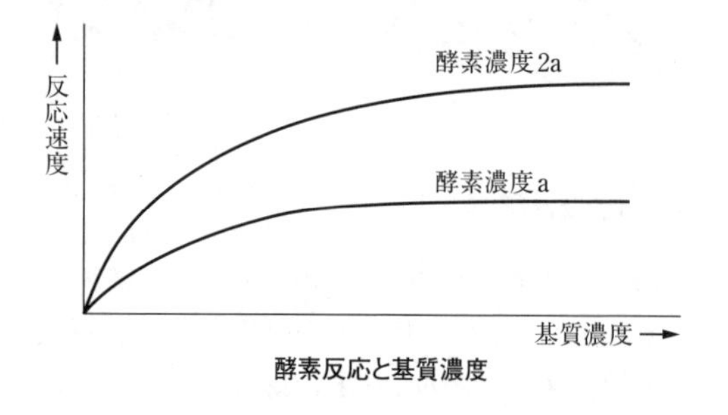

酵素反応と基質濃度

答【8】⑥

3 種子の呼吸商と呼吸基質

【11】 図2は，有機物が代謝（異化）によって分解される過程図である。脂肪は脂肪酸とグリセリン（**ア**）に分解されることを示している。また，アミノ酸が呼吸基質となる際にはアミノ基が外れ（脱アミノ反応），その結果アンモニアが生ずるため空欄**イ**はアンモニアと判断できる。

答【11】②

【12】 アミノ酸から外れたアミノ基（$-NH_2$）はアンモニア（NH_3）となる。アンモニアは有害で，ヒト（ほ乳類）の体内では肝臓の肝細胞中で，二酸化炭素と反応する尿素回路（オルニチン回路）によって毒性の低い尿素となる。尿素は腎臓でろ過されたのち尿の成分として排出される。

答【12】④

【13】 細胞質基質の解糖系におけるグルコースの分解生成物のピルビン酸からアセチルCoAへの代謝は，脂肪酸や各種の有機酸からも得られる。その後ミトコンドリアのクエン酸回路で二酸化炭素と水に分解される。

答【13】⑤

【14】 呼吸商は単位時間当たりのCO_2排出量（体積）とO_2吸収量（体積）とのモル比で，次の式で求めることができる。

$$\text{呼吸商RQ} = \frac{\text{放出される二酸化炭素 } CO_2\text{（モル）}}{\text{吸収される酸素 } O_2\text{（モル）}}$$

図1のフラスコAに加えた水酸化カリウム溶液は，呼吸により放出される二酸化炭素を吸収する。ガラス管の着色液の移動距離（気体の減少量）は吸収した酸素量を示していることになる。また，フラスコBには蒸留水が入っていることで，ガラス管の着色液の移動距離は，吸収した酸素と放出した二酸化炭素との体積の差となる。よって種子Xの呼吸商は次のようになる。

$$RQ = \frac{83-24}{83} = 0.71$$

答【14】②

【15】 種子Ｙの呼吸商を求める。

$$RQ=\frac{130-2}{130}=0.98$$

呼吸基質による呼吸商は

脂肪＝0.7

炭水化物＝1.0

タンパク質＝0.8

よって種子Ｙの呼吸基質は炭水化物と推定できる（成熟した果実などは1より大きくなる）。

答【15】③

4 血液循環

【16】 肺で酸素を吸収した動脈血は，肺静脈の中を心臓の左心房まで戻る。また，左心室から送り出される動脈血は，大動脈の中を流れ全身に送られる。肺動脈を流れるのは静脈血である。ヒト（ほ乳類）の赤血球は脱核しているが，その他のセキツイ動物は有核である。

心臓の構造（外観）　　心臓の断面と血流の方向

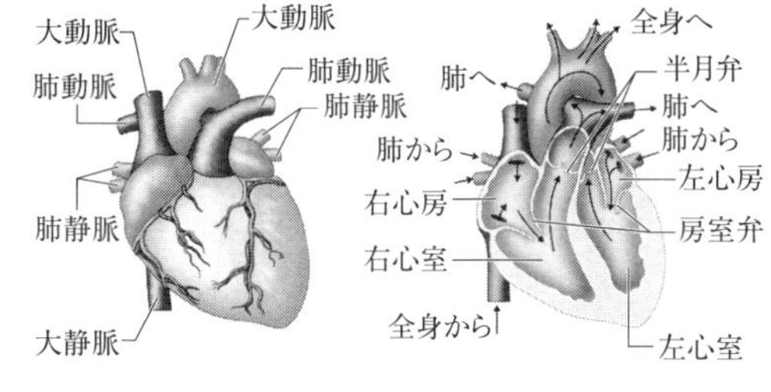

答【16】⑥

【17】 赤血球の寿命は100～120日で，古くなった赤血球は，主に脾臓で壊されるが，肝臓や骨髄でも行われる。赤血球が破壊される際に生じるヘムの分解産物のビリルビンは胆汁中に分泌される。ヘモグロビンに含まれる鉄イオンは肝臓に貯蔵される。

答【17】⑤

【18】 肺胞での酸素ヘモグロビンの割合は実線のグラフで酸素濃度100の値，つまりa%，組織Ｙでの酸素ヘモグロビンの割合は破線のグラフで，酸素濃度30の値，つまりd%となる。

$$酸素解離度=\frac{a-d}{a}\times 100\ (\%)$$

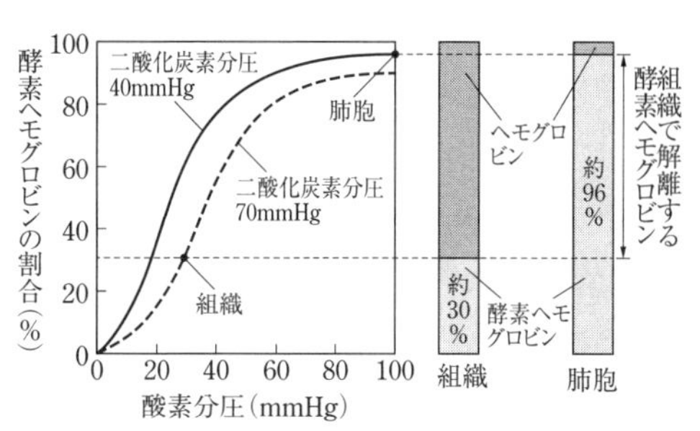

分圧の単位は，mmHgで表している。760mmHgが1013hPa（1気圧）に等しい。

答【18】⑥

【19】 フィブリンは，フィブリノーゲンがトロンビンによって加水分解されたものである。

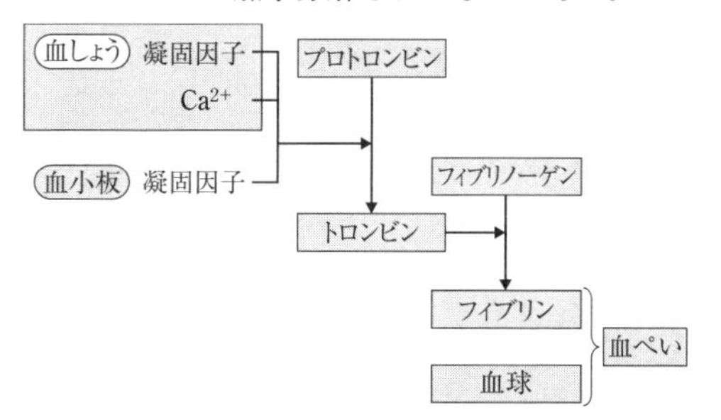

フィブリンの合成過程

答【19】③

【20】 血球のうち，白血球のみがアメーバ運動により毛細血管の隙間から出ることができる。そして全身に存在することにより外界からの異物の排除に関わる。

答【20】②

5 体温調節

【21】 発汗すると，水分の蒸発熱により熱が奪われるので体温は下がる。

答【21】③

【22】 自律神経の中枢は間脳の視床下部にあり，さまざまな恒常性の調節を行う。

答【22】④

【23】 交感神経の作用によって副腎髄質から分泌されるホルモンはアドレナリンである。脳下垂体前葉から分泌される甲状腺刺激ホルモンの作用によって甲状腺から分泌されるホルモンはチロキシンである。

答【23】②

【24】 交感神経は活発に活動するときにはたらき，副交感神経は休息しているときにはたらく。瞳孔は交感神経がはたらくと拡大する。

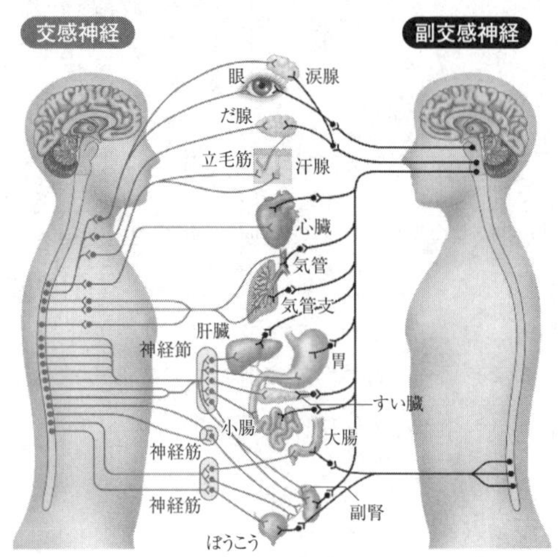

自律神経の多くは，いくつかのものが集まったり再び分かれたりして，内臓諸器官に分布する。

支配器官	瞳孔	立毛筋	心臓（拍動）	気管支	皮膚の血管	胃（ぜん動）	ぼうこう（排尿）
交感神経	拡大	収縮	促進	拡張	収縮	抑制	抑制
副交感神経	縮小	分布していない	抑制	収縮	分布していない	促進	促進

活動状態や緊張状態では，交感神経のはたらきが優位になる。リラックスした状態では，主に副交感神経のはたらきが優位になる。

答【24】⑤

【25】 アドレナリンは，血糖濃度の調節に関わるホルモンでもあり，グリコーゲンをグルコースに分解して血糖濃度を上昇させる。（次図（血糖量の調節）を参照）

答【25】①

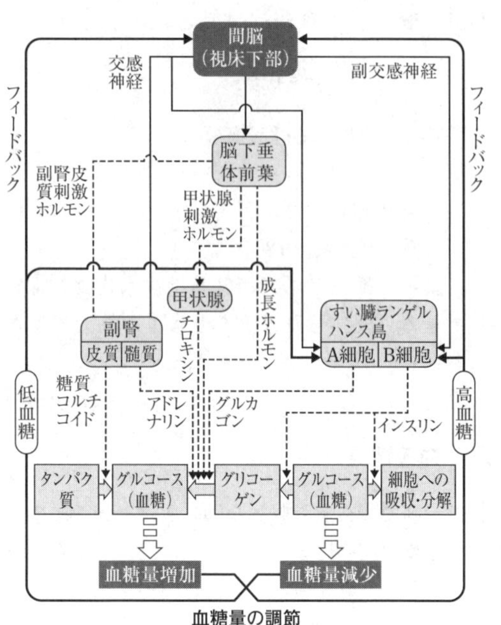

血糖量の調節

6 免疫

【26】 好中球は5種類ある白血球の1種類で中性色素で染まる。他に好酸球，好塩基球などがある。獲得免疫は，病原体を特異的に見分け，それを記憶することで，同じ病原体の侵入に対し，効果的に排除できるしくみで，樹状細胞が抗原提示を行うことによって始まる。

答【26】⑤

【27】 ヘルパーT細胞は，型の合うキラーT細胞を活性化させ，B細胞の増殖・分化を活性化させる。さらに，マクロファージのはたらきを促進する。T細胞にはキラーT細胞，ヘルパーT細胞の他に，制御性T細胞がある。

答【27】①

【28】 T細胞のTは胸腺（Thymus）の頭文字，B細胞のBは骨髄（Bone marrow）の頭文字である。

答【28】③

【29】 特定の抗原と接触したことのないリンパ球（ナイーブT細胞やナイーブB細胞）と比較して，抗原が一度目に侵入したときにはたらいたT細胞とB細胞の一部は記憶細胞として残る。記憶細胞は再び同じ抗原の侵入を受けると，より敏感に迅速に活性化し，一次応答よりもきわめて短時間で強い免疫反応が起こり，体内に侵入した病原体は，発症前に排除される（二次応答）。

答【29】⑧

【30】 1つの抗体産生細胞（形質細胞）は1種類の抗体を合成する。一次応答において，感染最初につくられる抗体IgMである。

その後，B細胞では定常部の遺伝子で組み換えが起こり，定常部の構造が異なるIgG，IgA，IgEが産生されるようになる。この現象はクラススイッチと呼ばれる。

B細胞がクラススイッチによってどのクラスの免疫グロブリンを産生するようになるかは，ヘルパーT細胞の放出するサイトカインの種類によって決まる。

未分化なB細胞には，可変部の遺伝子断片が多数存在し，V，D，Jの領域に分かれて存在している。B細胞が分化する間に，H鎖の遺伝子ではV，D，J断片それぞれから，また，L鎖の遺伝子ではH鎖とは異なるV，J断片それぞれから1つずつ選ばれて連結，再編成される。このしくみは利根川進によって解明された。

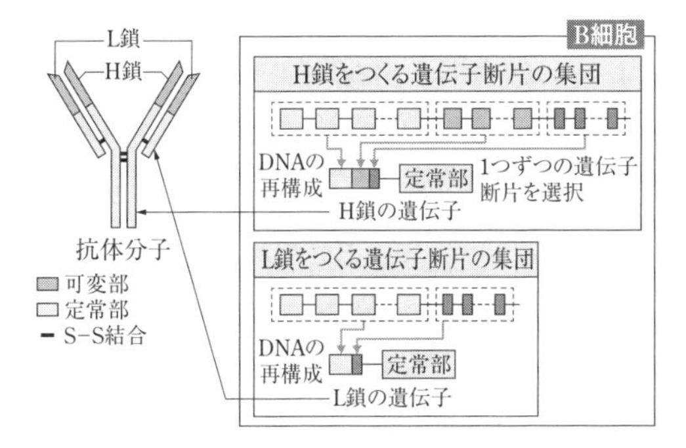

問題文より抗体分子の可変部の遺伝子がH鎖のV，D，Jがそれぞれ40，25，6，また，L鎖のV，Jがそれぞれ40，5である。

造血幹細胞からB細胞に分化する過程で，抗体（免疫グロブリン）をつくる遺伝子集団か多様な免疫グロブリンがつくられる。よってH鎖の遺伝子の組合せは，40×25×6種類，またL鎖の遺伝子の組合せは40×5種類となる。よって全体の組合せは，

$$40\times25\times6\times40\times5=12\times10^5 \text{（種類）}$$

答【30】⑥

7 DNAの解析（PCR法）

【31】 DNAの複製に関して，合成酵素DNAポリメラーゼによるヌクレオチド鎖の伸長には，プライマーが必要である。プライマーは生体内ではRNAであるが，PCR法では人工的に合成した2種類のDNAプライマーが用いられる。

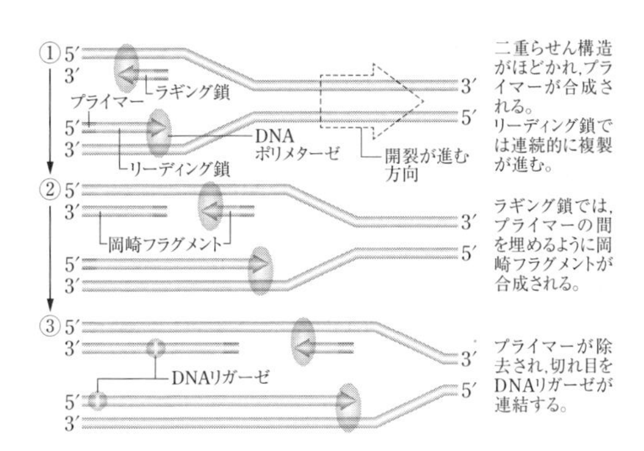

これらのプライマーは，DNAの2本のヌクレオチド鎖において，増幅させたい領域の3′末端部分にそれぞれ相補的に結合するように設計される。クローニングの際，始めにDNAの2本鎖は加熱（95℃）により1本鎖に分かれる。その後低温（55～60℃）の条件でプライマーと結合させたのち，酵素（DNAポリメラーゼ）をはたらかせる（72℃）。

PCR法に用いるDNAポリメラーゼは，好熱菌から単離されたもので，高温条件下でも失活しにくく最適温度が高い。

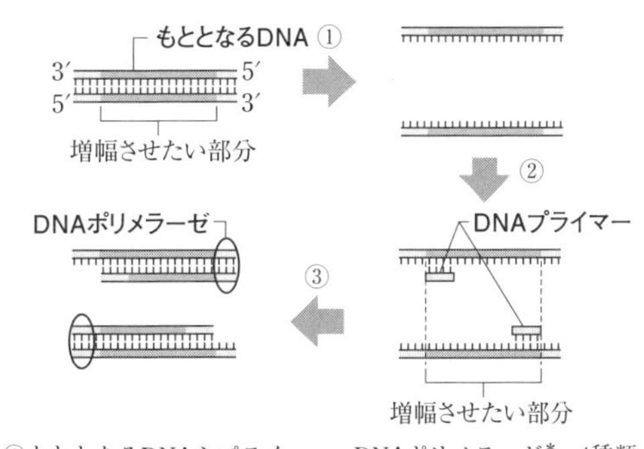

①もととなるDNAやプライマー，DNAポリメラーゼ*，4種類のヌクレオチドなどを加えた混合液を約95℃に加熱して，DNAを1本ずつのヌクレオチド鎖に解離させる。
②約60℃に冷やし，プライマーをヌクレオチド鎖に結合させる。
③約72℃に加熱し，DNAポリメラーゼによってヌクレオチド鎖を合成させる。
※①～③を1サイクルとし，これをくり返すことで目的のDNAを大量に増幅できる。活しにくい。

PCR法では，複製の手順を1回行うと，DNAの半保存的複製にもとづいて，鋳型となる2本鎖DNA 1組から2組の2本鎖DNAができる。また，複製の手順を2回行うと，4組の2本鎖DNAが得られる。このようにn回の

複製を行うと，1組の鋳型DNAは2^n組に増加する。増幅させたい部分のみをもつ2本鎖DNAの数は，次のようにして求めることができる。

鋳型となる2本鎖DNAの各鎖（1本鎖DNA）を「長」，1回目の複製で生じた中間の長さの1本鎖DNAを「中」，増幅させたい部分からなる1本鎖DNAを「短」と表すと，PCRによって増幅されるDNAのようすは次のようになる。

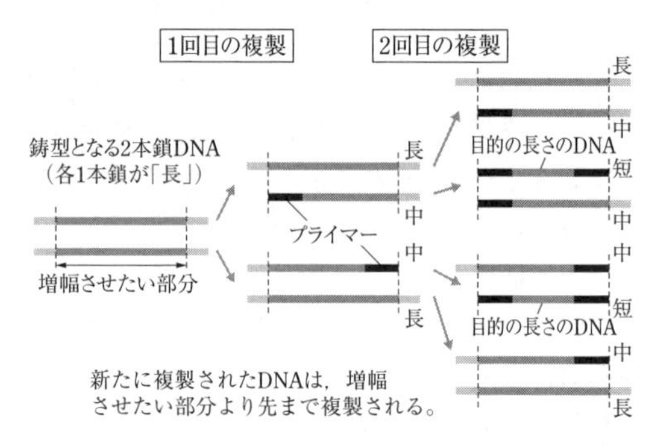

問題文にもあるように，鋳型DNA中の増幅させたい部分（短＋短）は，複製の手順を3回くり返した時点ではじめて2組現れることがわかる。

長＋中の数は，1回目の複製以降変わらず常に2となる。また，2サイクル目以降，中＋短の数は，前のサイクルで生じた数に＋2の値となっている。よって，n回目（$n \geqq 2$）のサイクルにおける中＋短の2本鎖の数は，等差数列の考え方より，$2n-2$となる。3サイクル目以降に現れる短＋短という2本鎖の数は，全体の数からこれらの数の和を引いた値となる。n回目のサイクルでは2本鎖DNA全体の数が2^n倍に増えることより，短＋短という2本鎖DNAの数は次のように表される。

$$2^n - \{2 + (2n-2)\} = 2^n - 2n \ (n \geqq 3)$$

たとえば，5サイクル目で合成される32組の2本鎖DNAのうち，増幅させたい部分からなる2本鎖DNA（短＋短）の数は，$2^5 - 2 \times 5 = 22$（対）というようになる。

よって，図のように，増幅したい領域の2本鎖のDNA断片は3サイクル目に2個生じる。

答【31】③

【32】 電気泳動法

寒天ゲルなどに電流を流し，その中でDNAなどの帯電した物質を分離する方法は，電気泳動法と呼ばれる。DNAは，負（－）に帯電するため，寒天ゲル中で電気泳動を行うと陽極へ向かって移動する。このとき，長いDNA断片ほど寒天の繊維の網目に引っかかりやすく，移動速度は遅い。したがって，一定時間電流を流すと，DNA断片の長さに応じて移動距離に差が生じる。長さが既知のDNA断片を平行して同時に泳動すると，目的とするDNA断片のおよその長さを推定することができる。

答【32】④

【33】 細胞内でのプライマーはRNAであり，その後DNAに置き換わる。その意義は，仮にミスが生じても修復しやすいからと考えられている。

答【33】③

【34】 黄・緑・青・赤・緑・黄・黄・青・緑・緑に対応するヌクレオチドの塩基はA・G・T・C・G・A・A・T・G・Gとなる。短いDNA断片からこの順に並んでいるので，塩基配列は，プライマーに続いて5′→3′の向きにA・G・T・C・G・A・A・T・G・Gとなる。したがって，X_1の塩基配列は次のようになり，空欄**カ**の塩基はT，**キ**の塩基はGとなる。

　　　　　カ　　　**キ**
5′…C・C・A・[T]・T・C・[G]・A・C・T‥3′
3′…G・G・T・A・A・G・C・T・G・A‥5′

答【34】④

【35】 X_1のヌクレオチドは20（10×2）あり，そのうちAは5か所にあるので，全塩基中のAの割合は

$$\frac{5}{20} \times 100 = 25\ (\%)$$

答【35】③

8 植　生

【36】 温かさの指数は，植物の生育に必要な最低温度（5℃）を基準として求める数値である。

各月の平均気温が5℃を超える月において，各月の平均気温から5℃を差し引いた数値を求め，1年を通して積算する。亜寒帯は15〜45，冷温帯は45〜85，暖温帯は85〜180，亜熱帯は180〜240，熱帯は240以上である。

よって問題の温かさの指数は次の通り。

$$1+7+10+14+15+11+4=62$$

答【36】⑤

【37】【38】【40】　植生は気温と降水量の影響を受けて成立する。植生とそこに生息する生物のまとまりをバイオームという。バイオームは年間降水量と温かさの指数を含めた年平均気温によって，次図のように分類される。

年平均気温が25℃以上で降水量も2500 mm以上の高温多湿の熱帯地域には，熱帯多雨林が見られる。砂漠は荒原のバイオームで，サバンナより年間降水量が少ない地域である。ステップはサバンナより年平均気温が低い地域に形成される。また，ツンドラはステップより年平均気温が異なる。草原で乾燥に強い木本がまばらに生えるのはサバンナである。砂漠ではサボテンやトウダイグサのように乾燥に適応した植物群集が見られる。チークは雨緑樹林の，オリーブ，コルクガシ，ユーカリは硬葉樹林の樹種の例である。

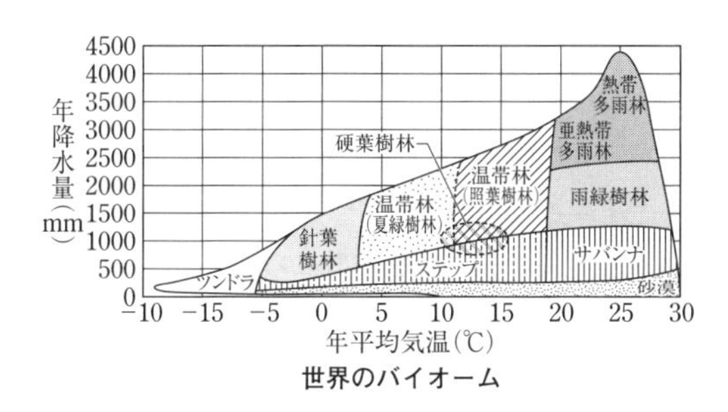

世界のバイオーム

サバンナにはアカシアなどの木本がまばらに生えている。また，ミズナラは夏緑樹林の代表植物である。硬葉樹林は，温帯のうち冬は比較的温暖で降水量が多く，夏は暑くて乾燥が激しい地域に形成される。植物例は，オリーブの他，ゲッケイジュ，ユーカリがある

答【37】②【38】④【40】③

【39】　下図のように南北に長い日本の水平分布は，垂直分布との間に相関性がみられる。

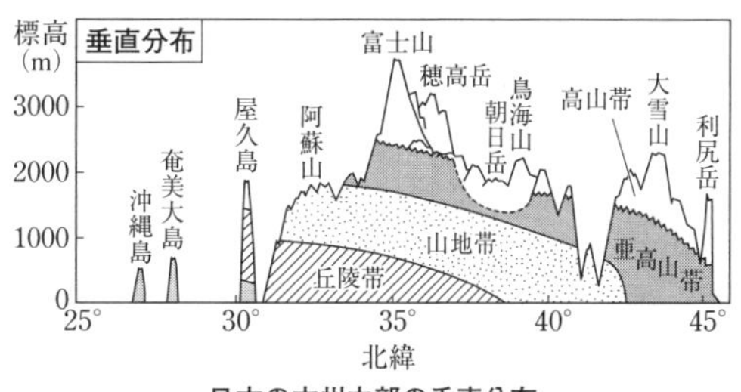

日本の本州中部の垂直分布

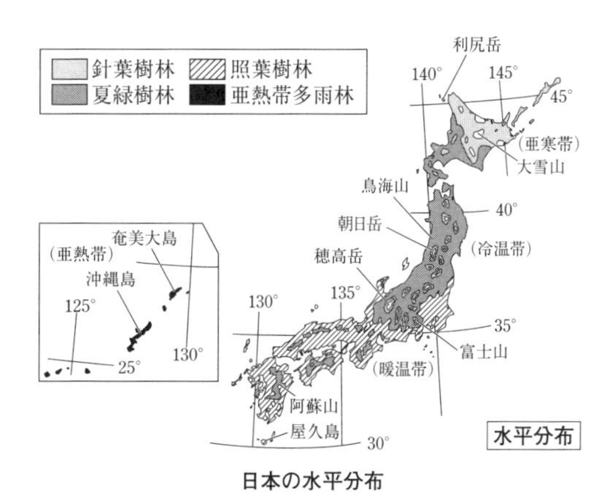

日本の水平分布

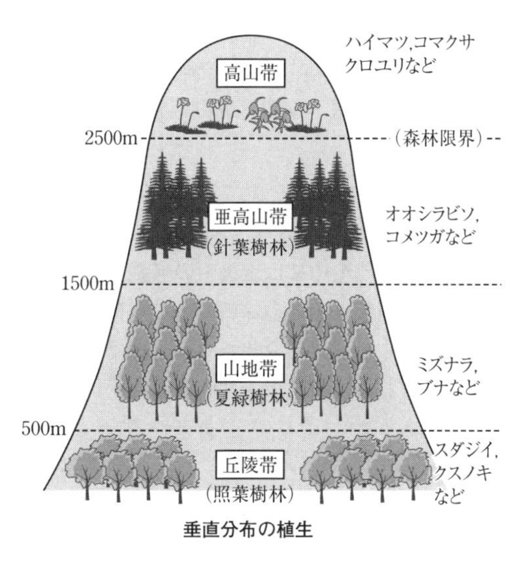

垂直分布の植生

日本本州中部の垂直分布は，標高の高い順から高山帯，亜高山帯，山地帯，丘陵帯となる。標高2500m 以上の高山帯は，森林限界を超え，

高山植物のお花畑のほかに低木のハイマツなどが見られる。山地帯のバイオームは夏緑樹林で，代表的な樹種はミズナラである。スダジイは丘陵帯に見られる照葉樹林の例である。高緯度地方では，年平均気温が低くなるため分布域の境界線は低くなる。

答【39】②

9 物質循環

【41】 シアノバクテリアは，光合成を行い，みずから有機物を合成できるので生産者である。

答【41】④

【42】 a は化石燃料の燃焼である。また，c，d，e，f については細菌を含めすべての生物は基本的に呼吸により，二酸化炭素を放出している。

答【42】⑤

【43】 アゾトバクター以外の窒素固定細菌の例としては，クロストリジウム，ある種のシアノバクテリア，マメ科の根に共生する根粒菌などがある。

答【43】①

【44】 アンモニウムイオン（NH_4^+）は，窒素固定細菌により生じるほか，生物の遺体や排出物を腐敗菌が分解することによっても生じる。アンモニウムイオンは，亜硝酸菌により亜硝酸イオン（NO_2^-）に変えられ，亜硝酸イオンは硝酸菌により硝酸イオン（NO_3^-）に変えられる。

答【44】③

【45】 大気中の窒素（N_2）は，空中放電によって酸素（O_2）と反応し，無機窒素化合物に変化する。動物の中には土壌中の無機窒素化合物を直接利用できるものはいない。無機窒素化合物を大気中の窒素に変化させる細菌は脱窒素細菌と呼ばれる。根粒菌が共生する相手はマメ科植物である。

答【45】②

生　物　　　正解と配点

（60分，100点満点）

問題番号		正　解	配　点
1	【1】	⑤	2
	【2】	②	2
	【3】	③	2
	【4】	③	2
	【5】	⑤	3
2	【6】	⑥	2
	【7】	①	2
	【8】	⑥	3
	【9】	④	2
	【10】	③	2
3	【11】	②	2
	【12】	④	2
	【13】	⑤	2
	【14】	②	2
	【15】	③	3
4	【16】	⑥	2
	【17】	⑤	2
	【18】	⑥	3
	【19】	③	2
	【20】	②	2
5	【21】	③	2
	【22】	④	2
	【23】	②	2
	【24】	⑤	3
	【25】	①	2

問題番号		正　解	配　点
6	【26】	⑤	2
	【27】	①	2
	【28】	③	2
	【29】	⑧	2
	【30】	⑥	3
7	【31】	③	3
	【32】	④	2
	【33】	③	2
	【34】	④	3
	【35】	③	2
8	【36】	⑤	3
	【37】	②	2
	【38】	④	2
	【39】	②	2
	【40】	③	2
9	【41】	④	2
	【42】	⑤	2
	【43】	①	2
	【44】	③	2
	【45】	②	3

令和3年度

基礎学力到達度テスト
問題と詳解

令和3年度　物　理

Ⅰ

次の文章(1)〜(5)の空欄【１】〜【５】にあてはまる最も適当なものを，解答群から選べ。ただし，同じものを何度選んでもよい。

(1)　一定の質量の直方体を水平な床に置くとき，床が直方体の底面から受ける圧力yと直方体の底面積xの関係を表すグラフは【１】である。

(2)　常温において，空気中を伝わる音の速さyと，空気のセ氏温度xの関係を表すグラフは【２】である。

(3)　一定の電気容量のコンデンサーを充電するとき，コンデンサーに蓄えられる静電エネルギーyと極板間の電位差xの関係を表すグラフは【３】である。

【１】〜【３】の解答群

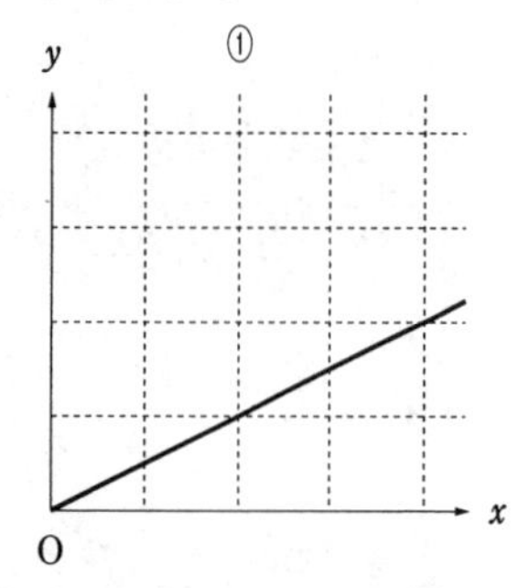

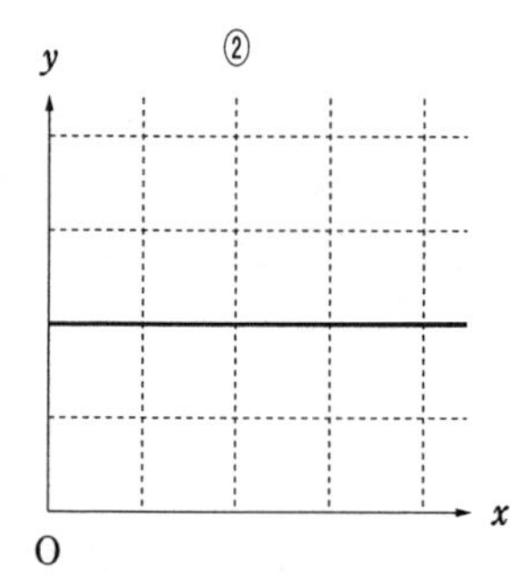

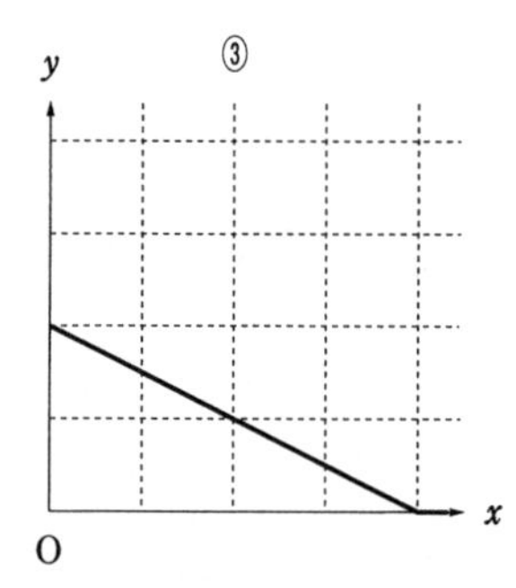

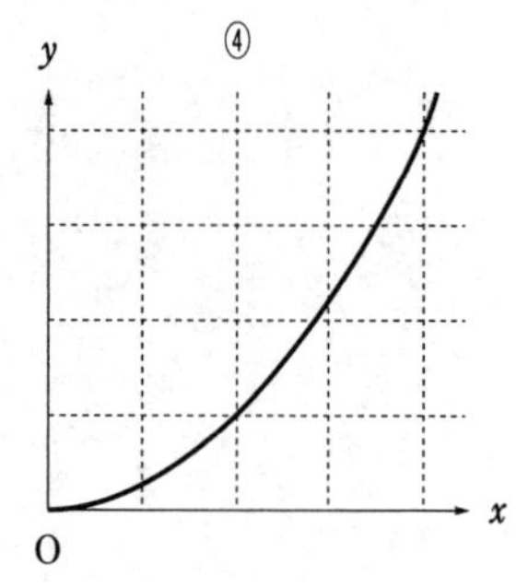

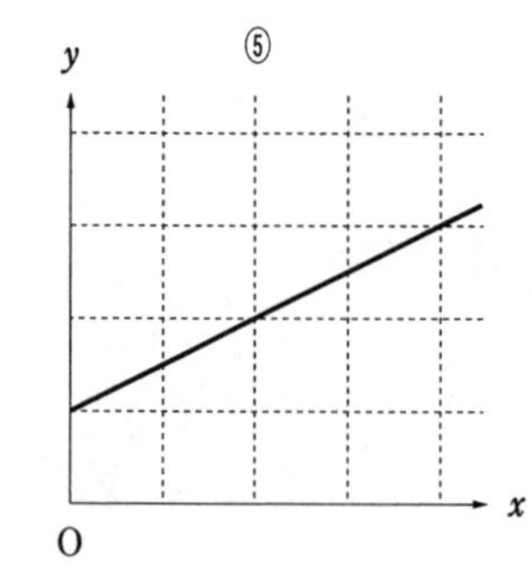

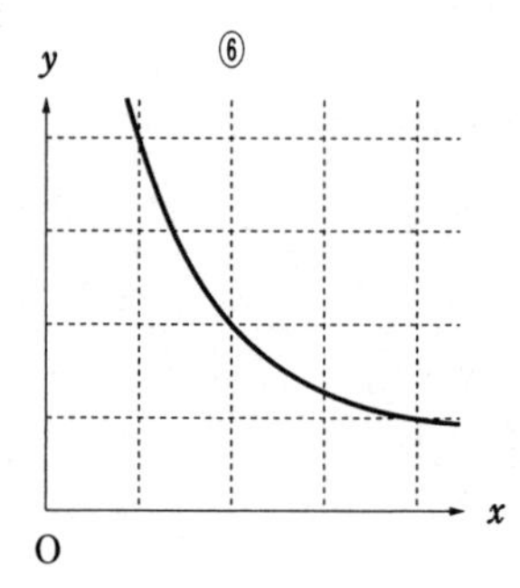

⑷ 海岸の崖の上から，小石を水平投射して海面に落下させる。小石の初速度を２倍にすると，小石の海面までの落下時間は【**4**】倍になる。ただし，空気抵抗や風の影響はないものとする。

⑸ 万有引力について，２つの物体間の距離が２倍になると，万有引力の大きさは【**5**】倍になる。

【4】，【5】の解答群

① $\frac{1}{4}$　② $\frac{\sqrt{2}}{4}$　③ $\frac{1}{2}$　④ $\frac{\sqrt{2}}{2}$　⑤ 1

⑥ $\sqrt{2}$　⑦ 2　⑧ $2\sqrt{2}$　⑨ 4

2 **次の文章の空欄【6】〜【10】にあてはまる最も適当なものを，解答群から選べ。ただし，同じものを何度選んでもよい。**

図1のように，重さ2Nで長さ1mの一様な棒を，摩擦のある水平な床とそれに垂直でなめらかな壁の間に立てかけてある。力のつり合いより，棒が点Aで受ける垂直抗力の大きさは【6】Nである。棒と床のなす角θが60°のとき，点Bで受ける垂直抗力の大きさは，点Aのまわりの力のモーメントのつり合いより，【7】Nである。また，棒が点Aで受ける静止摩擦力の大きさは【8】Nで，向きは【9】である。

棒と床のなす角θを60°よりもわずかに小さくすると，棒は床をすべり，棒を壁と床の間に立てかけることができない。このことから，棒と床の間の静止摩擦係数は【10】である。

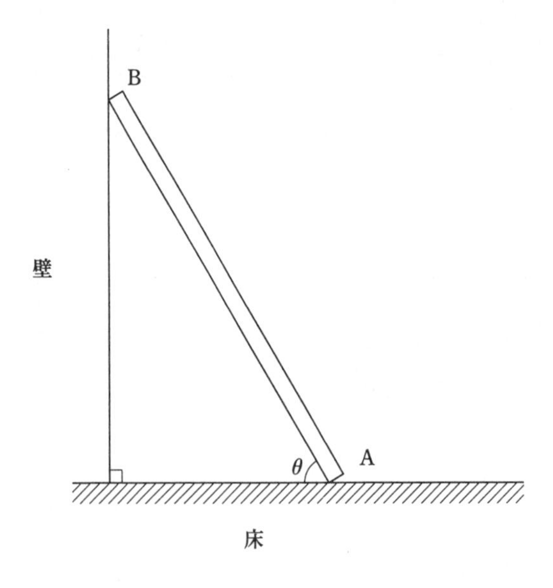

図1

【6】〜【8】,【10】の解答群

① $\frac{1}{6}$	② $\frac{\sqrt{3}}{6}$	③ $\frac{1}{3}$	④ $\frac{1}{2}$	⑤ $\frac{\sqrt{3}}{3}$
⑥ $\frac{\sqrt{3}}{2}$	⑦ 1	⑧ $\sqrt{3}$	⑨ 2	⓪ $2\sqrt{3}$

【9】の解答群

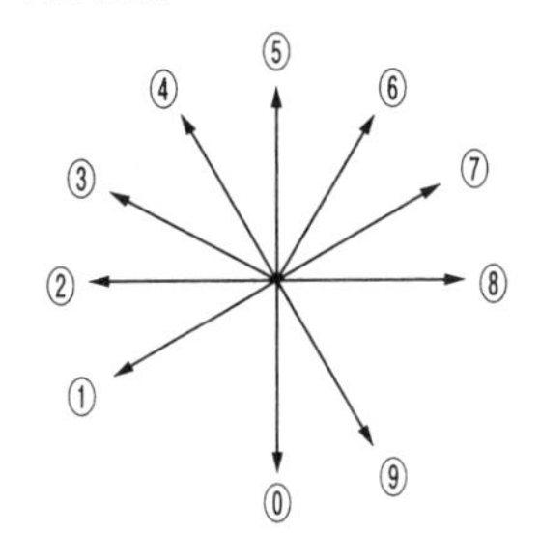

3 次の文章の空欄【11】～【15】にあてはまる最も適当なものを，解答群から選べ。ただし，同じものを何度選んでもよい。

図1のように，なめらかな水平面上で，速さ 3.0 m/s で右向きに進む質量 2.0 kg の台車Aと，速さ 1.0 m/s で左向きに進む質量 1.0 kg の台車Bがある。速度の正の向きを右向きとする。台車A，Bの運動量の和は【11】kg･m/s である。

台車A，Bの衝突直後，図2のように，台車Aが速さ 1.0 m/s で右向きに進むとき，台車Bは速さ【12】m/s で右向きに進む。この衝突によって【13】J の力学的エネルギーが失われ，台車A，Bの間の反発係数(はね返り係数)は【14】である。

その後，台車Bは水平面の右側に固定されたばねではね返り，台車Aと2回目の衝突をする。その衝突後，台車A，Bはそれぞれ水平面の左側，右側に固定されたばねではね返り，3回目の衝突をする。3回目の衝突直後の台車A，Bの運動量の和は【15】kg･m/s である。ただし，台車がばねではね返るとき，力学的エネルギーは保存するものとする。また，台車A，Bが衝突するとき，台車A，Bは共にばねから離れているものとする。

衝突前

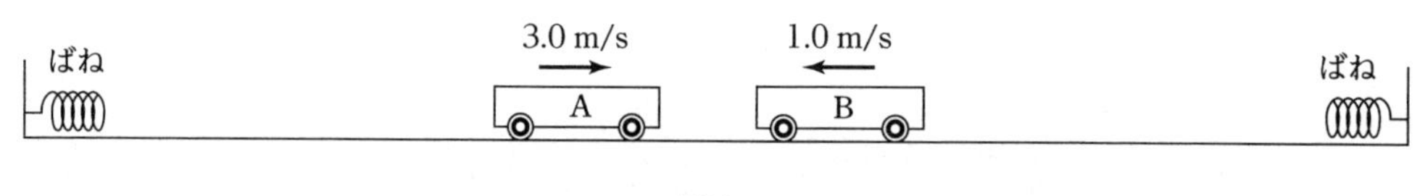

図1

1回目の衝突直後

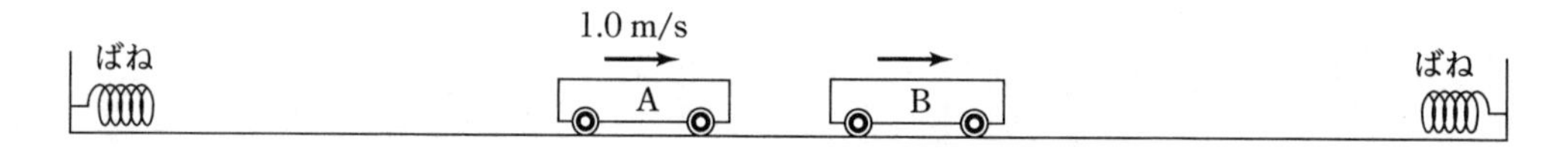

図2

【11】～【13】の解答群

① 1.0　② 2.0　③ 3.0　④ 4.0　⑤ 5.0
⑥ 6.0　⑦ 7.0　⑧ 8.0　⑨ 9.0　⓪ 0

【14】の解答群

① 0.10　② 0.20　③ 0.30　④ 0.40　⑤ 0.50
⑥ 0.60　⑦ 0.70　⑧ 0.80　⑨ 0.90　⓪ 0

【15】の解答群

① 1.0　② 2.0　③ 3.0　④ 4.0　⑤ 5.0
⑥ −1.0　⑦ −2.0　⑧ −3.0　⑨ −4.0　⓪ −5.0

4 次の文章の空欄【16】～【20】にあてはまる最も適当なものを，解答群から選べ。ただし，同じものを何度選んでもよい。

図1のように，一辺の長さがLの内面がなめらかな立方体の密閉容器の中で，質量mの気体分子が運動し，容器の壁と弾性衝突を繰り返している。気体分子の運動と絶対温度の関係を考える。

気体分子の速さをv，速度のx，y，z方向の成分をそれぞれv_x，v_y，v_zとし，容器内のすべての気体分子についてのv^2，v_x^2，v_y^2，v_z^2の平均をそれぞれ$\overline{v^2}$，$\overline{v_x^2}$，$\overline{v_y^2}$，$\overline{v_z^2}$とする。気体分子の運動はどの向きにも均等なので，$\overline{v_x^2}=\overline{v_y^2}=\overline{v_z^2}$となる。$\overline{v^2}=\overline{v_x^2}+\overline{v_y^2}+\overline{v_z^2}$であるから，$\overline{v_x^2}=$【16】$\times\overline{v^2}$である。

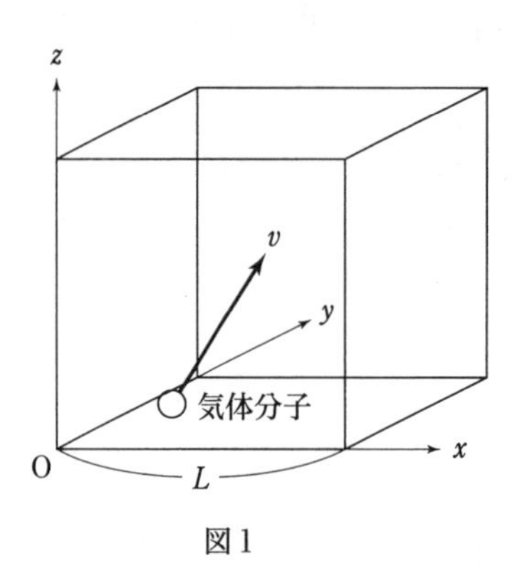

図1

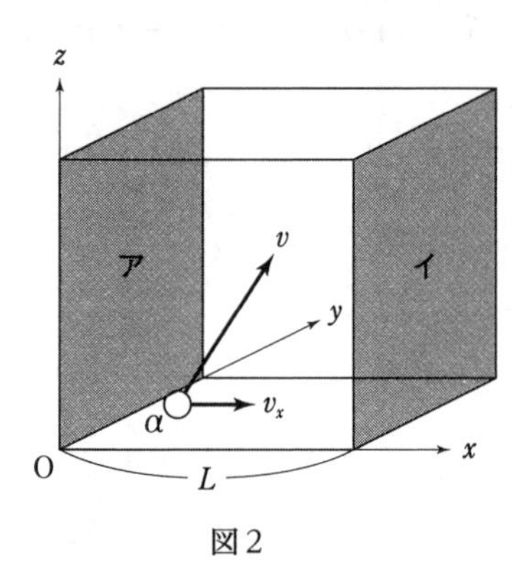

図2

図2で，1個の気体分子αが速度のx成分v_xで壁アと壁イを往復する時間をtとすると，$t=$【17】$\times\dfrac{L}{v_x}$であり，この間に，壁イに1回衝突する。気体分子αが壁イに衝突するときの運動量のx方向の成分の変化は$-$【18】$\times mv_x$であり，これは気体分子αが壁イから受ける力積に等しく，壁イはこの反対向きの力積を受ける。この力積の大きさをIとすると，時間Tの間に気体分子αは壁イに$\dfrac{T}{t}$回衝突するので，この間に壁イに与えられる力積の大きさは$I\times\dfrac{T}{t}$である。これより，壁イが気体分子αの衝突で受ける平均の力の大きさが$\dfrac{I}{t}$であることがわかる。

容器内に物質量nの単原子分子がある場合，アボガドロ定数をN_Aとすると，容器内の分子数はnN_Aで，壁イは一辺の長さがLの正方形であるから，壁イが受ける圧力は【19】である。

さらに理想気体の状態方程式より，気体分子の2乗平均速度$\sqrt{\overline{v^2}}$は，絶対温度Tの【20】乗に比例することがわかる。

【16】～【18】，【20】の解答群

① $\frac{1}{3}$　② $\frac{1}{2}$　③ $\frac{2}{3}$　④ 1　⑤ $\frac{3}{2}$

⑥ $\frac{5}{3}$　⑦ 2　⑧ $\frac{5}{2}$　⑨ 3

【19】の解答群

① $\frac{nmN_A\overline{v_x^2}}{2L}$　② $\frac{nmN_A\overline{v_x^2}}{2L^2}$　③ $\frac{nmN_A\overline{v_x^2}}{2L^3}$

④ $\frac{nmN_A\overline{v_x^2}}{L}$　⑤ $\frac{nmN_A\overline{v_x^2}}{L^2}$　⑥ $\frac{nmN_A\overline{v_x^2}}{L^3}$

⑦ $\frac{2nmN_A\overline{v_x^2}}{L}$　⑧ $\frac{2nmN_A\overline{v_x^2}}{L^2}$　⑨ $\frac{2nmN_A\overline{v_x^2}}{L^3}$

5 次の文章〔A〕,〔B〕の空欄【21】～【27】にあてはまる最も適当なものを，解答群から選べ。

〔A〕 図1の装置をクインケ管といい，音源で発生した音がAから入り，経路ABCと経路ADCに分かれて進む。Dを伸ばした長さによって，Cから出る音の大きさが変わる。これを音の【21】という。空気中を伝わる音の速さを340 m/sとする。

最初に，Cから出る音が最も大きくなるようにDの位置を調整した。Dを右向きにゆっくり動かしていくと，Cから出る音は次第に小さくなった。Dの最初の位置からの距離をx〔cm〕とすると，$x=$【22】cmのとき，Cから出る音は最も小さくなった。さらにDを右向きにゆっくり動かしていくと，$x=10.0$ cmのとき，Cから出る音が再び最も大きくなった。このことより，音の波長は【23】cm，振動数は【24】Hzである。

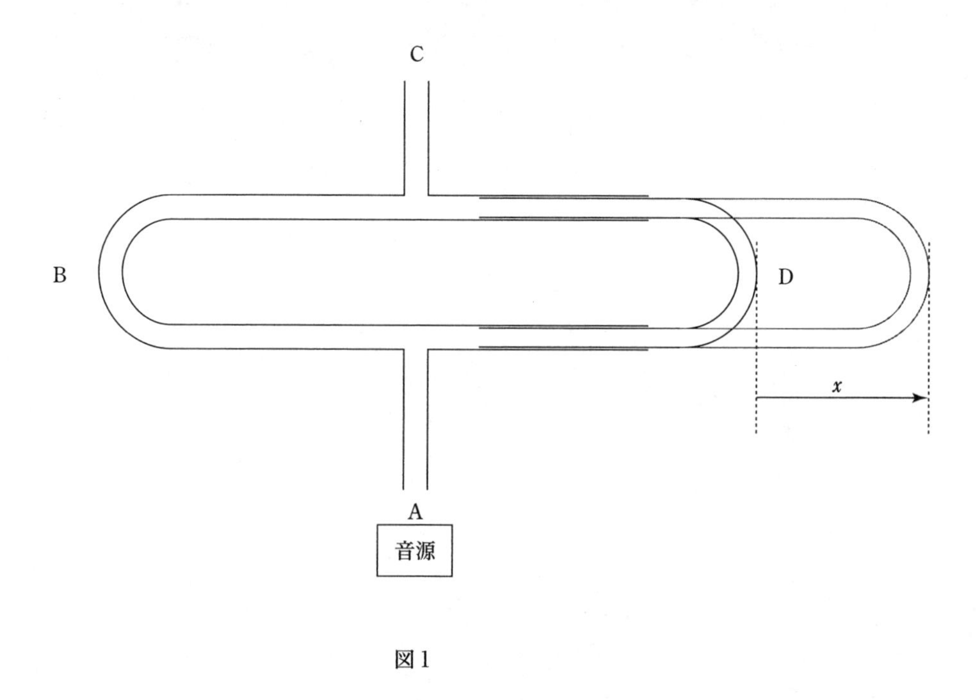

図1

【21】の解答群

① うなり　② 回折　③ 干渉　④ 屈折　⑤ 反射

【22】の解答群

① 1.5　② 2.5　③ 3.5　④ 5.0
⑤ 6.5　⑥ 7.5　⑦ 8.5

【23】の解答群

① 1.5　② 2.5　③ 5.0　④ 10.0　⑤ 15.0
⑥ 20.0　⑦ 25.0　⑧ 30.0　⑨ 40.0　⓪ 50.0

【24】の解答群

① 1.70×10^2　② 3.40×10^2　③ 5.10×10^2　④ 6.80×10^2
⑤ 8.50×10^2　⑥ 1.70×10^3　⑦ 3.40×10^3　⑧ 5.10×10^3
⑨ 6.80×10^3　⓪ 8.50×10^3

〔B〕 図2のように，水槽に水を入れ，光が水中から空気中へ進むときの道筋を観察した。図2において，i=30°のとき，r=40°であった。表1の三角関数表を用いると，空気に対する水の屈折率nは，n=【25】となり，空気中を進む光の波長をλとすると，水中を進む光の波長λ'は，λ'=【26】×λである。iをおよそ【27】よりも大きい角にすると，光は水中から空気中へ出ることができない。

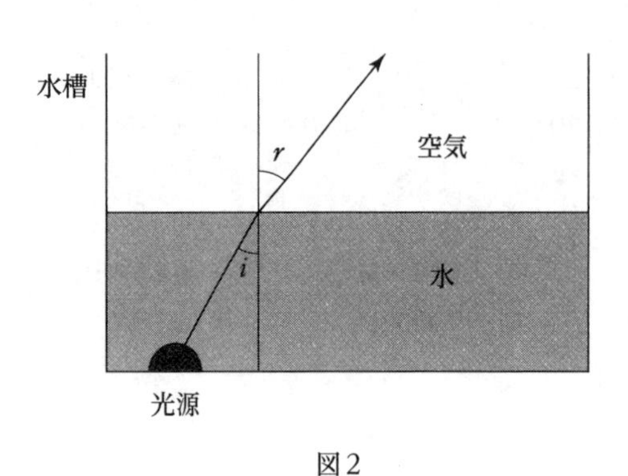

図2

表1

度	sin	cos	tan
30°	0.50	0.87	0.58
35°	0.57	0.82	0.70
40°	0.64	0.77	0.84
45°	0.71	0.71	1.00
50°	0.77	0.64	1.19
55°	0.82	0.57	1.43
60°	0.87	0.50	1.73

【25】の解答群

① 1.1　② 1.2　③ 1.3　④ 1.4　⑤ 1.5
⑥ 1.6　⑦ 1.7　⑧ 1.8　⑨ 1.9　⓪ 2.0

【26】の解答群

① $\frac{1}{n^2}$　② $\frac{1}{n}$　③ $\frac{\sqrt{n}}{n}$　④ $\sqrt{n}$　⑤ n　⑥ n^2

【27】の解答群

① 30°　② 35°　③ 40°　④ 45°
⑤ 50°　⑥ 55°　⑦ 60°

6 次の文章〔A〕,〔B〕の空欄【28】～【34】にあてはまる最も適当なものを，解答群から選べ。ただし，同じものを何度選んでもよい。

〔A〕 図1のx-y平面上で，点A(r, 0)に$+Q$〔C〕の正の点電荷がある。このときの，点Oの電場の大きさをE_0〔V/m〕，電位をV_0〔V〕とすると，点B(0, $\sqrt{3}r$)の電場の強さは【28】$\times E_0$〔V/m〕，点Bの電位は【29】$\times V_0$〔V〕である。

図2のように，点A(r, 0)と点C($-r$, 0)のそれぞれに$+Q$〔C〕の正の点電荷があるとき，点Bの電場の強さは【30】$\times E_0$〔V/m〕，点Bの電位は【31】$\times V_0$〔V〕である。

ただし，電位の基準を無限遠とする。

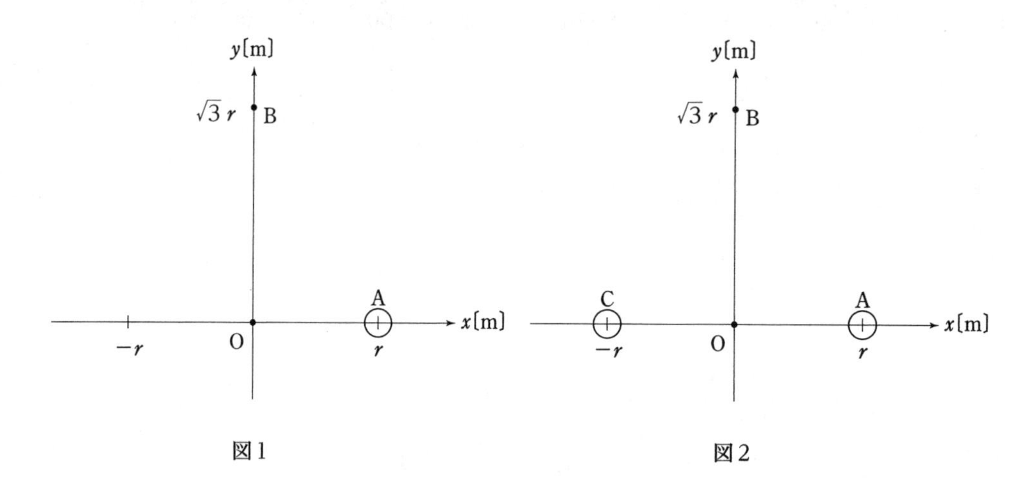

図1　　　　図2

【28】～【31】の解答群

① $\frac{1}{4}$　② $\frac{1}{3}$　③ $\frac{\sqrt{3}}{4}$　④ $\frac{1}{2}$　⑤ $\frac{\sqrt{3}}{3}$

⑥ $\frac{\sqrt{3}}{2}$　⑦ 1　⑧ $\frac{2\sqrt{3}}{3}$　⑨ $\frac{3\sqrt{3}}{4}$　⓪ $\sqrt{3}$

〔B〕 図3のような回路を組み，可変抵抗器Rの値を調整して測定すると，電流計の値が 2.0 A のとき電圧計は 8.0 V，電流計の値が 5.0 A のとき電圧計は 2.0 V の値を示した。

電池の起電力を E〔V〕，電池の内部抵抗を r〔Ω〕，電池を流れる電流の大きさを I〔A〕とすると，電池の端子電圧 V〔V〕は，$V=$【32】と表せる。このことから，$r=$【33】Ωである。

可変抵抗器Rの消費電力の最大値は【34】W である。

ただし，電流計の内部抵抗および導線の抵抗は無視でき，電圧計の内部抵抗は十分に大きいものとする。

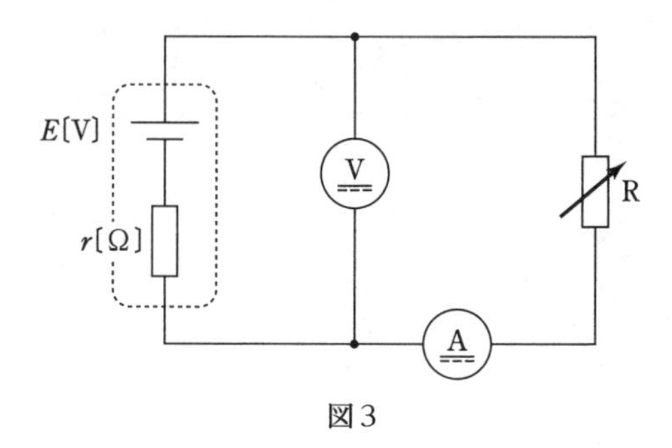

図3

【32】の解答群

① $E+rI$　② $E-rI$　③ $\dfrac{E}{r}+I$　④ $\dfrac{E}{r}-I$

【33】の解答群

① 0.50　② 1.0　③ 1.5　④ 2.0　⑤ 2.5
⑥ 3.0　⑦ 3.5　⑧ 4.0　⑨ 4.5　⓪ 5.0

【34】の解答群

① 12　② 16　③ 18　④ 20　⑤ 24
⑥ 28　⑦ 30　⑧ 32　⑨ 36　⓪ 40

令和3年度　化　学

Ⅰ　物質の構成に関する以下の問いに答えよ。

次の(1)~(7)の文中の【1】~【7】に最も適するものを，それぞれの解答群の中から1つずつ選べ。

(1)　次の文中の下線部A～Cを単体，化合物および混合物に分類したときの組み合わせは【1】である。

亜鉛と $_A$塩酸を反応させると，$_B$塩化亜鉛と $_C$水素が生成する。

【1】の解答群

	A	B	C
①	単体	化合物	混合物
②	単体	混合物	化合物
③	化合物	単体	混合物
④	化合物	混合物	単体
⑤	混合物	単体	化合物
⑥	混合物	化合物	単体

(2)　原子番号26で中性子の数および電子の数がそれぞれ30，23のイオンの表記は【2】である。ただし，原子番号26の原子の元素記号をXとする。

【2】の解答群

①　${}^{49}_{26}X^{2+}$　②　${}^{49}_{26}X^{3+}$　③　${}^{56}_{26}X^{2+}$
④　${}^{56}_{26}X^{3+}$　⑤　${}^{56}_{30}X^{2+}$　⑥　${}^{56}_{30}X^{3+}$

(3)　次に示すイオンをイオン半径の大きい順に並べたものは【3】である。

S^{2-}　Na^{+}　Mg^{2+}

【3】の解答群

①　$S^{2-} > Na^{+} > Mg^{2+}$　②　$S^{2-} > Mg^{2+} > Na^{+}$
③　$Na^{+} > S^{2-} > Mg^{2+}$　④　$Na^{+} > Mg^{2+} > S^{2-}$
⑤　$Mg^{2+} > S^{2-} > Na^{+}$　⑥　$Mg^{2+} > Na^{+} > S^{2-}$

(4) 次の(a)~(d)の中から価電子の数が等しいものの組み合わせを過不足なく選んだものは【4】である。

(a) Be と Mg　　(b) N と C　　(c) O と S　　(d) Na と Al

【4】の解答群

① (a)　② (b)　③ (c)　④ (d)　⑤ (a)と(b)
⑥ (a)と(c)　⑦ (a)と(d)　⑧ (b)と(c)　⑨ (b)と(d)　⓪ (c)と(d)

(5) 結晶とその説明の組み合わせとして**誤りを含むもの**は【5】である。

【5】の解答群

	結晶	説明
①	銀	金属結晶。電気伝導性がある。展性・延性に富む。
②	ナフタレン	分子結晶。やわらかく，昇華する。
③	塩化カリウム	イオン結晶。かたくもろく，電気伝導性がある。
④	ダイヤモンド	共有結合結晶。非常にかたい。電気伝導性はない。
⑤	黒鉛	共有結合結晶。やわらかく，電気伝導性がある。

(6) 元素の分類に関する記述として**誤りを含むもの**は【6】である。

【6】の解答群

① 1族元素と2族元素は，すべて炎色反応を示す。
② 周期表の第3周期の元素の第一イオン化エネルギーは，アルゴン Ar が最大で，ナトリウム Na が最小である。
③ 17族の元素はハロゲンとよばれ，7個の価電子を持つ。
④ 典型元素と遷移元素は，ともに金属元素を含む。
⑤ 周期表の第4周期には，典型元素と遷移元素が含まれる。

(7) 分子やイオンに関する記述として**誤りを含むもの**は【7】である。

【7】の解答群

① アンモニア NH_3 は1組の非共有電子対を含む極性分子である。
② 四塩化炭素 CCl_4 は8組の非共有電子対を含む無極性分子である。
③ 二酸化炭素 CO_2 中に含まれる共有電子対と非共有電子対の数は等しい。
④ 二原子分子の単体はすべて無極性分子である。
⑤ 窒素 N_2 とシアン化水素 HCN には三重結合が含まれる。

2 物質の変化に関する以下の問いに答えよ。

次の(1)~(5)の文中の【8】~【14】に最も適するものを，それぞれの解答群の中から1つずつ選べ。

(1) 次の(a)~(c)の物質1gを燃焼したとき消費される酸素O_2の物質量を，大きい順に並べたものは【8】である。ただし，(a)~(c)の(　　)内は，反応生成物を示している。また，原子量はMg=24，S=32，Al=27とする。

(a) Mg (MgO)　　(b) S (SO_2)　　(c) Al (Al_2O_3)

【8】の解答群

① (a) > (b) > (c)　　② (a) > (c) > (b)　　③ (b) > (a) > (c)

④ (b) > (c) > (a)　　⑤ (c) > (a) > (b)　　⑥ (c) > (b) > (a)

(2) メタン CH_4 とエタン C_2H_6 の混合気体が完全燃焼すると，二酸化炭素と水が生成する。

この反応でメタンの完全燃焼は，次の化学反応式で表される。

$$CH_4 + 2O_2 \longrightarrow CO_2 + 2H_2O$$

また，次のエタンの完全燃焼の化学反応式中の係数 b の値は【9】である。ただし，化学反応式の係数は，最も簡単な整数比をなすものとし，係数が 1 のときは省略せずに 1 を選ぶものとする。

$$a\ C_2H_6 + b\ O_2 \longrightarrow c\ CO_2 + d\ H_2O$$

【9】の解答群

① 1　② 2　③ 3　④ 4
⑤ 5　⑥ 6　⑦ 7　⑧ 8

この反応で，二酸化炭素が 1.60 mol，水が 2.60 mol 生成した。混合気体中のメタンの物質量は【10】mol で，消費される酸素の物質量は【11】mol である。

【10】の解答群

① 0.10　② 0.20　③ 0.40　④ 0.60　⑤ 0.80　⑥ 1.6

【11】の解答群

① 1.5　② 1.7　③ 2.1　④ 2.5　⑤ 2.9　⑥ 3.5

(3) 次の(a)~(c)の水溶液を，pH の大きい順に並べたものは【12】である。

(a) 0.010 mol/L のアンモニア水
(b) 0.010 mol/L の水酸化ナトリウム水溶液
(c) 0.010 mol/L の水酸化カルシウム水溶液

【12】の解答群

① (a) > (b) > (c)　② (a) > (c) > (b)　③ (b) > (a) > (c)
④ (b) > (c) > (a)　⑤ (c) > (a) > (b)　⑥ (c) > (b) > (a)

(4) 次の(a)~(d)の記述の中から正しいものを過不足なく選んだものは【13】である。

(a) 炭酸水素ナトリウム $NaHCO_3$ は酸性塩であるが，その水溶液は塩基性を示す。
(b) ブレンステッド・ローリーの定義では，水は，相手によって酸にも塩基にもなる。
(c) H_2S は，1 分子中に 2 個の水素原子を含むので，HNO_3 より強い酸である。
(d) 酢酸水溶液を水酸化ナトリウム水溶液で滴定するとき，指示薬としてフェノールフタレイン，メチルオレンジのいずれも使用することができる。

【13】の解答群

① (a)　② (b)　③ (c)　④ (d)　⑤ (a)と(b)
⑥ (a)と(c)　⑦ (a)と(d)　⑧ (b)と(c)　⑨ (b)と(d)　⓪ (c)と(d)

(5) 次の(a)～(d)の反応の中から，SO_2 が還元剤として作用しているものを過不足なく選んだものは【14】である。

(a) $SO_2 + NO_2 \longrightarrow SO_3 + NO$

(b) $SO_2 + 2NaOH \longrightarrow Na_2SO_3 + H_2O$

(c) $SO_2 + 2H_2S \longrightarrow 2H_2O + 3S$

(d) $SO_2 + I_2 + 2H_2O \longrightarrow H_2SO_4 + 2HI$

【14】の解答群

① (a)　② (b)　③ (c)　④ (d)　⑤ (a)と(b)

⑥ (a)と(c)　⑦ (a)と(d)　⑧ (b)と(c)　⑨ (b)と(d)　⓪ (c)と(d)

3 物質の状態に関する以下の問いに答えよ。

次の(1)~(6)の文中の【15】~【21】に最も適するものを，それぞれの解答群の中から１つずつ選べ。

(1) 次の図は，ケイ素の結晶の単位格子(立方体)である。この単位格子中に含まれるケイ素原子の数は【15】個である。また，ケイ素の結晶の密度をd〔g/cm^3〕，単位格子の１辺の長さをa〔cm〕とすると，ケイ素の原子１個の質量は【16】gとなる。

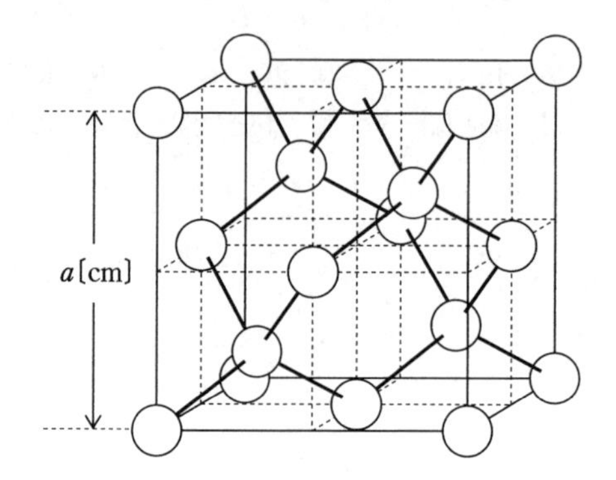

【15】の解答群

① 2　② 4　③ 6　④ 8　⑤ 10　⑥ 12

【16】の解答群

① $\frac{a^3d}{4}$　② $\frac{a^3d}{8}$　③ $\frac{a^3d}{12}$　④ $\frac{2}{a^3d}$　⑤ $\frac{6}{a^3d}$　⑥ $\frac{10}{a^3d}$

(2) 理想気体や実在気体に関する記述として**誤りを含む**ものは**【17】**である。ただし，p は気体の圧力，V は気体の体積，T は気体の絶対温度である。

【17】の解答群

① 理想気体では，気体分子の体積は0と仮定している。
② 理想気体では，分子間力はないと仮定している。
③ 理想気体では，$\frac{pV}{T}$ の値は気体の物質量に比例する。
④ 理想気体では，体積および物質量が一定の条件下で $\frac{p}{T}$ の値は一定の値をとる。
⑤ 実在気体では，低温・低圧ほど理想気体に近づく。

(3) 温度27℃，圧力 8.3×10^4 Pa で，分子量が30である気体の密度は**【18】** g/L である。ただし，気体は理想気体とし，気体定数は 8.3×10^3 Pa·L/(mol·K) とする。

【18】の解答群

① 0.80　② 1.0　③ 1.2　④ 1.4　⑤ 1.6　⑥ 2.0

(4)　20℃における尿素$(NH_2)_2CO$の溶解度は108〔g/100 g水〕である。20℃における$(NH_2)_2CO$の飽和水溶液の質量モル濃度は【19】mol/kgである。ただし，溶解度とは，水100 gに溶かすことができる溶質の質量(g単位)の最大値である。また，原子量はH＝1.0，C＝12，N＝14，O＝16とする。

【19】の解答群

①　1.8　　②　3.6　　③　9.0　　④　12　　⑤　16　　⑥　18

(5)　次の図のように，U字管を半透膜で仕切って，左側に純粋な水，右側に水溶液を入れて両水面の高さを等しく保つには，水溶液側に適切な質量のおもりで圧力を加えなければならない。U字管の右側に下の(a)〜(c)の水溶液を入れるとき，同じ温度で，(a)〜(c)を両水面の高さを等しく保つおもりの質量の大きい順に並べたものは【20】である。ただし，グルコース$C_6H_{12}O_6$の分子量は180，NaClの式量は58.5，$CaCl_2$の式量は111とする。

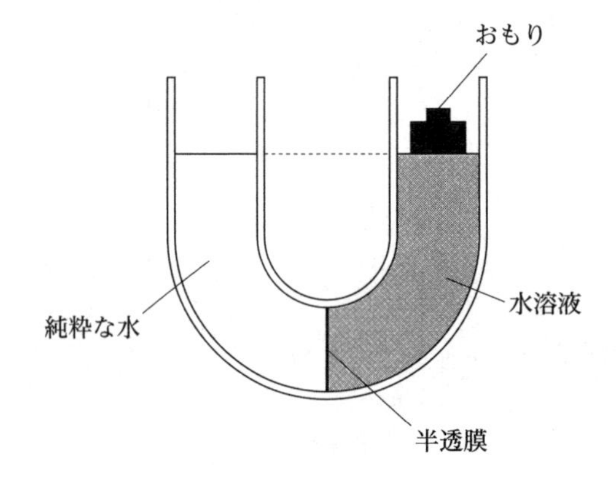

(a)　$C_6H_{12}O_6$ 225 mgを溶かした100 mLの水溶液

(b)　NaCl 58.5 mgを溶かした100 mLの水溶液(NaClは完全に電離しているものとする)

(c)　$CaCl_2$ 55.5 mgを溶かした100 mLの水溶液($CaCl_2$は完全に電離しているものとする)

【20】の解答群

①　(a) ＞ (b) ＞ (c)　　②　(a) ＞ (c) ＞ (b)　　③　(b) ＞ (a) ＞ (c)

④　(b) ＞ (c) ＞ (a)　　⑤　(c) ＞ (a) ＞ (b)　　⑥　(c) ＞ (b) ＞ (a)

(6)　コロイドに関する次の(a)~(c)の記述の正誤の組み合わせは**【21】**である。

(a)　疎水コロイドの溶液に少量の電解質を加えると，コロイド粒子は沈殿する。この現象を塩析という。

(b)　ブラウン運動は，熱運動しているコロイド粒子どうしが不規則に衝突するために起こる現象である。

(c)　デンプン水溶液に横から強い光をあてると，光の通路が輝いて見える。これは，コロイド粒子によって光が散乱されるからである。

【21】の解答群

	(a)	(b)	(c)
①	正	正	正
②	正	正	誤
③	正	誤	正
④	正	誤	誤
⑤	誤	正	正
⑥	誤	正	誤
⑦	誤	誤	正
⑧	誤	誤	誤

4 **物質の変化と平衡に関する以下の問いに答えよ。**

次の(1)~(3)の文中の**【22】**~**【28】**に最も適するものを，それぞれの解答群の中から1つずつ選べ。

(1) 次の図のように，電解槽Ⅰと電解槽Ⅱを直列につないだ電解装置を組み立てた。電解槽Ⅰには硝酸銀水溶液，電解槽Ⅱには希硫酸を入れ，電極をすべて白金板とし，電流を10.0Aに保ちながら電気分解を行ったところ，電解槽Ⅰの陰極に5.40gの物質が析出した。このとき流れた電気量は**【22】**Cであり，この電気分解に要した時間は**【23】**秒である。また，電解槽Ⅱの両極から発生した気体の合計の体積は，標準状態(0℃，1.013×10^5 Pa)で**【24】**Lである。ただし，標準状態での気体のモル体積は22.4 L/mol，原子量はAg=108，ファラデー定数は9.65×10^4 C/molとする。また，電解槽Ⅰの陰極では金属イオンのみが還元されるものとし，発生した気体は電解液に溶けることはないものとする。

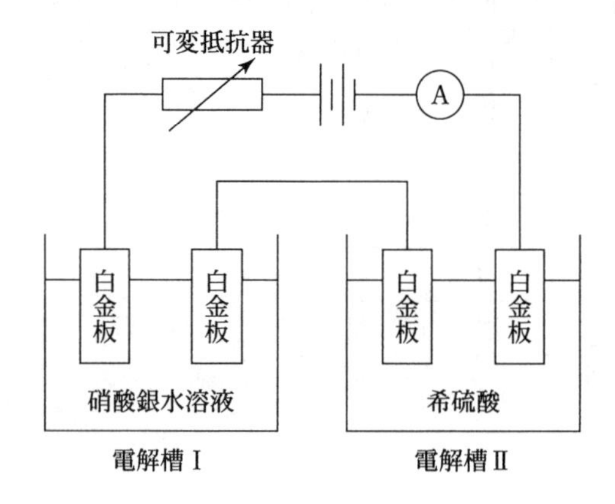

【22】の解答群

① 9.65×10^2　② 1.93×10^3　③ 2.90×10^3

④ 3.86×10^3　⑤ 4.83×10^3　⑥ 9.65×10^3

【23】の解答群

① 4.83×10^2　② 9.65×10^2　③ 1.45×10^3

④ 1.93×10^3　⑤ 3.22×10^3　⑥ 4.20×10^3

【24】の解答群

① 0.280　② 0.560　③ 0.840

④ 1.68　⑤ 1.96　⑥ 2.52

(2)　次の(a)~(d)の反応が平衡状態にあるとき，温度一定で<　>内の操作を行うとき，平衡の移動が**起こらない**ものの組み合わせは【25】である。

(a)　C(固) + CO_2(気) $\rightleftarrows$ $2CO$(気)　　<圧力を高くする>

(b)　CO(気) + H_2O(気) $\rightleftarrows$ H_2(気) + CO_2(気)　　<圧力を高くする>

(c)　N_2(気) + $3H_2$(気) $\rightleftarrows$ $2NH_3$(気)　　<体積を一定に保ちながら He を加える>

(d)　N_2(気) + $3H_2$(気) $\rightleftarrows$ $2NH_3$(気)　　<全圧を一定に保ちながら He を加える>

【25】の解答群

①　(a)と(b)　　②　(a)と(c)　　③　(a)と(d)

④　(b)と(c)　　⑤　(b)と(d)　　⑥　(c)と(d)

(3) 密閉容器に n〔mol〕の N_2O_4 を入れ，温度を一定に保つと，次の反応式にしたがって平衡に達する。

$$N_2O_4 \rightleftarrows 2NO_2$$

このときの N_2O_4 が NO_2 に解離した割合を α，容器内の圧力を p〔Pa〕とすると，容器内の全物質量は【26】mol，N_2O_4 の分圧は【27】Pa，圧平衡定数は【28】Pa である。

【26】の解答群

① $n\alpha$　② $2n\alpha$　③ $n(1-\alpha)$
④ $n(1+\alpha)$　⑤ $n(1-\alpha^2)$　⑥ $n(1+\alpha^2)$

【27】の解答群

① $\frac{1-\alpha}{1+\alpha}p$　② $\frac{2\alpha}{1+\alpha}p$　③ $\frac{1+\alpha}{1-\alpha}p$
④ $\frac{1+\alpha}{2\alpha}p$　⑤ $\frac{1+\alpha}{1-\alpha^2}p$　⑥ $\frac{1-\alpha}{1+\alpha^2}p$

【28】の解答群

① $\frac{4\alpha}{1-\alpha^2}p$　② $\frac{4\alpha^2}{1-\alpha^2}p$　③ $\frac{4\alpha^2}{1+\alpha^2}p$
④ $\frac{4\alpha}{1+\alpha^2}p$　⑤ $\frac{1-\alpha^2}{4\alpha^2}p$　⑥ $\frac{1+\alpha^2}{4\alpha^2}p$

5 無機物質に関する以下の問いに答えよ。

次の(1)，(2)の文中の【29】～【36】に最も適するものを，それぞれの解答群の中から１つずつ選べ。

(1) 実験室での気体の発生に必要な試薬の組み合わせを，次の(a)～(h)に示す。水素の発生に必要な試薬の組み合わせは【29】である。ヨウ化カリウム水溶液に通すと褐色になる黄緑色の気体を発生させる試薬の組み合わせは【30】，無色であるが，空気中で赤褐色の気体に変化する気体を発生させる試薬の組み合わせは【31】である。また，(a)の試薬の組み合わせにより気体を発生させるとき，発生する気体を検出する方法ⅰ～ⅲと発生する気体の捕集法ア～ウの組み合わせは【32】である。

(a) 塩化ナトリウムと濃硫酸　　(b) 酸化マンガン(Ⅳ)と濃塩酸
(c) 亜鉛と希硫酸　　(d) 塩化アンモニウムと水酸化カルシウム
(e) 硫化鉄(Ⅱ)と希硫酸　　(f) 銅と濃硫酸
(g) 銅と希硝酸　　(h) ギ酸と濃硫酸

検出する方法
ⅰ　アンモニア水をつけた棒を近づける。
ⅱ　硫化水素と混ぜ合わせる。
ⅲ　水で湿らせたヨウ化カリウムデンプン紙を近づける。

捕集法
ア　　イ　　ウ

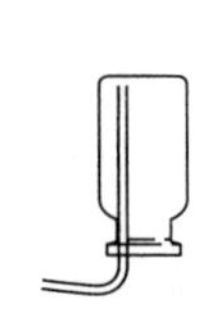
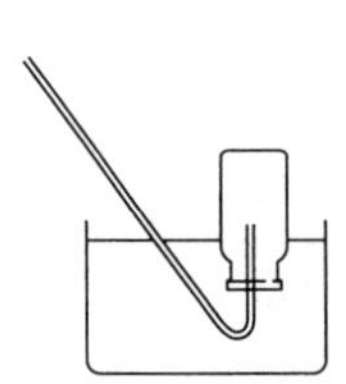

【29】～【31】の解答群
①　(a)　②　(b)　③　(c)　④　(d)
⑤　(e)　⑥　(f)　⑦　(g)　⑧　(h)

【32】の解答群
①　ⅰとア　②　ⅰとイ　③　ⅰとウ
④　ⅱとア　⑤　ⅱとイ　⑥　ⅱとウ
⑦　ⅲとア　⑧　ⅲとイ　⑨　ⅲとウ

⑵　A～Gは，$AlCl_3$，$AgNO_3$，$BaSO_4$，$CaCO_3$，$CuSO_4$，Na_2CO_3，$ZnCl_2$ のいずれかの塩である。これらの塩について，次の(a)～(d)の結果が得られた。

(a)　A，Bは水に溶けなかった。
(b)　A，Cに希塩酸を加えると，気体が発生した。
(c)　DとEの水溶液に水酸化ナトリウム水溶液を加えると，それぞれ白色沈殿が生じ，過剰に加えると，これらの沈殿は溶解した。
(d)　EとFとGの水溶液にアンモニア水を加えると，Eの水溶液からは白色沈殿，Fの水溶液からは褐色沈殿，Gの水溶液からは青白色沈殿を生じ，過剰に加えると，EとFの水溶液はそれぞれ無色の水溶液，Gの水溶液は深青色の水溶液となった。

Bにあてはまる塩は【33】，Dにあてはまる塩は【34】，Fにあてはまる塩は【35】，Gにあてはまる塩は【36】である。

【33】～【36】の解答群

①　$AlCl_3$　②　$AgNO_3$　③　$BaSO_4$　④　$CaCO_3$
⑤　$CuSO_4$　⑥　Na_2CO_3　⑦　$ZnCl_2$

令和3年度　生　物

Ⅰ **細胞の観察に関する次の各問いについて，最も適当なものを，それぞれの下に記したもののうちから1つずつ選べ。**

オオカナダモの葉は細胞二層からなり，表の細胞のほうが大きい。表を上にしてプレパラートをつくり，顕微鏡で観察した。ピントを合わせる過程では，はじめにピントが合うのは［ア］ほうの細胞である。観察は［イ］倍率から行い，［ウ］倍率では視野が暗くなるので，絞りを調節する必要がある。

次の図は，オオカナダモの葉を顕微鏡で観察したときの大きいほうの細胞を示したものである。細胞Xでは，葉緑体と思われる粒Yが一定方向に動いている様子が観察された。その後，下の実験1，2を行った。

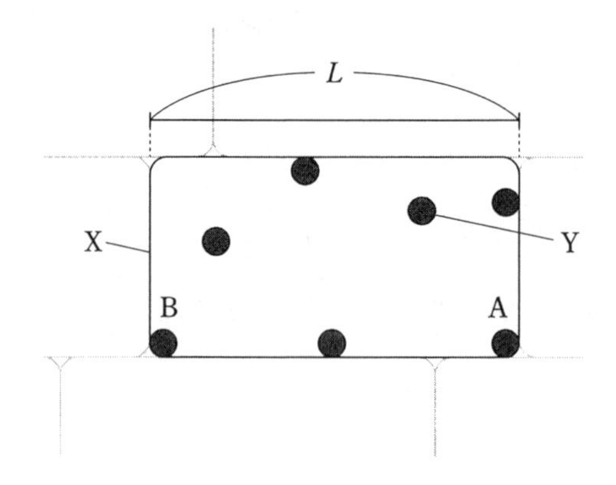

実験1

粒Yの動く速度を測定しようと思い，ミクロメーターを使用した。細胞Xの長径Lは接眼ミクロメーターの60目盛り分であった。同倍率で対物ミクロメーターの1目盛り分が接眼ミクロメーターの4目盛り分と一致していた。粒Yの移動時間を測定したところ，A点からB点までは18秒かかった。なお，対物ミクロメーターの1目盛りの長さは1mmを100等分した長さである。

実験2

粒Yが葉緑体であることを確かめた。葉をうすめた塩素系漂白剤にしばらく浸したのち，水洗した。その葉を［エ］にのせ，［オ］を1滴落として検鏡したところ，粒Yは青紫色に染まっていた。

【1】 文中の ア ～ ウ にあてはまる語の組み合わせはどれか。

	ア	イ	ウ
①	小さい	低	低
②	小さい	低	高
③	小さい	高	低
④	小さい	高	高
⑤	大きい	低	低
⑥	大きい	低	高
⑦	大きい	高	低
⑧	大きい	高	高

【2】 文中の エ , オ にあてはまる語の組み合わせはどれか。

	エ	オ
①	接眼ミクロメーター	ヨウ素液
②	接眼ミクロメーター	酢酸オルセイン溶液
③	対物ミクロメーター	ヨウ素液
④	対物ミクロメーター	酢酸オルセイン溶液
⑤	スライドガラス	ヨウ素液
⑥	スライドガラス	酢酸オルセイン溶液

【3】 実験1で観察していた倍率を$\frac{1}{4}$に下げた場合，接眼ミクロメーターの1目盛りは何μmになるか。

① 0.25 μm　② 0.625 μm　③ 1.25 μm
④ 2.5 μm　⑤ 10 μm　⑥ 12 μm

【4】 粒Yの動く速度では，1 cm移動するのにかかる時間は何分か。ただし，粒Yの大きさは無視できるものとする。

① 2分　② 6分　③ 12分　④ 20分　⑤ 32分

【5】 細胞Xに**存在しないもの**はどれか。

① 細胞壁　② 核　③ 中心体
④ 液胞　⑤ ミトコンドリア

2 細胞周期に関する次の各問いについて，最も適当なものを，それぞれの下に記したもののうちから１つずつ選べ。

ある動物細胞を培養し，いくつかの細胞を取り出して細胞あたりのDNA量(相対値)と細胞数の関係を調べた。その結果は次の図のようになった。

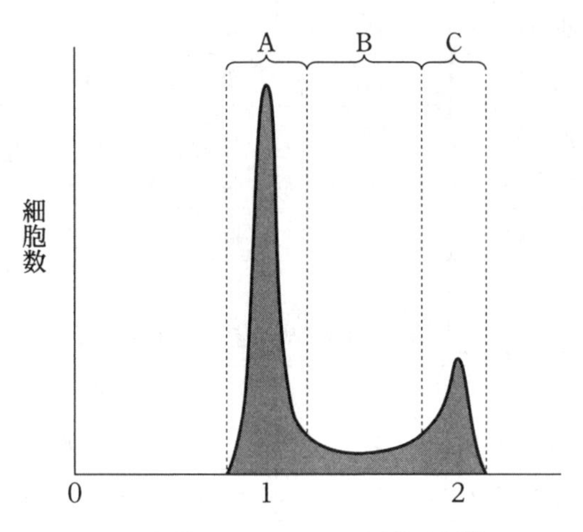

図中のA，B，Cの部分の面積比は，A：B：C＝10：2：3であった。この比はそれらの範囲の細胞数の比に一致する。また，細胞周期はどの細胞も22時間とする。

【6】 細胞分裂における核分裂では，棒状の染色体が赤道面に並ぶ時期がある。その時期はどれか。

① 間期　② 前期　③ 後期　④ 中期　⑤ 終期

【7】 動物細胞の細胞分裂において，**形成されないもの**はどれか。

① 紡錘糸　② 核膜　③ 細胞板
④ 娘細胞　⑤ 細胞膜のくびれ

【8】 図中のA，B，Cのそれぞれに対応する細胞周期における時期の組み合わせはどれか。

	A	B	C
①	G_1 期	S期	G_2 期＋M期
②	G_1 期	M期	G_2 期＋S期
③	G_2 期	G_1 期	S期＋M期
④	G_2 期	M期	G_1 期＋S期
⑤	M期	G_2 期	G_1 期＋S期
⑥	M期	S期	G_1 期＋G_2 期

【9】 細胞周期の各時期の長さの大小関係として正しいものはどれか。

① G_1 期 ＜ G_2 期　　② G_1 期 ＜ S期

③ G_1 期 ＜ M期　　④ G_1 期 ＜ G_2 期＋S期＋M期

⑤ G_2 期 ＜ G_1 期＋S期

【10】 S期の長さは約何時間か。

① 2時間　② 3時間　③ 4時間

④ 6時間　⑤ 8時間　⑥ 12時間

3 肝臓に関する次の各問いについて，最も適当なものを，それぞれの下に記したもののうちから1つずつ選べ。

肝臓は非常に大きな器官であり，約 50 万個の[ア]から構成され，1つの[ア]には約 50 万個の[イ]が存在する。次の図は，1つの[ア]を示したものである。図中の A ~ F は血管または胆管を示しており，B は小腸やひ臓につながっている。

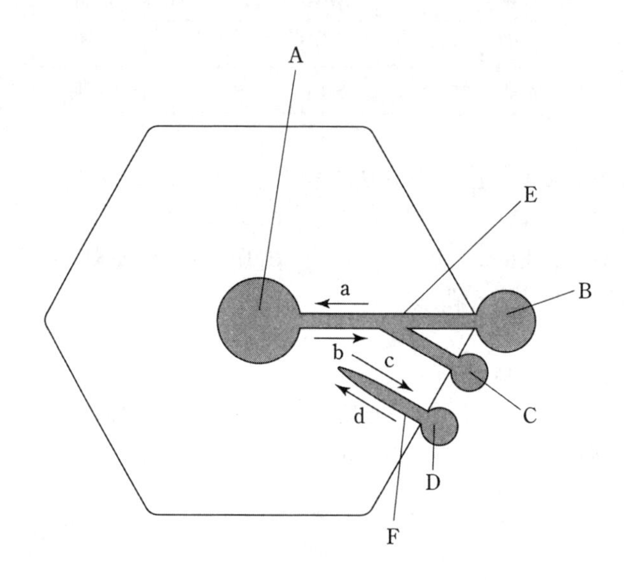

【11】 文中の[ア]，[イ]にあてはまる語の組み合わせはどれか。

	ア	イ
①	肝細胞	肝小葉
②	肝細胞	胆のう
③	肝小葉	肝細胞
④	肝小葉	胆のう
⑤	胆のう	肝細胞
⑥	胆のう	肝小葉

【12】 図中のA, Bを流れている液体の組み合わせはどれか。

	A	B
①	動脈血	動脈血
②	動脈血	静脈血
③	動脈血	胆汁
④	静脈血	動脈血
⑤	静脈血	静脈血
⑥	静脈血	胆汁
⑦	胆汁	動脈血
⑧	胆汁	静脈血
⑨	胆汁	胆汁

【13】 図中のC, Dを流れている液体の組み合わせはどれか。

	C	D
①	動脈血	動脈血
②	動脈血	静脈血
③	動脈血	胆汁
④	静脈血	動脈血
⑤	静脈血	静脈血
⑥	静脈血	胆汁
⑦	胆汁	動脈血
⑧	胆汁	静脈血
⑨	胆汁	胆汁

【14】 図中のE, F内を流れている液体の流れの向きの組み合わせはどれか。

① a・c　② a・d　③ b・c　④ b・d

【15】 ヒトの肝臓で生成される物質として**間違っているもの**はどれか。

① 尿素　② ビリルビン

③ グリコーゲン　④ 免疫グロブリン

4 光合成に関する次の各問いについて，最も適当なものを，それぞれの下に記したもののうちから１つずつ選べ。

ホウレンソウの葉を用いて，光合成に関する次の実験１～３を行った。

実験１　ホウレンソウの葉７枚を透明なビニール製の袋に入れ，呼気で満たして封じた。袋の中の二酸化炭素濃度および酸素濃度を調べた。次にホウレンソウの葉が入った袋に１時間光を照射し，その後袋の中の二酸化炭素濃度および酸素濃度を調べた。結果は次の表のようになった。表中の濃度は，それぞれの気体の体積が全体に占める割合である。なお，実験中の温度は一定の20℃に保った。

	二酸化炭素濃度(%)	酸素濃度(%)
光照射前	4.5	17.0
光照射後	3.0	X

実験２　ホウレンソウに含まれる光合成色素をジエチルエーテルで抽出した。光合成色素を次の図のように薄層クロマトグラフィーで展開した。展開溶媒は［ア］を用い，容器に［ア］を図中の［イ］の線まで入れるようにした。その結果，クロロフィルa，クロロフィルb，カロテン，キサントフィルが分離した。移動度の大きなものは［ウ］であり，青緑色を呈する色素は［エ］であった。

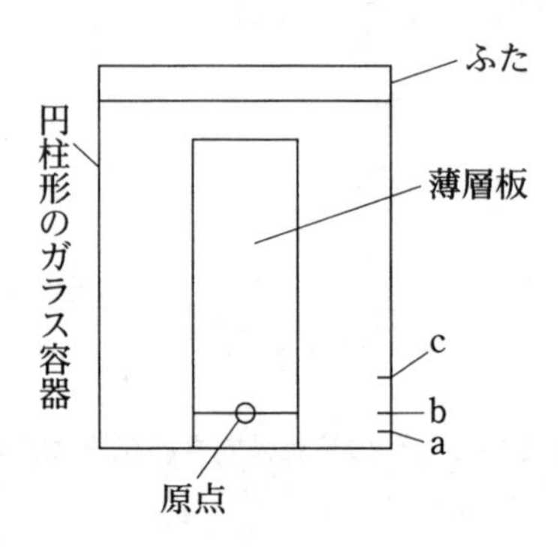

実験３　ホウレンソウの葉をすりつぶし，葉に含まれるタンパク質を検出したところ，最も多く含まれるタンパク質は<u>ルビスコ</u>であることがわかった。

【16】 推定される表中のXの値はいくらか。

① 13.5　② 14.0　③ 15.5　④ 17.0　⑤ 18.5

【17】 ホウレンソウの葉1枚に光を3時間照射した。そのときの呼吸速度が4 $mgCO_2$/時，見かけの光合成速度が18 $mgCO_2$/時であったとする。葉1枚の3時間あたりの有機物の合成量は何mgか。ただし，光合成では二酸化炭素264 mgから有機物180 mgが合成されるものとする。

① 15 mg　② 22 mg　③ 37 mg　④ 45 mg　⑤ 64 mg

【18】 文中の ア ， イ にあてはまる語や記号の組み合わせはどれか。

	ア	イ
①	石油エーテルとアセトンの混合液	a
②	石油エーテルとアセトンの混合液	b
③	石油エーテルとアセトンの混合液	c
④	生理食塩水	a
⑤	生理食塩水	b
⑥	生理食塩水	c

【19】 文中の ウ ， エ にあてはまる語の組み合わせはどれか。

	ウ	エ
①	クロロフィルa	クロロフィルb
②	クロロフィルb	クロロフィルa
③	カロテン	クロロフィルa
④	カロテン	クロロフィルb
⑤	キサントフィル	クロロフィルa
⑥	キサントフィル	クロロフィルb

【20】 実験3の下線部のルビスコに関する記述として正しいものはどれか。

① 光化学系Ⅰで働き，$NADP^+$を還元する。
② 光化学系Ⅰで働き，RuBPと二酸化炭素を反応させる。
③ 光化学系Ⅱで働き，$NADP^+$を還元する。
④ 光化学系Ⅱで働き，RuBPと二酸化炭素を反応させる。
⑤ カルビン・ベンソン回路で働き，$NADP^+$を還元する。
⑥ カルビン・ベンソン回路で働き，RuBPと二酸化炭素を反応させる。

5 遺伝子の発現調節に関する次の各問いについて，最も適当なものを，それぞれの下に記したもののうちから１つずつ選べ。

A　大腸菌は培地にグルコースが存在するときは，呼吸基質にグルコースを用いるが，グルコースがなく，ラクトースが存在する培地では呼吸基質にラクトースを用いる。その際，細胞内でラクトースの代謝にかかわる一連の酵素の合成が誘導される。誘導される酵素の１つであるラクトース分解酵素(βガラクトシダーゼ)については次のことがわかっている。

大腸菌では，調節遺伝子により常に調節タンパク質が合成されている。調節タンパク質はDNAの［ X ］という部分に結合する。その結果，βガラクトシダーゼの合成が抑制されている。グルコースがなく，ラクトースが存在する培地では，ラクトースの代謝産物が調節タンパク質に結合することにより，βガラクトシダーゼの合成が誘導される。

【21】 文中の［ X ］にあてはまる語はどれか。

① ヒストン　② クロマチン　③ オペロン
④ プロモーター　⑤ オペレーター

【22】 下線部の原因に関する記述として正しいものはどれか。

① スプライシングが行われなくなるから。
② tRNAの働きが抑えられるから。
③ RNA合成酵素の働きが抑えられるから。
④ リボソームの働きが抑えられるから。
⑤ シャペロンの働きが抑えられるから。

B　大腸菌は適切な培地(LB 培地)上で増殖し，コロニーを形成する。通常の大腸菌はアンピシリンという抗生物質を含んだ培地では生きていけない。次の図のような２種のプラスミド(P_1, P_2)を作製し，それぞれを別々の大腸菌集団に導入した。導入効率は約 50%とする。

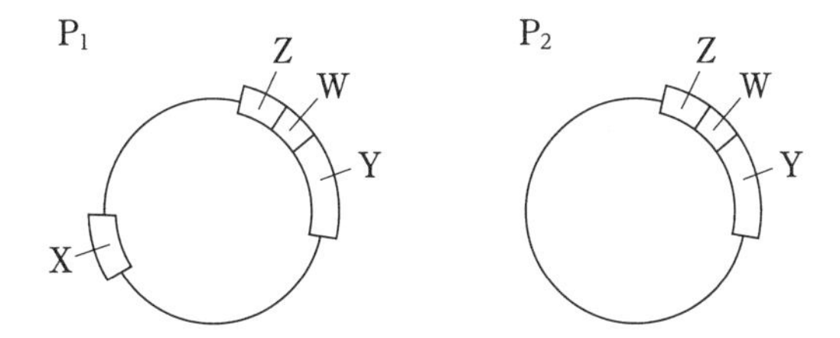

プラスミドにおける X はアンピシリン耐性遺伝子，Y は GFP(緑色蛍光タンパク質)の遺伝子，Z は GFP 遺伝子の調節タンパク質の遺伝子，W は GFP の発現に必要な領域である。GFP の遺伝子の発現のしくみは，βガラクトシダーゼの場合と同様であり，調節タンパク質はアラビノースという物質が存在すると，DNA と結合できなくなる。なお，アンピシリン耐性遺伝子は常に発現している。GFP が合成されている場合は，コロニーに紫外線をあてると緑色に光る様子が観察される。

大腸菌に P_1 を導入する操作を施した試料を A，P_2 を導入する操作を施した試料を B，プラスミドを導入する操作を施さない大腸菌を C とする。A ～ C を次のア～エの培地に塗布した。

ア　LB 培地
イ　LB 培地にアンピシリンを加えたもの
ウ　LB 培地にアラビノースを加えたもの
エ　LB 培地にアンピシリンとアラビノースを加えたもの

結果は次の表のようになった。

	ア	イ	ウ	エ
A	b	b	(オ)	d
B	b	a	(カ)	(キ)
C	b	(ク)	b	(ケ)

ただし，表中の(オ)～(ケ)は a ～ d のいずれかであり，表中の a ～ d は次のような状況を表している。

a　コロニーは形成されなかった。
b　コロニーは形成され，紫外線をあてても光るものはなかった。
c　コロニーは形成され，紫外線をあてることにより約半数のコロニーが光った。
d　コロニーは形成され，紫外線をあてることによりすべてのコロニーが光った。

【23】 表中の(オ)にあてはまる記号はどれか。

① a　② b　③ c　④ d

【24】 表中の(カ)，(キ)にあてはまる記号の組み合わせはどれか。

	(カ)	(キ)
①	c	a
②	c	b
③	c	d
④	d	a
⑤	d	b
⑥	d	d

【25】 表中の(ク)，(ケ)にあてはまる記号の組み合わせはどれか。

	(ク)	(ケ)
①	a	a
②	a	b
③	a	c
④	b	a
⑤	b	b
⑥	b	c

6 ウニの配偶子形成と受精に関する次の各問いについて，最も適当なものを，それぞれの下に記したもののうちから１つずつ選べ。

雄のウニでは，精巣中の精細胞は形を変えて精子となる。その際，[ア]を起点にべん毛が形成される。核の前方には消化酵素を含む先体が形成されるが，これは細胞小器官である[イ]に由来する。

ウニの卵には[ウ]の外側に[エ]があり，その外側に[オ]がある。精子が[オ]に達すると<u>a先体からタンパク質分解酵素が分泌され</u>，[オ]を精子が通過する。さらに先体が伸長し，精子と卵の[ウ]が融合する。<u>b精子の核と中心小体は卵に入り</u>，同時に<u>c卵の表層粒から内部の物質が分泌される</u>。それによって[エ]が[ウ]からはがれ，<u>d受精膜</u>が形成される。

【26】 文中の[ア]にあてはまる語はどれか。

① ミトコンドリア　② 中心体　③ ゴルジ体
④ 液胞　⑤ 核小体　⑥ 小胞体

【27】 文中の[イ]にあてはまる語はどれか。

① 中心体　② ミトコンドリア　③ ゴルジ体
④ 液胞　⑤ 核小体　⑥ 小胞体

【28】 文中の[ウ]，[エ]，[オ]にあてはまる語の組み合わせはどれか。

	ウ	エ	オ
①	卵黄膜(卵膜)	ゼリー層	細胞膜
②	卵黄膜(卵膜)	細胞膜	ゼリー層
③	ゼリー層	卵黄膜(卵膜)	細胞膜
④	ゼリー層	細胞膜	卵黄膜(卵膜)
⑤	細胞膜	卵黄膜(卵膜)	ゼリー層
⑥	細胞膜	ゼリー層	卵黄膜(卵膜)

【29】 下線部a～cのうちからエキソサイトーシスとよばれる現象を過不足なく選んだものはどれか。

① a　② b　③ c　④ a・b
⑤ a・c　⑥ b・c　⑦ a・b・c

【30】 下線部dのウニの受精膜に関する記述として正しいものはどれか。

① 多精を防ぐ役割を果たす。胚は胞胚期まで受精膜に包まれる。
② 多精を防ぐ役割を果たす。胚は原腸胚期まで受精膜に包まれる。
③ 多精を防ぐ役割を果たす。胚は神経胚期まで受精膜に包まれる。
④ 天敵から身を守る。胚は胞胚期まで受精膜に包まれる。
⑤ 天敵から身を守る。胚は原腸胚期まで受精膜に包まれる。
⑥ 天敵から身を守る。胚は神経胚期まで受精膜に包まれる。

7 染色体と遺伝子に関する次の各問いについて，最も適当なものを，それぞれの下に記したもののうちから１つずつ選べ。

A　有性生殖を行う生物では，配偶子形成の際に減数分裂が起こる。その結果，配偶子には体細胞に含まれる染色体の半分が含まれるようになる。減数分裂では染色体の乗換えが起こることがある。

【31】　染色体数が $2n=6$ の生物では，２個体間の交配で生じる子の染色体の組み合わせは何通りあるか。ただし，染色体の乗換えは考えないものとする。

① 6通り　② 9通り　③ 32通り
④ 64通り　⑤ 94通り　⑥ 128通り

【32】　下線部の染色体の乗換えは減数分裂のどの時期に起こるか。

① 第一分裂の前期　② 第一分裂の中期
③ 第一分裂の後期　④ 第一分裂の終期
⑤ 第二分裂の前期　⑥ 第二分裂の中期
⑦ 第二分裂の後期　⑧ 第二分裂の終期

B　ある動物の３つの対立遺伝子(A と a，B と b，C と c)に着目し，交配実験を行った。ただし，表現型を〔　〕を付した形で表す。

交雑１　遺伝子型 AaBb の個体を検定交雑したところ，子の表現型とその分離比は次のようになった。

〔AB〕:〔Ab〕:〔aB〕:〔ab〕=1:19:19:1

交雑２　遺伝子型 AaCc の個体を検定交雑したところ，子の表現型とその分離比は次のようになった。

〔AC〕:〔Ac〕:〔aC〕:〔ac〕=1:4:4:1

交雑３　遺伝子型 BbCc の個体を検定交雑したところ，子の表現型とその分離比は次のようになった。

〔BC〕:〔Bc〕:〔bC〕:〔bc〕=3:1:1:3

【33】 A(a)-C(c)間の組換え価は何%か。ただし，A(a)はAまたはa，C(c)はCまたはcを表している。

① 8%　② 10%　③ 20%　④ 25%　⑤ 40%　⑥ 80%

【34】 下線部の個体で，遺伝子A(a)，C(c)が染色体にどのように存在するかに関する記述として正しいものはどれか。ただし，A(a)はAまたはa，C(c)はCまたはcを表している。

① A(a)とC(c)は異なる相同染色体にある。
② Aとa，Cとcがそれぞれ同じ染色体にある。
③ AとC，aとcがそれぞれ同じ染色体にある。
④ Aとc，aとCがそれぞれ同じ染色体にある。

【35】 3つの対立遺伝子A(a)，B(b)，C(c)が，染色体にどのように存在するかに関する記述として正しいものはどれか。ただし，A(a)はAまたはa，B(b)はBまたはb，C(c)はCまたはcを表している。

① A(a)，B(b)，C(c)はすべて異なる相同染色体にある。
② A(a)，B(b)は同じ相同染色体にあり，C(c)は異なる相同染色体にある。
③ A(a)，C(c)は同じ相同染色体にあり，B(b)は異なる相同染色体にある。
④ B(b)，C(c)は同じ相同染色体にあり，A(a)は異なる相同染色体にある。
⑤ A(a)，B(b)，C(c)はすべて同じ相同染色体にあり，A(a)，B(b)，C(c)の順に並んでいる。A(a)-B(b)間の距離はB(b)-C(c)間の距離より長い。
⑥ A(a)，B(b)，C(c)はすべて同じ相同染色体にあり，A(a)，B(b)，C(c)の順に並んでいる。A(a)-B(b)間の距離はB(b)-C(c)間の距離より短い。
⑦ A(a)，B(b)，C(c)はすべて同じ相同染色体にあり，A(a)，C(c)，B(b)の順に並んでいる。A(a)-C(c)間の距離はC(c)-B(b)間の距離より長い。
⑧ A(a)，B(b)，C(c)はすべて同じ相同染色体にあり，A(a)，C(c)，B(b)の順に並んでいる。A(a)-C(c)間の距離はC(c)-B(b)間の距離より短い。
⑨ A(a)，B(b)，C(c)はすべて同じ相同染色体にあり，B(b)，A(a)，C(c)の順に並んでいる。B(b)-A(a)間の距離はA(a)-C(c)間の距離より長い。
⓪ A(a)，B(b)，C(c)はすべて同じ相同染色体にあり，B(b)，A(a)，C(c)の順に並んでいる。B(b)-A(a)間の距離はA(a)-C(c)間の距離より短い。

8 **植物の生殖に関する次の各問いについて，最も適当なものを，それぞれの下に記したもののうちから１つずつ選べ。**

図1はカキの花の胚珠を，図2はカキの果実の断面をそれぞれ示したものである。

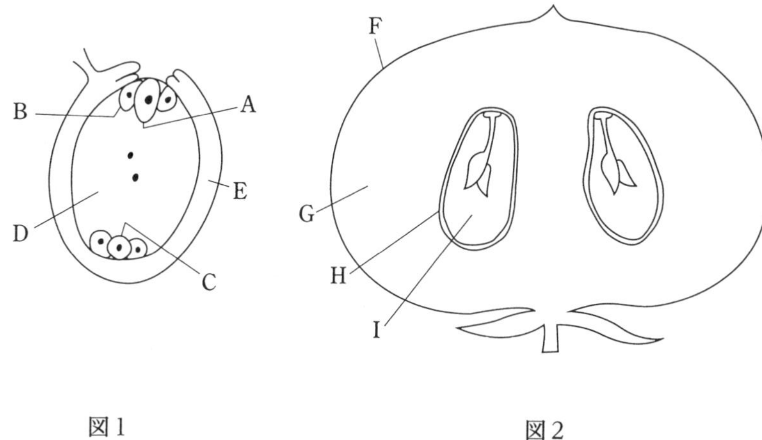

図1　　図2

【36】 カキに関する記述ア～カのうちから正しいものを選んだ組み合わせはどれか。

ア　めしべの子房には胚珠は1つだけ存在する。
イ　めしべの子房には胚珠は複数存在する。
ウ　カキはイネ科植物と同様，有胚乳種子である。
エ　カキはイネ科植物と同様，無胚乳種子である。
オ　カキはマメ科植物と同様，有胚乳種子である。
カ　カキはマメ科植物と同様，無胚乳種子である。

① ア・ウ　② ア・エ　③ ア・オ　④ ア・カ
⑤ イ・ウ　⑥ イ・エ　⑦ イ・オ　⑧ イ・カ

【37】 図1，2中のA，B，Iの核相の組み合わせはどれか。

	①	②	③	④	⑤	⑥	⑦	⑧
A	n	n	n	n	$2n$	$2n$	$2n$	$2n$
B	n	n	$2n$	$2n$	n	n	$2n$	$2n$
I	$2n$	$3n$	$2n$	$3n$	$2n$	$3n$	$2n$	$3n$

【38】 受精卵は細胞分裂をくり返し，胚球(球状胚)(P)と胚柄(Q)がつくられた後に，幼芽，子葉，胚軸，幼根からなる胚となる。胚の子葉，胚軸，幼根が，P，Qのどちらに由来するかの組み合わせはどれか。

	①	②	③	④	⑤	⑥	⑦	⑧
子葉	P	P	P	P	Q	Q	Q	Q
胚軸	P	P	Q	Q	P	P	Q	Q
幼根	P	Q	P	Q	P	Q	P	Q

【39】 図1中のEは，図2の果実のどの部分に変化するか。

① F　② G　③ H　④ I

【40】 図1中のA，B，C，Dの核に含まれるDNAの塩基配列に関する記述として正しいものはどれか。

① AとBとCはすべて同一である。
② AとBは同一であるが，Cは異なる。
③ BとCは同一であるが，Aは異なる。
④ AとCは同一であるが，Bは異なる。
⑤ AとBとCは，すべて異なる。
⑥ Dに含まれる2つの核に含まれるDNAは同一ではない。

9 生態系に関する次の各問いについて，最も適当なものを，それぞれの下に記したもののうちから１つずつ選べ。

生態系における食物連鎖は，実際には食物網となっている。次の図は，森林の食物網の例を示している。生物は，栄養段階により，生産者，消費者，分解者に分けることができる。図中の大型鳥類は，食物連鎖の経路によって［ア］次消費者から［イ］次消費者までのいずれかになる。

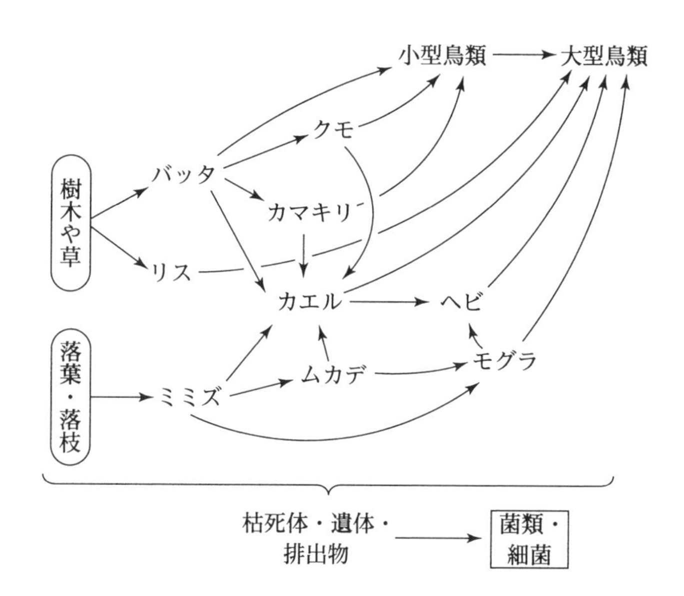

本来，その土地に生息していなかった生物が移入されて，その土地に生息するようになった生物を外来生物という。外来生物は競争に強く，天敵がいないこともあり，外来生物が原因で生態系のバランスが崩れることがある。外来生物の動物の例としては，ゲームフィッシング(釣り)および食用の目的で移入された［ウ］，ウシガエルの食料として導入された［エ］，ペットとして移入された［オ］などがある。

【41】 文中の［ア］，［イ］にあてはまる数の組み合わせはどれか。

	①	②	③	④	⑤	⑥
ア	二	二	二	三	三	三
イ	四	五	六	五	六	七

【42】 図中の生物で，一次消費者は何種類いるか。

① 1種類　② 2種類　③ 3種類　④ 4種類　⑤ 5種類

【43】 図中の菌類・細菌は，有機物を無機物に分解する過程にかかわっている。図中の菌類・細菌に含まれるものはどれか。

① 硝酸菌　② 亜硝酸菌　③ 緑色硫黄細菌
④ 紅色硫黄細菌　⑤ シイタケ

【44】 図中の大型鳥類の個体数が何らかの理由で大量に減少した場合の，一時的なリス，樹木や草の個体数の変化の組み合わせはどれか。

	リス	樹木や草
①	増加	増加
②	増加	変わらない
③	増加	減少
④	変わらない	増加
⑤	変わらない	減少
⑥	減少	増加
⑦	減少	変わらない
⑧	減少	減少

【45】 文中の ウ ～ オ にあてはまる語の組み合わせはどれか。

	ウ	エ	オ
①	アメリカザリガニ	オオクチバス(ブラックバス)	マングース
②	アメリカザリガニ	オオクチバス(ブラックバス)	アライグマ
③	アメリカザリガニ	マングース	オオクチバス(ブラックバス)
④	オオクチバス(ブラックバス)	アメリカザリガニ	アライグマ
⑤	オオクチバス(ブラックバス)	アメリカザリガニ	マングース
⑥	オオクチバス(ブラックバス)	マングース	アメリカザリガニ

令和3年度　物　理　解答と解説

1　さまざまな物理現象

【1】 物体の表面の単位面積あたりに，垂直にはたらく力の大きさ・圧力 $p=\frac{F}{S}$，圧力 p は，物体の力の大きさを F，表面の面積を S とすると，上記の通り表せる。

そこで，問で与えられている通り，床が直方体の底面から受ける圧力を y，直方体の底面積を x で表すと，$y=\frac{F}{x}$ となる。さらにこの問での定数を a でくくると $y=\frac{a}{x}$ と表せる。よって反比例のグラフは⑥となる。

答【1】⑥

【2】 音の速さ $V=331.5+0.6t$，空気中の音の速さ V は，空気のセ氏温度を t とすると，上記の通り表せる。

そこで，問で与えられている通り，空気中を伝わる音の速さを y，空気のセ氏温度を x で表すと，$y=331.5+0.6x$ となる。さらにこの問でのそれぞれの定数を a，b でくくると，$y=ax+b$ と表せる。よって y 切片のある1次関数のグラフは⑤となる。

答【2】⑤

【3】 コンデンサーが蓄える静電エネルギー $U=\frac{1}{2}QV$，静電エネルギー U は，蓄える電気量を Q，極板間の電位差を V とすると，上記の通り表せる。次に電気量と電気容量と電位差の関係 $Q=CV$，電気量 Q は，電気容量を C，極板間の電位差を V とすると，上記の通り表せる。よって，この関係式を上式 $U=\frac{1}{2}QV$ に代入すると，$U=\frac{1}{2}QV=\frac{1}{2}CV^2$ と表せる。なお，問の問題文を見ると，一定の電気容量のコンデンサーと表記されている。よって定数 C を静電エネルギーの式に組み込む必要があるためである。

そこで，問で与えられている通り，コンデンサーに蓄えられる静電エネルギーを y，極板間の電位差を x で表すと，$y=\frac{1}{2}Cx^2$ となる。さらにこの問での定数を a でくくると，$y=ax^2$ と表せる。よって2次関数のグラフは④となる。

答【3】④

【4】 水平投射による運動を成分分けすると，水平方向は等速直線運動であり，かつ鉛直方向は自由落下とみなすことができる。

さて，崖の上から小石を水平投射した際の落下時間が，小石の初速度を変化させることでどう変化するかという設問である。水平方向に与える初速度を増加させることにより，水平方向の到達距離は大きくなる。しかし，水平投射の場合，あくまで初速度が水平であるため鉛直方向の速度に影響を与えることはない。鉛直方向はあくまで自由落下であり，かつ崖の高さは変わらないため，海面の到達時間は変わらない。よって，鉛直方向に影響を与えない水平方向の初速度を変化させても，小石の海面までの落下時間は変化しない。よって，落下時間は1倍のままであると求まる。

答【4】⑤

【5】 万有引力の法則 $F=G\frac{mM}{r^2}$，2つの物体の間にはたらく万有引力の大きさ F は，万有引力定数を G，各物体の質量をそれぞれ m，M，物体間の距離を r とすると，上記の通り表せる。

さて，万有引力の大きさを比較するために，2つの物体間の距離が r の場合と $2r$ の場合の2式を立てる。距離が r のときの万有引力の大きさを F とすると，$F=G\frac{mM}{r^2}$ と表せる。同様に距離が$2r$のときの万有引力の大きさをF'とすると，$F'=G\dfrac{mM}{(2r)^2}$と表せる。よってこの2式を連立させると，$F'=\dfrac{1}{2^2}F$となるため，$F'=\dfrac{1}{4}F$と求まる。

答【5】①

答【1】⑥【2】⑤【3】④【4】⑤【5】①

2　力のモーメントに関する問題

【6】　棒が点Aで受ける垂直抗力の大きさを求めるために，棒でつり合う力について考える。

さて，棒にはたらく力はそれぞれ下図のように表せる。床は摩擦があり，壁はなめらかなため摩擦がないことに留意する。

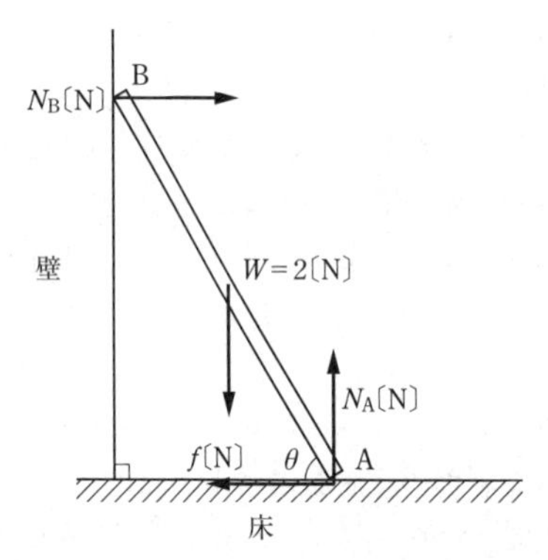

上図からもわかる通り，棒にはたらく力は4力である。水平方向には床（点A）で棒にはたらく静止摩擦力の大きさf〔N〕と壁（点B）ではたらく垂直抗力の大きさN_B〔N〕，また鉛直方向には棒の中心ではたらく重力の大きさ$W=2$〔N〕と床（点A）ではたらく垂直抗力の大きさN_A〔N〕である。よって，鉛直方向の力のつり合いからつり合いの式を立てる（鉛直下向きをプラスとする）と，$+W-N_A=0$〔N〕と表せる。よって，棒が点Aで受ける垂直抗力の大きさN_A〔N〕は，$N_A=W=2$〔N〕と求まる。

答【6】⑨

【7】　点Bで受ける垂直抗力の大きさを求めるために，点A（軸）のまわりの力のモーメントのつり合いについて考える。まず力のモーメントの大きさM〔N·m〕は，力の大きさをF〔N〕，軸から作用線におろした垂線の長さをl〔m〕とすると，$M=Fl$〔N·m〕と表せる。

さて，点A（軸）のまわりの力のモーメントを考えるためには，下図1つ目の2力を考える（壁〈点B〉ではたらく垂直抗力の大きさN_B〔N〕と棒の中心ではたらく重力の大きさ$W=2$〔N〕）必要がある。また，点A（軸）から対象のそれぞれの力を90°にすると下図2つ目のように表せる。

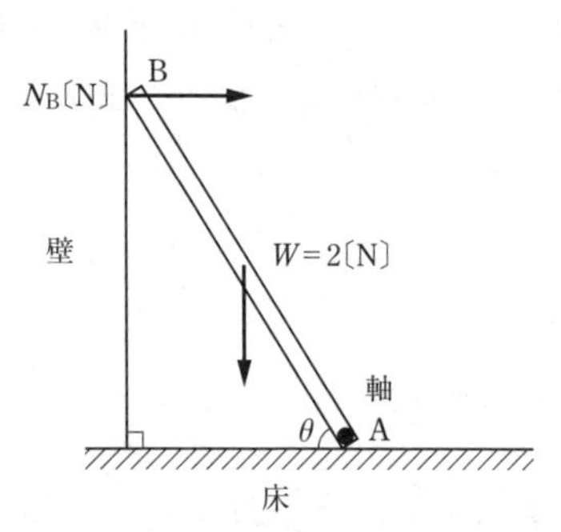

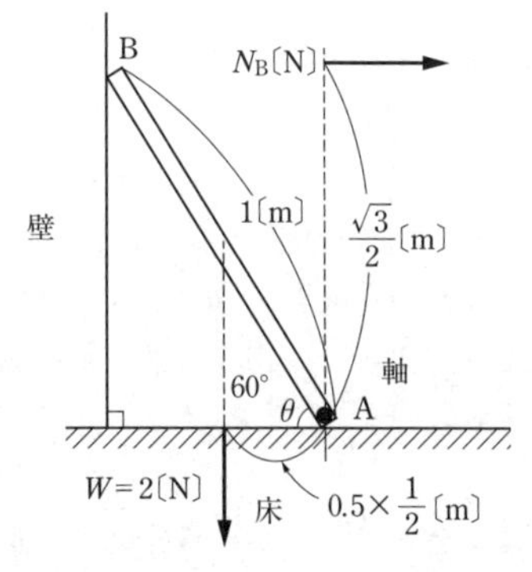

この状態で点A（軸）のまわりの力のモーメントのつり合いの式を立てる（反時計回りをプラスとする）と$+\left\{2\times\left(0.5\times\dfrac{1}{2}\right)\right\}-\left(N_B\times\dfrac{\sqrt{3}}{2}\right)=0$〔N·m〕と表せる。よって，棒が点Bで受ける垂直抗力の大きさN_B〔N〕は，$N_B=\dfrac{1}{\sqrt{3}}=\dfrac{\sqrt{3}}{3}$〔N〕と求まる。

答【7】⑤

【8】　棒が点Aで受ける静止摩擦力の大きさを求めるために，【6】と同様に棒でつり合う力に

ついて考える。水平方向には床（点A）で棒にはたらく静止摩擦力の大きさf〔N〕と壁（点B）ではたらく垂直抗力の大きさN_B〔N〕である。よって，水平方向の力のつり合いからつり合いの式を立てる（右向きをプラスとする）と，$+N_B-f=0$〔N〕と表せる。よって，棒が点Aで受ける静止摩擦力の大きさf〔N〕は，【7】より棒が点Bで受ける垂直抗力の大きさN_B〔N〕が，$N_B=\frac{\sqrt{3}}{3}$〔N〕であることに留意すると，$f=N_B=\frac{\sqrt{3}}{3}$〔N〕と求まる。

答【8】⑤

【9】 棒が点Aで受ける静止摩擦力の向きを求めるために，静止摩擦力について考える。静止摩擦力とは，物体（棒）の運動を妨げようとする力である。また物体は接触する面から，面と並行な方向に力を受ける。棒は摩擦のある床の上でなめらかな壁に立てかけてある。

さて，棒の質量が大きかったり，棒と床とのなす角θが小さい場合，棒は床の上で右向きにずれていくことになる。静止摩擦力f〔N〕は物体（棒）の運動を妨げようとする向きにはたらくため，運動と逆向きの下図のようにはたらく。

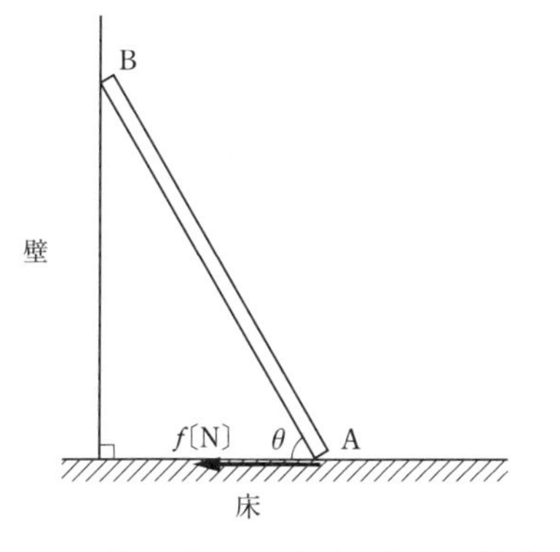

よって，棒が点Aで受ける静止摩擦力f〔N〕の向きは②となる。

答【9】②

【10】 棒と床の間の静止摩擦係数を求めるために，【9】と同様に静止摩擦力について考える。静止摩擦力fの大きさ〔N〕は，静止摩擦係数をμ，床の垂直抗力の大きさをN〔N〕とすると，$f=\mu N$〔N〕と表せる。

まず本問では2種類の垂直抗力が存在し，それぞれ床（点A）ではたらく垂直抗力の大きさN_A〔N〕と壁（点B）ではたらく垂直抗力の大きさN_B〔N〕である。本問では「棒と床の間の静止摩擦係数を求める」ため，2種類の垂直抗力のうち，床（点A）ではたらく垂直抗力の大きさN_A〔N〕であることを確認する。次に【6】より，$N_A=2$〔N〕であることと【8】より，$f=\frac{\sqrt{3}}{3}$〔N〕であることに留意して上式$f=\mu N$〔N〕に代入すると，$\frac{\sqrt{3}}{3}=\mu\times 2$〔N〕となるため，棒と床の間の静止摩擦係数$\mu$は，$\mu=\frac{\sqrt{3}}{6}$と求まる。

答【10】②

答【6】⑨【7】⑤【8】⑤
【9】②【10】②

3 2物体の衝突に関する問題

【11】 台車A，Bの運動量の和を求めるために，運動量について考える。運動量P〔kg･m/s〕は，物体の質量をm〔kg〕，速度をv〔m/s〕とすると，$P=mv$〔kg･m/s〕と表せる。なお，ベクトル量であるため，各物体の向きを注視する必要がある。

さて，台車A，Bの運動の状態は下図の通りである。

衝突前

3.0〔m/s〕 1.0〔m/s〕

ばね A B ばね

次に，各台車の運動をもとに，上式$P=mv$〔kg･m/s〕を用いて運動量を表す。本問では「速度の正の向きを右向きとする」ため，台車Aの運動量P_A〔kg･m/s〕は，$P_A=2.0\times(+3.0)=+6.0$〔kg･m/s〕と表せる。同様に台車Bの運動量P_B〔kg･m/s〕は速度が左向きであることに留意すると，$P_B=1.0\times(-1.0)=-1.0$〔kg･m/s〕と表せる。よって，台車A，Bの運動量の和$P_{和}$〔kg・m/s〕は，$P_{和}=P_A+P_B=(+6.0)+(-1.0)=+5.0$〔kg・m/s〕と求まる。

答【11】⑤

【12】 衝突直後の台車Bの速さを求めるために，運動量保存則を考える。台車Aの質量をm_A〔kg〕，衝突前の速度と衝突後の速度をそれぞれv_A〔m/s〕，v_A'〔m/s〕とし，同様に台車Bの質量をm_B〔kg〕，衝突前の速度と衝突後の速度をそれぞれv_B〔m/s〕，v_B'〔m/s〕とすると，これらは$m_Av_A+m_Bv_B=m_Av_A'+m_Bv_B'$〔kg・m/s〕と表せる。

さて，衝突直後の台車A，Bの運動の状態は下図の通りである。

1回目の衝突直後

1.0〔m/s〕

ばね　A　B　ばね

次に，衝突前の台車A，Bのそれぞれの質量と速度，衝突後のそれぞれの質量と速度を，速度の向きに留意しながら上式$m_Av_A+m_Bv_B=m_Av_A'+m_Bv_B'$〔kg・m/s〕に代入すると，$2.0\times(+3.0)+1.0\times(-1.0)=2.0\times(+1.0)+1.0\times v_B'$〔kg・m/s〕と表せる。よって，衝突直後の台車Bの速さv_B'〔m/s〕は，$5.0=2.0+v_B'$より，$v_B'=+3.0$〔m/s〕(右向き）と求まる。

答【12】③

【13】 衝突による力学的エネルギーの損失を求めるために，力学的エネルギーを考える。力学的エネルギーE〔J〕は，運動エネルギーK〔J〕と位置エネルギーU〔J〕の和であるため，$E=K+U$〔J〕と表せる。また，本問は「なめらかな水平面上」であるため，位置エネルギーU〔J〕を考える必要がないため，実質は運動エネルギーK〔J〕を考えればよい。そこで，運動エネルギーK〔J〕は，物体の質量をm〔kg〕，速さをv〔m/s〕とすると，$K=\frac{1}{2}mv^2$〔J〕と表せる。なお，エネルギーはベクトル量ではないため，運動の向きに留意する必要はない。

まず，衝突前の運動エネルギーの和$K_{前}$〔J〕を求める。衝突前の台車A，Bのそれぞれの質量と速さを上式$K=\frac{1}{2}mv^2$〔J〕に代入すると，台車Aの運動エネルギーK_A〔J〕は，$K_A=\frac{1}{2}\times2.0\times3.0^2=9.0$〔J〕となり，台車Bの運動エネルギー$K_B$〔J〕は，$K_B=\frac{1}{2}\times1.0\times1.0^2=0.50$〔J〕となる。よって，衝突前の運動エネルギーの和$K_{前}$〔J〕は，$K_{前}=K_A+K_B=9.0+0.50=9.5$〔J〕と求まる。次に，衝突後の運動エネルギーの和$K_{後}$〔J〕を求める。衝突後の台車A，Bのそれぞれの質量と速さを，【12】より$v_B'=3.0$〔m/s〕も含めて上式$K=\frac{1}{2}mv^2$〔J〕に代入すると，台車Aの運動エネルギーK_A'〔J〕は，$K_A'=\frac{1}{2}\times2.0\times1.0^2=1.0$〔J〕となり，台車Bの運動エネルギー$K_B'$〔J〕は，$K_B'=\frac{1}{2}\times1.0\times3.0^2=4.5$〔J〕となる。よって，衝突後の運動エネルギーの和$K_{後}$〔J〕は，$K_{後}=K_A'+K_B'=1.0+4.5=5.5$〔J〕と求まる。よって，衝突による力学的エネルギーの損失$K_{損}$〔J〕は，$K_{損}=K_{後}-K_{前}=9.5-5.5=4.0$〔J〕と求まる。

答【13】④

【14】 台車A，Bの間の反発係数（はね返り係数）を求めるために，反発係数を考える。反発係数eは，台車Aの衝突前の速度と衝突後の速度をそれぞれv_A〔m/s〕，v_A'〔m/s〕とし，同様に台車Bの衝突前の速度と衝突後の速度をそれぞれv_B〔m/s〕，v_B'〔m/s〕とすると，$e=-\frac{v_A'-v_B'}{v_A-v_B}$と表せる。

よって，衝突前の台車A，Bのそれぞれの速度と，衝突後の台車A，Bのそれぞれの速度を，【12】より$v_B'=+3.0$〔m/s〕も含めて，かつ速度の向きに留意しながら上式$e=-\frac{v_A'-v_B'}{v_A-v_B}$に代入すると，$e=-\frac{(+1.0)-(+3.0)}{(+3.0)-(-1.0)}=\frac{2}{4}=0.50$

と求まる。　　　　　　　　　　　　答【14】⑤

【15】　3回目の衝突直後の台車A，Bの運動量の和を求めるために，【12】で用いた運動量保存則と【14】で用いた反発係数を併用して考える。また【13】で用いた力学的エネルギーを確認する。まず1回目の衝突の後，台車Bは水平面の右側に固定されたばねではね返る。この際，台車Bの運動エネルギーK〔J〕は，一度ばねの弾性エネルギーU〔J〕に変換（ばねが縮む）される。しかしその後ばねは自然長まで戻り，再び運動エネルギーK〔J〕に変化されるため，台車Bの速さに変化はない。しかし速さの向きは逆向きになることを押さえたい。

さて，以上を踏まえた結果，2回目の衝突の際は下図のような運動の状態になる。

ばね　1.0〔m/s〕→ A　3.0〔m/s〕← B　ばね

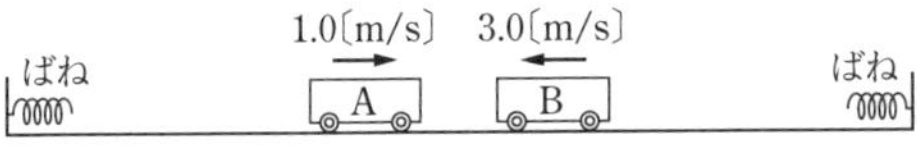

よって2回目の衝突後の台車Aの速度v_A''〔m/s〕と台車Bの速度v_B''〔m/s〕は，【12】で用いた運動量保存則より，$2.0\times(+1.0)+1.0\times(-3.0)=2.0\times v_A''+1.0\times v_B''$〔kg･m/s〕と表せる。また，【14】で用いた反発係数より，$0.50=-\dfrac{v_A''-v_B''}{(+1.0)-(-3.0)}$と表せる。さらに，この2式を連立すると，2回目の衝突後の台車Aの速度v_A''〔m/s〕は$v_A''=-1.0$〔m/s〕(左向き)，台車Bの速度v_B''〔m/s〕は$v_B''=+1.0$〔m/s〕(右向き）と求まる。

次に，2回目の衝突後は下図のような運動の状態になる。

ばね　1.0〔m/s〕← A　1.0〔m/s〕→ B　ばね

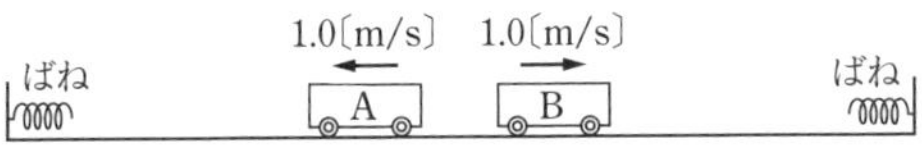

その後，台車A，Bはそれぞれ水平面で先ほどの台車Bと同様に各ばねではね返る。3回目の衝突を起こす際は次図のような運動の状態になる。

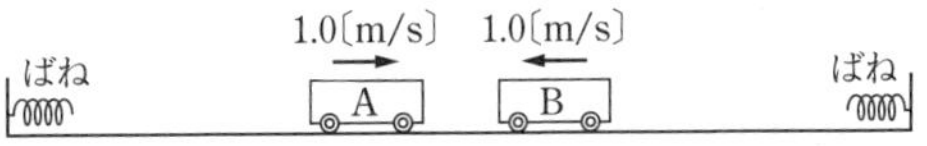

ばね　1.0〔m/s〕→ A　1.0〔m/s〕← B　ばね

よって，3回目の衝突の際の，台車Aの運動量P_A'〔kg･m/s〕は，$P_A'=2.0\times(+1.0)=+2.0$〔kg･m/s〕と表せる。同様に台車Bの運動量$P_B'$〔kg・m/s〕は速度が左向きであることに留意すると，$P_B'=1.0\times(-1.0)=-1.0$〔kg･m/s〕と表せる。よって，台車A，Bの運動量の和$P_和'$〔kg･m/s〕は，$P_和'=P_A'+P_B'=(+2.0)+(-1.0)=+1.0$〔kg・m/s〕と求まる。

なお，本問は3回目の衝突直後の台車A，Bの運動量の和である。また運動量保存則とは衝突の前後でそれぞれの運動量の総量（和）は等しいという法則である。よって3回目の衝突の前後で運動量の総量（和）は変わらないため，3回目の衝突を起こす前の運動量の総量（和）でも解となる（もちろん3回目の衝突直後のそれぞれの運動量を運動量保存則と反発係数を用いてさらに算出して和を求めても同様の解となる)。また，本問の全運動を考察すると，運動量はベクトル量であるためそれぞれの台車の運動する向きを考慮する必要がある。よって運動の向きが強制的に逆になる，ばねでのはね返りで運動量の総量（和）は変化していった。つまり3回目の衝突を起こす際の運動の状態までは導く必要があった。

答【15】①

答【11】⑤【12】③【13】④
【14】⑤【15】①

4　気体の分子運動に関する問題

【16】 気体分子の速さのうち，気体分子の速さと速度のx方向の成分との関係を求めるために，気体の分子運動を考える。

さて，本問では「気体分子の速さをv，速度のx, y, z方向の成分をそれぞれv_x, v_y, v_zとし，容器内のすべての気体分子についてのv^2，v_x^2,

$v_y{}^2$, $v_z{}^2$の平均をそれぞれ$\overline{v^2}$, $\overline{v_x{}^2}$, $\overline{v_y{}^2}$, $\overline{v_z{}^2}$とする。気体分子の運動はどの向きにも均等なので，$\overline{v_x{}^2}=\overline{v_y{}^2}=\overline{v_z{}^2}$となる。$\overline{v^2}=\overline{v_x{}^2}+\overline{v_y{}^2}+\overline{v_z{}^2}$である」ため，本問の記述の通り上式$\overline{v^2}=\overline{v_x{}^2}+\overline{v_y{}^2}+\overline{v_z{}^2}$を変形する。$\overline{v^2}=\overline{v_x{}^2}+\overline{v_y{}^2}+\overline{v_z{}^2}$に$\overline{v_x{}^2}=\overline{v_y{}^2}=\overline{v_z{}^2}$を代入すると，$\overline{v^2}=\overline{v_x{}^2}+\overline{v_x{}^2}+\overline{v_x{}^2}$と表せる。よって$\overline{v^2}=3\overline{v_x{}^2}$となるため，気体分子の速さと速度の$x$方向の成分との関係は，$\overline{v_x{}^2}=\dfrac{1}{3}\times\overline{v^2}$と求まる。

答【16】①

【17】 1個の気体分子aが速度のx成分v_xで壁**ア**と壁**イ**を往復する時間tを求めるために，速さと距離と時間の関係を考える。距離xは，速さをv，時間をtとすると，$x=vt$と表せる。

まず下図の壁**ア**と壁**イ**を往復する場合，気体分子の速さvのうち，x成分の速度v_xを扱うことを確認する。

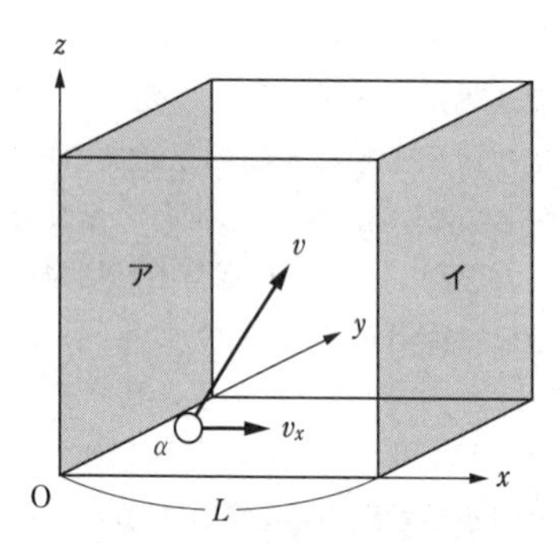

次に，壁**ア**と壁**イ**を往復する時間はtであるため，往復の距離が$x=2L$であることと，気体分子の速さvのうち，x成分の速度v_xを扱うことに留意して，上式$x=vt$に代入すると，$2L=v_xt$と表せる。よって1個の気体分子aが速度のx成分v_xで壁**ア**と壁**イ**を往復する時間tは，$t=2\times\dfrac{L}{v_x}$と求まる。

答【17】⑦

【18】 気体分子aが壁**イ**に衝突するときの運動量のx方向の成分の変化を求めるために，運動量について考える。運動量Pは，物体の質量をm，速度をvとすると，$P=mv$と表せる。

さて，壁**イ**で気体分子が弾性衝突した後の運動の状態は次図の通りとなる。

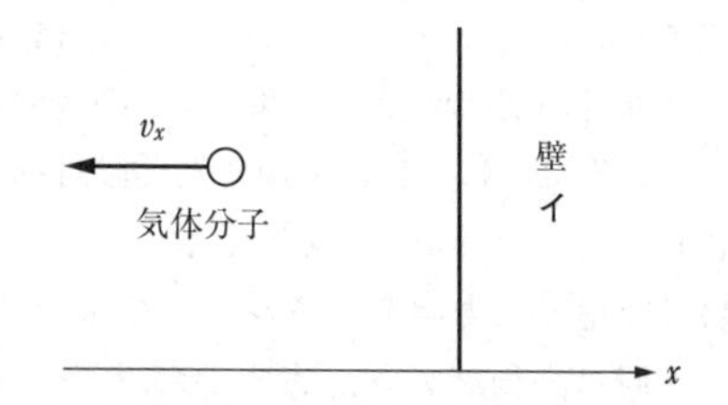

壁に衝突する前の気体分子は【17】の図より，x軸に対して，$P_{前}=+mv_x$の運動量であった。その後壁と弾性衝突し，上図の通りとなるため，衝突後の気体分子の運動量は$P_{後}=-mv_x$となる。よって，以上を踏まえると気体分子aが壁**イ**に衝突するときの運動量のx方向の成分の変化ΔPは，$\Delta P=P_{後}-P_{前}=(-mv_x)-(+mv_x)=-2\times mv_x$と求まる。

答【18】⑦

【19】 壁**イ**が受ける圧力を求めるために，運動量と力積の関係，圧力と力と面積の関係を考える。力積$F\Delta T$は，質量mの物体の衝突前の速度をv，衝突後の速度をv'とすると，$F\Delta T=mv'-mv$と表せる。また，圧力pは，物体の力の大きさをF，表面の面積をSとすると$p=\dfrac{F}{S}$と表せる。

さて，本問より【18】以降に「$-2mv_x$は気体分子aが壁**イ**から受ける力積に等しく，壁**イ**はこの反対向きの力積を受ける」とあるため，壁**イ**は$2mv_x$の力積を受ける。次に「この力積の大きさをIとすると，時間Tの間に気体分子aは壁**イ**に$\dfrac{T}{t}$回衝突するので，この間に壁**イ**に与える力積の大きさは$I\times\dfrac{T}{t}$である」ため，$I=2mv_x$であり，かつ【17】より$t=2\dfrac{L}{v_x}$であることに留意すると，力積の大きさは，$I\times\dfrac{T}{t}=2mv_x\times\dfrac{T}{2\frac{L}{v_x}}=\dfrac{mv_x{}^2}{L}T$と表せる。次に「これより壁**イ**が気体分子$a$の衝突で受ける平均の力の大きさが$\dfrac{I}{t}$である」ため，時間$T$の間の運

動量と力積の関係 $F\Delta T = mv' - mv$ より，$F\Delta T = \dfrac{m\overline{v_x^2}}{L} T$ と表せるため，壁**イ**が気体分子 a の衝突で受ける平均の力の大きさ F は，$F = \dfrac{m\overline{v_x^2}}{L}$ となる。次に「容器内に物質量 n の単原子分子がある場合，アボガドロ定数を N_A とすると，容器内の分子数は nN_A で，壁**イ**は一辺の長さが L の正方形である」ため，気体分子 a の平均の力の大きさ F と容器内の分子数 nN_A の関係から，全分子の平均の力の大きさ F' は，$F' = \dfrac{nN_A m\overline{v_x^2}}{L}$ と表せる。さらに，壁**イ**は一辺の長さが L の正方形であることに留意しながら，圧力と力と面積の関係 $p = \dfrac{F}{S}$ を用いると，$p = \dfrac{\dfrac{nN_A m\overline{v_x^2}}{L}}{L^2}$ と表せるため，整理すると，壁**イ**が受ける圧力は $p = \dfrac{nmN_A\overline{v_x^2}}{L^3}$ と求まる。

答**【19】**⑥

【20】 気体分子の2乗平均速度 $\sqrt{\overline{v^2}}$ と絶対温度 T の関係を求めるために，理想気体の状態方程式を考える。理想気体の圧力を p，体積を V，物質量を n，気体定数を R，絶対温度を T とすると，理想気体の状態方程式は $pV = nRT$ と表せる。

さて本問より**【19】**以降に「さらに理想気体の状態方程式より」とあるため，**【19】**より $p = \dfrac{nmN_A\overline{v_x^2}}{L^3}$ を用いて，$p = \dfrac{nmN_A\overline{v_x^2}}{L^3} = \dfrac{nmN_A\overline{v_x^2}}{V}$ とし，$pV = nmN_A\overline{v_x^2}$ と変換する。また，**【16】**より $\overline{v_x^2} = \dfrac{1}{3}\overline{v^2}$ を用いて上式 $pV = nmN_A\overline{v_x^2}$ に代入すると，$pV = \dfrac{1}{3}nmN_A\overline{v^2}$ と表せる。次に，理想気体の状態方程式で左辺を変換すると $nRT = \dfrac{1}{3}nmN_A\overline{v^2}$ と表せる。さらに気体分子の2乗平均速度 $\sqrt{\overline{v^2}}$ とするために両辺を平方根でくくると，$\sqrt{nRT} = \sqrt{\dfrac{1}{3}nmN_A} \times \sqrt{\overline{v^2}}$ となるために整理すると，$\sqrt{\overline{v^2}} = \sqrt{\dfrac{3RT}{mN_A}}$ と求まる。よって，気体分子の2乗平均速度 $\sqrt{\overline{v^2}}$ は，絶対温度 T の $\dfrac{1}{2}$ 乗と求まる。

答**【20】**②

答**【16】**①**【17】**⑦**【18】**⑦
【19】⑥**【20】**②

5 [A]クインケ管に関する問題 [B]光の屈折に関する問題

【21】 クインケ管を用いて，音の経路を2つ用意し，経路の長さを変える（経路差を作る）ことで音の大きさが変わる現象が何かを求めるために，音（波）の干渉について考える。波の干渉とは，2つの波が重なり合い，強めあったり，弱めあったりする現象である。

さて，本問より「図1の装置をクインケ管といい，音源で発生した音がAから入り，経路ABCと経路ADCに分かれて進む。Dを伸ばした長さによって，Cから出る音の大きさが変わる」とある。音源（波源）は1つであるが，下図のようにクインケ管の片方の管の長さを変化させることにより，左に向かう音と右に向かう音の間に経路差が生じる。この経路差が原因となり，Cから出る音の大きさが変わる。

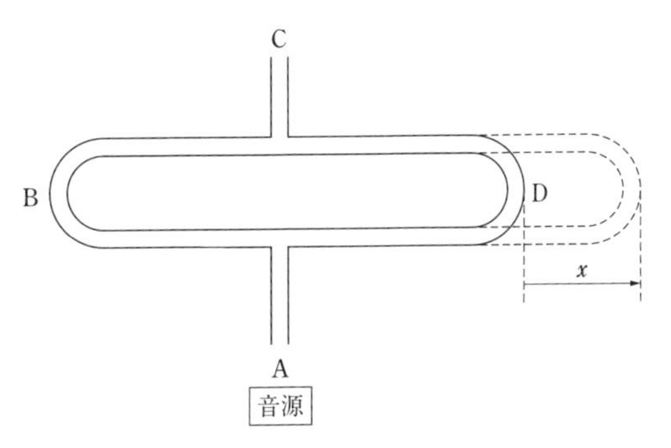

また，波が強めあうと音の場合は「大きく」聞こえ，波が弱めあうと音の場合は「小さく」聞こえるため，クインケ管を用いて，音の経路を2つ用意し，経路の長さを変える（経路差を

作る）ことで音の大きさが変わる現象は「干渉」であると求まる。

答【21】③

【22】 Cから出る音が最も小さくなるときの最初の位置からの距離を求めるために，【21】と同様に音（波）の干渉について考える。音が強めあう条件と弱めあう条件は，経路ABCをl_1〔m〕，経路ADCをl_2〔m〕として，波長をλ，任意の整数をmとすると，$|l_1-l_2|=m\lambda$〔m〕（強めあう条件），$|l_1-l_2|=\left(m+\frac{1}{2}\right)\lambda$〔m〕（弱めあう条件）と表せる。

さて，本問より「最初に，Cから出る音が最も大きくなるようにDの位置を調整した」とある。よって，この状態を強めあう（音が大きい）条件のうち，任意の整数$m=1$と仮定する（mの整数は何でもよい）と，上式の強めあう条件$|l_1-l_2|=m\lambda$〔m〕は$|l_1-l_2|=1\times\lambda=\lambda$〔m〕と表せる。次に，本問より「さらにDを右向きにゆっくり動かしていくと，$x=10$〔cm〕のとき，Cから出る音が再び最も大きくなった」とある。よって，Dの位置を任意の整数$m=1$と仮定すると，この状態は次の強めあう点であるため，$m=2$であることが確認できる。そこで$x=10$〔cm〕であると経路ADCでは管の上下で10〔cm〕ずつ伸びるため，合計すると20〔cm〕の差が出ていることに留意すると，上式の強めあう条件$|l_1-l_2|=m\lambda$〔m〕は$|l_1-(l_2+0.20)|=2\times\lambda=2\lambda$〔m〕と表せる。よってこの$|l_1-(l_2+0.20)|=2\lambda$〔m〕から$|l_1-l_2|=\lambda$〔m〕を両辺引くと，$\lambda=0.20$〔m〕と求まる。

次に，Dの位置およびその条件と，Cから出る音が最も小さくなるときの最初の位置およびその条件を比較することで，最も小さくなるときの最初の位置からの距離を算出する。まず，Dの位置およびその条件を仮定のままとすると$|l_1-l_2|=\lambda$〔m〕と確認できる。次にCから出る音が最も小さくなるときの最初の位置では，音が小さいため弱めあう条件であること，x〔cm〕であると経路ADCでは管の上下でx〔cm〕ずつ伸びるため，合計すると$2x$〔cm〕の差が出ていること，Dの位置を任意の整数$m=1$（強めあう）と仮定しているためその隣の最も小さくなるときの最初の位置も任意の整数$m=1$（弱めあう）であることに留意すると，$|l_1-(l_2+2x)|=\left(1+\frac{1}{2}\right)\lambda=\frac{3}{2}\lambda$〔m〕と表せる。よって，この$|l_1-(l_2+2x)|=\frac{3}{2}\lambda$〔m〕から$|l_1-l_2|=\lambda$〔m〕を両辺引くと，$2x=\frac{1}{2}\lambda$〔m〕となる。よって，この式に，$\lambda=0.20$〔m〕を代入すると，Cから出る音が最も小さくなるときの最初の位置からの距離xは，$2x=\frac{1}{2}\times0.20$〔m〕より，$x=0.050$〔m〕と求まるため，$x=5.0$〔cm〕となる。

答【22】④

【23】 音（波）の波長は，【22】より，$\lambda=0.20$〔m〕となり，すなわち$\lambda=20$〔cm〕と求まる。

答【23】⑥

【24】 音（波）の振動数を求めるために，音（波）の速さと波長と振動数の関係について考える。音（波）の速さV〔m/s〕は，波長をλ〔m〕，振動数をf〔Hz〕とすると，$V=f\lambda$〔m/s〕と表せる。

さて，本問より「空気中を伝わる音の速さを340〔m/s〕とする」とある。また，【23】より音（波）の波長は$\lambda=0.20$〔m〕である（【23】の解答の単位は〔cm〕であるが，問の振動数の単位が〔Hz〕であるため，波長の単位は〔m〕を使用する）。よって，以上の数値を上式$V=f\lambda$〔m/s〕に代入すると，音（波）の振動数は，$340=f\times0.20$〔m/s〕より，$f=1700$〔Hz〕と求まる。

答【24】⑥

【25】 空気に対する水の屈折率nを求めるために，屈折率について考える。媒質1に対する媒質2の屈折率n_{12}は，媒質1の角度をθ_1，媒質2の角度をθ_2とすると，$n_{12}=\frac{\sin\theta_1}{\sin\theta_2}$と表せる。

さて，空気と水のそれぞれの角度と三角関数表は次図の通りとなる。

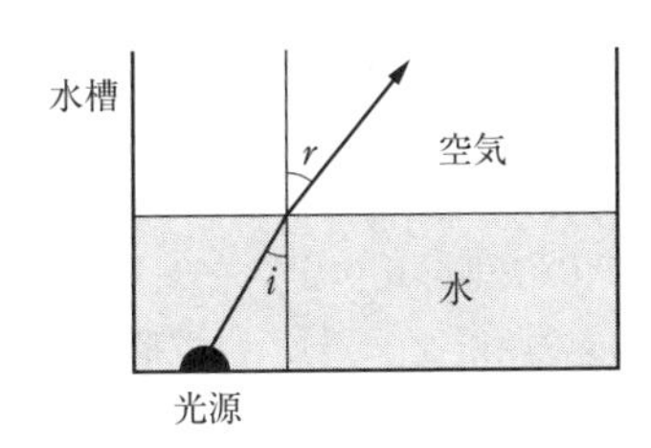

度	sin	cos	tan
30°	0.50	0.87	0.58
35°	0.57	0.82	0.70
40°	0.64	0.77	0.84
45°	0.71	0.71	1.00
50°	0.77	0.64	1.19
55°	0.82	0.57	1.43
60°	0.87	0.50	1.73

本問より「図2において，$i=30°$ のとき，$r=40°$ であった」とある。そこで，空気の角度が r であり，水の角度が i であることに留意して，上式 $n_{12}=\dfrac{\sin\theta_1}{\sin\theta_2}$ に代入すると，$n_{12}=\dfrac{\sin r}{\sin i}=\dfrac{\sin 40°}{\sin 30°}$ と表せる。よって，上図の三角関数表の値をさらに代入すると，空気に対する水の屈折率 n は $n=\dfrac{0.64}{0.50}=1.28\approx1.3$ と求まる。

答【25】③

【26】 水中を進む光の波長 λ' を求めるために，【25】と同様に，屈折率について考える。媒質1に対する媒質2の屈折率 n_{12} は，媒質1の波長を λ_1，媒質2の波長を λ_2 とすると，$n_{12}=\dfrac{\lambda_1}{\lambda_2}$ と表せる。

さて，本問より「空気中を進む光の波長を λ とすると，水中を進む光の波長 λ' は」とある。そこで，空気中の波長が λ であり，水中の波長が λ' であることに留意して，上式 $n_{12}=\dfrac{\lambda_1}{\lambda_2}$ に代入すると，$n_{12}=\dfrac{\lambda}{\lambda'}$ と表せる。よって，水中を進む光の波長 λ' は $n=\dfrac{\lambda}{\lambda'}$ より，$\lambda'=\dfrac{1}{n}\times\lambda$ と求まる。

答【26】②

【27】 光が水中から空気中に出ることができない場合の角度（臨界角）を求めるために，全反射を考える。臨界角（全反射が起きる限界の角度）θ_C は，媒質1の屈折率を n_1，媒質2の屈折率を n_2 とすると，$\sin\theta_C=\dfrac{n_2}{n_1}$ と表せる。また，全反射は屈折率の大きい媒質から小さい媒質に光が入射する場合に起きる現象であり，上式 $\sin\theta_C=\dfrac{n_2}{n_1}$ の場合，$n_1>n_2$ である。

さて，【25】より空気に対する水の屈折率は $n\approx1.28$ であった。これは空気の屈折率を1とした際の水の屈折率を指す。よって，それぞれの媒質（空気と水）の屈折率を比較すると，空気より水の屈折率の方が大きいことがわかる。また全反射が起こる条件は「屈折率の大きい媒質から小さい媒質に光が入射する場合」であるため，全反射条件を満たすことになる。よって，上式 $\sin\theta_C=\dfrac{n_2}{n_1}$ の n_1 が水の屈折率であり，n_2 が空気の屈折率であることに留意し上式 $\sin\theta_C=\dfrac{n_2}{n_1}$ に数値を代入すると，$\sin\theta_C=\dfrac{1}{1.28}$ となる。よって，光が水中から空気中に出ることができない場合の角度 i は，$\sin i=\dfrac{1}{1.28}=0.781\cdots$ となるため，【25】の三角関数表の値より，$i=50°$ と求まる。

答【27】⑤

答【21】③【22】④【23】⑥【24】⑥
【25】③【26】②【27】⑤

6 ［A］点電荷に関する問題
［B］電池の内部抵抗に関する問題

【28】 点Oの電場の大きさを E_0〔V/m〕としたときの，点B $(0, \sqrt{3}r)$ の電場の強さを求めるために，点電荷がつくる電場について考える。点電荷がつくる電場の大きさ E〔V/m〕は，クーロンの法則の比例定数を k〔$N\cdot m^2/C^2$〕，点電荷からの距離を r〔m〕，点電荷の電気量を q〔C〕と

すると，$E=k\dfrac{q}{r^2}$〔V/m〕と表せる。

さて，$x-y$ 平面上の点電荷と点O，点Bの位置関係は下図の通りとなる。

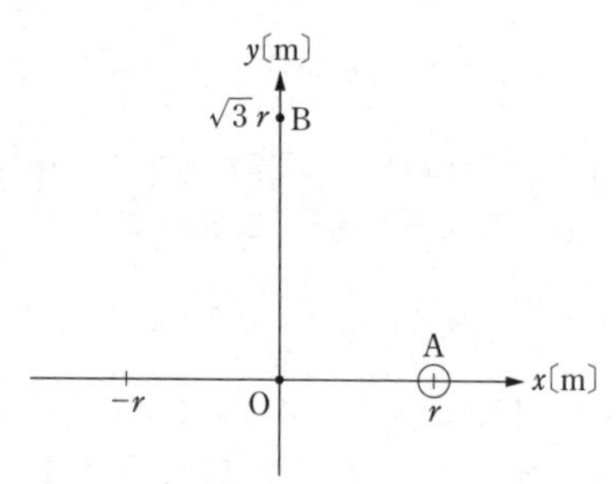

また，三平方の定理より点電荷と点Bとの距離は下図の通り$2r$〔m〕であることを確認する。

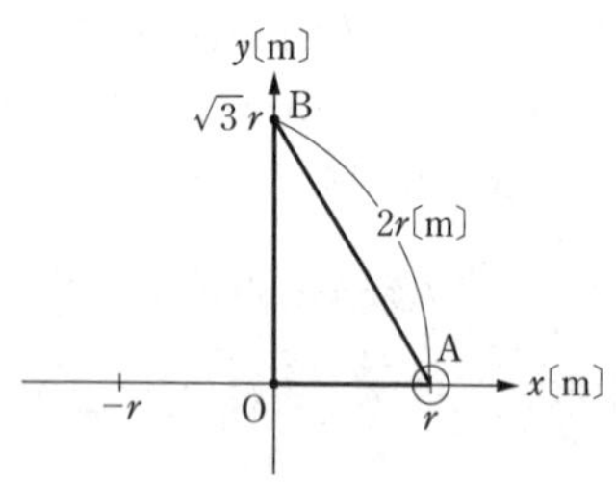

まず，本問より「点Oの電場の大きさをE_O〔V/m〕」とあるため，点電荷から点Oまでの距離がr〔m〕であることと，点Aにある点電荷の電気量が$+Q$〔C〕であることに留意し，上式$E=k\dfrac{q}{r^2}$〔V/m〕を用いると点Oの電場の大きさE_O〔V/m〕は，$E_O=k\dfrac{Q}{r^2}$〔V/m〕と表せる。次に，点Bの電場の大きさE_B〔V/m〕も，点Oと同様に点電荷から点Bまでの距離が$2r$〔m〕であることに留意し，上式$E=k\dfrac{q}{r^2}$〔V/m〕を用いると点Bの電場の大きさE_B〔V/m〕は，$E_B=k\dfrac{Q}{(2r)^2}$〔V/m〕と表せる。よって，両式を比較することで，点Oの電場の大きさをE_O〔V/m〕としたときの，点B（0，$\sqrt{3}r$）の電場の強さは，$E_B=k\dfrac{Q}{4r^2}=\dfrac{1}{4}\times E_O$〔V/m〕と求まる。　答**【28】**①

【29】　点Oの電位をV_O〔V〕としたときの，点Bの電位を求めるために，点電荷が及ぼす電位について考える。点電荷が及ぼす電位V〔V〕は，クーロンの法則の比例定数をk〔N･m²/C²〕，点電荷からの距離をr〔m〕，点電荷の電気量をq〔C〕とすると，$V=k\dfrac{q}{r}$〔V〕と表せる。

さて，本問より「点Oの電位をV_O〔V〕」とあるため，点電荷から点Oまでの距離がr〔m〕であることと，点Aにある点電荷の電気量が$+Q$〔C〕であることに留意し，上式$V=k\dfrac{q}{r}$〔V〕を用いると点Oの電位V_O〔V〕は，$V_O=k\dfrac{Q}{r}$〔V〕と表せる。次に，点Bの電位V_B〔V〕も，点Oと同様に，**【28】**より点電荷から点Bまでの距離が$2r$〔m〕であることに留意し，上式$V=k\dfrac{q}{r}$〔V〕を用いると点Bの電位V_B〔V〕は，$V_B=k\dfrac{Q}{2r}$〔V〕と表せる。よって，両式を比較することで，点Oの電位をV_O〔V〕としたときの，点B（0，$\sqrt{3}r$）の電位は，$V_B=k\dfrac{Q}{2r}=\dfrac{1}{2}\times V_O$〔V〕と求まる。

答**【29】**④

【30】　点Oの電場の大きさをE_O〔V/m〕としたときの，点A（r, 0）と点C（$-r$, 0）のそれぞれに$+Q$〔C〕の正の点電荷があるときの点Bの電場の強さを求めるために，**【28】**と同様に点電荷がつくる電場について考える。正の点電荷は外向きの電場をつくる。また，複数の点電荷がつくる電場は，各電荷がつくる電場ベクトルを合成したものになる。

さて，$x-y$ 平面上の点A（r, 0）と点C（$-r$, 0）のそれぞれの点電荷と点O，点Bの位置関係は次図の通りとなる。

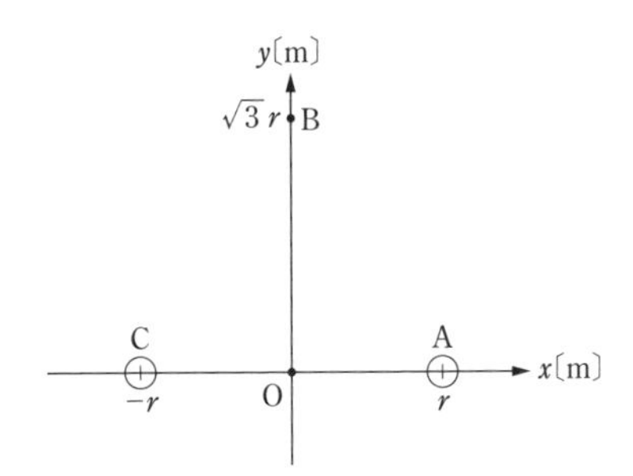

また，正の点電荷は外向きの電場をつくるため，点Bにはそれぞれ下図のような電場が生じている。

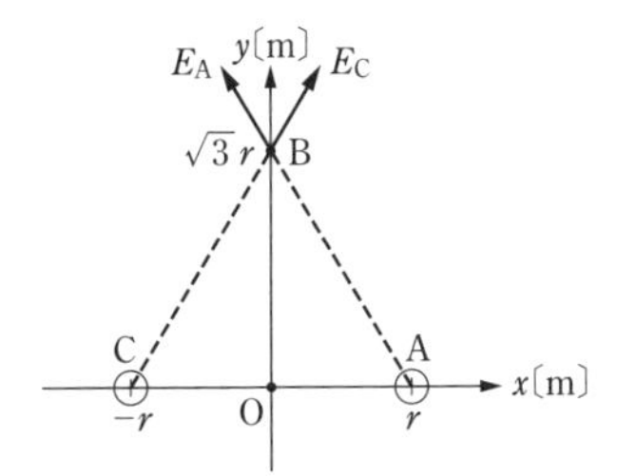

さて，複数の点電荷がつくる電場は，各電荷がつくる電場ベクトルを合成したものになるため，点Bにはたらく電場 E_A〔V/m〕と E_C〔V/m〕をそれぞれ x 軸成分と y 軸成分に分解する。それぞれの電場を分解した様子が次図の通りとなる。また，点Aと点Cに置かれた点電荷の電気量は等しく，かつ距離AB〔m〕と距離BC〔m〕も等しいため，向きは異なるが，電場の大きさは $E_A=E_C$〔V/m〕となる。さらに，次図からもわかる通り，それぞれの電場の x 軸成分である E_{Ax}〔V/m〕と E_{Cx}〔V/m〕は向きが逆で大きさは等しいため，打ち消しあう。よって残る電場は，それぞれの電場のy軸成分である E_{Ay}〔V/m〕と E_{Cy}〔V/m〕となる。また，この際に電場 E_A〔V/m〕の大きさ，電場 E_{Ax}〔V/m〕の大きさ，電場 E_{Ay}〔V/m〕の大きさは，$x-y$ 平面上の点A（r, 0）の点電荷と点O，点Bの位置関係の比に比例することにも留意しておく。なお，電場 E_C〔V/m〕も同様の考え方を行う。

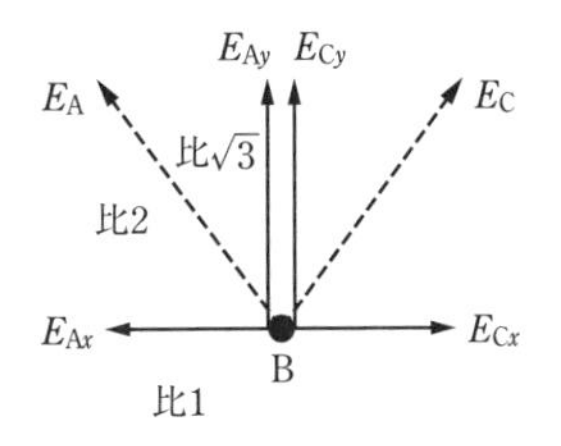

よって，電場 E_A〔V/m〕の大きさ，電場 E_{Ay}〔V/m〕の大きさの比は点A（r, 0）の点電荷と点O，点Bの位置関係の比に比例するため，$E_A : E_{Ay} = 2 : \sqrt{3}$ となるため，【28】より $E_B=\frac{1}{4}E_O$〔V/m〕であることに留意すると，電場の y 軸成分である E_{Ay}〔V/m〕は，$E_{Ay}=\frac{\sqrt{3}}{2}E_A=\frac{\sqrt{3}}{2}\times\frac{1}{4}E_O=\frac{\sqrt{3}}{8}E_O$〔V/m〕と求まる。同様に $E_{Cy}=\frac{\sqrt{3}}{8}E_O$〔V/m〕であるため，点Oの電場の大きさを E_O〔V/m〕としたときの，点A（r, 0）と点C（$-r$, 0）のそれぞれに $+Q$〔C〕の正の点電荷があるときの点Bの電場の強さ E_B'〔V/m〕は，$E_B'=E_{Ay}+E_{Cy}=\frac{\sqrt{3}}{8}E_O+\frac{\sqrt{3}}{8}E_O=\frac{\sqrt{3}}{4}E_O$〔V/m〕と求まる。

答【30】③

【31】 点Oの電位を V_O〔V〕としたときの，点A(r, 0)と点C（$-r$, 0）のそれぞれに $+Q$〔C〕の正の点電荷があるときの点Bの電位を求めるために，【29】と同様に点電荷が及ぼす電位について考える。

さて，複数の点電荷が及ぼす電位は，各電荷が及ぼす電位のスカラー和になる。また，点Aと点Cに置かれた点電荷の電気量は等しく，かつ距離AB〔m〕と距離BC〔m〕も等しいため，電位は $V_A=V_C$〔V〕となる。また各電位は，【29】より $V_B=\frac{1}{2}V_O$〔V〕となるため，同条件の $V_A=V_C=\frac{1}{2}V_O$〔V〕と求まる。よって，点Oの電位を V_O〔V〕としたときの，点A（r, 0）と点C（$-r$, 0）のそれぞれに $+Q$〔C〕の正の点電荷があるときの点Bの電位 V_B'〔V〕は，$V_B'=$

$V_A + V_C = \frac{1}{2}V_O + \frac{1}{2}V_O = V_O$〔V〕と求まる。

答【31】⑦

【32】 電池の端子電圧 V〔V〕を求めるために，電気回路図とオームの法則について考える。電圧 V〔V〕は抵抗 R〔Ω〕に流れる電流を I〔A〕とすると，$V=RI$〔V〕と表せる。

さて，本問の電気回路図は下図の通りである。

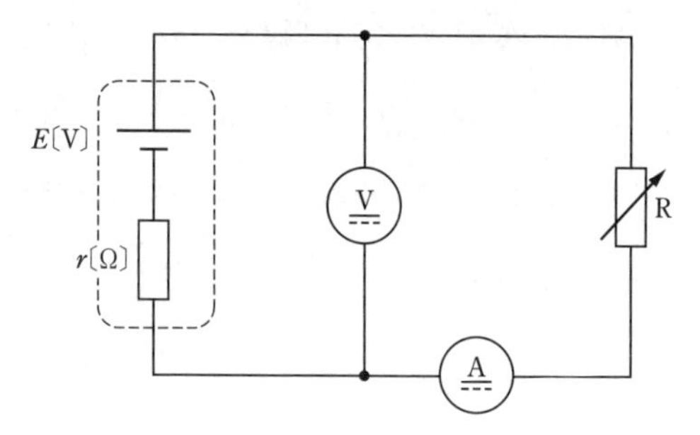

上図のように電圧計を配置すると，並列接続の電圧は等しいことから，左の内部抵抗 r〔Ω〕を含んだ電池と真ん中の電圧計と右の可変抵抗器 R の電圧が等しいことがわかる。また，上図のように電流計を配置すると，本問より「ただし，電流計の内部抵抗および導線の抵抗は無視でき，電圧計の内部抵抗は十分に大きいものとする」とあり，電圧計には電流が流れないと解釈できるため，左の内部抵抗 r〔Ω〕を含んだ電池と電流計と右の可変抵抗器 R には一定の電流が流れていることがわかる。よって，上記のうち，電圧に関しては左の内部抵抗 r〔Ω〕を含んだ電池と右の可変抵抗器 R の電圧が等しいこと，電流に関しては左の内部抵抗 r〔Ω〕を含んだ電池と電流計に流れる電流が等しいことを押さえる。さらにそれに伴い，電池の内部抵抗 r〔Ω〕の電圧 V_r〔V〕が，上式 $V=RI$〔V〕より，$V_r=rI$〔V〕と表せることに留意すると，電池の起電力 E〔V〕は，キルヒホッフの第 2 法則より，可変抵抗器 R の電圧 V〔V〕と電池の内部抵抗 r〔Ω〕の電圧 V_r〔V〕の和であることから，$E=V+rI$〔V〕となるため，電池の端子電圧 V〔V〕は $V=E-rI$〔V〕と求まる。

答【32】②

【33】 電池の内部抵抗値 r〔Ω〕を求めるために，可変抵抗器 R の値を調整して測定した際の，電流計と電圧計それぞれの値について考える。

さて，本問より「可変抵抗器 R の値を調整して測定すると，電流計の値が2.0〔A〕のとき電圧計は8.0〔V〕，電流計の値が5.0〔A〕のとき電圧計は2.0〔V〕の値を示した」とある。よって，【32】より，電池の端子電圧 $V=E-rI$〔V〕に，それぞれの値を代入すると，以下の 2 式を立てることができる。$8.0=E-r\times2.0$〔V〕と $2.0=E-r\times5.0$〔V〕である。よって，この 2 式を連立させると，電池の内部抵抗値 r〔Ω〕は $r=2.0$〔Ω〕と求まる。

答【33】④

【34】 可変抵抗器 R の消費電力の最大値を求めるために，消費電力を関数として考える。消費電力 P〔W〕は，電流を I〔A〕，電圧を V〔V〕とすると，$P=IV$〔W〕と表せる。さらに抵抗での消費電力を求めるために，【32】よりオームの法則 $V=RI$〔V〕を代入し，$P=I^2R$〔W〕として用いる。

まず，電池の起電力 E〔V〕は，【33】より，$2.0=E-r\times5.0$〔V〕に $r=2.0$〔Ω〕を代入すると，$E=12$〔V〕と求まる。次に上式 $P=I^2R$〔W〕を消費電力 P〔W〕と可変抵抗器の抵抗値 R〔Ω〕のみの関数として表すために，再度【32】の電池の端子電圧 $V=E-rI$〔V〕について考える。【32】の電気回路図より，電池の端子電圧 V〔V〕と可変抵抗器 R の電圧 V〔V〕は並列より等しいため，電池の端子電圧 V〔V〕は $V=RI$〔V〕と表せる。そこで，上式 $V=E-rI$〔V〕に $V=RI$〔V〕，および $E=12$〔V〕，【33】より $r=2.0$〔Ω〕をそれぞれ代入すると，$RI=12-2.0I$〔V〕となるため，整理すると，$I=\frac{12}{R+2}$〔A〕と表せる。よってこの式を上式 $P=I^2R$〔W〕に代入し平方完成すると，$P=I^2R=\left(\frac{12}{R+2}\right)^2R=\frac{12^2}{\left(\frac{R}{\sqrt{R}}+\frac{2}{\sqrt{R}}\right)^2}=\frac{12^2}{\left(\sqrt{R}+\frac{2}{\sqrt{R}}\right)^2}=\frac{12^2}{\left(\sqrt{R}+\frac{2}{\sqrt{R}}\right)^2+8}$〔W〕と表せる。

この式より上に凸の 2 次関数となるため，可変抵抗器Rの消費電力の最大値が算出できる。つまり，$R=2.0$〔Ω〕のとき，消費電力の最大値P〔W〕は，$P=\frac{12^2}{8}=18$〔W〕と求まる。

(別解) $P=IV$〔W〕を用いて可変抵抗器Rの消費電力の最大値を求める。**【32】**の電池の端子電圧$V=E-rI$〔V〕に$E=12$〔V〕，**【33】**より$r=2.0$〔Ω〕をそれぞれ代入すると，$V=12-2.0I$〔V〕と表せる。よってこの式を上式$P=IV$〔W〕に代入すると，$P=I(12-2.0I)$〔W〕と表せるため，平方完成し整理すると，$P=-2(I-3)^2+18$〔W〕となる。この式より上に凸の2次関数となるため，可変抵抗器Rの消費電力の最大値が算出できる。つまり，$I=3.0$〔A〕のとき，消費電力の最大値P〔W〕は，$P=18$〔W〕と求まる。

答**【34】**③

答**【28】**①**【29】**④**【30】**③**【31】**⑦
【32】②**【33】**④**【34】**③

物　理　　　正解と配点

（60分，100点満点）

問題番号		正　解	配　点
1	【1】	⑥	3
	【2】	⑤	3
	【3】	④	3
	【4】	⑤	3
	【5】	①	3
2	【6】	⑨	3
	【7】	⑤	3
	【8】	⑤	3
	【9】	②	3
	【10】	②	3
3	【11】	⑤	3
	【12】	③	3
	【13】	④	3
	【14】	⑤	3
	【15】	①	3
4	【16】	①	3
	【17】	⑦	3
	【18】	⑦	3
	【19】	⑥	3
	【20】	②	3

問題番号		正　解	配　点
5	【21】	③	2
	【22】	④	3
	【23】	⑥	3
	【24】	⑥	3
	【25】	③	3
	【26】	②	3
	【27】	⑤	3
6	【28】	①	3
	【29】	④	3
	【30】	③	3
	【31】	⑦	2
	【32】	②	3
	【33】	④	3
	【34】	③	3

令和3年度　化　学　解答と解説

1　物質の構成

(1)

A　塩酸は塩化水素の水溶液。つまり塩化水素と水の二種類以上の純物質が混ざっている物質なので混合物に分類される。

B　塩化亜鉛 $ZnCl_2$は亜鉛と塩素からなる。二種類以上の元素からなる純物質は化合物に分類される。

C　水素 H_2は水素のみからなる。一種類の元素からなる純物質は単体に分類される。

A　混合物　　B　化合物　　C　単体

答【1】⑥

(2)　原子の左下には原子番号を記すので

$$_{26}X$$

と表す。

次に，元素記号の左上には質量数を記す。質量数は陽子の数と中性子の数の合計に等しい。つまり

質量数＝陽子の数＋中性子の数

なので，

陽子の数26＋中性子の数30＝質量数56

となるため，

$$^{56}_{26}X$$

と表す。

最後に，右上にはイオンの価数を記す。もし原子であれば，

陽子数＝電子数

が成り立つが，このイオンは電子が23個なので原子と比べると電子が３つ少ない。つまり電子を３つ失っているので，３価の陽イオンだとわかる。これらより

$$^{56}_{26}X^{3+}$$

ということになる。これに当てはまるのは④。

答【2】④

(3)　それぞれのイオンの電子配置は

S^{2-}　K2L8M8　　Na^+，Mg^{2+}　K2L8

最外殻の位置が外になるほど，イオン半径は大きくなるので S^{2-}が最も大きい。次に同じ電子配置の場合は陽子数が少ないほど電子を引き付ける力が小さいので，Na^+のほうが Mg^{2+}よりも大きい。

$$S^{2-} > Na^+ > Mg^{2+}$$

答【3】①

(4)　貴ガス以外の典型元素の場合，族の数の一の位の数字が価電子数になる。また貴ガスの場合はすべて価電子数を０としている。

(a)２，２　　(b)５，４　　(c)６，６　　(d)１，３

(a)と(c)が当てはまる。

答【4】⑥

(5)

①　正　自由電子があるため電気伝導性を示す。また原子間が緩やかに結びついているので，展性や延性に富む。

②　正　分子間力という弱い力で結合しているため，やわらかい。また昇華する物質（二酸化炭素やヨウ素など）が存在する。

③　誤　イオン結晶は硬くてもろいが，固体状態では電気伝導性がない。イオンが動けるようになると電気伝導性をもつ。そのため，水溶液にするか高温状態で融解させると電気伝導性をもつ。

④　正　共有結合は強い結合なので，非常にかたい。価電子はすべて共有結合に使われているので，電気伝導性はない。

⑤　正　黒鉛は共有結合結晶に分類されるが，共有結合で形成される層が自由電子によって緩やかに結び付けられているため，やわらかく電気伝導性を示す。

答【5】③

(6)

①　誤　１族元素のうち，水素は炎色反応を示さない。また２族元素のうち，ベリリウムとマグネシウムは炎色反応を示さない。炎色反

応を示すのはアルカリ金属元素とアルカリ土類元素，および銅である。

② 正　第一イオン化エネルギーは原子から電子1つを奪い去るのに必要なエネルギーの値。1価の陽イオンになりやすい元素ほど，イオン化エネルギーが小さい。1族の元素は1価の陽イオンになると安定な電子配置になるため，第一イオン化エネルギーが小さい。貴ガスはすでに安定な電子配置になっているので，第一イオン化エネルギーは大きい。

③ 正　17族の元素をハロゲンといい，価電子数は7である。

④ 正　金属元素は典型元素に分類されるものも，遷移元素に分類されるものもある。非金属元素はすべて典型元素に分類される。

⑤ 正　1，2，12～18族の元素は典型元素，3～11族の元素は遷移元素に分類される。

答【6】①

(7) 分子の電子式は下図を参照のこと。

① 正　三角すい型の分子構造で，原子間の極性が分子内で打ち消されないため極性分子である。

② 誤　非共有電子対を12組もつ。

③ 正　どちらも4組ずつもつ。

④ 正　同じ元素では電気陰性度が等しいので，共有電子対を引き付ける力が等しい。そのため共有電子対が偏らないので，無極性分子になる。

⑤ 正　N_2では窒素原子間，HCNでは炭素原子と窒素原子間が三重結合になっている。

答【7】②

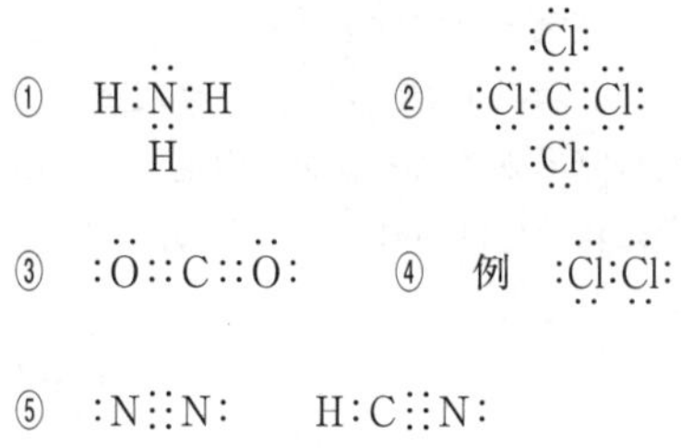

① H:N̤̈:H（下にH）　② :C̤̈l:C:C̤̈l:（上下に:C̤̈l:）

③ :Ö::C::Ö:　④ 例　:C̤̈l:C̤̈l:

⑤ :N⋮⋮N:　H:C⋮⋮N:

[2] 物質の変化

(1)

(a) $2Mg + O_2 \rightarrow 2MgO$

2 molのマグネシウム（＝2×24 g）を燃焼させるのに1 molの酸素が必要。これより1 gのマグネシウムを燃焼させるのに$\frac{1}{48}$molの酸素が必要。

(b) $S + O_2 \rightarrow SO_2$

1 molの硫黄（＝32 g）を燃焼させるのに1 molの酸素が必要。これより1 gの硫黄燃焼させるのに$\frac{1}{32}$molの酸素が必要。

(c) $4Al + 3O_2 \rightarrow 2Al_2O_3$

4 molのアルミニウム（＝4×27 g）を燃焼させるのに3 molの酸素が必要。これより1 gのアルミニウムを燃焼させるのに$\frac{3}{4\times27}$molの酸素が必要。

(b)$\frac{1}{32}$>(c)$\frac{1}{36}$>(a)$\frac{1}{48}$

答【8】④

(2) 両辺の各元素の個数が等しくなるように係数をつける。$a=1$とすると左辺の炭素が2個になるので，右辺も2個にするために$c=2$とする。また$a=1$とすると左辺の水素が6個になるので，右辺も6個にするために$d=3$とする。

$c=2$，$d=3$とすると右辺の酸素が7個になるので，左辺も7個にするために$b=\frac{7}{2}$とする。最も簡単な整数比にするために，すべての係数に2をかける。これらより，$b=7$となる。

答【9】⑦

メタンの物質量をx mol，エタンの物質量をy molとおく。

$CH_4 + 2O_2 \rightarrow CO_2 + 2H_2O$

$2C_2H_6 + 7O_2 \rightarrow 4CO_2 + 6H_2O$

生じる二酸化炭素の物質量　$x+2y=1.60$

生じる水の物質量　$2x+3y=2.60$

これらより$x=0.40$　$y=0.60$となる。

答【10】③

消費される酸素の物質量

$$2\times0.40+\frac{7}{2}\times0.60=2.9 \qquad \therefore 2.9\ \mathrm{mol}$$

答【11】⑤

(3) 同じ濃度であれば，弱塩基よりも強塩基の方が塩基性は強いので，pH の値は大きい。また同じ濃度の強塩基であれば，１価よりも２価の方が生じる水酸化物イオンの濃度が大きい。そのため塩基性が強いので，pH の値は大きい。

(c)＞(b)＞(a)

答【12】⑥

(4) (a) 正　炭酸のもつ放出可能な水素が１つ残っているので，酸性塩に分類される。しかし水に溶けたときに生じる炭酸水素イオン HCO_3^- は加水分解によって水酸化物イオンが生じるため，水溶液は塩基性を示す。

$$HCO_3^- + H_2O \rightleftarrows H_2CO_3 + OH^-$$

(b) 正　酸としてはたらく場合と塩基としてはたらく場合の化学反応式を以下にあげる。

・酸としてはたらく（水素イオンを出す）

$$NH_3 + H_2O \rightleftarrows NH_4^+ + OH^-$$

・塩基としてはたらく（水素イオンを受け取る）

$$CH_3COOH + H_2O \rightleftarrows CH_3COO^- + H_3O^+$$

(c) 誤　硫化水素 H_2S は弱酸，硝酸 HNO_3 は強酸なので，HNO_3 の方が強い酸である

(d) 正　酢酸水溶液を水酸化ナトリウム水溶液で滴定すると，生じる塩（酢酸ナトリウム）によって中和点が塩基性に偏る。メチルオレンジでは中和前に変色域に入ってしまうために，正確な中和点を知ることができないため，使用できない。これらより正しいのは(a)と(b)。

答【13】⑤

(5) 還元剤としてはたらくということは，相手に電子を与えることを意味する。相手に電子を与えるので，自分は酸化されるため酸化数が大きくなる元素が含まれる。

(a) $\underset{+4}{\underline{S}}O_2 + NO_2 \rightarrow \underset{+6}{\underline{S}}O_3 + NO$

(b) $\underset{+4}{\underline{S}}O_2 + 2NaOH \rightarrow Na_2\underset{+4}{\underline{S}}O_3 + H_2O$

(c) $\underset{+4}{\underline{S}}O_2 + 2H_2S \rightarrow 2H_2O + 3\underset{\pm0}{\underline{S}}$

(d) $\underset{+4}{\underline{S}}O_2 + I_2 + 2H_2O \rightarrow H_2\underset{+6}{\underline{S}}O_4 + 2HI$

(a)，(d)は酸化数が増加しているので，還元剤としてはたらいている。(c)は酸化剤としてはたらいている。(b)は酸化還元反応ではない。

答【14】⑦

3　物質の状態

(1) 頂点上の原子は３面で半分ずつに切断されているので $\frac{1}{8}$ 個分が単位格子に含まれ，単位格子には８頂点あるので１個分の原子が含まれる。面上の原子は１面で半分に切断されているので $\frac{1}{2}$ 個分が単位格子に含まれ，単位格子には６面あるので３個分の原子が含まれる。

$$\frac{1}{8}\times8+\frac{1}{2}\times6=4$$

さらにケイ素の結晶の単位格子内には４個のケイ素原子が含まれる。合計８個分が格子内に含まれる。

答【15】④

単位格子の質量は与えられた密度と１辺の長さから a^3d g と表せる。これが８個分の質量なので，原子１個の質量は $\frac{a^3d}{8}$ g と表せる。

答【16】②

(2) ① 正　ボイルの法則が完全に成り立つ理想気体では，圧力が無限に大きくなると気体の体積が０になる。気体分子に大きさがあると体積が０になることはありえないので，気体分子の大きさを０と仮定している。

② 正　分子間力があると，ある温度で凝縮してしまう。理想気体は液体にならないことが前提になっているので，分子間力はないと仮定している。

③ 正　気体の状態方程式を用いると

$$\frac{PV}{T}=nR$$

となるため，気体の物質量に比例する。

④　正　気体の状態方程式を用いると

$$\frac{P}{T}=\frac{nR}{V}$$

Rは気体定数。V，nが一定であれば，$\frac{P}{T}$は一定の値になる。

⑤　誤　実在気体を理想気体に近づけるには，気体分子の大きさが無視できるほど空間（気体の体積）を大きくする。そのためには圧力を下げるとよい。また分子間力が無視できるほど熱運動を激しくさせる。そのためには温度を上げるとよい。つまり，実在気体は低圧かつ高温にすると理想気体に近づく。

答【17】⑤

(3)　物質量 n mol と質量 w g，モル質量 M g/mol の間には

$$n=\frac{w}{M}$$

という関係があるので，これを気体の状態方程式に代入すると

$$PV=\frac{w}{M}RT$$

と表せる。そして密度は（質量）÷（体積）で求めることができる。上記式を変形すると

$$\frac{w}{V}=\frac{PM}{RT}$$

となる。分子量の値とモル質量の値は等しいので，ここに必要な数値を代入する。

$$\frac{w}{V}=\frac{8.3\times10^{4}\times30}{8.3\times10^{3}\times300}$$

$$=1.0$$

答【18】②

(4)

$$質量モル濃度=\frac{溶質の物質量〔mol〕}{溶媒の質量〔kg〕}$$

この式に溶質の物質量$\frac{108}{60}$ mol と溶媒の質量 100×10^{-3} kg を代入して求める。18 mol/kg

答【19】⑥

(5)　おもりの質量が大きい＝浸透圧が大きい

浸透圧が大きい＝溶液の粒子のモル濃度が大きい

(a)　$\frac{225\times10^{-3}}{180}\div\frac{100}{1000}=\frac{1}{80}$

(b)　$\frac{58.5\times10^{-3}\times2}{58.5}\div\frac{100}{1000}=\frac{1}{50}$

(c)　$\frac{55.5\times10^{-3}\times3}{111}\div\frac{100}{1000}=\frac{3}{200}$

濃度の大きい順に　(b)＞(c)＞(a)

答【20】④

(6)　(a)　誤　この現象は凝析という。塩析は親水コロイドの溶液に多量の電解質を加えると，コロイド粒子が沈殿する現象。

(b)　誤　ブラウン運動は，熱運動している分散媒がコロイド粒子に不規則に衝突するために起こる現象。コロイド粒子どうしの衝突ではない。

(c)　正　ヒトの目では見えないコロイド粒子が光を散乱させるために光の通路が輝いて見える現象。普通の溶質や溶媒では光を散乱させない。

(a)誤　　(b)誤　　(c)正

答【21】⑦

4　物質の変化と平衡

(1)　電解槽Ⅰの陰極で起こる反応は

$$Ag^{+}\ +\ e^{-}\ \rightarrow\ Ag$$

銀 1 mol（＝108 g）が析出するとき，電子 1 mol（＝9.65×10^{4} C）をやり取りしている。

$$\frac{9.65\times10^{4}}{108}\times5.40=4.825\times10^{3}$$

$\therefore 4.83\times10^{3}$ C

答【22】⑤

電気量は電流(A)×時間(s)で求められる。

求める時間を t s とする。

$$4.825\times10^{3}=10.0\times t$$

$$t=4.825\times10^{2}$$

$\therefore 4.83\times10^{2}$ s

答【23】①

銀の析出量より，この反応でやり取りした電子は5.00×10^{-2} mol とわかる。電解槽Ⅱの各極

で起こる反応は

陽極　$2H_2O \rightarrow O_2 + 4H^+ + 4e^-$

陰極　$2H_2O + 2e^- \rightarrow H_2 + 2OH^-$

上記化学反応式より発生する酸素はやり取りした電子の物質量の$\frac{1}{4}$，発生する水素はやり取りした電子の物質量の$\frac{1}{2}$，そのため両極で発生した気体の体積は次の式で求められる。

$$\left(\frac{5.00\times10^{-2}}{4}+\frac{5.00\times10^{-2}}{2}\right)\times22.4$$

（酸素の物質量）（水素の物質量）

$=0.840$

$\therefore 0.840$ L

答【24】③

(2) (a) 圧力を高くすると，分子数減少方向に平衡は移動する。固体は容器全体に拡がることなく，容器全体に圧力を及ぼさないため，分子数として考えない。そのためこの反応は，左に進むと分子数が減少する。そのため左へ移動する。

(b) 平衡が移動しても分子数が変化しないので，平衡の移動で圧力を変化させることができない。そのため，圧力を高くしても平衡は移動しない。

(c) 体積を一定に保っているので，反応に関わる気体の分圧に変化がない。そのため平衡は移動しない。

(d) He を加えても全圧に変化がないということは，反応に関わる気体の分圧は下がっている。反応に関わる気体の分圧が下がっているので，分子数増加方向に平衡は移動する。

以上より，平衡の移動が起こらないのものは(b)と(c)。

答【25】④

(3)

	N_2O_4	$\rightarrow$	$2NO_2$
はじめ	n mol		0 mol
変化量	$-n\alpha$ mol		$+2n\alpha$ mol
平衡時	$n(1-\alpha)$ mol		$2n\alpha$ mol

全物質量は $n(1-\alpha)+2n\alpha=n(1+\alpha)$

$\therefore n(1+\alpha)$ mol

答【26】④

分圧は，(モル分率)×(全圧) で求められる。モル分率は

$$\frac{\text{該当の物質の物質量}}{\text{全体の物質量}}$$

で求められる。全体の物質量は $n(1+\alpha)$ mol，N_2O_4の物質量は $n(1-\alpha)$ mol なので以下の式で求められる。

$$\frac{n(1-\alpha)}{n(1+\alpha)}p$$

$$\therefore \frac{1-\alpha}{1+\alpha}p$$

答【27】①

この反応の圧平衡定数は$\frac{P_{NO_2}{}^2}{P_{N_2O_4}}$で求められる。

$$P_{NO_2}=\frac{2n\alpha}{n(1+\alpha)}p$$

$$=\frac{2\alpha}{1+\alpha}p$$

$$\frac{\left(\frac{2\alpha}{1+\alpha}p\right)^2}{\frac{1-\alpha}{1+\alpha}p}=\frac{4\alpha^2}{(1+\alpha)(1-\alpha)}p$$

$$=\frac{4\alpha^2}{1-\alpha^2}p$$

答【28】②

5 無機物質

(1)

(a) $NaCl + H_2SO_4 \rightarrow NaHSO_4 + HCl$

不揮発性の濃硫酸の作用により，揮発性の塩化水素が発生する。

(b) $MnO_2 + 4HCl$

$\rightarrow MnCl_2 + 2H_2O + Cl_2$

酸化マンガン(Ⅳ)の酸化作用により塩素が発生する。

(c) $Zn + H_2SO_4 \rightarrow ZnSO_4 + H_2$

イオン化傾向の大小により水素が発生する。

(d) $2NH_4Cl + Ca(OH)_2$

$\rightarrow CaCl_2 + 2H_2O + 2NH_3$

強塩基の水酸化カルシウムの作用で，弱塩基のアンモニアが遊離する。

(e) $FeS + H_2SO_4 \rightarrow FeSO_4 + H_2S$
強酸の硫酸の作用で，弱酸の硫化水素が遊離する。

(f) $Cu + 2H_2SO_4$
$\rightarrow CuSO_4 + 2H_2O + SO_2$
熱濃硫酸の酸化作用により二酸化硫黄が発生する。

(g) $3Cu + 8HNO_3$
$\rightarrow 3Cu(NO_3)_2 + 4H_2O + 2NO$
希硝酸の酸化作用により一酸化窒素が発生する。

(h) $HCOOH \rightarrow H_2O + CO$
濃硫酸の脱水作用により一酸化炭素が発生する。濃硫酸は変化しないので，化学反応式には書かない。

答【29】③

ヨウ化カリウム水溶液に通すと褐色になる
⇒ ヨウ素が遊離する

(b)で発生する塩素は酸化力が強く，ヨウ化物イオンから電子を奪って，ヨウ素へと変化させる。

$$Cl_2 + 2I^- \rightarrow 2Cl^- + I_2$$

答【30】②

(g)で発生する一酸化窒素は空気中の酸素と直ちに反応し，二酸化窒素（赤褐色）になる。

$$2NO + O_2 \rightarrow 2NO_2$$

答【31】⑦

塩化水素はアンモニアと触れると塩化アンモニウムの白色粉末が煙状に発生する。塩化水素は空気より重く，水に溶けやすいので下方置換で捕集する。

検出する方法　i
捕集方法　ア

答【32】①

(2) (a) 水に溶けない物質は$BaSO_4$と$CaCO_3$。どちらも白色固体。

(b) 希塩酸を加えて気体が発生するのは弱酸から生じるイオンが構成要素として含まれる物質。$CaCO_3$とNa_2CO_3。(a)，(b)よりAは$CaCO_3$に，Bは$BaSO_4$に決まる。

$CaCO_3 + 2HCl$
$\rightarrow CaCl_2 + H_2O + CO_2$

$Na_2CO_3 + 2HCl$
$\rightarrow 2NaCl + H_2O + CO_2$

(c) DとEは両性元素が構成要素として含まれる物質。$AlCl_3$と$ZnCl_2$。

(d) Eがアンモニアと錯イオンを形成することと(c)より，$ZnCl_2$に決まり，それにともないDが$AlCl_3$に決まる。また，Fがアンモニア水で褐色沈殿が生じることから$AgNO_3$，Gがアンモニア水で青白色沈殿が生じることから$CuSO_4$に決まる。

A　$CaCO_3$　B　$BaSO_4$　C　Na_2CO_3
D　$AlCl_3$　E　$ZnCl_2$　F　$AgNO_3$
G　$CuSO_4$

答【33】③【34】①【35】②【36】⑤

化　学　　　正解と配点

（60分，100点満点）

問題番号		正　解	配　点
1	【1】	⑥	2
	【2】	④	3
	【3】	①	3
	【4】	⑥	3
	【5】	③	3
	【6】	①	3
	【7】	②	3
2	【8】	④	3
	【9】	⑦	2
	【10】	③	3
	【11】	⑤	3
	【12】	⑥	3
	【13】	⑤	3
	【14】	⑦	3
3	【15】	④	3
	【16】	②	3
	【17】	⑤	3
	【18】	②	3
	【19】	⑥	2
	【20】	④	3
	【21】	⑦	3

問題番号		正　解	配　点
4	【22】	⑤	3
	【23】	①	2
	【24】	③	3
	【25】	④	3
	【26】	④	3
	【27】	①	3
	【28】	②	3
5	【29】	③	2
	【30】	②	2
	【31】	⑦	2
	【32】	①	2
	【33】	③	3
	【34】	①	3
	【35】	②	3
	【36】	⑤	3

令和3年度　生　物　解答と解説

1　顕微鏡観察

【1】 顕微鏡観察（光学顕微鏡）の手順について，プレパラートのピント合わせは最初は低倍率から，反射鏡は平面鏡を使用して行う。ステージにのせたプレパラートとレボルバーにつけている対物レンズの先端を，ステージの横から見ながらステージを上げてできるだけ近づける。接眼レンズの視野の明るさを確認しながら徐々に調節ねじを回し，ピントの合う位置まで遠ざけていく。焦点深度は低倍率で深く（大きく），高倍率で浅く（小さく）なる。焦点深度は，絞りを絞った場合も深くなる。

答【1】②

【2】 対物ミクロメーターは，ステージの上に置くスライドガラス形のミクロメーターで，接眼ミクロメーターの1目盛の長さを測定するときに用いるものである。1目盛の長さが10μmになるように目盛が刻まれている。対象物（試料）を観察するときにはスライドガラスの上にのせてプレパラートにする。接眼ミクロメーターは接眼レンズにセットするので試料はのせない。接眼ミクロメーターは倍率を変えても見え方は変化しない。また，対物ミクロメーターで対象物を測定しない理由は，焦点深度が浅くなる高倍率では，対物ミクロメーターの目盛と対象物に同時にピントを合わせることはできないからである。また，1目盛（10μm）より小さい試料の大きさは正確に測定することができない。

植物細胞の葉緑体に含まれるデンプンは光合成によって合成された有機物である。デンプンの検出にはヨウ素デンプン反応を使用する。ヨウ素溶液を作用させる前に漂白剤に浸すのは，クロロフィルなどの色素を除去するためである。粒Yが青紫色を呈することはヨウ素デンプン反応である。酢酸オルセイン溶液は酢酸カーミン溶液とともに，核を染色する際に使用する。

答【2】⑤

【3】 対物ミクロメーター1目盛は1mmを100等分した長さである（10μm）。

接眼ミクロメーター1目盛の長さ

$$=\frac{\text{対物ミクロメーターの目盛の数}\times 10〔\mu m〕}{\text{接眼ミクロメーターの目盛の数}}$$

$$=\frac{10}{4}$$

$=2.5〔\mu m〕$

倍率を1/4に下げると，接眼ミクロメーターの1目盛の長さは4倍（反比例）になる（倍率が4倍の場合は1目盛の長さは1/4）。

$2.5\times 4=10〔\mu m〕$

答【3】⑤

【4】 粒Yの移動速度

A点からB点までの距離 / 時間

$$=\frac{60\times 2.5}{18}〔\mu m/\text{秒}〕$$

1cm（10000μm）移動するのにかかる時間

$$\frac{10000\times 18}{60\times 2.5}$$

$=1200〔\text{秒}〕$

$=1200/60$

$=20〔\text{分}〕$

答【4】④

【5】 中心体は，動物細胞や藻類，コケ植物，シダ植物，一部の裸子植物に含まれるが，高等植物には中心体は存在しない。

互いに直角に位置する1対の中心小体（直径約0.2μm，長さ約0.4μmの筒状の構造）と周囲のタンパク質からなる細胞小器官である。細胞分裂時には，紡錘糸の起点となる。また真核生物では鞭毛や繊毛の形成にも関与する。

答【5】③

2 細胞分裂

【6】【7】 体細胞分裂の分裂期(M期)の過程は前期…中期・後期・終期の時期をへて間期に入る。

前期…核内の染色体が凝縮して棒状（ひも状）になる。核膜と核小体が消失し両極から紡錘糸が次第にのびて染色体の動原体に付着する。動物細胞では中心体の微小管が両極に伸長し星状体になる。

中期…染色体が細胞の赤道面に並び紡錘体が完成する。染色体は縦に裂け目ができて染色分体に分かれている。

後期…各染色体は接着面で離れ，紡錘糸によって両極へ移動する。

終期…両極に移動した染色分体は染色体となり分散する。核膜と核小体が形成され2個の娘核になる（核分裂の完了）。つづく細胞質分裂が完了し2個の娘細胞となる。植物細胞では細胞の赤道面に細胞板が形成され，動物細胞ではくびれができて細胞が二分されるので細胞板は形成されない。

答【6】④【7】③

【8】 細胞あたりのDNAの相対量が1の時期（図のA）は間期のG_1期（DNA合成準備期），相対量2の時期（図のC）はG_2期（分裂準備期）およびM期（分裂期），1～2の時期（図のB）はS期（DNA合成期）となり，それぞれの面積比は細胞数と比例する。

答【8】①

【9】 A：B：C＝10：2：3であることより，細胞周期22時間のうち，G_1期の長さが10，S期の長さが2，G_2期とM期を合わせた長さが3の割合ということである。

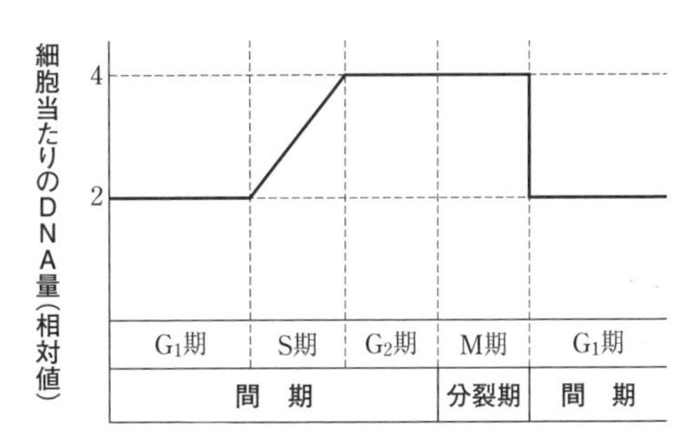

答【9】⑤

【10】 細胞周期の長さが22時間であるから，S期の長さは

$$22\text{時間}\times\frac{\text{S期}(2)}{\text{全時間}(10+2+3)}=2.933\cdots\text{〔時間〕}$$

答【10】②

3 肝臓の構造と働き

【11】【12】【13】 肝臓は消化管に付属する最も大きい内臓器官で，成人で1.2～1.5 kgの重さになる。肝臓には心臓から送り出される血液の3分の1が流入する。肝小葉は中心静脈の周囲に約50万個の肝細胞が集まり，小葉構造を形成する領域で，これを血管や胆管が取り囲んでいる。肝小葉の毛細血管を流れる血液は肝動脈と門脈の血液が合流したもので，やがて中心静脈に集まってから肝静脈に入る。肝細胞で作られた胆汁は，小葉間胆管に集められ，胆のうに送られる。

肝小葉は断面が六角柱状で直径が1 mm程度の構造単位であり，肉眼でも観察できる。1つの肝小葉は中心に静脈が通っているので，図のAは中心静脈であり，Bは門脈を示している。門脈を流れている血液は，消化管や脾臓からの静脈血となる。Cは肝動脈で，心臓から流れてきた動脈血が含まれる。Dは胆管であり，中には胆汁が流れている。

答【11】③【12】⑤【13】③

【14】 A（中心静脈）を流れる血液は心臓に向かうため，Eでの血液の流れはaとなる。肝細胞で合成された胆汁はD（胆管）から胆のうに運ばれる。そのためFでの胆汁の流れはcとなる。

答【14】①

肝臓の働き

血糖量の調節	グルコースをグリコーゲンの形で貯蔵したり，逆にグリコーゲンをグルコースに分解したりすることによって血糖量を調節する。
タンパク質の合成・分解	アルブミンや血液凝固に関係するタンパク質を合成し，不要となったタンパク質やアミノ酸を分解する
尿素の合成	代謝の過程で生じた有害なアンモニアを尿素回路（オルニチン回路）によって，比較的低毒性の尿素に変える。
解毒作用	アルコールなどの有害物質を化学反応によって分解する。
赤血球の破壊	古くなった赤血球を破壊する。
体温の維持	流入している多量の血液が，代謝に伴う発熱によって温められ，循環することで体温を維持する。
胆汁の生成	肝細胞で生成された胆汁は，胆のうから十二指腸に分泌され，脂肪の消化・吸収を促進する。また，肝臓の解毒作用でできた不要な物質や赤血球の分解産物を体外に排出する役割もある。

【15】 アルブミンやフィブリノーゲンなどの血漿タンパク質は肝臓で合成される。アルブミンは血漿中の60%を占める主要タンパク質で，浸透圧の調節に関与するほか，アミノ酸やホルモンの運搬を行い，また卵白の主成分（オボアルブミン）でもある。ヘモグロビンは赤血球に含まれ，酸素を運搬するタンパク質である。免疫グロブリンはリンパ球のＢ細胞（抗体産生細胞，形質細胞）が合成する。

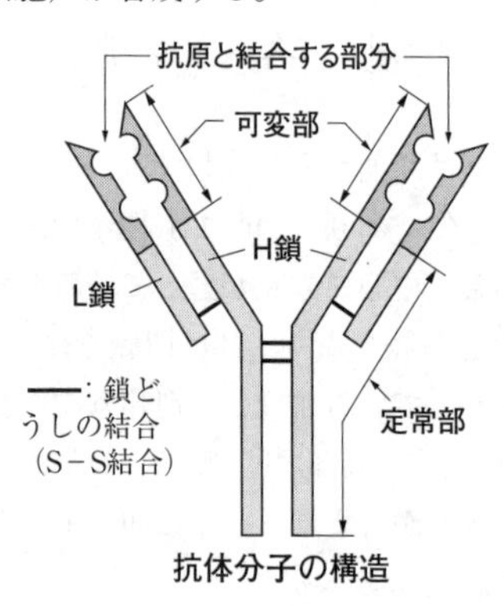

抗体分子の構造

答【15】④

4 炭酸同化

【16】【17】 光合成の化学反応式は次のようになり，吸収した二酸化炭素の体積と放出した酸素の体積は等しくなる。

$6CO_2 + 12H_2O +$ 光エネルギー

$\rightarrow (C_6H_{12}O_6) + 6O_2 + 6H_2O$

よって，光照射前後での二酸化炭素の減少量（1.5）は理論的に酸素の増加量と等しくなる。

よって$1.5 + 17.0 = 18.5$。

ホウレンソウの葉１枚当たりの光合成速度は$18 + 4 = 22$〔mg/CO_2/時〕である。

３時間では$22 \times 3 = 66$〔mg/CO_2/時〕である。有機物の合成量をx〔mg〕とすると

$264 : 180 = 66 : x$

$x = 45$〔mg〕

答【16】⑤【17】④

【18】【19】 薄層クロマトグラフィーでは，抽出液，展開液ともに石油ベンジン，石油エーテル，アセトンの混合液などの有機溶媒を用いる。展開溶媒の液面は，原点の下でなくてはならない。また移動率（Rf 値）が1.0 近くの最も大きい色素はカロテンである。クロロフィルは緑色系の色であるが，青緑色を呈するものはクロロフィルａである。

同化色素

植物の光合成色素には，青緑色のクロロフィルａや黄緑色のクロロフィルｂ，橙色のカロテン，黄色のキサントフィルなどがあり，吸収される光の波長は色素ごとに異なる。クロロフィルは，赤色光（波長 650～700 nm）と青紫色光（波長 400～450 nm）を吸収する。ニンジンの根に多く含まれるカロテンやキサントフィルなどをまとめてカロテノイドと総称する。植物の緑葉に含まれる光合成色素の種類を調べる方法の１つである薄層クロマトグラフィーを利用する。細かく刻んだ緑葉に硫酸ナトリウムを加えてすりつぶした粉末状の試料をマイクロチューブに入れ，ジエチルエーテルを加えて色素を抽出する。抽出液をつけた点を原点とした薄層クロマトグラフィー用プレートを，下端が１cm 浸かる程度の展開液に浸し，展開液がプレートの上端付近まで達するように展開すると，分離した色素の色調を調べることができる。色素ごとに移動率（Rf 値）は異なり，含まれていた色素を特定することができる。

$$\text{Rf 値} = \frac{\text{原点から分離した色素の中心までの距離}}{\text{原点から展開液の上端までの距離}}$$

	色　素	色	Rf 値
キサントフィル	ネオキサンチン	黄　色	0.1～0.2
	ビオラキサンチン	黄　色	0.2～0.3
	ルテイン	黄　色	0.35～0.4
クロロフィル b		黄緑色	0.4～0.45
クロロフィル a		青緑色	0.45～0.55
カロテン		橙	0.85～0.9

植物色素の Rf 値

答【18】①【19】③

【20】 カルビン・ベンソン回路

外界（気孔）から取り込んだCO_2は，C_5化合物のリブロースビスリン酸（RuBP）と反応し，2分子のC_3化合物であるホスホグリセリン酸（PGA）となる。PGA はチラコイドからの ATP のエネルギーを受け取りジホスホグリセリン酸になる。さらにH^+により還元されて GAP（グリセルアルデヒドリン酸）になる。GAP のうち，6分の1はフルクトースビスリン酸を経て，最終的にグルコースが生成される。

この反応を進める酵素は RuBP カルボキシラーゼ／オキシゲナーゼ（ルビスコ）と呼ばれる。

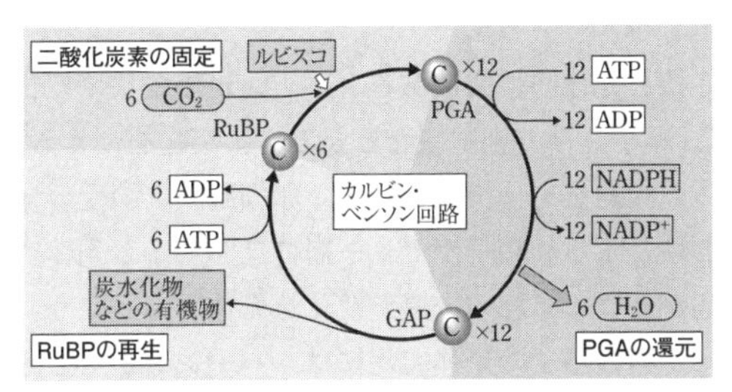

ストロマでの反応（カルビン・ベンソン回路）

グルコースを生成した残りは，カルビン・ベンソン回路に残り，リブロースリン酸になる。リブロースリン酸は ATP のリン酸を受け取りリブロース二リン酸になり再びグルコース合成に用いられる。反応式は次の通り。

$$6CO_2 + 12H_2O \rightarrow C_6H_{12}O_6 + 6H_2O + 6O_2$$

以上の通り，ルビスコは RuBP と二酸化炭素を反応させ PGA をつくる（二酸化炭素を固定する）酵素である。

答【20】⑥

5　遺伝子の発現調節

A　原核細胞の転写調節

【21】【22】 大腸菌の栄養源摂取について，培地にグルコースがあるときにはグルコースを利用し，ラクトースを加えても利用しないが，グルコースがないときにはラクトースを利用する。原核生物にはイントロンがないため，RNA ポリメラーゼが DNA 上の遺伝子群を一括して転写していく。複数の遺伝子群と，その発現を制御する塩基配列部分とを1つの単位としてオペロンという。

・ラクトースがないとき

抑制性の調節タンパク質がリプレッサーとしてオペレーターに結合する。オペレーターの隣に RNA ポリメラーゼが結合するプロモーターが存在し，両者は一部重なっている。そのため調節タンパク質がオペレーターに結合すると RNA ポリメラーゼが結合できなくなり，転写が行われなくなる。転写が抑制されると，ラクトース分解酵素の合成は抑制される。調節タンパク質がリプレッサーとして働き転写を抑制する場合を負の制御という。

・ラクトースがあるとき

プロモーターに近接して結合し，RNA ポリメラーゼとプロモーターの結合を促進するタンパク質を転写活性化因子といい，CAP（カタボライト活性化タンパク質）はグルコースがあると DNA とは結合しない。よって，グルコースがなく，ラクトースがあるときだけ転写が開始される。

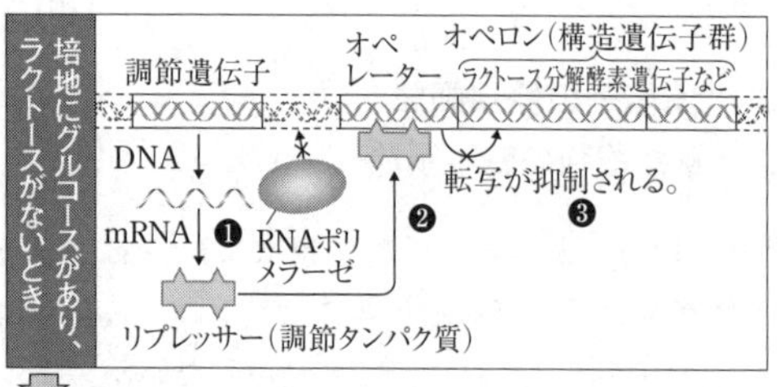

酵素が合成されない

❶調節遺伝子によって，リプレッサーが合成される。
❷リプレッサーがオペレーターに結合する。
❸その結合によって，RNAポリメラーゼが結合できず，β-ガラクトシダーゼなどが転写されない。

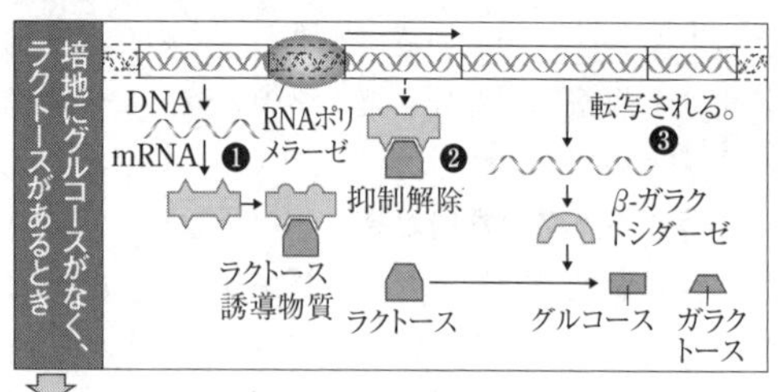

酵素が合成される

❶調節遺伝子によって，リプレッサーが合成される。
❷リプレッサーは，ラクトース誘導物質と結合してオペレーターから離れ，オペレーターの抑制から解除される。
❸RNAポリメラーゼがDNAに結合し，β-ガラクトシダーゼなどが転写される。

原核生物における遺伝子発現調節モデル(オペロン説)

答【21】⑤【22】③

B　原核生物の遺伝子発現

【23】【24】【25】　大腸菌は抗生物質アンピシリンを含む培地では生きていけない。P_1はアンピシリン耐性遺伝子のほか，GFP（緑色蛍光タンパク質）遺伝子であるY，Yから離れたところにあるYの調節タンパク質の遺伝子Z，Yの発現に必要な領域にはRNAポリメラーゼが結合する領域Wを含んでいる。このP_1が入った大腸菌に紫外線を当てると光るが，導入効率は約50%であるため，抗生物質であるアンピシリンを含まない培地ではP_1が入らなかった大腸菌は光らなくてもコロニーを形成する。

問題文より，調節タンパク質の働き方は，ラクトースオペロンと同様とすればリプレッサーとして働く負の制御となる。調節タンパク質がアラビノースによってDNA（領域W）に結合できなくなると，RNA合成酵素がプロモーター部分に結合し転写が促進される。アンピシリン耐性遺伝子は常に発現している条件では調節タンパク質の影響はない。

一方P_2はアンピシリン耐性遺伝子Xがなく，アンピシリンを含む培地では生きられない。条件**ウ**は培地に調節タンパク質アラビノースを加えたものであるが，アンピシリンを加えていないため，（オ）と（カ）は同様な結果となる。よって（オ）はコロニーの形成があり，導入効率50%より約半数がY遺伝子により光る。また，Bではアンピリシン耐性遺伝子を入れていないので，アンピリシンを含む培地**エ**では生きられない。つまり（キ）はaとなる。Cではアンピリシン耐性遺伝子を含む培地**イ**，**エ**では生きられないので（ク）と（ケ）はともに生きられない。

答【23】③【24】①【25】①

6　ウニの配偶子形成と受精

ウニの精子が卵のゼリー層と接触し，ゼリー層に含まれる糖類を受容すると，その情報が先体胞に伝えられる。ゼリー層の糖類の情報を受容した先体胞は，エキソサイトーシスを起こし，タンパク質分解酵素などを含んだ内容物をゼリー層に放出する。

核と先体胞の間にあるアクチンが繊維状に変化し，精子頭部の細胞膜などとともに突起をつくる。この突起を先体突起といい，卵細胞膜上の受容体と結合する。精子がゼリー層に達してから先体突起が伸びるまでの一連の変化を先体反応という。

ウニの精子の先体突起には，バインディンと呼ばれるタンパク質があり，ウニ卵の卵黄膜にはこのバインディンと結合する受容体が存在する。卵黄膜に達した先体突起は，バインディンと受容体とが結合した複合体を形成したのち，卵黄膜を通過し，卵の細胞膜に達する。精子が卵の細胞膜に接すると，細胞膜に受精丘と呼ばれる小さな膨らみが生じる。受精丘ができたのち，卵の細胞膜の直下にある表層粒から内容物がエキソサイトーシスにより分泌される。細胞膜と卵黄膜の間に内容物が放出されるこの反応を表層反応という。表層反応によって，卵黄膜は押し広げられ，細胞膜から分離したのち，固い受精膜となる。進入した精子の頭部からは，中心体を伴う精核が放出される。やがて精核は卵の核と融合し，受精が完了する。

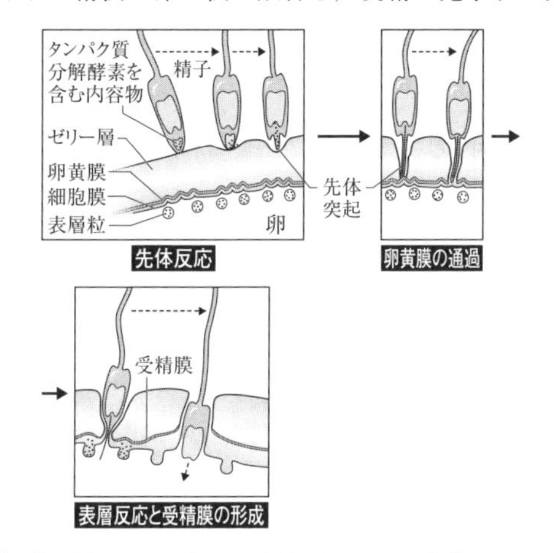

【26】 精子の形成は，精細胞からの変態である。精細胞内の細胞小器官を利用し運動能力を高めたものが精子である。

・先体はゴルジ体の扁平な袋が移動してできる。頭部に含まれる核を保護するとともに，先体反応に関与する。

・べん毛は中心体から微小管が集まり形成される。

ミトコンドリアは中片部を形成し，べん毛を動かすためのエネルギーを生み出す。べん毛や繊毛の9＋2構造は，中心小体の構造とよく似ている。

答【26】②【27】③

【28】 ウニの卵の細胞膜の外側に卵黄膜（卵膜）がある。その外側にゼリー層がある。ゼリー層に精子を引き付ける化学物質が含まれている。精子が卵のゼリー層に接触すると先体のエキソサイトーシスにより加水分解酵素が分泌され，これによりゼリー層が分解され穴があく。

答【28】⑤

【29】 小胞が開口し，物質を放出する現象がエキソサイトーシスである。先体からタンパク質分解酵素が分泌される過程と，卵の表層粒から内部の物質が分泌される過程に見られる。

答【29】⑤

【30】 ウニは，卵が形成された後に受精が起こる。受精膜の形成は，他の精子の進入を防ぐ多精拒否の働きはあるが，天敵に対しては無力である。胚が受精膜から出ることを「ふ化」というが，ふ化は胞胚期に行われる。なお，ウニには神経胚はない。

答【30】①

7 染色体と遺伝子

A 減数分裂の過程

配偶子形成時に見られる減数分裂は次のような2段階の過程で形成され，分裂の前後において染色体数が半減する。

第一分裂

前期…核膜・核小体が消失し，染色質の染色体が凝縮して棒状・ひも状となって現れる。相同染色体が対合し二価染色体を形成する。

中期…二価染色体が赤道面に並び，紡錘糸が動原体に付着することで紡錘体が完成する。

後期…二価染色体を構成していた相同染色体が，対合面から両極へ分離し移動する。

終期…染色体は再び核膜の中で染色質となる。核分裂に引き続き，細胞質分裂が起こり，2つの細胞が形成される。核相は$2n$からnとなる。

第二分裂

第一分裂完了後直ちに（間期をもたない），**前期・中期・後期・終期**をへて染色分体が両極へ分離し，第一分裂で形成された各細胞がそれぞれ二分する。よって生殖細胞の染色体数は第一分裂前の母細胞に対して半減する。核相はn。

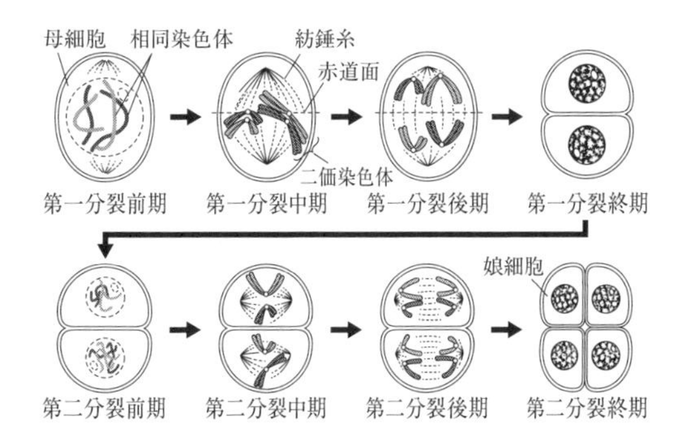

【31】 $2n=6$より$n=3$である。よって卵，精子どちらも染色体の組合せは2^3通りであるから，受精卵の組合せは

$2^3 \times 2^3 = 64$〔通り〕

答【31】④

【32】 染色体の乗り換えは，相同染色体が対合して二価染色体が形成されるとき，つまり，第一分裂の前期に起こる。

答【32】①

【33】

組換え価〔%〕

$$=\frac{\text{組換えを起こした配偶子の数}\times 100}{\text{全配偶子の数}}〔\%〕$$

$$=\frac{\text{組換えを起こした個体数}\times 100}{\text{検定交雑によって生じた全個体数}}〔\%〕$$

検定交雑（aacc）における子の表現型は，交雑した個体から形成される配偶子の種類と分離比を表すことになる。A(a)—C(c) 間の組換え価を交雑２の表現型と分離比より求める。

遺伝子型（AaCc）の子の表現型と分離比は

［AC］:［Ac］:［aC］:［ac］＝１：４：４：１

よって

組換え価〔%〕（配偶子の種類と分離比も同値）

（AC）:（Ac）:（aC）:（ac）＝１：４：４：１

より

$$\frac{1+1}{1+4+4+1}\times 100〔\%〕$$

$=20〔\%〕$

答【33】③

【34】［Ac］と［aC］の個体が［AC］，［ac］の個体より多いことからAとc，aとCが同じ染色体にあることがわかる。

答【34】④

【35】 遺伝子間の距離は組換え価に比例する。

【33】と同様に，交雑１と交雑３の組換え価も求める。

A(a)—B(b) 間の組換え価は

$$\frac{2}{40}\times 100〔\%〕$$

$=5〔\%〕$

B(b)—C(c) 間の組換え価は

$$\frac{2}{8}\times 100〔\%〕$$

$=25〔\%〕$

B(b)—C(c) 間が最も離れている距離でその間にA(a) が位置する。（三点交雑）

答【35】⓪

8 植物の生殖

【36】【37】 カキ（被子植物）の配偶子形成

雄性配偶子（精細胞）

おしべの葯内で花粉母細胞は，減数分裂を行い花粉四分子となる。花粉四分子（n）のそれぞれは，不均等な細胞分裂によって，花粉管細胞（n）とその中にある雄原細胞（n）に分かれ，やがて成熟した花粉となる。花粉管が伸び，先端はめしべの子房内の胚のうに達する。花粉管内の雄原核はもう一度核分裂を行い２個の精核（生殖核）となる。

雌性配偶子

めしべの子房の胚珠内の胚のう母細胞は減数分裂の結果１つの胚のう細胞と３つの退化細胞となる。胚のう細胞は，続けて３回の核分裂を行い，遺伝情報の等しい８個の核を形成した胚のうとなる。８個の核のうち，３個は，珠孔側で１個の卵細胞の核と２個の助細胞の核となる。また，他の３個の核は，珠孔の反対側に移動してそれぞれ３個の反足細胞の核となる。残りの２個の核は，胚のうの中央に集まり，極核と呼ばれる中央細胞の核となる。

重複受精

めしべの胚のうの助細胞からの誘引物質によりのびた花粉管の先端が珠孔に達すると，助細胞のうちの１つを破壊して胚のう内へ進入する。花粉管から放出された２個の精細胞のうち，１個の精細胞（n）が卵細胞（n）と合体して受精卵となる（$2n$）。残りの１個は，２個の極核をもつ中央細胞と合体して胚乳細胞（$3n$）を形成する。すべての核の遺伝子構成は同一である。その後胚珠内の受精卵は，細胞分裂を繰り返して胚を形成する。その後，胚珠は，発達して種子となる。受精後に胚乳が発達し，発生

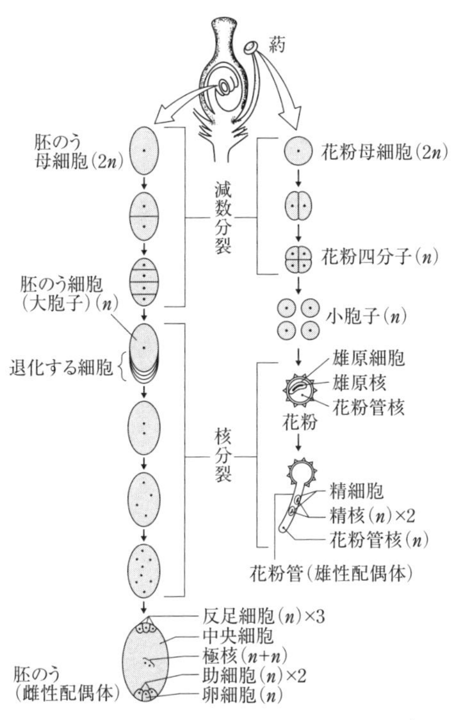

に必要な栄養分を胚乳に蓄える種子を胚乳種子といい，カキやイネ，ムギなどである。

胚形成

被子植物では，受精卵は不等分裂によって大きさの異なる2つの細胞になる。大きな細胞は，一方向の分裂を繰り返し，胚柄と呼ばれる構造になる。一方，小さな細胞は盛んに増殖を繰り返し，やがて胚の大半をつくるようになる。

受精卵から胚が形成されるころ，胚乳細胞の胚乳核は核分裂を繰り返して多数の核になる。その後，この核を1個ずつ含む細胞ができ，これが養分を蓄えて胚乳を形成する。胚珠の珠皮は種皮となり種子の最外層となる。

胚は，子葉が分化するといったん休眠状態となる。休眠状態になった種子は，低温や乾燥に耐えて発芽する能力を一定の期間保つ。胚珠の数は植物の種類によって異なり，アサガオやエンドウのように，1つの子房に胚のうが複数存在するものもある。

受精卵と胚乳の形成のための受精が同時に進むことを重複受精という。子房壁は果皮に，珠皮は種皮に分化し，種子は種皮によって包まれている。

図のAは卵細胞で核相はn，Bは助細胞で核相はn，Iの胚乳は中央細胞の2つの極核と精核が合体して核相は$3n$である。

答【36】⑤【37】②

【38】 受精卵はその後種子の中で体細胞分裂による胚発生を行う。縦長に体細胞分裂を行い，上部の胚球（球状胚）と基部の胚柄となるが，その後の子葉，葉芽，胚軸，幼根は胚球から分化し，胚柄は退化する。

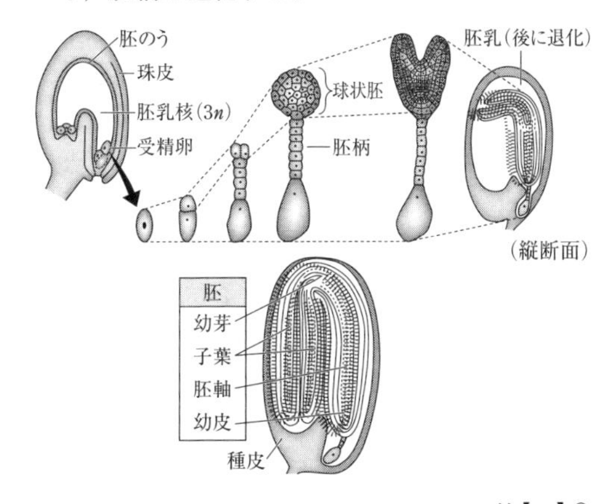

答【38】①

【39】 胚珠の珠皮は種子の種皮となる。果皮は子房壁に由来する。

答【39】③

【40】 胚のうの中の核は，同一の核が3回分裂したものであるから，すべてのDNAの塩基配列は同一である。

答【40】①

9 生態系の栄養段階

【41】 大型鳥類の栄養段階は，樹木や草→リス→大型鳥類の場合は二次消費者であるが，樹木や草→バッタ→カマキリ→カエル→ヘビ→大型鳥類の場合は五次消費者となる。一般に被食者より捕食者のほうがからだが大きく，数は少ない。

答【41】②

【42】 一次消費者は植物を摂取する生物であるので，バッタ，リス，ミミズが該当する。ミミズは土壌中の植物遺体を摂取するため腐食連鎖の一次消費者であり，分解者である。落ち葉を食

べ，腸で分泌する粘液の働きで団粒と呼ばれる塊の糞をする。土中においてこの団粒の隙間が空気の通り道となり，保水力や通気性のある土壌を形成することができる。団粒の内部には有機物が残り腐食土層を育む作用ももつ。

答【42】③

【43】 硝酸菌，亜硝酸菌は化学合成を行い，緑色硫黄細菌，紅色硫黄細菌は光合成を行う。これらは炭酸同化を行う独立栄養生物であり，細菌の中でもシアノバクテリアともに生産者に属する。菌類にはカビ，キノコの仲間が含まれる。

答【43】⑤

【44】 生態系では，捕食者が増加すると，捕食によって被食者が減少する。すると，捕食者にとっての食物が減ることになるので，やがて捕食者も減少する。捕食者が減少すると捕食の影響が減ることで被食者が増加し，これに伴って再び捕食者が増加する。被食者と捕食者の個体数は，相互に関連しながら周期的な変動を繰り返す。大型鳥類が減少すると，一時的にその被食者であるリスは増加すると考えられる。リスが増加することにより，一時的にその被食者である樹木や草は減少する。

答【44】③

【45】 マングースは外来生物であるが，ハブの駆除のために導入された動物（外来種）である。しかしながら，ハブ（夜行性）との活動時間が異なり，ハブをほとんど捕獲せず，ヤンバルクイナなどの沖縄固有の在来種など希少生物を捕食して増加することから，現在では駆除の対象になっている。

食用ウシガエルの餌として持ち込まれたアメリカザリガニも繁殖力が強く，水生昆虫や魚類を捕食したり，水草を切断することがあり，在来のトンボを激減させる結果を引き起こしていることが知られている。

答【45】④

生　物　　正解と配点

（60分，100点満点）

問題番号		正　解	配　点
1	【1】	②	2
	【2】	⑤	2
	【3】	⑤	2
	【4】	④	3
	【5】	③	2
2	【6】	④	2
	【7】	③	2
	【8】	①	3
	【9】	⑤	2
	【10】	②	2
3	【11】	③	2
	【12】	⑤	2
	【13】	③	2
	【14】	①	2
	【15】	④	3
4	【16】	⑤	2
	【17】	④	3
	【18】	①	2
	【19】	③	2
	【20】	⑥	2
5	【21】	⑤	2
	【22】	③	2
	【23】	③	2
	【24】	①	3
	【25】	①	3

問題番号		正　解	配　点
6	【26】	②	2
	【27】	③	2
	【28】	⑤	2
	【29】	⑤	3
	【30】	①	2
7	【31】	④	2
	【32】	①	2
	【33】	③	2
	【34】	④	2
	【35】	⓪	3
8	【36】	⑤	3
	【37】	②	2
	【38】	①	2
	【39】	③	2
	【40】	①	2
9	【41】	②	2
	【42】	③	2
	【43】	⑤	2
	【44】	③	3
	【45】	④	2

令和4年度

基礎学力到達度テスト
問題と詳解

令和4年度　物　理

I　次の文章(1)〜(5)の空欄【１】〜【５】にあてはまる最も適当なものを，解答群から選べ。ただし，同じものを何度選んでもよい。

(1)　傾きが一定のなめらかな斜面で，力学台車から手を放して運動させた。力学台車の加速度の大きさ y と手を放してからの経過時間 x の関係を表すグラフは【１】である。

(2)　フックの法則にしたがうばねにゆっくりと力を加える。ばねの自然の長さからの伸び y とばねに加えた力の大きさ x の関係を表すグラフは【２】である。

(3)　抵抗値が一定の抵抗に電圧を加え，そのときの消費電力を調べる。抵抗の消費電力 y と抵抗に加えた電圧 x の関係を表すグラフは【３】である。

【１】〜【３】の解答群

①
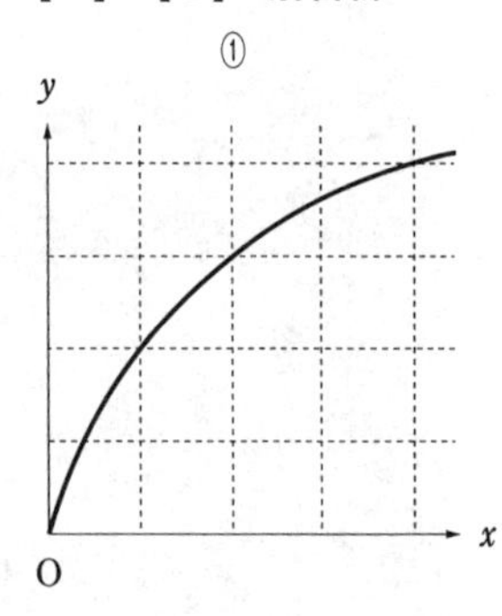

②
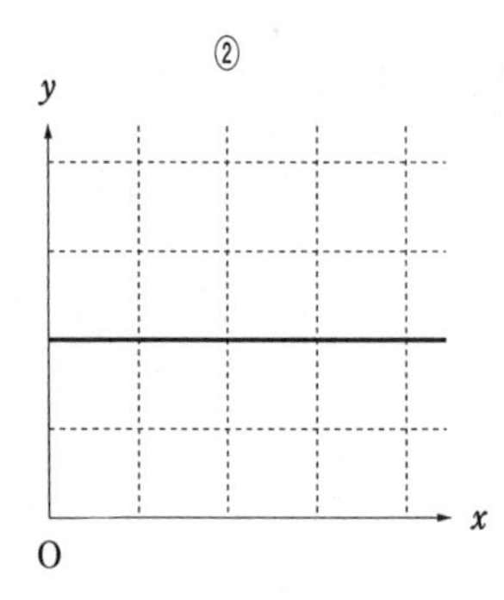

③
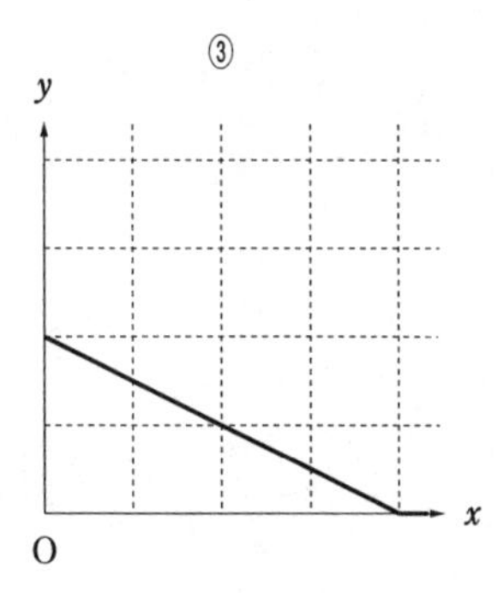

④
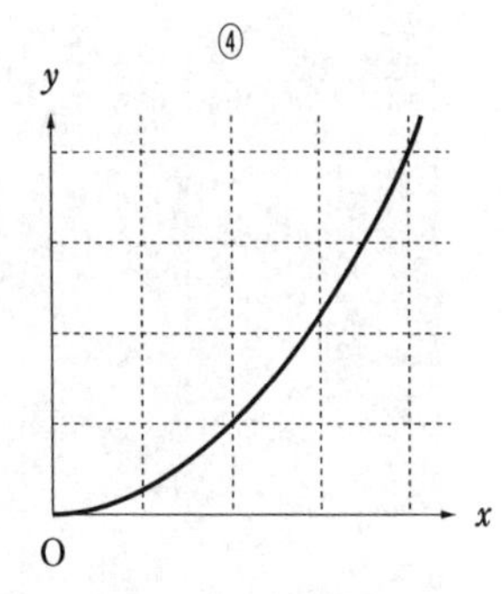

⑤
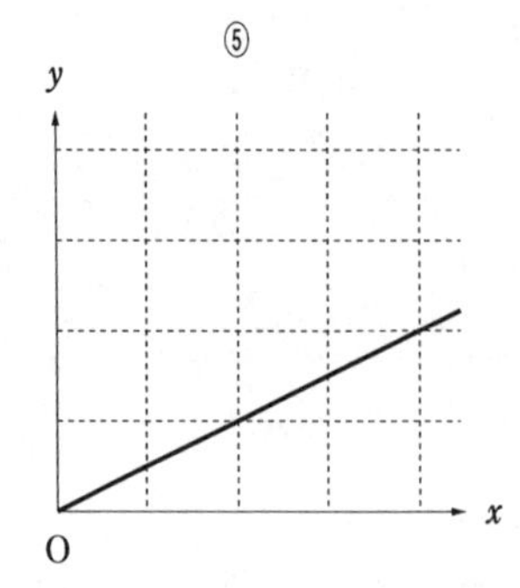

⑥
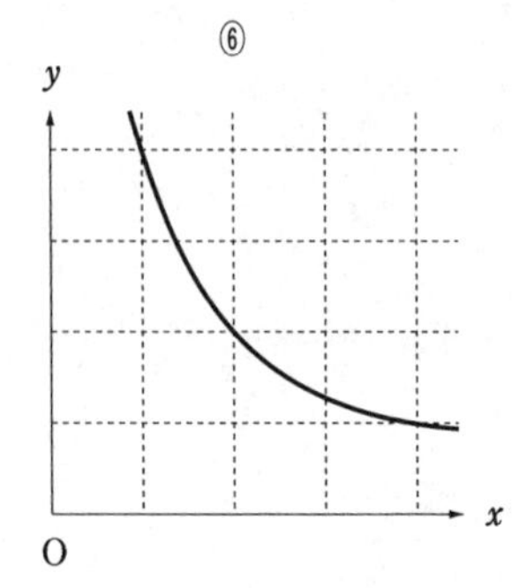

(4)　同じ材質の，一辺の長さ 1 cm の立方体Aと一辺の長さ 2 cm の立方体Bにそれぞれ熱を加え，立方体A，Bの温度を 20℃から 100℃に変化させた。立方体Aが吸収した熱量は，立方体Bが吸収した熱量の【4】倍である。

(5)　弦が振動しているとき，振動数を2倍にすると，周期は【5】倍になる。

【4】，【5】の解答群

① $\frac{1}{8}$　② $\frac{1}{4}$　③ $\frac{\sqrt{2}}{4}$　④ $\frac{1}{2}$　⑤ $\frac{\sqrt{2}}{2}$

⑥ $\sqrt{2}$　⑦ 2　⑧ $2\sqrt{2}$　⑨ 4　⓪ 8

2 **次の文章の空欄【6】～【10】にあてはまる最も適当なものを，解答群から選べ。ただし，同じものを何度選んでもよい。**

図1のように，地球のまわりを半径rの円軌道で周期Tで回る質量mの物体Pがある。物体Pにはたらく力は地球からの万有引力だけであるとし，地球の質量をM，万有引力定数をGとする。

物体Pに作用する万有引力の大きさは【6】である。物体Pの速さvは，$v=$【7】$\times\dfrac{r}{T}$であり，この式と物体Pの運動方程式からvを消去して整理すると，$T^2=$【8】$\times\dfrac{r^3}{GM}$となる。この式は，円軌道について，ケプラーの第3法則と対応している。

万有引力による位置エネルギーの基準を無限遠にとると，物体Pの万有引力による位置エネルギーは【9】$\times\dfrac{GMm}{r}$，物体Pの運動エネルギーは【10】$\times\dfrac{GMm}{r}$である。

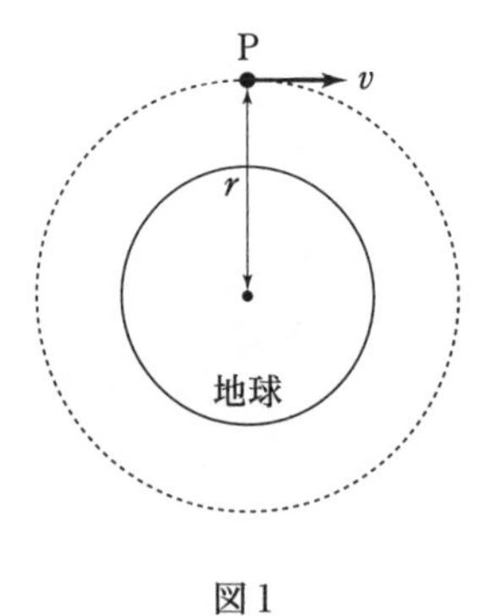

図1

【6】の解答群

① $\frac{GMm}{r}$　② $\frac{GMm}{r^2}$　③ $GMmr$　④ $GMmr^2$

【7】,【8】の解答群

① $\frac{\pi}{4}$　② $\frac{\pi}{2}$　③ π　④ 2π　⑤ 4π

⑥ $\frac{\pi^2}{4}$　⑦ $\frac{\pi^2}{2}$　⑧ π^2　⑨ $2\pi^2$　⓪ $4\pi^2$

【9】,【10】の解答群

① -4　② -2　③ -1　④ $-\frac{1}{2}$　⑤ $-\frac{1}{4}$

⑥ $\frac{1}{4}$　⑦ $\frac{1}{2}$　⑧ 1　⑨ 2　⓪ 4

3 次の文章の空欄【11】～【15】にあてはまる最も適当なものを，解答群から選べ。ただし，同じものを何度選んでもよい。

図1のように，床から天井までの高さが $2L$ の電車で，天井の点Aから質量 m の小球Pを長さ L の軽い糸でつるした。点Aから鉛直方向に下ろした線が床面と交わる位置を点Oとする。

図2のように，電車が右向きに等加速度直線運動しているとき，小球Pは電車に対して静止した状態であり，鉛直下向きと糸のなす角は $\theta(\theta<90°)$ であった。重力加速度の大きさを g とすると，電車の加速度の大きさ a は，$a=$【11】$\times g$ である。また，糸の張力の大きさ S は，$S=$【12】$\times mg$ である。

図2の状態から小球Pに左向きにわずかな変位を与えて静かに手を放すと，小球Pは単振動した。このときの単振動の周期 T は，$T=2\pi\times$【13】である。

図2の状態から糸を静かに切ると，小球Pは床面の点Bに落下した。小球Pの落下時間は【14】で，点Bの位置と電車内の観測者から見た小球Pの軌跡は【15】のようになる。

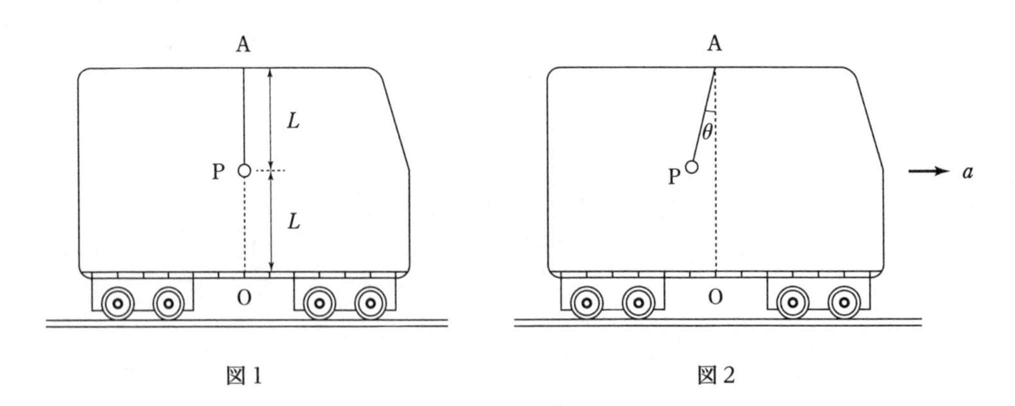

図1　　　　図2

【11】，【12】の解答群

① $\sin\theta$　② $\cos\theta$　③ $\tan\theta$　④ $\dfrac{1}{\sin\theta}$　⑤ $\dfrac{1}{\cos\theta}$　⑥ $\dfrac{1}{\tan\theta}$

【13】の解答群

① $\sqrt{\dfrac{L}{g\sqrt{1+\sin^2\theta}}}$　② $\sqrt{\dfrac{L}{g\sqrt{1+\cos^2\theta}}}$　③ $\sqrt{\dfrac{L}{g\sqrt{1+\tan^2\theta}}}$

④ $\sqrt{\dfrac{2L}{g\sqrt{1+\sin^2\theta}}}$　⑤ $\sqrt{\dfrac{2L}{g\sqrt{1+\cos^2\theta}}}$　⑥ $\sqrt{\dfrac{2L}{g\sqrt{1+\tan^2\theta}}}$

⑦ $\sqrt{\dfrac{L}{g\sqrt{2+\sin^2\theta}}}$　⑧ $\sqrt{\dfrac{L}{g\sqrt{2+\cos^2\theta}}}$　⑨ $\sqrt{\dfrac{L}{g\sqrt{2+\tan^2\theta}}}$

【14】の解答群

① $\sqrt{\dfrac{2L}{g}}$　② $2\sqrt{\dfrac{L}{g}}$　③ $\sqrt{\dfrac{L(1-\sin\theta)}{g}}$

④ $\sqrt{\dfrac{2L(1-\sin\theta)}{g}}$　⑤ $\sqrt{\dfrac{L(2-\sin\theta)}{g}}$　⑥ $\sqrt{\dfrac{2L(2-\sin\theta)}{g}}$

⑦ $\sqrt{\dfrac{L(1-\cos\theta)}{g}}$　⑧ $\sqrt{\dfrac{L(2-\cos\theta)}{g}}$　⑨ $\sqrt{\dfrac{2L(1-\cos\theta)}{g}}$

⓪ $\sqrt{\dfrac{2L(2-\cos\theta)}{g}}$

【15】の解答群

①
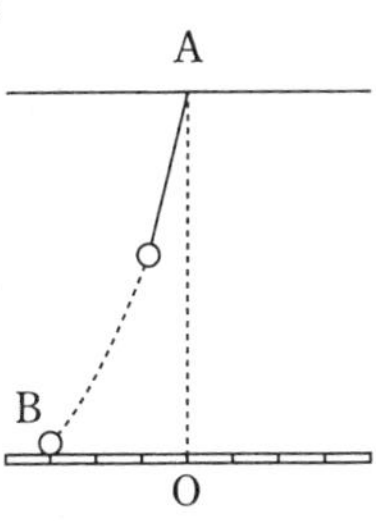

②
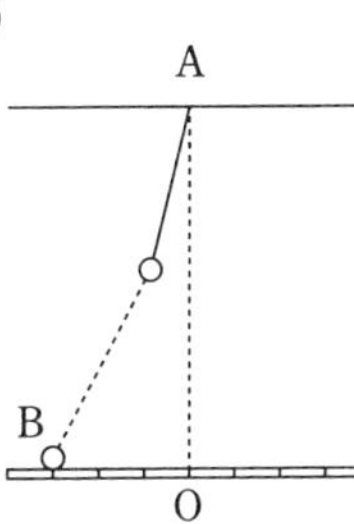

③
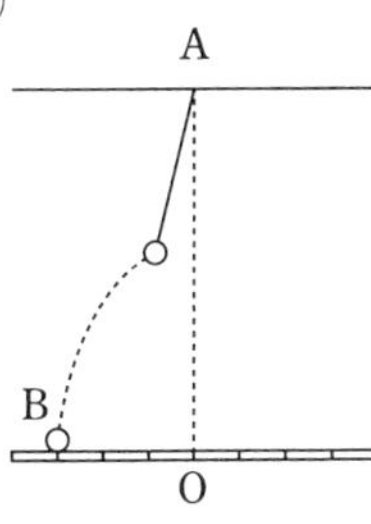

④
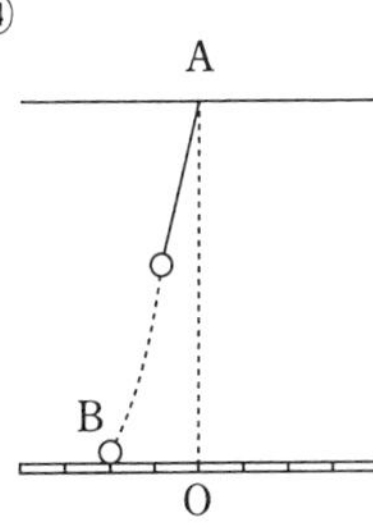

⑤
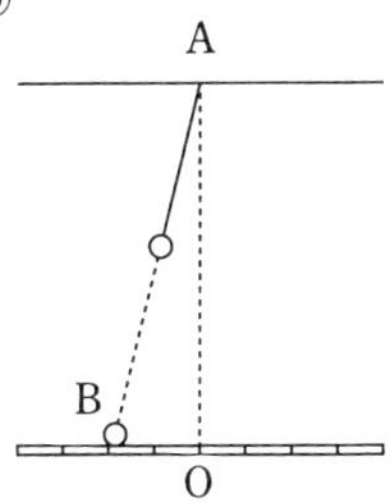

⑥
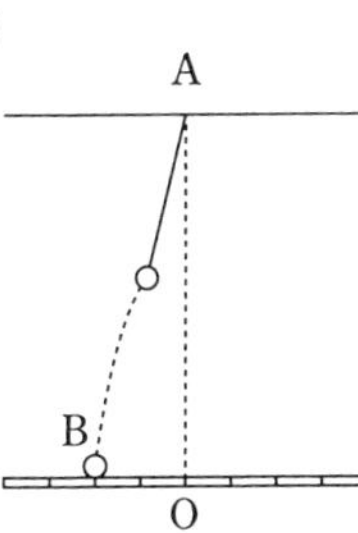

⑦
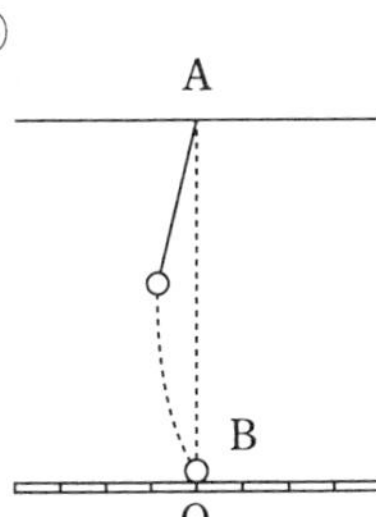

⑧
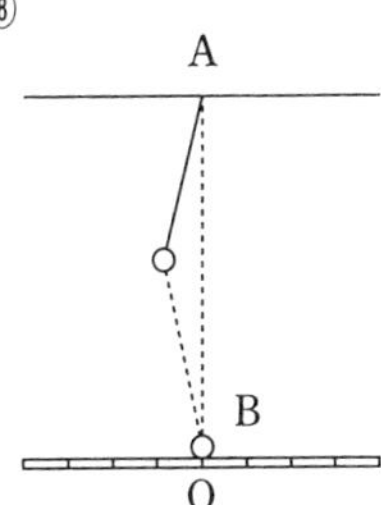

⑨
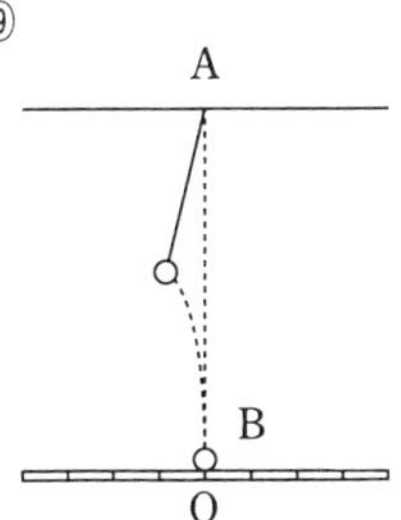

⓪
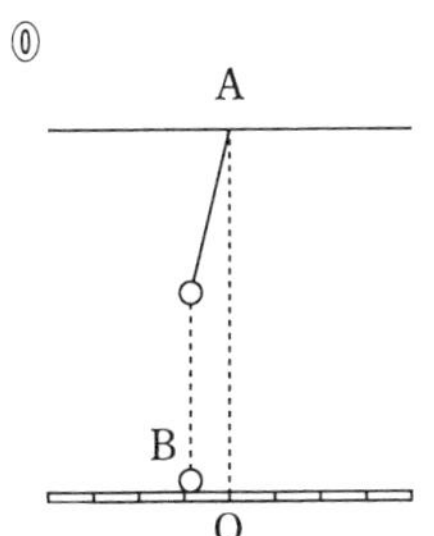

4 **次の文章の空欄【16】～【20】にあてはまる最も適当なものを，解答群から選べ。ただし，同じものを何度選んでもよい。**

図1のように，なめらかに移動するピストン付きの容器A，Bを床に固定する。容器A，Bの断面積は等しく，容器Aに付いているヒーターおよび容器Bに付いている温度調節器の体積は無視できる。また，2つのピストンは軽い棒で連結されており，容器A，Bとピストンは熱を通さない。

容器A，Bに圧力 1.0×10^5 Pa，温度 300 K の単原子分子の理想気体を入れると，容器Aの気体の体積は V_0〔m^3〕，容器Bの気体の体積は $2V_0$〔m^3〕で，ピストンは静止していた。容器Aの気体の物質量を n_A〔mol〕とすると，容器Bの気体の物質量 n_B〔mol〕は，$n_B=$【16】$\times n_A$〔mol〕である。

容器Bの気体を温度調節器で 300 K に保ち，容器Aの気体をヒーターでゆっくり加熱すると，ピストンが徐々に移動し，容器Aの気体の温度が 400 K に達したところで加熱をやめた。気体の圧力 p〔Pa〕を縦軸，気体の体積 V〔m^3〕を横軸に表すと，このときの容器Bの気体の状態は【17】の関係を満たすように変化する。理想気体の状態方程式より，最終的な容器Bの気体の体積は【18】$\times V_0$〔m^3〕である。また，容器Aの気体の体積は【19】$\times V_0$〔m^3〕，圧力は【20】$\times 10^5$ Pa である。

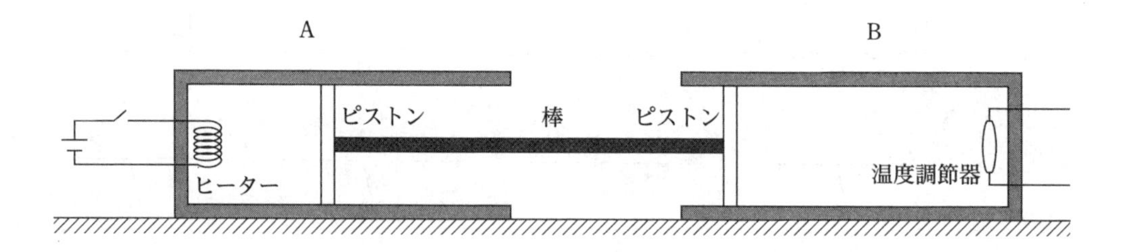

図1

【16】の解答群

① $\frac{1}{4}$　　② $\frac{1}{2}$　　③ 1　　④ 2　　⑤ 4

【17】の解答群

①

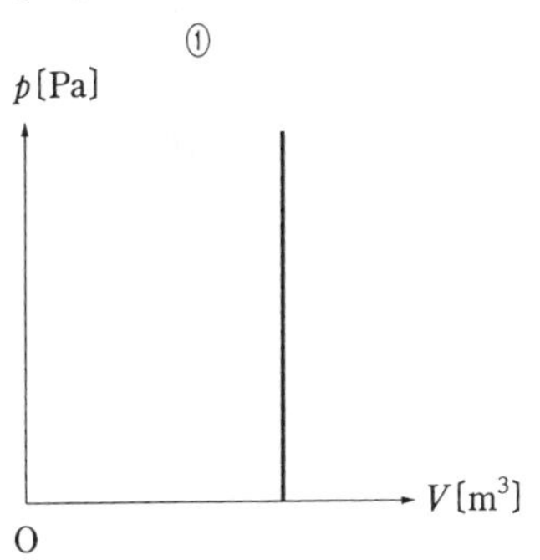

②

p〔Pa〕 V〔m^3〕 O

③

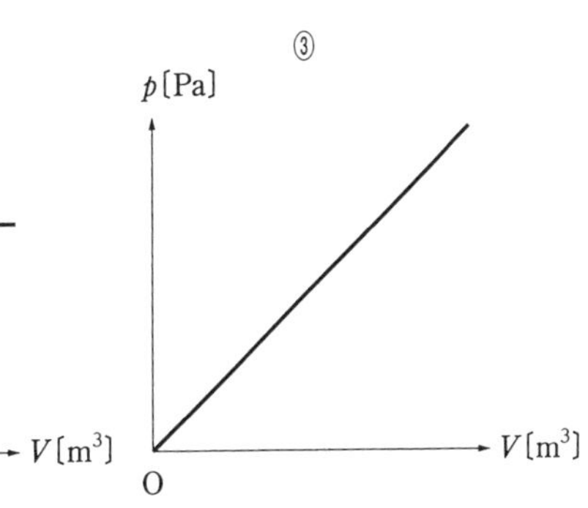

④

p〔Pa〕 V〔m^3〕 O

⑤

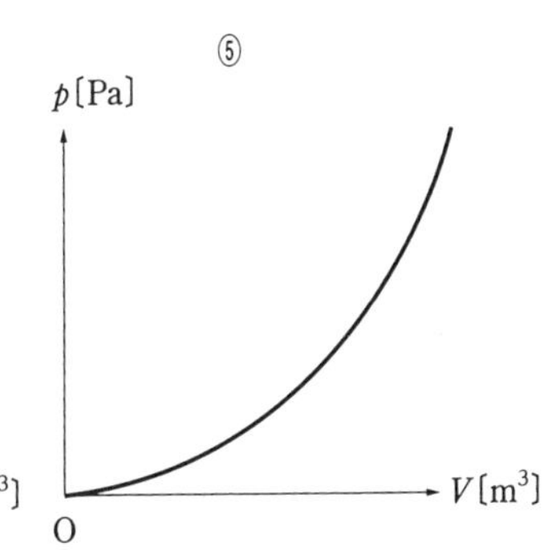

⑥

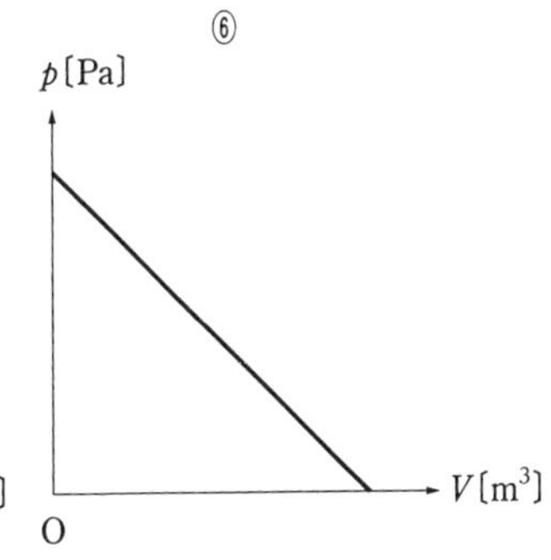

【18】～【20】の解答群

① 1.1　　② 1.2　　③ 1.3　　④ 1.4　　⑤ 1.5
⑥ 1.6　　⑦ 1.7　　⑧ 1.8　　⑨ 1.9　　⓪ 2.0

5 次の文章〔A〕,〔B〕の空欄【21】～【27】にあてはまる最も適当なものを，解答群から選べ。ただし，同じものを何度選んでもよい。

〔A〕 広い水槽に水を入れた。水深は一定である。水面上の点 S_1，S_2 を同位相，同じ周期，同じ振幅で振動させた。図1の実線は，ある瞬間におけるそれぞれの波の山の波面を表している。それぞれの波の点Pをはさむ2つの山の波面から点Pまでの距離は等しい。

図1の瞬間，点Pは【21】，点Qは【22】である。また，点 S_1，S_2 の間に節線(波が弱め合う点を連ねた線)は【23】本ある。

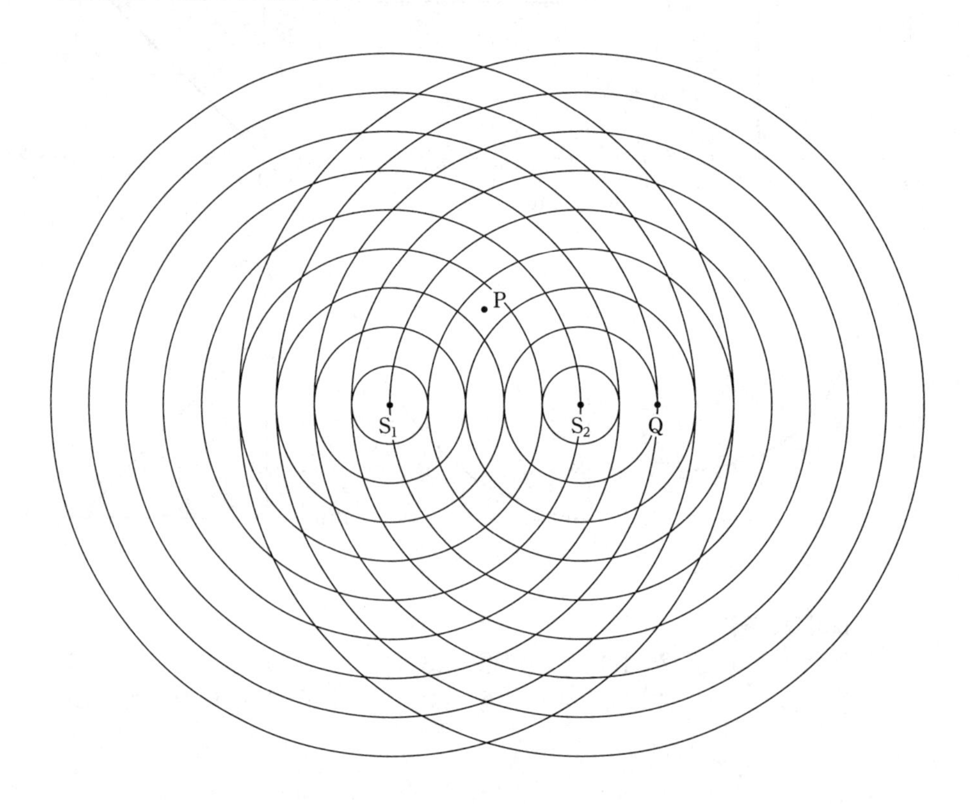

図1

【21】,【22】の解答群

① 山と山が強め合う点
② 山と山が弱め合う点
③ 谷と谷が強め合う点
④ 谷と谷が弱め合う点
⑤ 山と谷が強め合う点
⑥ 山と谷が弱め合う点
⑦ 強め合ったり，弱め合ったりしない点

【23】の解答群

① 1　② 2　③ 3　④ 4　⑤ 5
⑥ 6　⑦ 7　⑧ 8　⑨ 9　⓪ 10

〔B〕 空気中で，底面が一辺の長さ 1.00 m の正方形である透明な水槽を水平面に置き，水槽の左側から波長 6.30×10^{-7} m のレーザー光を入射させて光の道筋を観察した。空気の屈折率を1とする。図2は，水槽を上から見下ろしたときの様子で，初め，水槽に水は入っていない。

水槽の右側の内側に薄く白い板を貼ると，レーザー光の輝点が現れた。この輝点の位置を点Oとする。図2で，水槽の左側の内側に薄い回折格子を取り付けると，図3のように点P，Qに輝点が現れ，OP＝OQ＝0.400 m であった。表1の三角関数表を用いると，回折角 θ は，θ＝【24】で，回折格子の格子定数は【25】$\times 10^{-6}$ m である。

水槽を屈折率 1.30 の水で満たすと，点P，Qの輝点の位置がそれぞれ点P′，Q′に変化した。レーザー光の水中における波長は【26】$\times 10^{-7}$ m である。

点Oから点P′，Q′までの距離について，OP′＝OQ′＝【27】m である。

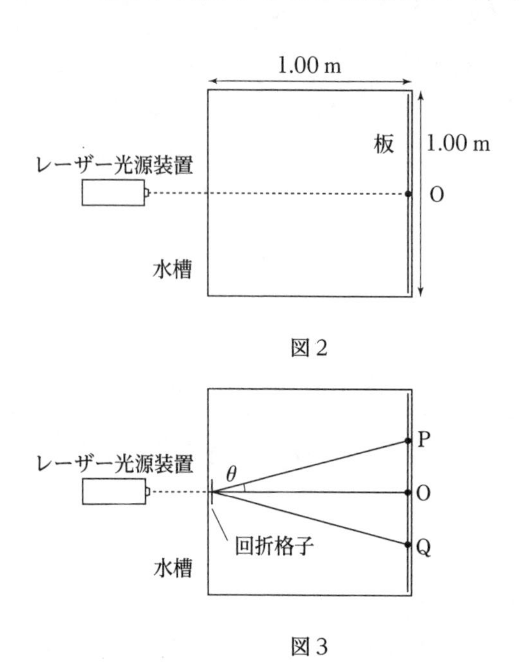

図2

図3

表1

度	rad	sin	cos	tan
15°	0.262	0.259	0.966	0.268
16°	0.279	0.276	0.961	0.287
17°	0.297	0.292	0.956	0.306
18°	0.314	0.309	0.951	0.325
19°	0.332	0.326	0.946	0.344
20°	0.349	0.342	0.940	0.364
21°	0.367	0.358	0.934	0.384
22°	0.384	0.375	0.927	0.404
23°	0.401	0.391	0.921	0.424
24°	0.419	0.407	0.914	0.445

【24】の解答群

① 15°	② 16°	③ 17°	④ 18°	⑤ 19°
⑥ 20°	⑦ 21°	⑧ 22°	⑨ 23°	⓪ 24°

【25】, 【26】の解答群

① 1.3	② 1.7	③ 2.1	④ 3.4	⑤ 4.2
⑥ 4.8	⑦ 5.4	⑧ 6.3	⑨ 7.2	⓪ 8.1

【27】の解答群

① 0.22	② 0.25	③ 0.28	④ 0.31	⑤ 0.34
⑥ 0.37	⑦ 0.40	⑧ 0.43	⑨ 0.46	⓪ 0.49

6 次の文章〔A〕,〔B〕の空欄【28】～【34】にあてはまる最も適当なものを，解答群から選べ。ただし，同じものを何度選んでもよい。

〔A〕 図1のように，断面積S，長さLの導体に電圧Vを加えると，導体に電流が流れた。電子1個の質量をm，電気素量をe，導体の単位体積あたりの自由電子の数をnとする。

導体内を移動する自由電子の速さvと時刻tの関係を，図2のように仮定する。自由電子は，導体内に生じている電場から力を受けて加速するが，導体内の陽イオンと衝突し，陽イオンに運動エネルギーを与えて静止する。自由電子は，この運動を時間Tごとに繰り返す。電子の加速度の大きさaとTを用いれば，自由電子の平均の速さ$\overline{v}$は，$\overline{v}$=【28】である。ここで，自由電子の運動方程式より，a=【29】である。

導体を流れる電流は【30】であるから，以上の関係式を整理して，オームの法則と比較すれば，導体の抵抗率は【31】と表される。

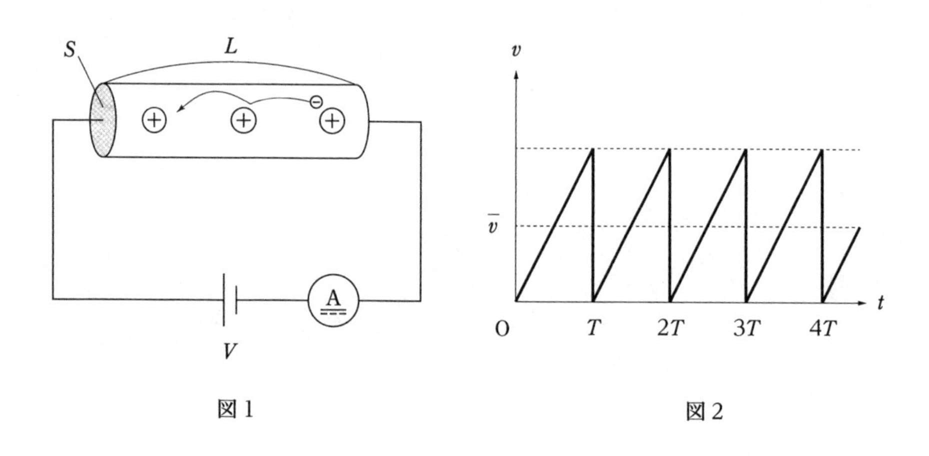

図1　　図2

【28】の解答群

① $\dfrac{T}{2a}$　② $\dfrac{a}{2T}$　③ $\dfrac{aT}{2}$　④ $\dfrac{T}{a}$　⑤ $\dfrac{a}{T}$

⑥ $\dfrac{1}{aT}$　⑦ aT　⑧ $\dfrac{2T}{a}$　⑨ $\dfrac{2a}{T}$　⓪ $2aT$

【29】の解答群

① $\dfrac{1}{emLV}$　② $\dfrac{mV}{eL}$　③ $\dfrac{LV}{em}$　④ $\dfrac{mL}{eV}$

⑤ $emLV$　⑥ $\dfrac{eL}{mV}$　⑦ $\dfrac{em}{LV}$　⑧ $\dfrac{eV}{mL}$

【30】の解答群

① $\dfrac{1}{enS\bar{v}}$　② $\dfrac{n\bar{v}}{eS}$　③ $\dfrac{S\bar{v}}{en}$　④ $\dfrac{nS}{e\bar{v}}$

⑤ $enS\bar{v}$　⑥ $\dfrac{eS}{n\bar{v}}$　⑦ $\dfrac{en}{S\bar{v}}$　⑧ $\dfrac{e\bar{v}}{nS}$

【31】の解答群

① $\dfrac{m}{2e^2nT}$　② $\dfrac{e^2nT}{2m}$　③ $\dfrac{me^2nT}{2}$　④ $\dfrac{m}{e^2nT}$　⑤ $\dfrac{e^2nT}{m}$

⑥ $\dfrac{1}{me^2nT}$　⑦ me^2nT　⑧ $\dfrac{2m}{e^2nT}$　⑨ $\dfrac{2e^2nT}{m}$　⓪ $2me^2nT$

〔B〕 図3のように，起電力400Vの直流電源，電気容量0.010Fと0.030Fのコンデンサー，抵抗値200Ωと400Ωの抵抗とスイッチSを配線した回路がある。直流電源の内部抵抗は無視でき，初め，コンデンサーのすべての極板に電荷は蓄えられていない。抵抗値200Ωの抵抗を流れる電流Iは，図3の矢印の向きを正とする。

スイッチSをA側に閉じた直後の電流Iは【32】Aである。

十分に時間が経過し，$I=0$となった。電気容量0.010Fのコンデンサーの下側の極板をαとすると，このとき極板αに蓄えられた電気量は【33】Cである。

次に，スイッチSをA側からB側へ切り替え，十分に時間が経過した。このとき極板αに蓄えられた電気量は【34】Cである。

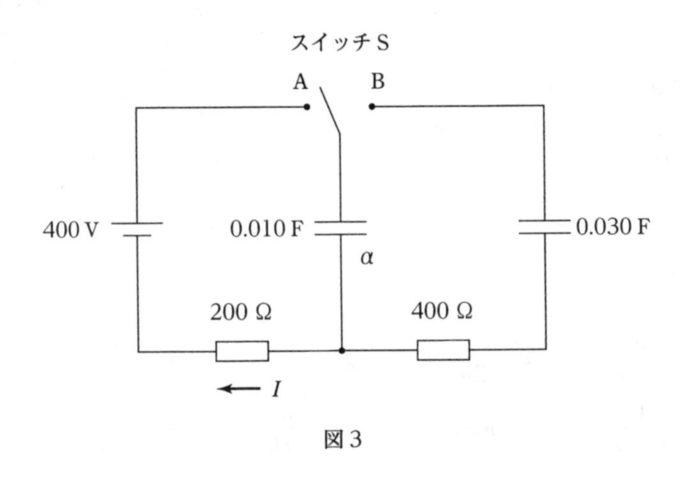

図3

【32】～【34】の解答群

① −4.0　② −3.0　③ −2.0　④ −1.0　⑤ 0

⑥ 1.0　⑦ 2.0　⑧ 3.0　⑨ 4.0

令和4年度　化　学

I　物質の構成に関する以下の問いに答えよ。

〔A〕　次の表は，第１周期から第４周期までの元素の周期表である。この元素の周期表を参考に下の(1)～(4)の文中の【１】～【４】に最も適するものを，それぞれの解答群の中から１つずつ選べ。

	1	2	3	4	5	6	7	8	9	10	11	12	13	14	15	16	17	18
1	H																	He
2	Li	Be											B	C	N	O	F	Ne
3	Na	Mg											Al	Si	P	S	Cl	Ar
4	K	Ca	Sc	Ti	V	Cr	Mn	Fe	Co	Ni	Cu	Zn	Ga	Ge	As	Se	Br	Kr

(1)　第１周期から第４周期までの元素の中で，最も電気陰性度の大きい元素は【１】である。

【１】の解答群

①　H　　②　He　　③　O　　④　F
⑤　K　　⑥　Sc　　⑦　Br　　⑧　Kr

(2)　第１周期から第４周期までの元素の中で，最も原子量の小さい遷移元素は【２】である。

【２】の解答群

①　H　　②　He　　③　F　　④　Ne
⑤　K　　⑥　Sc　　⑦　Fe　　⑧　Kr

(3)　原子の価電子の数の和が８である元素の組み合わせは【３】である。

【３】の解答群

①　OとHe　　②　BとC　　③　FとCl　　④　CとP
⑤　BとAl　　⑥　NとZn　　⑦　PとAs　　⑧　BeとSe

(4)　次に示したイオン結晶の組成式のうち，陽イオンと陰イオンの電子配置がともにNeと同じ電子配置のものは【４】個ある。

LiF　　NaCl　　Al_2O_3　　$CaCl_2$
CaO　　NaF　　MgO　　$CaBr_2$

【４】の解答群

① 1　　② 2　　③ 3　　④ 4　　⑤ 5
⑥ 6　　⑦ 7　　⑧ 8　　⑨ 0

〔B〕 次の(5)～(7)の文中の【5】～【7】に最も適するものを，それぞれの解答群の中から1つずつ選べ。

(5) 次の(a)～(f)の結晶の組み合わせのうち，常圧の大気中に室温で放置したときに，ともに昇華性を示す組み合わせは【5】である。

(a) ヨウ素とドライアイス　　(b) ダイヤモンドと黒鉛
(c) 鉛と黒鉛　　(d) ヨウ素と塩化ナトリウム
(e) 水晶とケイ素　　(f) 水酸化ナトリウムと水酸化カルシウム

【5】の解答群
① (a)　　② (b)　　③ (c)　　④ (d)　　⑤ (e)　　⑥ (f)

(6) 次の(a)～(f)の分子のうち，共有電子対と非共有電子対の数が等しい無極性分子は【6】である。

(a) N_2　　(b) H_2　　(c) H_2O　　(d) Cl_2　　(e) CO_2　　(f) NH_3

【6】の解答群
① (a)　　② (b)　　③ (c)　　④ (d)　　⑤ (e)　　⑥ (f)

(7) 化合物に関する次の(a)～(e)の記述のうち，**誤りを含むもの**は【7】である。

(a) NH_4Cl の固体結晶中の化学結合はすべて共有結合である。
(b) HCN 分子中には三重結合が含まれる。
(c) CH_3OH 分子中の結合はすべて単結合である。
(d) ポリエチレンはエチレンの付加重合によってつくられる。
(e) ポリエチレンテレフタラートはエチレングリコールとテレフタル酸の縮合重合によってつくられる。

【7】の解答群
① (a)　　② (b)　　③ (c)　　④ (d)　　⑤ (e)

2 物質の変化に関する以下の問いに答えよ。

次の(1)~(6)の文中の【8】~【14】に最も適するものを，それぞれの解答群の中から1つずつ選べ。

(1) 標準状態で5.6 Lを占める気体の質量が8.0 gである物質の分子式として正しいものは【8】である。ただし，標準状態での気体のモル体積は22.4 L/mol，原子量はH=1.0，He=4.0，C=12，N=14，O=16，Ne=20とする。

【8】の解答群

① He　② Ne　③ C_2H_2　④ N_2　⑤ O_2

(2) 密度d〔g/mL〕，質量パーセント濃度A〔%〕の水酸化ナトリウム水溶液100 mL中に含まれる水酸化ナトリウムの物質量は【9】molである。ただし，NaOHの式量は40とする。

【9】の解答群

① $\frac{Ad}{400}$　② $\frac{Ad}{40}$　③ $\frac{Ad}{4}$　④ $\frac{A}{400d}$　⑤ $\frac{A}{40d}$　⑥ $\frac{A}{4d}$

(3) 同質量の炭素粉と硫黄粉からなる混合物を完全燃焼したところ，生じた二酸化炭素と二酸化硫黄の質量の和は 1.7 g であった。反応前の炭素粉の質量は【10】g である。また，炭素粉と硫黄粉からなる混合物(同質量ではない)6.0 g を完全燃焼したところ，生じた二酸化炭素と二酸化硫黄の総体積は標準状態で 5.6 L であった。反応前の硫黄粉の質量は【11】g である。ただし，標準状態での気体のモル体積は 22.4 L/mol，原子量は C=12，O=16，S=32 とする。

【10】の解答群

① 0.10　② 0.20　③ 0.30　④ 0.40　⑤ 0.50　⑥ 0.60

【11】の解答群

① 1.2　② 2.4　③ 3.6　④ 4.0　⑤ 4.2　⑥ 4.8

(4) $CaCl_2$ と $Ca(OH)_2$ の混合水溶液 10 g を完全に中和するのに 1.0 mol/L の塩酸 100 mL を要した。この混合水溶液中の $Ca(OH)_2$ の質量パーセント濃度は【12】%である。ただし，$CaCl_2$ の式量は 111，$Ca(OH)_2$ の式量は 74 とする。

【12】の解答群

① 3.7　② 7.4　③ 15　④ 37　⑤ 55　⑥ 74

(5) 炭酸ナトリウム Na_2CO_3 水溶液を塩酸で滴定すると，次のように２段階で反応する。

$$Na_2CO_3 + HCl \longrightarrow NaHCO_3 + NaCl \quad \cdots\cdots\cdots\cdots (a)$$
$$NaHCO_3 + HCl \longrightarrow NaCl + H_2O + CO_2 \quad \cdots\cdots (b)$$

反応(a)の中和点(反応物が過不足なく反応した点)では $NaHCO_3$ と NaCl の混合水溶液になっているので，中和点を知る指示薬としては［ア］を用い，中和点付近での色の変化は［イ］となる。また，反応(b)の中和点では NaCl と CO_2 の水溶液になっているので，この中和点を知る指示薬としては［ウ］を用い，中和点付近での色の変化は［エ］となる。

上の文中の［ア］~［エ］にあてはまる語句の組み合わせは**【13】**である。

【13】の解答群

	ア	イ	ウ	エ
①	フェノールフタレイン	赤色から無色	メチルオレンジ	赤色から黄色
②	フェノールフタレイン	赤色から無色	メチルオレンジ	黄色から赤色
③	フェノールフタレイン	無色から赤色	メチルオレンジ	赤色から黄色
④	フェノールフタレイン	無色から赤色	メチルオレンジ	黄色から赤色
⑤	メチルオレンジ	赤色から無色	フェノールフタレイン	赤色から黄色
⑥	メチルオレンジ	赤色から無色	フェノールフタレイン	黄色から赤色
⑦	メチルオレンジ	無色から赤色	フェノールフタレイン	赤色から黄色
⑧	メチルオレンジ	無色から赤色	フェノールフタレイン	黄色から赤色

(6) 塩基性溶液中で，MnO_4^- は酸化剤として次のように反応する。

$$MnO_4^- + a\ H_2O + b\ e^- \longrightarrow MnO_2 + 2a\ OH^-$$

係数 b は**【14】**である。

【14】の解答群

① 1　　② 2　　③ 3　　④ 4　　⑤ 5

3 物質の状態に関する以下の問いに答えよ。

次の(1)~(4)の文中の【15】~【22】に最も適するものを，それぞれの解答群の中から1つずつ選べ。

(1) 同じ温度で体積と質量が等しい酸素 O_2 とメタン CH_4 の気体について，酸素の圧力を $p_{酸素}$，メタンの圧力を $p_{メタン}$ とすると，$\frac{p_{酸素}}{p_{メタン}}$ の値は【15】である。また，それぞれの体積をそのままにして，温度を変えて圧力を等しくしたときの，酸素の絶対温度を $T_{酸素}$，メタンの絶対温度を $T_{メタン}$ とすると，$\frac{T_{酸素}}{T_{メタン}}$ の値は【16】である。ただし，酸素の分子量は 32, メタンの分子量は 16 とする。

【15】,【16】の解答群

① 0.25　② 0.33　③ 0.50　④ 1.3　⑤ 1.5　⑥ 2.0

(2) ピストン付きの容器にネオンとベンゼンを 0.10 mol ずつ入れ，容器の容積を 8.3 L に，温度を 27℃に保ったとき，気体の状態にあるベンゼンは【17】mol である。また，ピストンを可動状態にして容器内の圧力を 1.0×10^5 Pa に保ちながら，温度を 77℃から 27℃まで変化させたとき，ベンゼンの液滴が生じ始める温度は約【18】℃であり，27℃のときに気体状態で存在するベンゼンは【19】mol である。ただし，気体定数は 8.3×10^3 Pa·L/(K·mol) とし，液体の体積は無視でき，ネオンのベンゼンへの溶解はないものとする。次のページの図はベンゼンの蒸気圧曲線である。必要があれば参照せよ。

【17】の解答群

① 0.047　② 0.056　③ 0.066
④ 0.074　⑤ 0.080　⑥ 0.10

【18】の解答群

① 30　② 40　③ 50　④ 60　⑤ 70

【19】の解答群

① 0.010　② 0.016　③ 0.020
④ 0.046　⑤ 0.054　⑥ 0.066

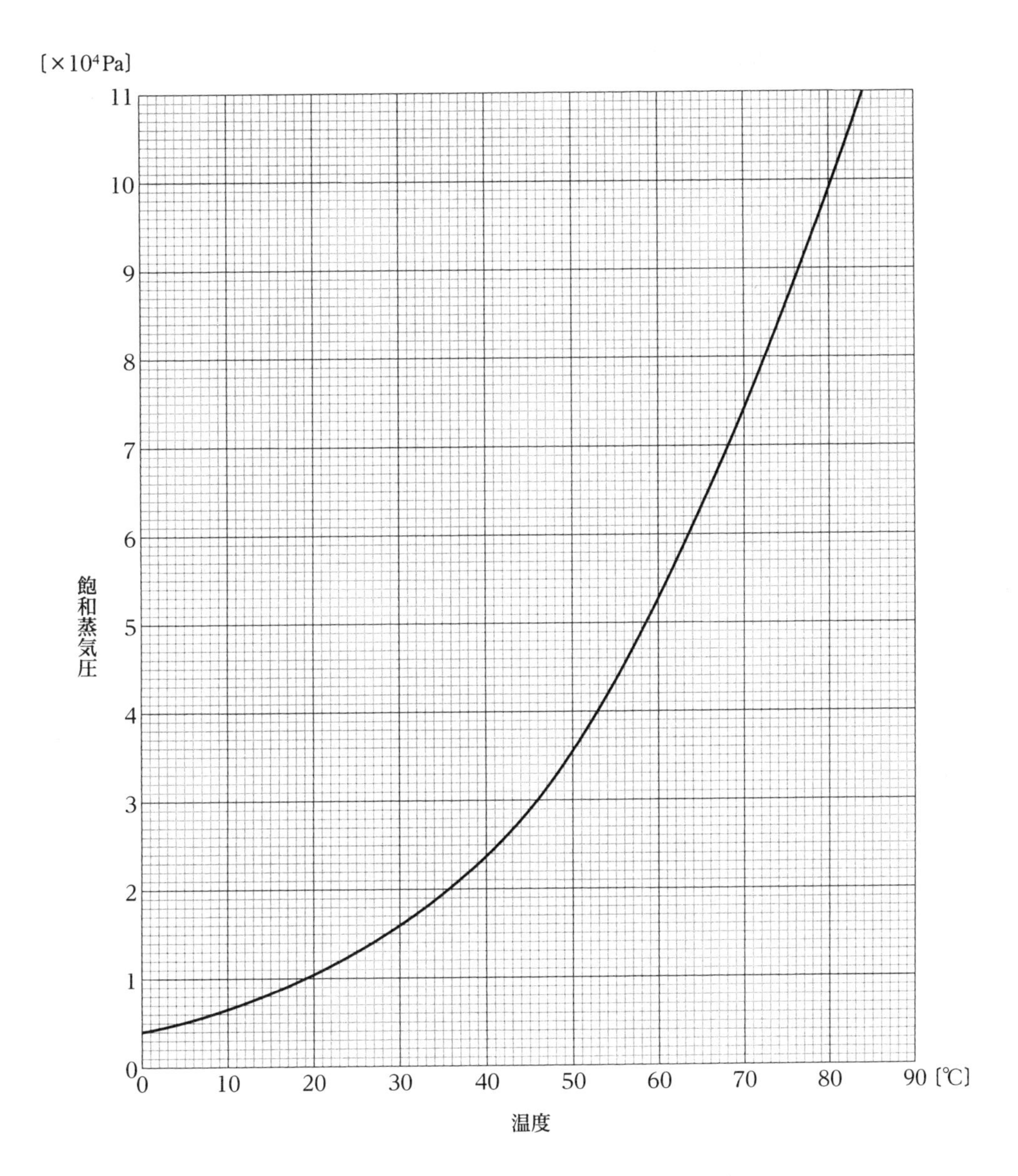
〔×10⁴Pa〕
11
10
9
8
7
6
5
4
3
2
1
0
飽和蒸気圧
0
10
20
30
40
50
60
70
80
90〔℃〕
温度

(3) 水 200 g に硝酸カリウム 160 g を溶かした 60℃の水溶液から温度を保ったまま水 100 g を蒸発させたとき，析出した硝酸カリウムの質量は【20】g である。また，60℃の硝酸カリウム飽和水溶液 200 g から温度を保ったまま水 20 g を蒸発させたとき，析出した硝酸カリウムの質量は【21】g である。ただし，60℃において，水 100 g に硝酸カリウムは最大 110 g 溶けるものとする。

【20】の解答群

① 10　② 20　③ 30　④ 50　⑤ 70　⑥ 80

【21】の解答群

① 6.0　② 12　③ 18　④ 22　⑤ 28　⑥ 32

(4) 水 100 g にグルコース(分子量 180)4.50 g を溶かした水溶液の凝固点降下度は 0.465 K である。ある非電解質 3.00 g を水 100 g に溶かした水溶液の凝固点降下度は 0.930 K であった。この非電解質の分子量は**【22】**である。ただし，この非電解質は水中で会合しないものとする。

【22】の解答群

① 60　② 86　③ 100　④ 120　⑤ 126　⑥ 160

4 物質の変化と平衡に関する以下の問いに答えよ。

次の(1)~(3)の文中の【23】~【29】に最も適するものを，それぞれの解答群の中から１つずつ選べ。

(1) 次の図のように，硫酸酸性の硫酸銅(Ⅱ)水溶液に銅電極A，Bを浸し，鉛蓄電池の酸化鉛(Ⅳ)電極Cを銅電極Bに，鉛電極Dを銅電極Aに接続した。酸化反応が起こる電極は【23】である。質量が減少する電極は【24】であり，流れた電子の物質量が 2.00×10^{-2} mol のとき，【24】の電極の質量の減少量は【25】g である。ただし，原子量は O=16，S=32，Cu=63.5，Pb=207 とし，これらの中から必要なものを使用する。

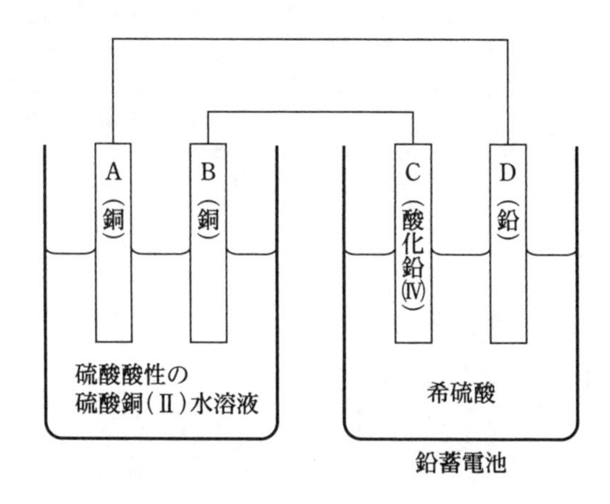

【23】の解答群

① AとB　② CとD　③ AとC
④ AとD　⑤ BとC　⑥ BとD

【24】の解答群

① A　② B　③ C　④ D

【25】の解答群

① 0.0635　② 0.127　③ 0.635
④ 1.27　⑤ 6.35　⑥ 12.7

(2)　ピストン付きの容器に 2.00 mol の水素と 2.00 mol のヨウ素を入れ，容器の容積と温度を一定に保ったところ，容器内の物質はすべて気体の状態で，次の反応が平衡状態に達した。

H_2(気) ＋ I_2(気) $\rightleftarrows$ 2HI(気)

このとき，容器内の水素の物質量は 0.40 mol であった。この反応のこの温度における平衡定数は**【26】**である。また，温度を一定に保ち，ピストンを動かして容積を 2 倍にし，長時間放置したときのヨウ化水素 HI の物質量は**【27】** mol である。

【26】の解答群

① 8　② 16　③ 25　④ 64　⑤ 81

【27】の解答群

① 0.40　② 0.80　③ 1.6　④ 2.5　⑤ 3.2　⑥ 3.6

(3) 酢酸は水溶液中で電離して，次のような平衡が成り立っている。

$$CH_3COOH \rightleftarrows CH_3COO^- + H^+$$

ここで，電離定数 K_a は，$K_a = \dfrac{[CH_3COO^-][H^+]}{[CH_3COOH]}$ で与えられる。pK_a は，$pK_a = -\log_{10} K_a$ で定義され，酢酸では $pK_a = 4.56$ である。モル濃度 C〔mol/L〕の酢酸水溶液の水素イオン濃度 $[H^+]$ は C と pK_a で【28】mol/L と表され，0.10 mol/L の酢酸水溶液の pH は【29】となる。ただし，この酢酸水溶液の電離度 α は十分小さく $1-\alpha \fallingdotseq 1$ とすることができ，水素イオン濃度を C と K_a で表すと，$[H^+] = \sqrt{CK_a}$ となる。

【28】の解答群

① $\sqrt{C \times 10^{-pK_a}}$　② $\sqrt{C \times 10^{pK_a}}$　③ $\dfrac{1}{\sqrt{C \times 10^{-pK_a}}}$　④ $\dfrac{1}{\sqrt{C \times 10^{pK_a}}}$

⑤ $C \times 10^{-pK_a}$　⑥ $C \times 10^{pK_a}$　⑦ $\dfrac{1}{C \times 10^{-pK_a}}$　⑧ $\dfrac{1}{C \times 10^{pK_a}}$

【29】の解答群

① 1.6　② 2.2　③ 2.8　④ 3.2　⑤ 4.6

5 無機物質に関する以下の問いに答えよ。

次の(1)~(4)の文中の**【30】**~**【36】**に最も適するものを，それぞれの解答群の中から1つずつ選べ。

(1) 二酸化硫黄と硫化水素に関する次の(a)~(e)の記述のうち，**誤りを含むもの**は**【30】**である。

(a) 二酸化硫黄は無臭の気体であり，硫化水素は腐卵臭のある気体である。
(b) 硫化水素は，硫化鉄(Ⅱ)に希硫酸を加えると発生する。
(c) 二酸化硫黄は，硫酸酸性の過マンガン酸カリウム水溶液と反応して，その水溶液の赤紫色を消す。
(d) 二酸化硫黄と硫化水素を反応させると硫黄が生じる。
(e) 二酸化硫黄の水溶液は酸性を示す。

【30】の解答群

① (a)　② (b)　③ (c)　④ (d)　⑤ (e)

(2) ハロゲンに関する次の(a)~(e)の記述のうち，**誤りを含むもの**は**【31】**である。

(a) ヨウ化カリウム水溶液に塩素を作用させると，塩化カリウムとヨウ素を生じる。
(b) フッ化水素の沸点は，塩化水素，臭化水素，ヨウ化水素より高い。
(c) 塩化水素はアンモニアと反応して白煙を生じる。
(d) フッ化水素酸はガラスの成分である二酸化ケイ素を溶かす。
(e) フッ化水素酸は，塩酸と同じく強酸である。

【31】の解答群

① (a)　② (b)　③ (c)　④ (d)　⑤ (e)

(3) 次の文中のAにあてはまる元素は**【32】**である。

Aにはいくつかの同素体があり，その同素体の1つは，有毒で，空気中で自然発火する。また，Aの酸化物は，14個の原子からなる分子で，強力な乾燥剤として用いられる。

【32】の解答群

① C　② N　③ S　④ P　⑤ Si

(4) Ag^{+}, Cu^{2+}, Fe^{3+}, Na^{+}, Al^{3+}, Ba^{2+}を含む混合水溶液がある。これらのイオンを分離・確認するために，次の図の操作Ⅰ～Ⅶを行った。

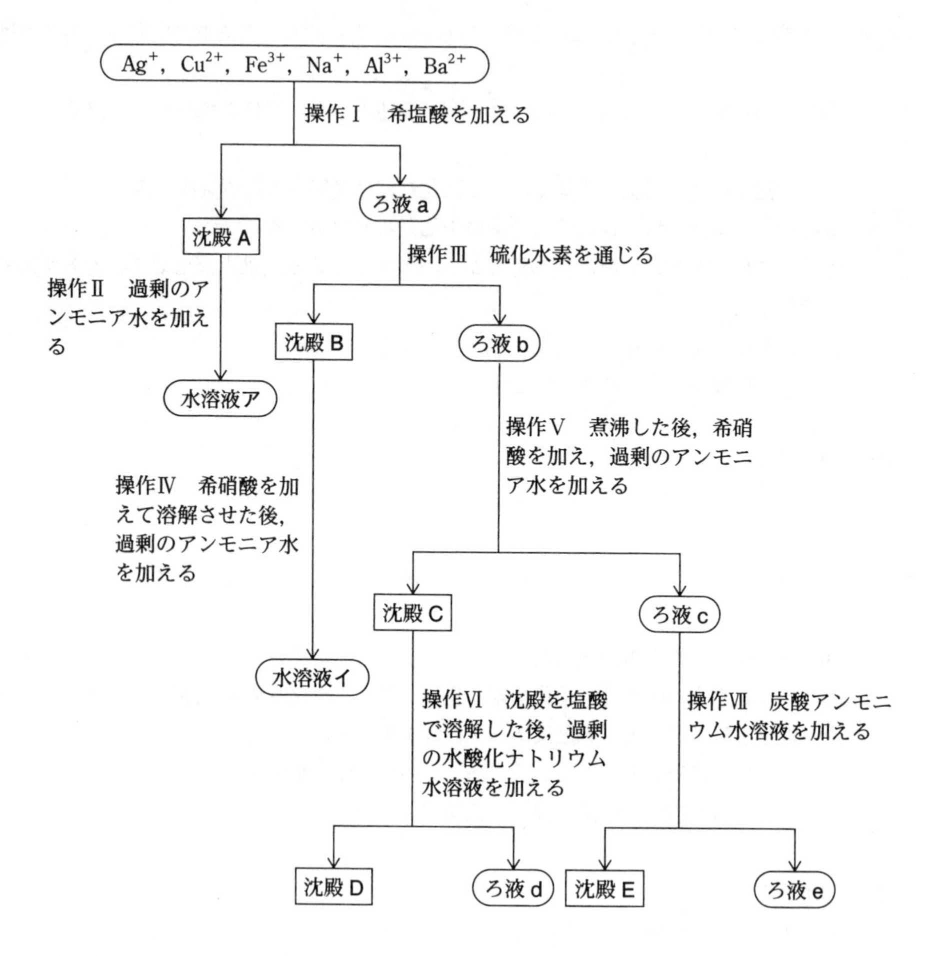

水溶液ア，イの色の組み合わせとして正しいものは【33】である。沈殿Dの色は【34】である。Ba^{2+}は【35】に分離され，Na^{+}は【36】に分離される。

【33】の解答群

	水溶液アの色	水溶液イの色
①	無色	無色
②	無色	深青色
③	深青色	無色
④	黄色	深青色
⑤	深青色	黄色
⑥	無色	血赤色
⑦	血赤色	無色

【34】の解答群

① 白　② 黄色　③ 黒　④ 濃青色　⑤ 赤褐色

【35】,【36】の解答群

① 沈殿A　② 沈殿B　③ 沈殿D
④ 沈殿E　⑤ ろ液d　⑥ ろ液e

令和4年度　生　物

Ⅰ　**腎臓に関する次の文を読み，各問いについて，最も適当なものを，それぞれの下に記したもののうちから１つずつ選べ。**

次の図は，ヒトの腎臓の一部を模式的に示したものである。矢印は血液の流れを表している。

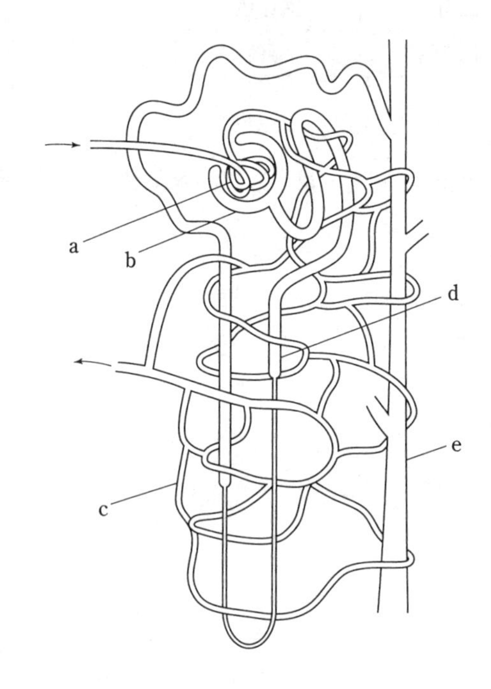

【1】 腎臓は体のどの部分にいくつあるか。

①　胸部に１つ　　②　胸部に２つ　　③　腹部に１つ　　④　腹部に２つ

【2】 図中のａとｂの名称の組み合わせはどれか。

	a	b
①	糸球体	ボーマンのう
②	糸球体	腎単位(ネフロン)
③	ボーマンのう	糸球体
④	ボーマンのう	腎単位(ネフロン)
⑤	腎小体(マルピーギ小体)	ボーマンのう
⑥	腎小体(マルピーギ小体)	糸球体

【3】 生成された尿の移動経路として正しいものはどれか。

① 輸尿管 → 腎う → ぼうこう
② 輸尿管 → ぼうこう → 腎う
③ 腎う → 輸尿管 → ぼうこう
④ 腎う → ぼうこう → 輸尿管
⑤ ぼうこう → 腎う → 輸尿管
⑥ ぼうこう → 輸尿管 → 腎う

【4】 人体に影響のない黒色の色素を腎動脈に入れたとする。黒色の色素の粒は大きく，ろ過されない。図中のa ～ eのうちから黒くなる部分を過不足なく選んだものはどれか。

① a ② b ③ c ④ d ⑤ e
⑥ a・b ⑦ a・c ⑧ a・b・c ⑨ b・d・e ⓪ a・b・c・d・e

【5】 腎臓に作用するバソプレシンに関する記述として正しいものはどれか。

① 脳下垂体前葉から分泌され，水分の再吸収を促進し，血圧を上昇させる。
② 脳下垂体前葉から分泌され，水分の再吸収を促進し，血圧を下降させる。
③ 脳下垂体前葉から分泌され，水分の再吸収を抑制し，血圧を上昇させる。
④ 脳下垂体前葉から分泌され，水分の再吸収を抑制し，血圧を下降させる。
⑤ 脳下垂体後葉から分泌され，水分の再吸収を促進し，血圧を上昇させる。
⑥ 脳下垂体後葉から分泌され，水分の再吸収を促進し，血圧を下降させる。
⑦ 脳下垂体後葉から分泌され，水分の再吸収を抑制し，血圧を上昇させる。
⑧ 脳下垂体後葉から分泌され，水分の再吸収を抑制し，血圧を下降させる。

2 **血液の循環に関する次の文を読み，各問いについて，最も適当なものを，それぞれの下に記したもののうちから１つずつ選べ。**

ヒトの心臓は２心房２心室からなり，ペースメーカーは右心房にある。激しい運動時は心臓の拍動は促進される。それは血液中の二酸化炭素濃度が［ア］し，それを脳の一部が感知し，［イ］を通じてペースメーカーなどに働きかけるためである。

肝臓には肝静脈，肝動脈，肝門脈がつながっており，腎臓には腎静脈，腎動脈がつながっている。これらのうち，尿素の濃度が最も低い血液が流れる血管は［ウ］であり，食後に，最もグルコース濃度が高い血液が流れる血管は［エ］である。静脈血が流れる血管をすべて選ぶと［オ］となる。

【6】 血管，リンパ管に関する記述として正しいものはどれか。

① 動脈とリンパ管には弁がある。
② 毛細血管のすき間からは赤血球が出ていく。
③ 静脈に比べて動脈のほうが筋肉層が発達している。
④ 血液の流れは動脈のほうが静脈より遅い。
⑤ リンパ液に含まれる有形成分で最も多いものは赤血球である。

【7】 心臓を流れる血液の経路として正しいものはどれか。

① 右心房 → 右心室 → 左心房 → 左心室
② 右心房 → 右心室 → 左心室 → 左心房
③ 右心室 → 右心房 → 左心房 → 左心室
④ 右心室 → 右心房 → 左心室 → 左心房

【8】 文中の ア , イ にあてはまる語の組み合わせはどれか。

	ア	イ
①	減少	感覚神経
②	減少	交感神経
③	減少	副交感神経
④	増加	感覚神経
⑤	増加	交感神経
⑥	増加	副交感神経

【9】 文中の ウ , エ にあてはまる語の組み合わせはどれか。

	ウ	エ
①	肝静脈	肝門脈
②	肝静脈	腎動脈
③	肝門脈	腎静脈
④	肝門脈	腎動脈
⑤	腎静脈	肝動脈
⑥	腎静脈	肝門脈

【10】 文中の オ にあてはまる語の組み合わせはどれか。

① 肝静脈・腎静脈
② 肝静脈・肝門脈・腎静脈
③ 肝静脈・腎動脈
④ 肝静脈・肝門脈・腎動脈
⑤ 肝動脈・腎静脈
⑥ 肝動脈・肝門脈・腎静脈

3 免疫に関する〔A〕,〔B〕の文を読み，各問いについて，最も適当なものを，それぞれの下に記したもののうちから1つずつ選べ。

〔A〕 ヒトの獲得免疫(適応免疫)の中に体液性免疫がある。そのしくみは以下の通りである。

異物をおもに［ア］が処理し，MHCとともに抗原提示する。抗原と型の合う［イ］が活性化し，抗原と特異的に結合する抗体をつくるB細胞の分裂，形質細胞(抗体産生細胞)への分化を促進する。B細胞は［ウ］の造血幹細胞に由来し，［ウ］中で分化する。多くのB細胞はさらにひ臓に移動して成熟する。同じ抗原が二度侵入すると，記憶細胞の働きによる<u>二次応答が見られる</u>。

【11】 文中の［ア］,［イ］にあてはまる語の組み合わせはどれか。

	ア	イ
①	ナチュラルキラー細胞(NK細胞)	樹状細胞
②	ナチュラルキラー細胞(NK細胞)	ヘルパーT細胞
③	ナチュラルキラー細胞(NK細胞)	キラーT細胞
④	樹状細胞	ヘルパーT細胞
⑤	樹状細胞	キラーT細胞
⑥	樹状細胞	ナチュラルキラー細胞(NK細胞)

【12】 文中の［ウ］にあてはまる語はどれか。

① 脊髄　② 骨髄　③ 肝臓　④ 胸腺　⑤ 副腎

【13】 下線部の二次応答において，一度目の抗原侵入時と比べたときの抗体の産生速度，産生量の組み合わせはどれか。

	産生速度	産生量
①	速くなる	多くなる
②	速くなる	少なくなる
③	速くなる	変わらない
④	遅くなる	多くなる
⑤	遅くなる	少なくなる
⑥	遅くなる	変わらない
⑦	変わらない	多くなる
⑧	変わらない	少なくなる
⑨	変わらない	変わらない

〔B〕 寒天板に２つの穴(ウェル)を開け，それぞれに抗原溶液，抗体溶液を入れると，抗原，抗体がそれぞれ寒天内で拡散し，出合ったところで抗原抗体複合物からなる沈降線が図１のように形成される。

ウサギにウシ血清アルブミン(BSA)をくり返し注射した。BSAはウシの血清中に含まれる主要なタンパク質である。その後，そのウサギから採血し，BSAに対する抗体(抗BSA抗体)を含む血清(抗血清)を得た。なお，ウサギからはBSAを注射する前にも採血し，その血清(非免疫血清)も実験に用いた。

図２のように寒天板に４つのウェルⒶ～Ⓓを開け，ⒶにはBSA溶液，Ⓑにはウシ血清，Ⓒには抗血清，Ⓓには非免疫血清を入れた。

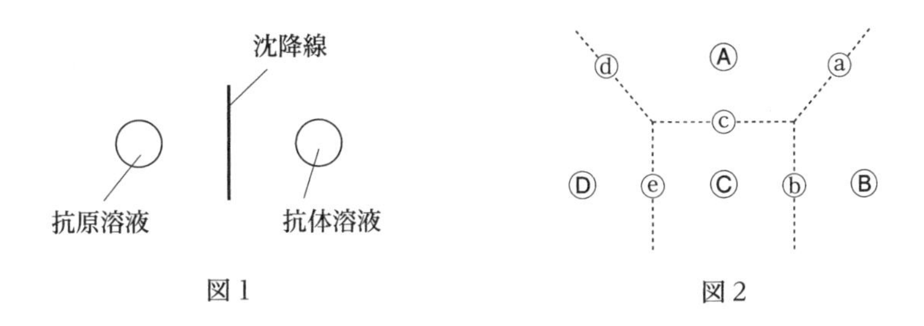

図１　　　図２

ウサギは抗BSA抗体を生まれつきもっていない。そのことは，[エ]で沈降線が生じないことからわかる。また抗体は自己物質には反応しない。そのことは，[オ]で沈降線が生じないことからわかる。

【14】 図２のⓐ～ⓔのうちから沈降線が形成される場所を過不足なく選んだものはどれか。

① ⓐ　② ⓑ　③ ⓒ　④ ⓓ　⑤ ⓔ
⑥ ⓐ・ⓑ　⑦ ⓑ・ⓒ　⑧ ⓒ・ⓓ　⑨ ⓓ・ⓔ

【15】 文中の[エ]，[オ]にあてはまる記号の組み合わせはどれか。

	①	②	③	④	⑤	⑥	⑦	⑧	⑨	⓪
エ	ⓐ	ⓐ	ⓑ	ⓑ	ⓒ	ⓒ	ⓓ	ⓓ	ⓔ	ⓔ
オ	ⓓ	ⓔ	ⓒ	ⓓ	ⓐ	ⓑ	ⓒ	ⓔ	ⓐ	ⓑ

4 イモリの発生に関する次の文を読み，各問いについて，最も適当なものを，それぞれの下に記したもののうちから１つずつ選べ。

図１は胞胚における原基分布図(側面図)，図２は原腸胚後期の断面を示している。

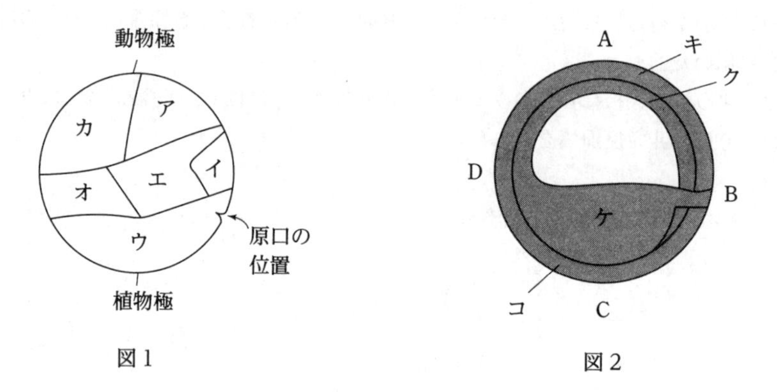

図１　図２

【16】 図１において，予定表皮域はどこか。

① ア　② イ　③ ウ　④ エ　⑤ オ　⑥ カ

【17】 原腸胚初期にあった原口背唇部は，原腸胚後期の図である図２のどこに位置するか。

① キ　② ク　③ ケ　④ コ

【18】 原口背唇部は将来おもに何に分化するか。

① 脳　② 心臓　③ 肝臓
④ 脊髄　⑤ 脊索　⑥ 小腸の内表面

【19】 イモリの頭部，尾部，腹側，背側と図２のＡ～Ｄの対応として正しいものはどれか。

	①	②	③	④	⑤	⑥	⑦	⑧
頭部	A	A	C	C	B	B	D	D
尾部	C	C	A	A	D	D	B	B
腹側	B	D	B	D	A	C	A	C
背側	D	B	D	B	C	A	C	A

【20】 眼の形成に関する次の文中の サ ， シ にあてはまる語の組み合わせはどれか。

眼の形成は誘導の連鎖によって起こる。水晶体は サ 胚葉に由来し，眼胞や眼杯からの誘導を受けて分化する。水晶体は表皮に働きかけて シ を誘導する。

	①	②	③	④	⑤	⑥
サ	外	外	中	中	内	内
シ	角膜	網膜	角膜	網膜	角膜	網膜

5 **呼吸に関する次の文を読み，各問いについて，最も適当なものを，それぞれの下に記したもののうちから１つずつ選べ。**

呼吸は，次の反応Ⅰ～Ⅲの３段階に分けることができる。

反応Ⅰ　$C_6H_{12}O_6 + 2NAD^+ \longrightarrow 2C_3H_4O_3 + 2NADH + 2H^+ + a\,ATP$

反応Ⅱ　$2C_3H_4O_3 + b\,H_2O + 8NAD^+ + c\,FAD$
$\longrightarrow 6CO_2 + d\,NADH + 8H^+ + 2FADH_2 + 2ATP$

反応Ⅲ　$10NADH + 10H^+ + 2FADH_2 + 6O_2$
$\longrightarrow 12H_2O + 10NAD^+ + 2FAD + e\,ATP$(最大)

反応Ⅰでは，１分子のグルコースが２分子の［ア］(化学式は $C_3H_4O_3$)になる。反応Ⅱでは，［ア］がアセチル CoA となり，それがまず［イ］と水と反応して［ウ］となる。［ウ］は様々な有機酸を経て再び［イ］となる。反応Ⅲでは，シトクロムとよばれるタンパク質などによって［エ］の授受が行われる。それに伴い，ミトコンドリアの内膜と外膜の間に［オ］イオンがたまり，その濃度勾配を利用して ATP が合成される。

【21】　反応Ⅱの式中の b ～ d にあてはまる数値の組み合わせはどれか。

	①	②	③	④	⑤	⑥
b	2	2	6	6	8	8
c	6	8	2	8	2	6
d	8	6	8	2	6	2

【22】 文中の ア ～ ウ にあてはまる語の組み合わせはどれか。

	ア	イ	ウ
①	オキサロ酢酸	クエン酸	ピルビン酸
②	オキサロ酢酸	ピルビン酸	クエン酸
③	クエン酸	オキサロ酢酸	ピルビン酸
④	クエン酸	ピルビン酸	オキサロ酢酸
⑤	ピルビン酸	オキサロ酢酸	クエン酸
⑥	ピルビン酸	クエン酸	オキサロ酢酸

【23】 文中の エ , オ にあてはまる語の組み合わせはどれか。

	エ	オ
①	ADP	水素
②	ADP	カリウム
③	ADP	ナトリウム
④	電子	水素
⑤	電子	カリウム
⑥	電子	ナトリウム

【24】 反応Ⅰの式中の a，反応Ⅲの式中の e にあてはまる数値の組み合わせはどれか。

	①	②	③	④	⑤	⑥
a	2	2	2	4	4	4
e	18	34	38	18	34	38

【25】 反応Ⅰ～Ⅲのうちから，ミトコンドリアで起こるものを過不足なく選んだものはどれか。

① Ⅰ　② Ⅱ　③ Ⅲ　④ Ⅰ・Ⅱ
⑤ Ⅰ・Ⅲ　⑥ Ⅱ・Ⅲ　⑦ Ⅰ・Ⅱ・Ⅲ

6 発酵に関する次の文を読み，各問いについて，最も適当なものを，それぞれの下に記したもののうちから１つずつ選べ。

酵母(酵母菌)は，酸素がない環境ではアルコール発酵(次の式)を行う。

$$C_6H_{12}O_6 \longrightarrow 2\,C_2H_5OH + 2\,CO_2 + 2\,ATP$$

次の図のようなキューネ発酵管を用いると，発酵の様子を観察することができる。キューネ発酵管の盲管部に気体が入らないように，酵母を加えたグルコース溶液を入れ，口を綿栓で閉じた。20℃の室温で放置したところ，盲管部に気体がたまってきた。気体が発生したキューネ発酵管に試薬Xを加え，綿栓を取り除き口を親指でふさいだ。キューネ発酵管をゆっくり振ったところ，口をふさいでいる親指が吸引された。これより，気体は二酸化炭素であることが示された。

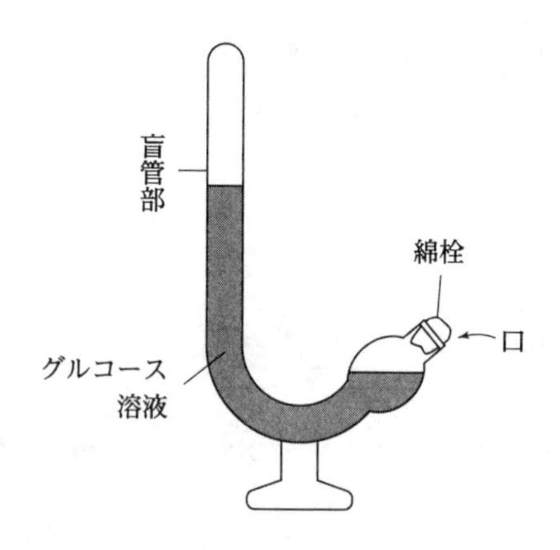

【26】 発酵を行う微生物には，ほかに乳酸菌などが知られている。乳酸菌が行う発酵に関する記述a～eのうちから正しいものを選んだ組み合わせはどれか。

a　二酸化炭素は発生する。
b　二酸化炭素は発生しない。
c　1分子のグルコースが消費される際に生成されるATP量はアルコール発酵より少ない。
d　1分子のグルコースが消費される際に生成されるATP量はアルコール発酵より多い。
e　1分子のグルコースが消費される際に生成されるATP量はアルコール発酵と同じである。

①　a・c　　②　a・d　　③　a・e
④　b・c　　⑤　b・d　　⑥　b・e

【27】 アルコール発酵の過程に関する記述として正しいものはどれか。

① ピルビン酸からCO_2が外れて生じた中間生成物がNAD^+によって酸化される。
② ピルビン酸からCO_2が外れて生じた中間生成物がNAD^+によって還元される。
③ ピルビン酸からCO_2が外れて生じた中間生成物がNADHによって酸化される。
④ ピルビン酸からCO_2が外れて生じた中間生成物がNADHによって還元される。
⑤ ピルビン酸からCO_2が外れて生じた中間生成物が$FADH_2$によって酸化される。
⑥ ピルビン酸からCO_2が外れて生じた中間生成物が$FADH_2$によって還元される。

【28】 次の操作Ⅰ，Ⅱをそれぞれ行うとき，単位時間あたりの気体の発生量に関する記述A～Cのうちから正しいものを選んだ組み合わせはどれか。ただし，示した操作以外の条件は変わらないものとする。

操作Ⅰ 実験を37℃で行う。
操作Ⅱ グルコース溶液中の酵母の濃度を上げる。

A 変わらない。
B 増加する。
C 減少する。

	①	②	③	④	⑤	⑥	⑦	⑧	⑨
Ⅰ	A	A	A	B	B	B	C	C	C
Ⅱ	A	B	C	A	B	C	A	B	C

【29】 文中の試薬Xにあてはまるものはどれか。

① 塩化カルシウム水溶液
② 塩化ナトリウム水溶液
③ 水酸化ナトリウム水溶液
④ 塩化カリウム水溶液
⑤ 過酸化水素水

【30】 酵母は酸素存在下では呼吸も行う。酵母をグルコース溶液中で培養した結果，酵母は1時間に酸素を33.6 mg吸収し，二酸化炭素を77 mg放出した。アルコール発酵によって1時間に放出された二酸化炭素の質量は何mgか。ただし，H，C，Oの原子量はそれぞれ1，12，16とする。

① 3.8 mg ② 10.2 mg ③ 30.8 mg ④ 36.6 mg ⑤ 40.2 mg

7 **遺伝情報の発現に関する次の文を読み，各問いについて，最も適当なものを，それぞれの下に記したもののうちから１つずつ選べ。**

遺伝子の発現は mRNA の合成，タンパク質の合成という形で行われる。次の図は，真核生物のあるタンパク質 P の遺伝子の一部 L(センス鎖＝非鋳型鎖)を示す。ア～オで示した三つ組により，それぞれアミノ酸が指定される。その遺伝暗号表は下の表のようになる。ただし，遺伝暗号表の１番目の塩基が 5′ 側であり，３番目の塩基が 3′ 側である。

L

5′…… ATC CAG GCC ATG TAC ……3′

ア　イ　ウ　エ　オ

遺伝暗号表

1番目の塩基	2番目の塩基 U	2番目の塩基 C	2番目の塩基 A	2番目の塩基 G	3番目の塩基
U	UUU, UUC：フェニルアラニン UUA, UUG：ロイシン	UCU, UCC, UCA, UCG：セリン	UAU, UAC：チロシン UAA, UAG：(終止)	UGU, UGC：システイン UGA (終止) UGG トリプトファン	U C A G
C	CUU, CUC, CUA, CUG：ロイシン	CCU, CCC, CCA, CCG：プロリン	CAU, CAC：ヒスチジン CAA, CAG：グルタミン	CGU, CGC, CGA, CGG：アルギニン	U C A G
A	AUU, AUC, AUA：イソロイシン AUG メチオニン(開始)	ACU, ACC, ACA, ACG：トレオニン	AAU, AAC：アスパラギン AAA, AAG：リシン	AGU, AGC：セリン AGA, AGG：アルギニン	U C A G
G	GUU, GUC, GUA, GUG：バリン	GCU, GCC, GCA, GCG：アラニン	GAU, GAC：アスパラギン酸 GAA, GAG：グルタミン酸	GGU, GGC, GGA, GGG：グリシン	U C A G

【31】 mRNA の情報からポリペプチドが形成される過程に関する記述として正しいものはどれか。

① 転写とよばれ，細胞のリソソームで行われる。
② 転写とよばれ，細胞のリボソームで行われる。
③ 転写とよばれ，細胞のゴルジ体で行われる。
④ 翻訳とよばれ，細胞のリソソームで行われる。
⑤ 翻訳とよばれ，細胞のリボソームで行われる。
⑥ 翻訳とよばれ，細胞のゴルジ体で行われる。

【32】 図のLの部分から指定されるアミノ酸として**間違っている**ものはどれか。

① メチオニン　② グルタミン　③ アスパラギン酸
④ イソロイシン　⑤ チロシン　⑥ アラニン

【33】 図のア～オで示した三つ組のうち，1塩基が変わることにより終止コドンが形成されるものの組み合わせはどれか。

① ア・イ　② ア・ウ　③ ア・エ　④ ア・オ
⑤ イ・ウ　⑥ イ・エ　⑦ イ・オ　⑧ ウ・エ
⑨ ウ・オ　⓪ エ・オ

【34】 図のア～オで示した三つ組のうち，左から3番目の塩基が変わっても指定するアミノ酸が変わらないものはどれか。

① ア　② イ　③ ウ　④ エ　⑤ オ

【35】 あるタンパク質はアミノ酸が375個結合したポリペプチドで，分子量が41872である。このタンパク質をすべてアミノ酸に加水分解した結果，生じたアミノ酸の平均分子量に最も近い値はどれか。ただし，H，Oの原子量はそれぞれ1，16とする。

① 100　② 110　③ 120　④ 130　⑤ 140

8 **窒素同化に関する次の文を読み，各問いについて，最も適当なものを，それぞれの下に記したもののうちから１つずつ選べ。**

土壌中にはいくつかの無機窒素化合物が存在する。NH_4^+は生物の遺体，排出物を微生物が分解することによって生じ，NO_2^-は［ア］の作用によって，NO_3^-は［イ］の作用によってそれぞれ生じる。次の図は，植物の窒素同化のしくみを模式的に示したものである。植物の体内でNH_4^+は酵素の働きによりアミノ酸Xと反応し，グルタミンとなる。グルタミンは酵素の働きにより有機酸Yと反応してアミノ酸Xとなる。アミノ酸Xと各種有機酸から，酵素の働きにより様々なアミノ酸ができる。アミノ酸からは各種有機窒素化合物が合成される。

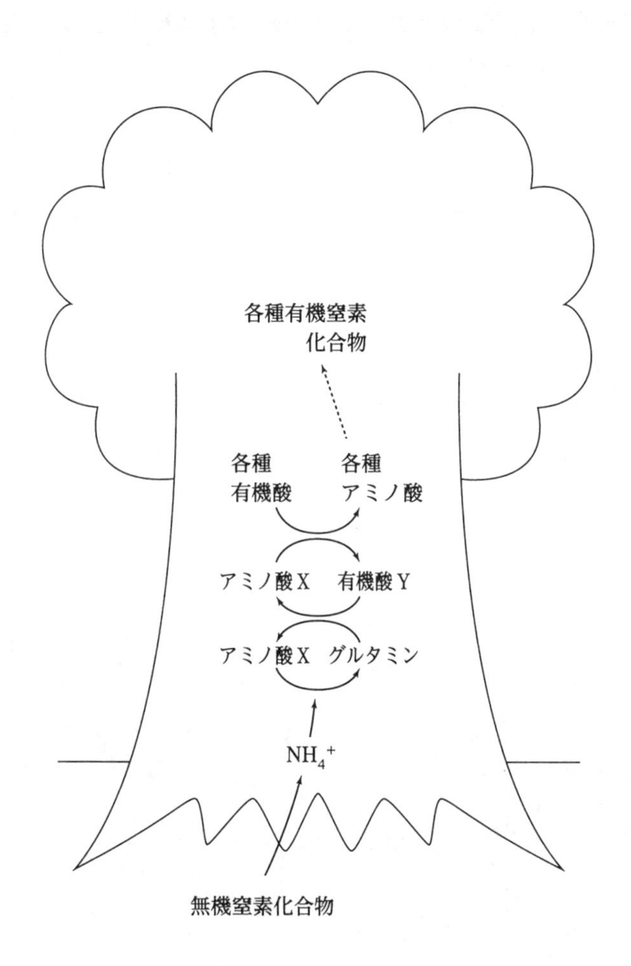

【36】 文中の ア , イ にあてはまる語の組み合わせはどれか。

	①	②	③	④	⑤	⑥
ア	脱窒素細菌	脱窒素細菌	亜硝酸菌	亜硝酸菌	硝酸菌	硝酸菌
イ	亜硝酸菌	硝酸菌	脱窒素細菌	硝酸菌	脱窒素細菌	亜硝酸菌

【37】 アミノ酸Xにあてはまるものはどれか。

① アスパラギン　② グルタミン酸　③ グリシン
④ アスパラギン酸　⑤ フェニルアラニン　⑥ メチオニン

【38】 有機酸Yにあてはまるものはどれか。

① ケトグルタル酸　② オキサロ酢酸　③ クエン酸
④ アセチル CoA　⑤ ピルビン酸

【39】 アミノ酸Xとグルタミンの1分子がそれぞれもつアミノ基の数の組み合わせはどれか。

	アミノ酸X	グルタミン
①	0	0
②	0	1
③	0	2
④	1	0
⑤	1	1
⑥	1	2
⑦	2	0
⑧	2	1
⑨	2	2

【40】 下線部の有機窒素化合物にあてはまるものはどれか。

① スクロース　② セルロース　③ クエン酸
④ ATP　⑤ デンプン

9 **植生に関する次の文を読み，各問いについて，最も適当なものを，それぞれの下に記したもののうちから１つずつ選べ。**

次の図は，日本の本州中部に見られる垂直分布を示したものである。図中のＡ～Ｃはバイオームを示し，Ａにはスダジイ，タブノキが，Ｂにはミズナラと［ア］が，Ｃにはシラビソ，オオシラビソ，［イ］が，標高 2500 m 以上ではコケモモ，コマクサ，［ウ］が見られた。標高 700～1700 m は［エ］とよばれ，標高 2500 m 付近は［オ］とよばれる。

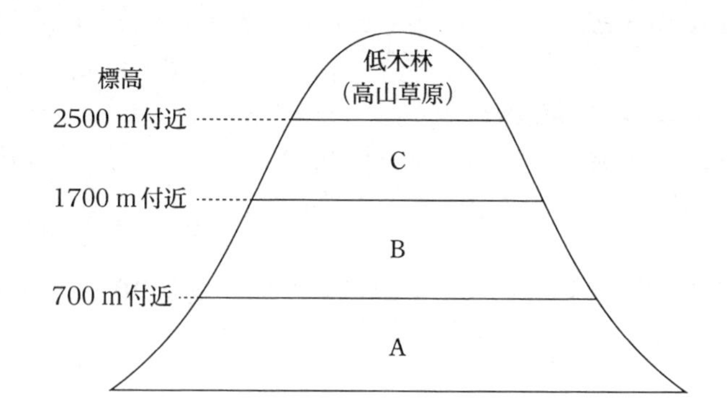

【41】 文中の［ア］～［ウ］にあてはまる語の組み合わせはどれか。

	①	②	③	④	⑤	⑥
ア	ブナ	ブナ	コメツガ	コメツガ	ハイマツ	ハイマツ
イ	コメツガ	ハイマツ	ブナ	ハイマツ	コメツガ	ブナ
ウ	ハイマツ	コメツガ	ハイマツ	ブナ	ブナ	コメツガ

【42】 文中の［エ］，［オ］にあてはまる語の組み合わせはどれか。

	エ	オ
①	亜高山帯	極相
②	亜高山帯	森林限界
③	高山帯	極相
④	高山帯	森林限界
⑤	山地帯	極相
⑥	山地帯	森林限界

【43】 図中のA～Cにあてはまるバイオームの組み合わせはどれか。

	A	B	C
①	夏緑樹林	針葉樹林	照葉樹林
②	夏緑樹林	照葉樹林	針葉樹林
③	針葉樹林	夏緑樹林	照葉樹林
④	針葉樹林	照葉樹林	夏緑樹林
⑤	照葉樹林	夏緑樹林	針葉樹林
⑥	照葉樹林	針葉樹林	夏緑樹林

【44】 図中のA～C以外で日本に見られるバイオームはどれか。

① 硬葉樹林　② 雨緑樹林　③ ステップ
④ 亜熱帯多雨林　⑤ 熱帯多雨林　⑥ サバンナ

【45】 この地域の年平均気温が地球温暖化によって5℃上昇すると仮定する。このときの標高2600 m付近のバイオームはどれになると考えられるか。ただし，気温は標高が100 m高くなるごとに0.5℃低くなるものとする。なお，気温の条件のみを考えるものとする。

① A　② B　③ C　④ 低木林(高山草原)

令和4年度　物　理　解答と解説

1　さまざまな物理現象

【1】　傾きが一定のなめらかな斜面で，力学台車から手を放して運動させると，力学台車にはたらく重力のうち，斜面に沿った水平分力により，力学台車は等加速度直線運動を行う（斜面に沿った重力の水平分力のうち，重力加速度は一定であるため，加速度の大きさは一定である）。よって，手を放してから時間が経過したとしても力学台車の加速度の大きさが変化することはない。

そこで，問で与えられているとおり，力学台車の加速度の大きさを y，手を放してからの経過時間を x で表し，かつ定数を a とすると，経過時間 x に関わらず，$y=a$ となる。よって定数関数のグラフは②となる。

答【1】②

【2】　フックの法則（弾性力）$F=kx$，ばねにはたらく力の大きさ F は，ばね定数を k，ばねの自然長からの伸び（縮み）を x とすると，上記のとおり表せる。

そこで，問で与えられているとおり，ばねの自然の長さからの伸びを y，ばねに加えた力の大きさを x で表すと，$x=ky$ となる。さらにこの問での定数を a でくくると，$y=ax$ と表せる。よって1次関数のグラフは⑤となる。

答【2】⑤

【3】　電力 $P=VI$，電力 P は，抵抗に流れる電流を I，抵抗に加えた電圧を V とすると，上記のとおり表せる。次にオームの法則 $V=RI$，抵抗に加えた電圧 V は，抵抗の抵抗値を R，抵抗に流れる電流を I とすると，上記のとおり表せる。よって，この関係式を $I=\frac{V}{R}$ と変換して，上式 $P=VI$ に代入すると，$P=VI=V\times\frac{V}{R}=\frac{V^2}{R}$ と表せる。なお，問の問題文を見ると，抵抗値が一定の抵抗に電圧を加え……と表記されている。よって定数 R を電力の式に組み込む必要があるためである。

そこで，問で与えられているとおり，抵抗の消費電力を y，抵抗に加えた電圧を x で表すと，$y=\frac{x^2}{R}$ となる。さらにこの問での定数を a でくくると，$y=ax^2$ と表せる。よって2次関数のグラフは④となる。

答【3】④

【4】　熱量と比熱の関係 $Q=mc\varDelta T$，物体が吸収した熱量 Q は，物体の質量を m，物体の比熱を c，絶対温度の変化量を $\varDelta T$ とすると，上記のとおり表せる。

さて，それぞれの立方体が吸収した熱量を比較するために，立方体の体積と質量の関係を考える。まず，問の問題文を見ると，同じ材質の……と表記されている。よって，例えば1〔cm^3〕の物体の質量を1〔g〕とすると，同じ材質の物体であれば2〔cm^3〕の物体の質量は2〔g〕となる。次に一辺の長さ1〔cm〕の立方体Aの場合と一辺の長さ2〔cm〕の立方体Bの場合の比熱の公式を2式立てる（その際，それぞれの立方体が同じ材質であるため，それぞれの立方体の体積を質量とみなす）。一辺の長さ2〔cm〕の立方体Bが吸収した熱量を Q とすると，温度を20〔℃〕から100〔℃〕に変化させたことと，立方体Bの体積が8〔cm^3〕であることに留意すると，$Q=mc\varDelta T=8\times c\times(100-20)=640c$ と表せる。同様に一辺の長さ1〔cm〕の立方体Aが吸収した熱量を Q' とすると，立方体Aの体積が1〔cm^3〕であることに留意すると，$Q'=mc\varDelta T=1\times c\times(100-20)=80c$ と表せる。よってこの2式を連立させると，$Q'=\frac{80}{640}Q$ となるため，

$Q' = \frac{1}{8}Q$と求まる。

答【4】①

【5】 波の振動数と周期の関係 $T = \frac{1}{f}$, 波（音波）の周期 T は, 波（音波）の振動数を f とすると, 上記のとおり表せる。

さて, 振動数を変化させた際の周期を比較するために, 弦が振動しているときの振動数が f の場合と $2f$ の場合の２式を立てる。振動数が f のときの周期を T とすると, $T = \frac{1}{f}$ と表せる。同様に振動数が $2f$ のときの周期を T' とすると, $T' = \frac{1}{2f}$ と表せる。よってこの２式を連立させると, $T' = \frac{1}{2}T$ と求まる。

答【5】④

答【1】②【2】⑤【3】④

【4】①【5】④

2 万有引力に関する問題

【6】 物体Pに作用する万有引力の大きさを求めるために, 万有引力の法則について考える。２つの物体の間にはたらく万有引力の大きさ F は, 万有引力定数を G, 各物体の質量をそれぞれ m_1, m_2, 物体間の距離を r とすると, $F = G\frac{m_1 m_2}{r^2}$ と表せる。

さて, 問題文を見ると, 地球のまわりを半径 r の円軌道で周期 T で回る質量 m の物体Pがある。物体Pにはたらく力は地球からの万有引力だけであるとし, 地球の質量を M, 万有引力定数を G とする……と表記されている。よって, 物体Pに作用する万有引力の大きさを問題文のとおり表すと, $F = \frac{GMm}{r^2}$ と求まる。

答【6】②

【7】 物体Pの速さ v を求めるために, 等速円運動（距離と速さ）と周期（時間）について考える。等速円運動の周期 T を表すために, 円軌道の半径を r とすると円運動する物体が円軌道を１周する間の距離は $2\pi r$ である。この距離を速さ v で等速の運動を行うため, 改めて等速円運動の周期 T は, $T = \frac{2\pi r}{v}$ と表せる。

さて, 問題文より地球のまわりを半径 r の円軌道で周期 T で回る物体Pであることに留意すると, 物体Pの速さ v は $T = \frac{2\pi r}{v}$ より, $v = 2\pi \times \frac{r}{T}$ と求まる。

答【7】④

【8】 【7】より $v = 2\pi \times \frac{r}{T}$ と物体Pの運動方程式から v を消去して整理するために, 等速円運動の運動方程式（向心力）について考える。向心力の大きさ F は, 円運動をする物体の質量を m, 向心加速度の大きさを a, 円軌道の半径を r, 物体の角速度の大きさを ω とすると, $F = ma = mr\omega^2$ と表せる。次に円運動する物体の速さを v とすると, 速さと角速度の大きさの関係は $v = r\omega$ と表せる。よって, この関係式を $\omega = \frac{v}{r}$ と変換して, 上式 $F = mr\omega^2$ に代入すると, $F = mr\omega^2 = mr \times \frac{v^2}{r^2} = m\frac{v^2}{r}$ と表せる。なお, 問題文を見ると, $v = 2\pi \times \frac{r}{T}$ と物体Pの運動方程式から v を消去して整理するために……と表記されている。よって物体の速さ v を代入する必要があるためである。

さて, 円運動を行う物体は必ず円運動の中心方向に向心力がはたらく。よって, 向心力のうち向心加速度を用いて運動方程式を立てる。地球のまわりを円軌道で回る物体Pの向心力は万有引力であるため, 上式 $F = m\frac{v^2}{r}$ と, 【6】より, $F = \frac{GMm}{r^2}$ を組み合わせると, $m\frac{v^2}{r} = \frac{GMm}{r^2}$ と表せる。また, 問題文より v を消去す

る必要があるため，【7】より，$v=2\pi\times\dfrac{r}{T}$を

前式$m\dfrac{v^2}{r}=\dfrac{GMm}{r^2}$に代入すると，$\dfrac{m}{r}\times\dfrac{4\pi^2r^2}{T^2}$

$=\dfrac{GMm}{r^2}$となり，整理すると，$T^2=4\pi^2\times\dfrac{r^3}{GM}$

と求まる。なお，問題文にも，この式は，円軌道について，ケプラーの第3法則と対応しているとあるとおり，上式$T^2=4\pi^2\times\dfrac{r^3}{GM}$を整理

しなおすと，$T^2=\dfrac{4\pi^2}{GM}\times r^3$と表せる。この式の

$\dfrac{4\pi^2}{GM}$はすべて定数であるため，$\dfrac{4\pi^2}{GM}=k$とおくと，$T^2=kr^3$という一般的なケプラーの第3法則となる。

答【8】⓪

【9】 万有引力による位置エネルギーの基準を無限遠にとったときの，物体Pの万有引力による位置エネルギーを求めるために，万有引力による位置エネルギーを考える。万有引力による位置エネルギーUは，万有引力定数をG，地球の質量をM，物体の質量をm，物体間の距

離をrとすると，$U=-G\dfrac{Mm}{r}$と表せる。

さて，【6】と同様に問題文を見ると，地球のまわりを半径rの円軌道で周期Tで回る質量mの物体Pがある。物体Pにはたらく力は地球からの万有引力だけであるとし，地球の質量をM，万有引力定数をGとする……と表記されている。よって，物体Pの万有引力による位置エネルギーを問題文のとおり表すと，

$U=-1\times\dfrac{GMm}{r}$と求まる。

答【9】③

【10】 物体Pの運動エネルギーを求めるために，力学的エネルギーのうち，運動エネルギーについて考える。運動エネルギーKは，物体の質

量をm，物体の速さをvとすると，$K=\dfrac{1}{2}mv^2$

と表せる。

さて，物体Pの運動エネルギーを【10】×

$\dfrac{GMm}{r}$と表すために，【8】より，$m\dfrac{v^2}{r}=\dfrac{GMm}{r^2}$

を用いて整理すると，$mv^2=\dfrac{GMm}{r}$と表せる。

また，左辺を運動エネルギー$K=\dfrac{1}{2}mv^2$の形

に変形すると，$\dfrac{1}{2}mv^2=\dfrac{1}{2}\times\dfrac{GMm}{r}$と表せる。

よって，物体Pの運動エネルギーは，$K=\dfrac{1}{2}\times$

$\dfrac{GMm}{r}$と求まる。

答【10】⑦

答【6】②【7】④【8】⓪

【9】③【10】⑦

3 慣性力に関する問題

【11】 電車の加速度の大きさaを求めるために，慣性力について考える。観測者が加速度の大きさaの加速度運動している非慣性系においては，観測者から質量mの物体を見たとき，物体には，本来はたらいている力のほかに，加速度の向きと逆向きに慣性力Fがはたらく。慣性力の大きさは$F=ma$と表せる。

さて，電車が右向きに加速度aで等加速度直線運動しているとき，電車の天井につるされた糸に取り付けられている質量mの小球Pには，下図のような3力がはたらく。

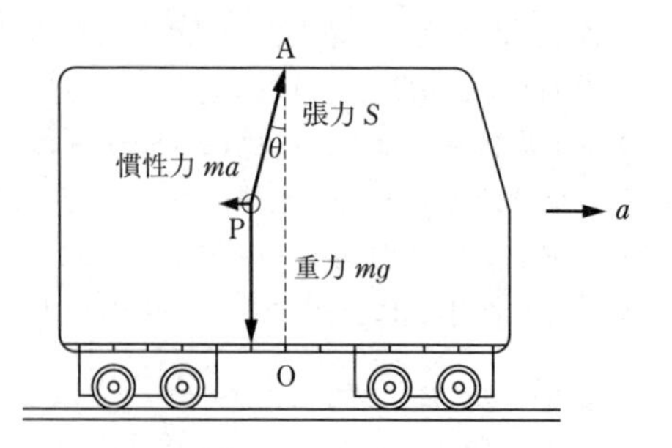

電車の加速度の大きさaを重力加速度の大きさgと，鉛直下向きと糸のなす角θで表すために，上図のうち，このa，g，θに着目する。まず，加速度aと重力加速度gをベクトル量で

考える。上図の3力のうち，重力 mg と慣性力 ma のベクトルを下図のように移動する。

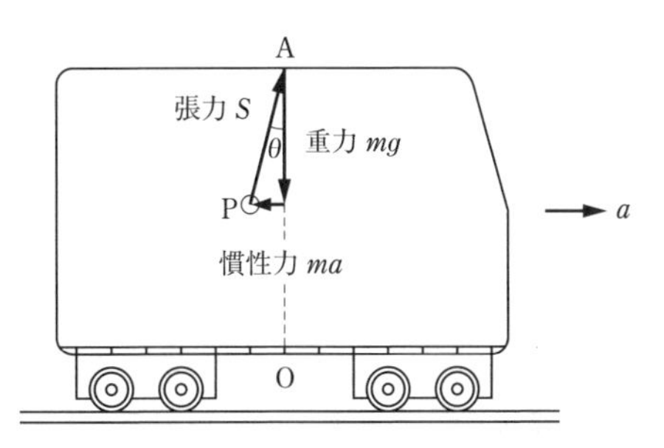

上図を参考に，a，g，θ の関係性に注目すると，これらは，$\tan\theta=\dfrac{ma}{mg}$ と表せる。よって，電車の加速度の大きさ a は，$\tan\theta=\dfrac{a}{g}$ より，$a=\tan\theta\times g$ と求まる。

答【11】③

【12】 糸の張力の大きさ S を求めるために，【11】の後半同様に力のつり合いと鉛直下向きと糸のなす角 θ について考える。

さて，糸の張力の大きさ S を重力 mg と，鉛直下向きと糸のなす角 θ で表すために，改めて下図の3力となす角 θ の関係を確認する。

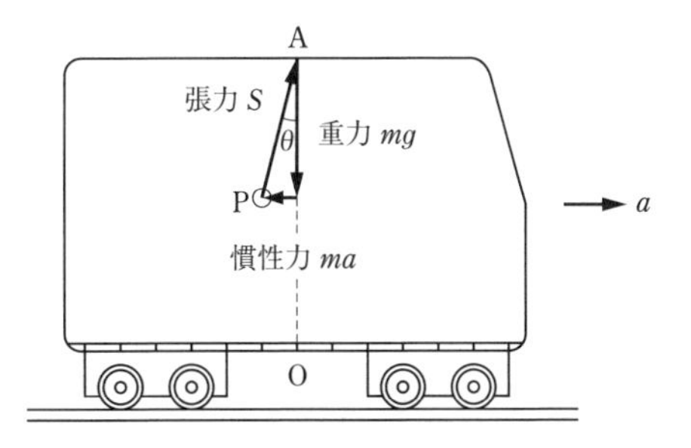

【11】と同様に，上図を参考に，S，mg，θ の関係性に注目すると，これらは，$\cos\theta=\dfrac{mg}{S}$ と表せる。よって，糸の張力の大きさ S は，$S\cos\theta=mg$ より，$S=\dfrac{1}{\cos\theta}\times mg$ と求まる。

答【12】⑤

【13】 小球Pの単振動の周期 T を求めるために，単振り子による単振動を考える。単振り子の周期 T は，糸の長さを l，重力加速度の大きさを g とすると，これらは $T=2\pi\sqrt{\dfrac{l}{g}}$ と表せる。また，一般的に単振動の振動の中心は力のつり合いの位置であることを確認しておきたい。

さて，上記のとおり単振動の振動の中心は力のつり合いの位置であるため，等加速度直線運動している電車内につるされた単振り子は，電車に対して静止した状態である，鉛直下向きと糸とのなす角 θ の位置が単振動の振動の中心となる。そこで，単振動の振動の中心の見かけの重力加速度の大きさを g' とし，糸の長さが L であることに留意すると，このときの単振動の周期 T は，$T=2\pi\sqrt{\dfrac{L}{g'}}$ と表せる。また，見かけの重力 mg' と慣性力 ma，重力 mg との関係は下図のようになる。

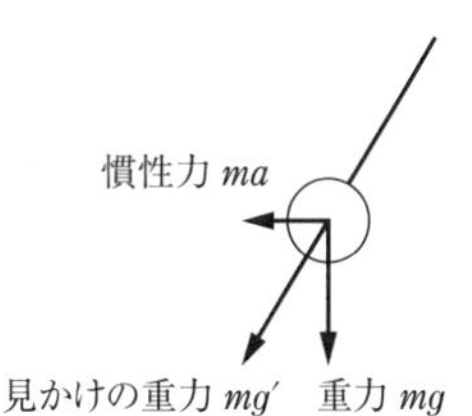

よって，三平方の定理より，見かけの重力 mg' は，$(mg')^2=(mg)^2+(ma)^2$ となるため，整理すると，$mg'=\sqrt{(mg)^2+(ma)^2}$ と表せる。両辺を質量 m で割ると，見かけの重力加速度の大きさ g' は，$g'=\sqrt{g^2+a^2}$ と表せる。ここで，【11】より，$a=\tan\theta\times g$ を代入すると，$g'=\sqrt{g^2+(g\tan\theta)^2}$ となるため，整理すると，$g'=\sqrt{g^2(1+\tan^2\theta)}=g\sqrt{1+\tan^2\theta}$ と表せる。よって，上式 $T=2\pi\sqrt{\dfrac{L}{g'}}$ に代入すると，小球Pの単振動の周期 T は，

$$T=2\pi\sqrt{\frac{L}{g'}}=2\pi\times\sqrt{\frac{L}{g\sqrt{1+\tan^2\theta}}}$$ と求まる。

答【13】③

【14】 小球Pの落下時間を求めるために，自由落下について考える。自由落下する距離を y，重力加速度の大きさを g，落下時間を t とすると，これらは $y=\dfrac{1}{2}gt^2$ と表せる。

さて，等加速度直線運動している電車の中に糸でつるされている小球Pは，糸を切ると落下する。ただし，自由落下を行うわけではない。小球Pは電車の中にあるため，電車と共に右向きに速さを持っている。よって，慣性系の立場の観測者（電車の外で静止している観測者）から小球Pの運動を観察すると，右向きの速さを持ちながら落下するため，右向きの水平投射の小球Pが観察できる。次に，電車の運動と小球Pの運動を比較して観察してみる。糸を切った瞬間から小球Pは電車と切り離されるため，小球Pはそれ以上加速しない。しかし電車はそのまま加速するため，小球Pは電車の速さより遅くなる。そこで電車と小球を相対的に観察すると，慣性力がはたらいている方向（左向き）に小球Pは水平投射しているようにも観察できる。よって，小球Pは水平投射の運動を行うわけであるが，ポイントは鉛直方向にはたらく力は，あくまで重力のみであるということである。つまり，落下距離を求めることができれば，鉛直方向にはたらく力が重力のみ（鉛直方向にはたらく加速度が重力加速度のみ）であるため，鉛直方向の運動は自由落下であることが確認でき，かつ落下時間を求めることができる。そこでまず，小球Pの落下距離を，下図を参考に求める。

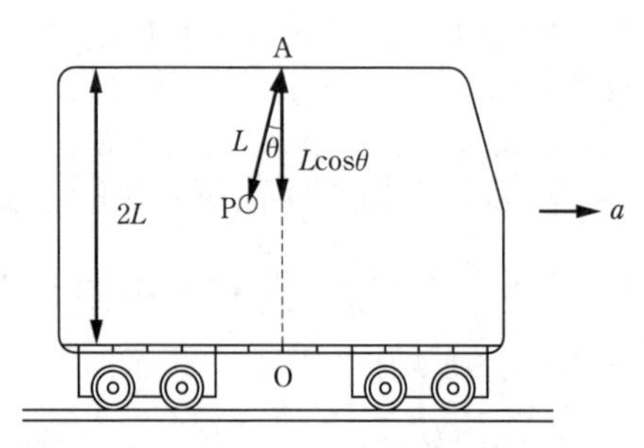

電車の天井から床までの距離が$2L$であることと，電車の天井から小球Pまでの鉛直方向の距離が$L\cos\theta$であることに留意すると，小球Pから床までの鉛直方向の距離は，$2L-L\cos\theta$と表せる。

よって，小球Pの落下時間は，上式$y=\frac{1}{2}gt^2$に小球Pから床までの鉛直方向の距離$2L-L\cos\theta$を代入すると，$2L-L\cos\theta=\frac{1}{2}gt^2$となるため，整理すると，$t=\sqrt{\frac{2L(2-\cos\theta)}{g}}$と求まる。

答【14】⓪

【15】 点Bの位置と電車内の観測者から見た小球Pの軌跡を求めるために，加速度運動をしている観測者の非慣性系の立場を考える。非慣性系の立場の場合，【13】にもあった見かけの重力の向きに運動する。

さて，つるされている糸を切ると，小球Pには下図のように慣性力maと重力mgのみがはたらくため，見かけの重力mg'も【13】同様に下図のとおりとなる。

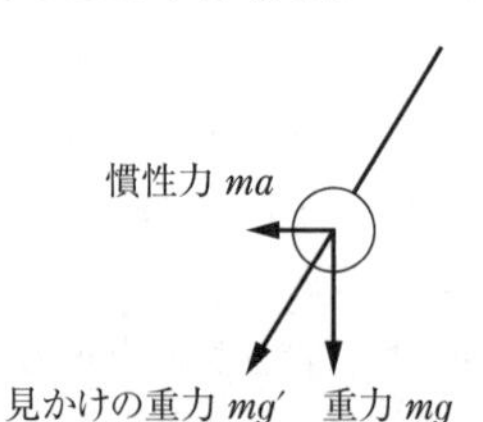

よって，点Bの位置と電車内の観測者から見た小球Pの軌跡は，鉛直下向きと糸のなす角θである見かけの重力mg'の方向に運動するため，⑤と求まる。

答【15】⑤

答【11】③【12】⑤【13】③

【14】⓪【15】⑤

4 ピストンの移動に関する問題

【16】 容器Aの気体の物質量n_A〔mol〕で，容器Bの気体の物質量n_B〔mol〕を求めるために，理想気体の状態方程式を考える。理想気体の圧力をp〔Pa〕，体積をV〔m^3〕，物質量をn〔mol〕，気体定数をR〔J/(mol・K)〕，絶対温度をT〔K〕とすると，これらは$pV=nRT$と表せる。

さて，問題文を見ると，容器A，Bに圧力1.0×10^5〔Pa〕，温度300〔K〕の単原子分子の理想気体を入れると，容器Aの気体の体積はV_0〔m^3〕，容器Bの気体の体積は$2V_0$〔m^3〕である……ということに留意すると，容器Aの気体の理想気体の状態方程式は，前式 $pV=nRT$ に代入すると，$1.0\times10^5V_0=300n_AR$ と表せる。同様に容器Bの気体の理想気体の状態方程式は，$2.0\times10^5V_0=300n_BR$ と表せる。よってこの2式を組み合わせると，容器Aの気体の物質量 n_A〔mol〕と，容器Bの気体の物質量 n_B〔mol〕の関係は，$2\times300n_AR=300n_BR$ となるため，$n_B=2\times n_A$〔mol〕と求まる。

答【16】④

【17】 容器Bの気体の温度を保ちつつ，容器Aの気体の温度を上げた際の，容器Bの気体の状態のグラフを求めるために，ボイルシャルルの法則を考える。理想気体の圧力を p〔Pa〕，体積を V〔m^3〕，絶対温度を T〔K〕とすると，これらは $\dfrac{pV}{T}=$一定と表せる。

さて，容器Aと容器Bは，ピストン付きの軽い棒で連結されているものの，容器Aの気体と容器Bの気体が混ざり合うことはない。よって，容器A，Bの気体の状態変化についてそれぞれ独立して考える。容器Bは，問題文を見ると，容器Bの気体を温度調節器で300〔K〕に保ち……とある。等温変化であるため，上記ボイルシャルルの法則のうち，絶対温度 T〔K〕も定数であるため，ボイルシャルルの法則 $\dfrac{pV}{T}=$一定は，$pV=$一定と表せる。また，容器Aの気体については，温度が300〔K〕から400〔K〕に上昇しているため，ボイルシャルルの法則 $\dfrac{pV}{T}=$一定より，温度が増加すれば圧力も増加する。よって容器Bの気体についても圧力が増加する。容器Bの気体の状態に戻ると，上式 $pV=$一定で気体の圧力が増加すると体積は減少する。これは反比例の関係であるために，容器Bの気体の状態のグラフは④と求まる。

答【17】④

【18】 最終的な容器Bの気体の体積を求めるために，理想気体の状態方程式と，各気体の体積変化について考える。

さて，問題文を見ると，容器A，Bを床に固定する……とあり，かつ2つのピストンは軽い棒で連結されており……とある。よって，状態変化前の容器Aの気体の体積 V_0〔m^3〕と容器Bの気体の体積 $2V_0$〔m^3〕の合計値 $3V_0$〔m^3〕は，状態変化に伴い容器Aの気体の体積と容器Bの気体の体積が変化したとしても，その合計値は変わらない。そこで，状態変化後の容器Aの気体の体積を V_A〔m^3〕，容器Bの気体の体積を V_B〔m^3〕とすると，これらは，$V_A+V_B=3V_0$〔m^3〕と表せる。

次に，状態変化後の容器A，Bの気体について，それぞれ理想気体の状態方程式を立てる。容器Aの気体は，温度が300〔K〕から400〔K〕に変化したことと，気体の圧力が 1.0×10^5〔Pa〕から p'〔Pa〕に変化したこと，気体の体積が V_0〔m^3〕から V_A〔m^3〕に変化したことに留意すると，$p'V_A=400n_AR$ と表せる。また，同様に容器Bの気体は，気体の圧力が 1.0×10^5〔Pa〕から p'〔Pa〕に変化したこと，気体の体積が $2V_0$〔m^3〕から V_B〔m^3〕に変化したことに留意すると，$p'V_B=600n_AR$ と表せる（**【16】** より $n_B=2n_A$〔mol〕を用いている）。ここで，気体A，Bのそれぞれの圧力は，ピストンが静止していることから，つり合っていることを確認する。

よって，この2式を組み合わせると，$p'V_A=400\dfrac{p'V_B}{600}=\dfrac{2}{3}p'V_B$ となるため，$V_A=\dfrac{2}{3}V_B$ と表せる。よってこの式を上式 $V_A+V_B=3V_0$〔m^3〕に代入すると，$\dfrac{2}{3}V_B+V_B=3V_0$〔m^3〕となるため，最終的な容器Bの気体の体積は，$V_B=\dfrac{9}{5}V_0=1.8\times V_0$〔$m^3$〕と求まる。

答【18】⑧

【19】 最終的な容器Aの気体の体積を求めるために，**【18】** と同様に理想気体の状態方程式と，各気体の体積変化について考える。

さて **【18】** より，$V_A=\dfrac{2}{3}V_B$ に，$V_B=1.8V_0$〔m^3〕

を代入すると，$V_A=\frac{2}{3}\times1.8V_0=1.2\times V_0$〔m³〕と求まる。

答【19】②

【20】 最終的なそれぞれの気体の圧力を求めるために，【18】，【19】と同様に理想気体の状態方程式と，各気体の体積変化について考える。

さて，気体の圧力を求めるためには，理想気体の状態方程式から体積 V_0〔m³〕を消去する必要がある。そこで，【16】より状態変化前の容器Bの気体の理想気体の状態方程式$2.0\times10^5V_0=600n_AR$と，【18】より状態変化後の容器Bの気体の理想気体の状態方程式$p'V_B=600n_AR$の2式を組み合わせる（【16】より$n_B=2n_A$〔mol〕を用いている）。ここで，状態変化後の容器Bの気体の理想気体の状態方程式$p'V_B=600n_AR$に，【18】より$V_B=1.8V_0$〔m³〕を代入し，$1.8p'V_0=600n_AR$としておく（なお容器Bの理想気体の状態方程式は，変化の前後で右辺が一致するため，代入しやすいが，容器Aの気体の変化前後の組み合わせでも可能である）。よって上式2式を組み合わせると，最終的なそれぞれの気体の圧力は，$2.0\times10^5V_0=1.8p'V_0$より，$p'=1.11\cdots\times10^5$〔Pa〕と求まる。

答【20】①

答【16】④【17】④【18】⑧

【19】②【20】①

5 〔A〕波の干渉に関する問題 〔B〕光の回折格子に関する問題

【21】 点Pの状態を求めるために，波の干渉について考える。波の干渉とは，2つの波が重なり合い，強め合ったり，弱め合ったりする現象である。山と山，谷と谷が重なる点では，常に同位相の波が重なって強め合い，山と谷が重なる点では，常に逆位相の波が重なって弱め合う。

さて，問題文を見ると，実線は，ある瞬間におけるそれぞれの波の山の波面を表している……とある。また，点Pの位置は次図のとおりとなる。

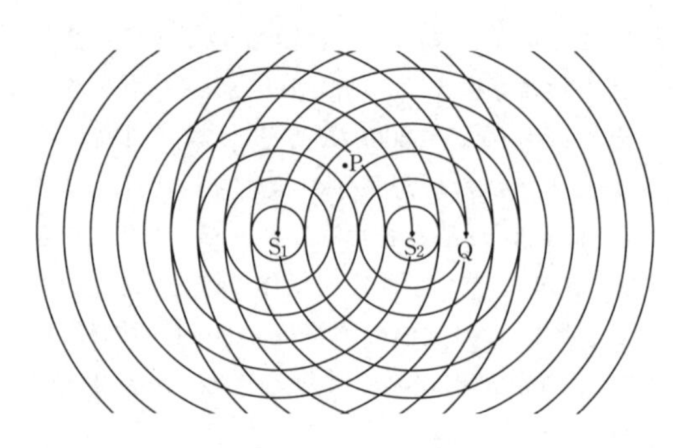

上図からもわかるとおり，点Pは，点S_1から広がる波の実線（山）と実線（山）の間に位置することがわかる。よって，点S_1から広がる波の谷に位置していることがわかる。また，同様に点S_2から広がる波の実線(山)と実線(山)の間に位置することもわかる。よって，点S_2から広がる波の谷に位置していることもわかる。よって，谷と谷が重なる点では，常に同位相の波が重なって強め合うため，点Pは「谷と谷が強め合う点」と求まる。

答【21】③

【22】 点Qの状態を求めるために，【21】と同様に波の干渉について考える。

さて，点Qの位置は下図のとおりとなる。

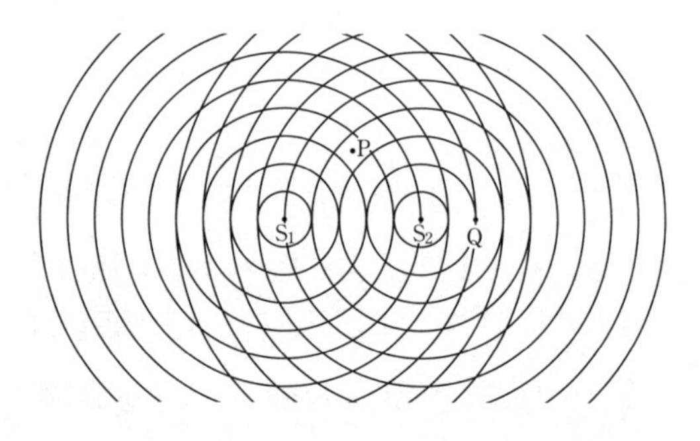

上図からもわかるとおり，点Qは，点S_1から広がる波の実線（山）に位置することがわかる。よって，点S_1から広がる波の山に位置していることがわかる。また，同様に点S_2から広がる波の実線（山）に位置することもわかる。よって，点S_2から広がる波の山に位置していることもわかる。よって，山と山が重なる点では，常に同位相の波が重なって強め合うため，点Qは「山と山が強め合う点」と求まる。

答【22】①

【23】 点S_1，S_2の間にある節線の本数を求めるために，節線について考える。節線とは，波が弱め合う点を連ねた線である。

さて，節線を求めるために，弱め合う点，つまり山と谷の重なる点を下図のようにプロットしていく。

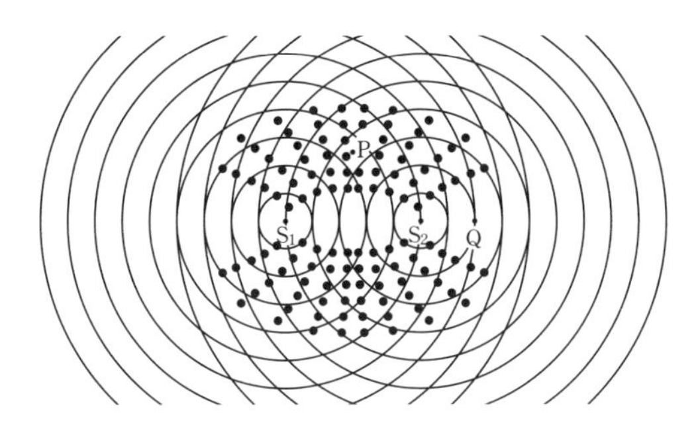

次に，上図のプロットを連ねて，節線を描くと下図のようになる。

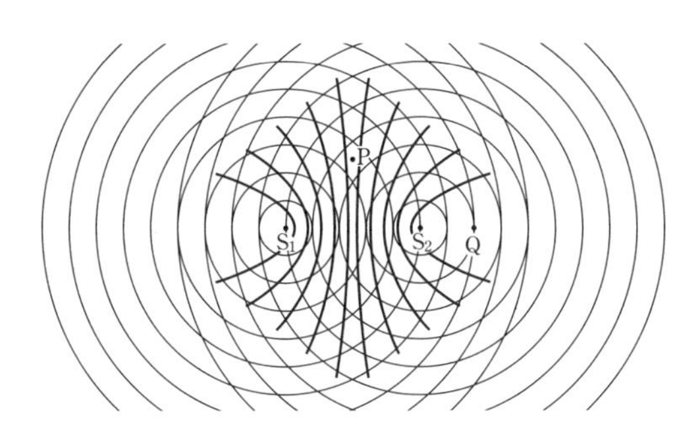

よって，上図のとおり，点S_1，S_2の間にある節線の本数は，10本と求まる。

答【23】⓪

【24】 回折角θを求めるために，三角比について考える。下図のような三角形の場合，$\sin\theta=\frac{BC}{AB}$，$\cos\theta=\frac{AC}{AB}$，$\tan\theta=\frac{BC}{AC}$と表される。

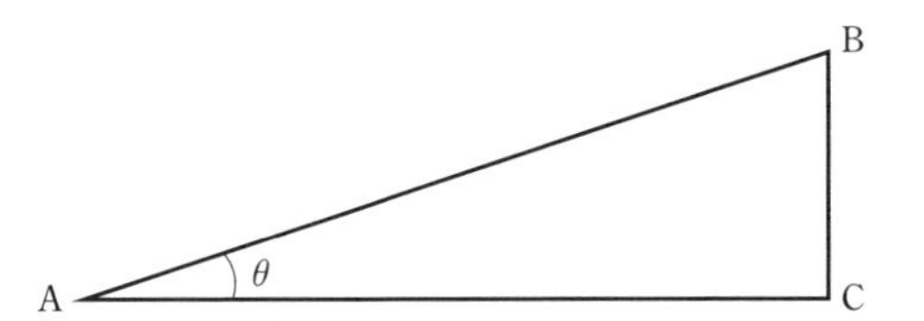

さて，問題文を見ると，底面が一辺の長さ1.00〔m〕の正方形である……とあり，かつ水槽の左側の内側に薄い回折格子を取りつけると，図3のように点P, Qに輝点が現れ，OP＝OQ＝0.400〔m〕であった……とある。よって，下図のAO＝1.00〔m〕であり，OP＝0.400〔m〕であることがわかる。

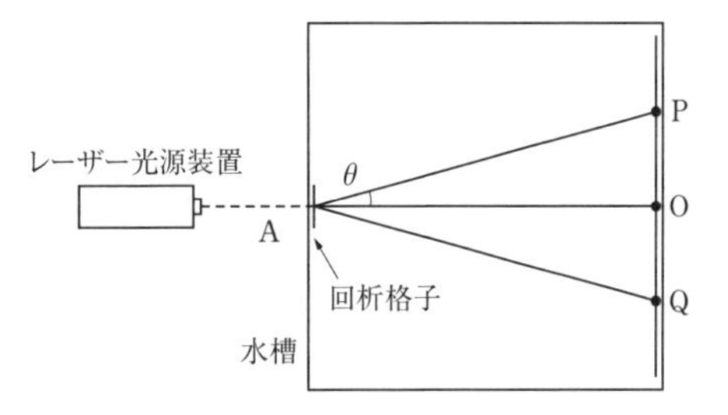

よって，上図のAOとOPが，さらに前図のACとBCにあたるため，$\tan\theta=\frac{BC}{AC}=\frac{OP}{AO}=\frac{0.400}{1.00}=0.400$と求まる。よって，下図の三角関数表より，回折角$\theta$は，$\theta=22°$と求まる。

度	rad	sin	cos	tan
15°	0.262	0.259	0.966	0.268
16°	0.279	0.276	0.961	0.287
17°	0.297	0.292	0.956	0.306
18°	0.314	0.309	0.951	0.325
19°	0.332	0.326	0.946	0.344
20°	0.349	0.342	0.940	0.364
21°	0.367	0.358	0.934	0.384
22°	0.384	0.375	0.927	0.404
23°	0.401	0.391	0.921	0.424
24°	0.419	0.407	0.914	0.445

答【24】⑧

【25】 回折格子の格子定数を求めるために，回折格子について考える。格子定数をd，回折角をθ，波長をλとすると，これらは$d\sin\theta=m\lambda$（$m=0, 1, 2\cdots$）と表せる。

さて，問題文を見ると，波長6.30×10^{-7}〔m〕のレーザー光を入射させて……とある。また，【24】より$\theta=22°$であることと，点Oを中心としてその次の輝点である点Pが$m=1$番目であることに留意して，上式$d\sin\theta=m\lambda$に代入すると，$d\times\sin22°=1\times6.30\times10^{-7}$と表せる。よって，sin22°が【24】の三角関数表より0.375であることにも留意すると，回折格子の格子定数は，$d=\frac{6.30\times10^{-7}}{0.375}=1.68\times10^{-6}\fallingdotseq1.7\times10^{-6}$〔m〕と求まる。

答【25】②

【26】 レーザー光の水中における波長を求めるために，屈折の法則を考える。屈折率 n_1 の媒質1での光の波長を λ_1 とし，屈折率 n_2 の媒質2での光の波長を λ_2 とすると，これらは，$\frac{n_2}{n_1}=\frac{\lambda_1}{\lambda_2}$ と表せる。

さて，問題文を見ると，空気の屈折率を1とする……とあり，かつ水槽を屈折率1.30の水で満たすと……とあり，かつ水槽の左側から波長 6.30×10^{-7}〔m〕のレーザー光を入射させて……とあるため，空気中の屈折率とレーザー光の波長を上式 $\frac{n_2}{n_1}=\frac{\lambda_1}{\lambda_2}$ の媒質1と仮定し，水中の屈折率を媒質2と仮定すると，これらは，$\frac{1.30}{1}=\frac{6.30\times10^{-7}}{\lambda_2}$ と表せる。よって，レーザー光の水中における波長は，$\lambda_2=\frac{6.30\times10^{-7}}{1.30}\fallingdotseq4.84\times10^{-7}\fallingdotseq4.8\times10^{-7}$〔m〕と求まる。

答【26】⑥

【27】 点Oから点P′，Q′までの距離を求めるために，【25】と同様に回折格子について考える。

さて，【25】より，回折格子の格子定数が，$d=1.68\times10^{-6}$〔m〕であることと，点Oを中心としてその次の輝点である点P′が $m=1$ 番目であることと，【26】より，レーザー光の水中における波長が，$\lambda_2\fallingdotseq4.84\times10^{-7}$〔m〕であることに留意して，【25】の $d\sin\theta'=m\lambda$ に代入すると，$1.68\times10^{-6}\times\sin\theta'=1\times4.84\times10^{-7}$ と表せる。よって，$\sin\theta'=\frac{4.84\times10^{-7}}{1.68\times10^{-6}}\fallingdotseq0.288$ と求まる。また，【24】の三角関数表より $\sin\theta'\fallingdotseq0.288$ であるため，$\theta'=17°$ であることを確認する。次に，【24】より，改めて点Oと点P′（点P）と回折角 θ の位置関係は次図のとおりである。

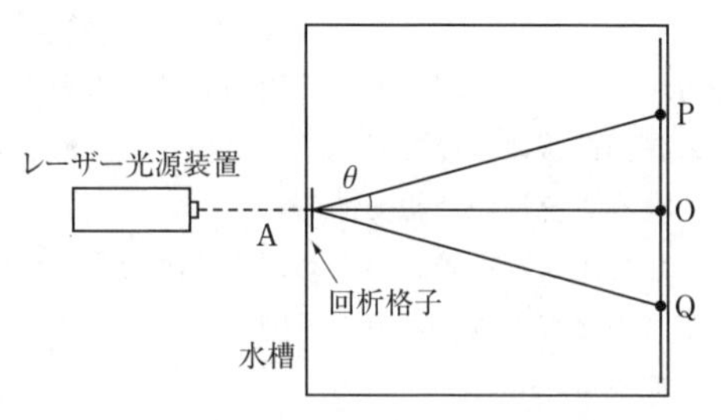

よって，AO＝1.00〔m〕であることと，回折角 θ が $\theta'=17°$ であることに留意すると，$\tan17°=\frac{OP'}{AO}=\frac{OP'}{1.00}$ と表せるため，点Oから点P′，Q′までの距離は，$0.306=\frac{OP'}{1.00}$ より，$OP'=OQ'=0.306\fallingdotseq0.31$〔m〕と求まる。

答【27】④

答【21】③【22】①【23】⓪
【24】⑧【25】②【26】⑥【27】④

6 〔A〕自由電子の運動に関する問題
〔B〕抵抗とコンデンサーの回路に関する問題

【28】 自由電子の平均の速さ $\bar{v}$ を求めるために，等加速度直線運動について考える。等加速度直線運動を行う物体の速さ v は，初速度の大きさを v_0，時間を t，加速度の大きさを a とすると，$v=v_0+at$ と表せる。

さて，導体内を移動する自由電子の運動は下図のとおりとなるため，初速度を伴わない時間 T 間の等加速度運動となる。また，下図から平均の速さは，速さの最大値の半分であることも確認する。

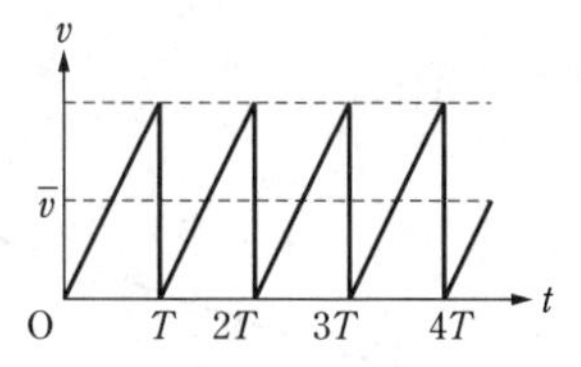

そこで，上記の留意事項を考慮して，上式 $v=v_0+at$ に代入すると，$v=0+aT$ と表せるため，自由電子の速さの最大値 v は，$v=aT$ と

求まる。よって，自由電子の平均の速さ $\bar{v}$ は，$\bar{v}=\frac{1}{2}v=\frac{aT}{2}$ と求まる。

答【28】③

【29】 自由電子の運動方程式の加速度の大きさ a を求めるために，運動方程式と電場中で電荷が受ける力と一様な電場と電位差について考える。質量 m の物体の加速度の大きさを a とし，受ける力の大きさを F とすると，これらは $ma=F$ と表せる。また，電場の大きさ E の中にある q の電荷が受ける静電気力の大きさ F は，$F=qE$ と表せる。さらに，電場の大きさ E の一様な電場の中で，d はなれた2点間の電位差が V であるとき，これらは $V=Ed$ と表せる。よって，この関係式を $E=\frac{V}{d}$ と変換して，上式 $F=qE$ に代入すると，$F=qE=q\frac{V}{d}$ と表せる。なお，問題文を見ると，長さ L の導体に電圧 V を加えると……とあり，かつ電子1個の質量を m，電気素量を e，……と表記されている。よって電場の大きさ E を消去する必要があるためである。

さて，自由電子には【28】の図からも確認できるように，一定の加速度がはたらいている。よって，自由電子には一定の力がはたらいており，それが静電気力である。よって，長さが L であることと，電気素量が e であることに留意して，運動方程式 $ma=F$ に，関係式 $F=q\frac{V}{d}$ を代入すると，$ma=e\frac{V}{L}$ と表せる。つまり，自由電子の運動方程式の加速度の大きさ a は，$a=\frac{eV}{mL}$ と求まる。

答【29】⑧

【30】 導体を流れる電流を求めるために，電流と自由電子の移動について考える。断面積 S の導線において，電気量 $-e$ の自由電子が単位体積あたりに n 個あり，自由電子の平均の速さを v とすると，電流の大きさ I は，$I=envS$ と表せる。

さて，問題文を見ると，自由電子の平均の速さ $\bar{v}$ は……とあるため留意すると，導体を流れる電流 I は，$I=enS\bar{v}$ と求まる。

答【30】⑤

【31】 導体の抵抗率を求めるために，オームの法則と電気抵抗について考える。抵抗 R の導体の両端に，電圧 V を加えるとき，導体を流れる電流を I とすると，これらは $V=RI$ と表せる。また，物質の抵抗 R はその長さ l に比例し，断面積 S に反比例する。抵抗率を ρ とすると，これらは $R=\rho\frac{l}{S}$ と表せる。

さて，まず【30】の $I=enS\bar{v}$ より，オームの法則を作成する。上式 $I=enS\bar{v}$ に【28】の $\bar{v}=\frac{aT}{2}$ を代入すると，$I=enS\bar{v}=enS\times\frac{aT}{2}$ と表せる。次に【29】の $a=\frac{eV}{mL}$ を代入すると，$I=\frac{enST}{2}\times a=\frac{enST}{2}\times\frac{eV}{mL}$ と表せる。よって，整理してまとめると，$I=\frac{e^2nST}{2mL}\times V$ となるため，オームの法則 $V=RI$ の形に整えると，$V=\frac{2mL}{e^2nST}\times I$ と表せるため，抵抗 R は $R=\frac{2mL}{e^2nST}$ と求まる。次に，電気抵抗は $R=\rho\frac{l}{S}$ であるために，改めて整理すると，$R=\frac{2mL}{e^2nST}=\frac{2m}{e^2nT}\times\frac{L}{S}$ と表せる。よって，導体の抵抗率 ρ は，$\rho=\frac{2m}{e^2nT}$ と求まる。

答【31】⑧

【32】 スイッチSをA側に閉じた直後の電流 I〔A〕を求めるために，オームの法則について考える。抵抗 R〔Ω〕の導体の両端に，電圧 V〔V〕を加えるとき，導体を流れる電流を I〔A〕とすると，これらは $V=RI$ と表せる。また，スイッチを閉じた直後は，電荷が蓄えられていないコ

ンデンサーの抵抗は0〔Ω〕であるため，導線として扱えることを確認する。

さて，スイッチSをA側に閉じた直後の状態は下図のとおりとなる（上記のとおりコンデンサーは導線として扱うものとする）。

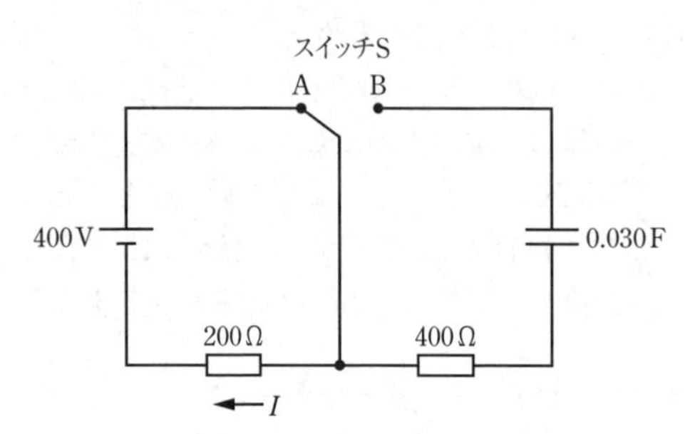

よって，起電力400〔V〕の直流電源と抵抗値200〔Ω〕の抵抗のみの回路とみなせるため，上式 $V=RI$ に，それぞれの値を代入すると，$400=200I$ となるため，$I=\frac{400}{200}=2.0$〔A〕と求まる。また，電流は，＋極から－極に流れるため，上図の直流電源の極を確認すると，200〔Ω〕の抵抗に記載のある電流の向きどおりに流れる。よって，スイッチSをA側に閉じた直後の電流 I〔A〕は，$I=2.0$〔A〕と求まる。

答【32】⑦

【33】 極板 a に蓄えられた電気量を求めるために，コンデンサーの電気容量について考える。コンデンサーに蓄えられる電気量 Q〔C〕は，コンデンサーの電気容量を C〔F〕，極板間の電位差を V〔V〕とすると，$Q=CV$ と表すことができる。また十分に時間が経過した場合，抵抗による電流（電荷）の流れにくさはあるものの，電源の電圧をすべてコンデンサーに蓄えることができることを確認する。

さて，電気容量0.010〔F〕のコンデンサーの極板 a には，直流電源の極を考慮すると，次図のとおり負電荷が蓄えられる。

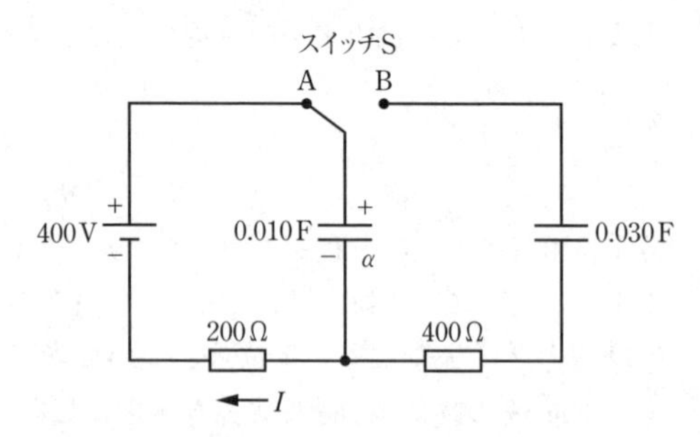

次に，上式 $Q=CV$ に電気容量と【32】より起電力400〔V〕をそれぞれ代入すると，$Q=0.010\times400=4.0$〔C〕と求まる。よって，負電荷が蓄えられることに留意すると，極板 a に蓄えられた電気量は，$Q=-4.0$〔C〕と求まる。

答【33】①

【34】 スイッチSをA側からB側へ切り替え，十分に時間が経過したときの極板 a に蓄えられた電気量を求めるために，電荷保存則と並列接続のコンデンサーについて考える。初めに2つのコンデンサーに蓄えられた電荷を Q_1〔C〕，Q_2〔C〕とし，並列接続した後のそれぞれのコンデンサーに蓄えられた電荷を Q_1'〔C〕，Q_2'〔C〕とすると，これらは $Q_1+Q_2=Q_1'+Q_2'$〔C〕と表せる。また，コンデンサーを並列に接続した際，それぞれのコンデンサーの極板間の電圧は等しい。

さて，スイッチSをA側からB側へ切り替えると，下図のようになるため，コンデンサーの並列接続とみなすことができる。

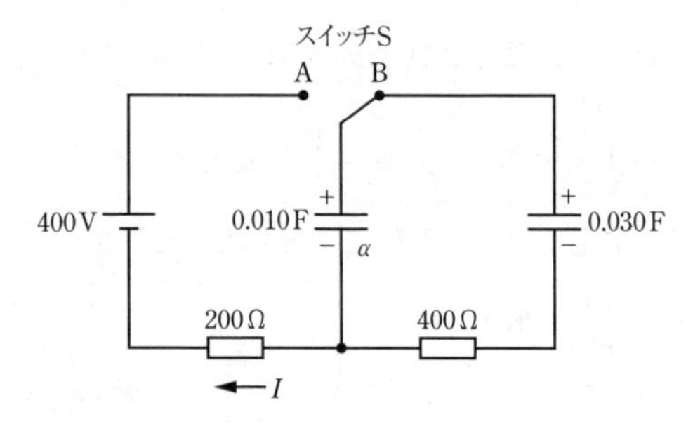

そこで，【33】よりスイッチSをA側からB側へ切り替える前の電気容量0.010〔F〕のコンデンサーに蓄えられた電気量が，$Q=4.0$〔C〕であることに留意し，かつスイッチSをA側からB側へ切り替えたあとの電気容量0.010〔F〕のコ

ンデンサーに蓄えられた電気量を Q_1'〔C〕，電気容量0.030〔F〕のコンデンサーに蓄えられた電気量を Q_2'〔C〕とすると，これらは$4.0=Q_1'+Q_2'$〔C〕と表せる。また，2つのコンデンサーは並列接続であるため，極板間の電圧は等しい。そこで，電気容量0.010〔F〕のコンデンサーの極板間の電圧を V_1〔V〕，電気容量0.030〔F〕のコンデンサーの極板間の電圧を V_2〔V〕とすると，これらは $V_1=V_2$〔V〕と表せる。さらに，**【33】**より，$Q=CV$ を $V=\dfrac{Q}{C}$とし，上式 $V_1=V_2$〔V〕に代入すると，$\dfrac{Q_1'}{0.010}=\dfrac{Q_2'}{0.030}$〔V〕と表せる。よって，電気容量0.010〔F〕のコンデンサーに蓄えられた電気量を求めるために，上式$\dfrac{Q_1'}{0.010}=\dfrac{Q_2'}{0.030}$〔V〕を $Q_2'=\dfrac{0.030Q_1'}{0.010}=3Q_1'$〔C〕と変換し，上式$4.0=Q_1'+Q_2'$〔C〕に代入すると，$4.0=Q_1'+3Q_1'$〔C〕と表せる。つまり，電気容量0.010〔F〕のコンデンサーに蓄えられた電気量は $Q_1'=1.0$〔C〕と求まる。また，上図より極板 a には **【33】** と同様に負電荷が蓄えられることに留意すると，極板 a に蓄えられた電気量は，$Q_1'=-1.0$〔C〕と求まる。

答**【34】**④

答**【28】**③**【29】**⑧**【30】**⑤
【31】⑧**【32】**⑦**【33】**①**【34】**④

物　理　　　正解と配点

(60分，100点満点)

問題番号		正　解	配　点
1	【1】	②	3
	【2】	⑤	3
	【3】	④	3
	【4】	①	3
	【5】	④	3
2	【6】	②	3
	【7】	④	3
	【8】	⓪	3
	【9】	③	3
	【10】	⑦	3
3	【11】	③	3
	【12】	⑤	3
	【13】	③	3
	【14】	⓪	3
	【15】	⑤	3
4	【16】	④	3
	【17】	④	3
	【18】	⑧	3
	【19】	②	3
	【20】	①	3

問題番号		正　解	配　点
5	【21】	③	3
	【22】	①	2
	【23】	⓪	3
	【24】	⑧	3
	【25】	②	3
	【26】	⑥	3
	【27】	④	3
6	【28】	③	3
	【29】	⑧	3
	【30】	⑤	3
	【31】	⑧	2
	【32】	⑦	3
	【33】	①	3
	【34】	④	3

令和4年度　化　学　解答と解説

1　物質の構成

【1】 周期表は同じ周期の場合，原子番号の順に左から電子配置に従って並べられている。性質が似ている元素が縦の列に規則的に並ぶように作られているため，周期表を見れば原子量や「族」としてくくられる似た性質の原子を簡単に把握できる。

問題文の「電気陰性度」とは分子内の原子が共有電子対を引きつける強さのことを言い，周期表の左下に位置する元素ほど陰性が小さく，右上になるほど大きくなる傾向がある。ただし貴ガス（希ガスと同じ。現在は貴ガスと表記するのが一般的）は共有結合しないため，電気陰性度は存在しない。貴ガスは周期表右端に縦に並ぶ18族元素のことで，ヘリウム（He），ネオン（Ne），アルゴン（Ar），クリプトン（Kr），キセノン（Xe），ラドン（Rn）がそれにあたる。

したがって貴ガスを除いて最も右上にある（電気陰性度の大きい）元素はフッ素（F）である。

答【1】④

【2】「遷移元素」とは「典型元素」ではない元素のことを指し，周期表の3～11族にあたる。

遷移元素はすべて金属元素であり，典型元素である金属元素とは異なる特性を備えている。それは遷移元素では最外殻ではないd軌道やf軌道に電子が入り，閉殻になっていないことによる。12族の元素も遷移元素と呼ばれることがあるが，こちらはd軌道が閉殻になっている点で，遷移元素に含めないこともある。

したがって，最も原子量の小さな遷移元素は，周期表で最初に示されているスカンジウム（Sc）である。

答【2】⑥

【3】 原子の価電子数は，貴ガスを除く典型金属元素の場合は族の番号の1の位と同じである（貴ガスの価電子数は0）。

下の周期表の元素記号の右肩に価電子数を示している。これに解答群の元素を照らし合わせると，価電子の数の和が8である元素の組み合わせはBeとSeだけであることがわかる。

答【3】⑧

【4】 組成式では，構成する原子を化合物全体が電気的に中性になるように最も簡単な整数比で比率を決める。周期表では，価電子数が0である貴ガスのとなり（前後）の原子番号のイオンは同じ電子配置をもつ。例えばFは1価の陰イオン（F^-）になり，Naは1価の陽イオン（Na^+），Oは2価の陰イオン（O^{2-}），Mgは2価の陽イオン（Mg^{2+}）となるので，電子配置がNeと同じものは，O^{2-}，F^-，Na^+，Mg^{2+}，Al^{3+}である。提示されている化合物の中では，Al_2O_3，NaF，MgOの3つがNeと同じ陽イオンと陰イオンの電子配置をもっていることになる。

答【4】③

	1	2	3	4	5	6	7	8	9	10	11	12	13	14	15	16	17	18
1	H 1																	He 0
2	Li 1	Be 2											B 3	C 4	N 5	O 6	F 7	Ne 0
3	Na 1	Mg 2											Al 3	Si 4	P 5	S 6	Cl 7	Ar 0
4	K 1	Ca 2	Sc 2	Ti 2	V 2	Cr 1	Mn 2	Fe 2	Co 2	Ni 2	Cu 1	Zn 2	Ga 3	Ge 4	As 5	Se 6	Br 7	Kr 0
5	Rb 1	Sr 2	Y 2	Zr 2	Nb 1	Mo 1	Tc 2	Ru 1	Rh 1	Pd 0	Ag 1	Cd 2	In 3	Sn 4	Sb 5	Te 6	I 7	Xe 0
6	Cs 1	Ba 2	Ln	Hf 2	Ta 2	W 2	Re 2	Os 2	Ir 2	Pt 1	Au 1	Hg 2	Tl 3	Pb 4	Bi 5	Po 6	At 7	Rn 0

図1　周期表（一部）の元素の価電子数

【5】 昇華性とは，物質が液体を経由せずに固体から気体に変わる（相転移する）性質のこと，また，その逆に気体から固体に変わる性質のことを凝華という。分子間力で結びついている分子結晶には昇華性をもつものがある。代表的な分子結晶として，ヨウ素，ドライアイス，ナフタレンなどがある。選択肢のヨウ素（I_2）とドライアイス（CO_2）が分子結晶であり，昇華性がある。

答【5】①

【6】 無極性分子とは，極性が分子内で打ち消しあって極性がない分子のことをいう。電気的な偏りは，原子の電気陰性度に差がある場合に生じるので，同じ原子２つが結合した分子は無極性分子になる。(c)のH_2Oと(f)のNH_3は極性分子だから除外して，共有電子対と非共有電子対の数が等しいのはどれかということになる。これは電子式にしてみると簡単にわかる。(a)～(f)の分子の電子式は次のとおりだ。

(a) N_2 :N⋮⋮N:　(b) H_2 H:H

(c) H_2O H:Ö:H（O の下にも非共有電子対）　(d) Cl_2 :C̈l:C̈l:（Cl の下にも非共有電子対）

(e) CO_2 :Ö::C::Ö:　(f) NH_3 H:N̈:H（N の下に :H）

電子式に見るように，無極性分子であって共有電子対と非共有電子対の数が等しいのはCO_2である。

答【6】⑤

【7】 単結合，共有結合，三重結合，付加重合，縮合重合の知識が問われている。(a)のNH_4Clについての記述に「すべて共有結合である」とあるが，NH_4^+は配位結合をもち，Cl^-とイオン結合を形成できるので，この記述が間違いである。

答【7】①

2 物質の変化

【8】 標準状態での気体1molの体積は22.4Lなので，5.6Lの気体の質量が8.0gとすると，

$$\frac{8.0}{5.6}\times 22.4 = 32$$

となる。この分子量に合致するものを解答群から探すと，O_2だけである。

答【8】⑤

【9】 水酸化ナトリウム水溶液の密度はd〔g/mL〕ということなので，水酸化ナトリウムの質量は，$100d\times\frac{A}{100}=Ad$である。NaOHの式量は40とあるので，$Ad$を40で割れば水酸化ナトリウムの物質量がわかる。

つまり$\frac{Ad}{40}$〔mol〕が答になる。

答【9】②

【10】 炭素粉と硫黄粉の質量をx〔g〕として式を立てると，$\frac{x}{12}\times 44+\frac{x}{32}\times 64=1.7$となる。これを解けば，$x=0.30$〔g〕とわかる。

答【10】③

【11】 標準状態の気体1molの体積は22.4Lなので，炭素粉の質量をCの原子量で割ったものに22.4〔L〕を掛けると二酸化炭素の体積が求まる。同じように硫黄粉の質量を原子量で割ったものに22.4〔L〕を掛けると二酸化硫黄の体積がわかる。これらの体積の和が5.6〔L〕だということなので，硫黄粉の質量をy〔g〕とすると，次のように表せる。

$$\frac{6-y}{12}\times 22.4+\frac{y}{32}\times 22.4=5.6\text{〔L〕}$$

計算すると$y=4.8$〔g〕と求まる。すなわち，反応前の硫黄粉の質量は4.8gである。

答【11】⑥

【12】 混合水溶液としているが，$CaCl_2$は塩なので中和の計算では考えなくてよい。中和は，H^+の物質量〔mol〕とOH^-の物質量〔mol〕が等しくなることをいう。例えばc〔mol/L〕のn価の酸の水溶液v〔mL〕と，c'〔mol/L〕のn'価の塩基の水溶液v'〔mL〕とが中和するのは，次のような式が成り立つときである。

$$c\times\frac{v}{1000}\times n=c'\times\frac{v'}{1000}\times n'$$

よって，$Ca(OH)_2$の質量をx〔g〕とすると，次の式が立てられる。

$$2 \times \frac{x}{74} = 1 \times 1.0 \times \frac{100}{1000}$$

$x = 3.7$〔g〕

混合水溶液10〔g〕中に $Ca(OH)_2$ が3.7〔g〕含まれるということなので，$Ca(OH)_2$ の質量パーセント濃度は $\frac{3.7}{10} \times 100$ で37〔%〕と求まる。

答【12】④

【13】 中和滴定に関する問題。中和滴定において中和点を色で判断するためにpHによって色が変わる指示薬を用いる。フェノールフタレインとメチルオレンジは指示薬の代表的なものである。

フェノールフタレインの変色域は，pH＝約8.0～9.8で，pHが酸性側だと無色，塩基性側だと赤色を示す。

メチルオレンジの変色域は，pH＝約3.1～4.4であり，pHが酸性側だと赤色，塩基性側だと黄色になる。

$NaHCO_3$ と NaCl の混合水溶液は塩基性なので，指示薬はフェノールフタレイン，水溶液の色は赤色から無色に変わる。NaCl と CO_2 の水溶液は酸性なので，指示薬はメチルオレンジ，水溶液の色は黄色から赤色に変わる。

答【13】②

【14】 MnO_4^-（過マンガン酸イオン）は，水溶液の液性が酸性の場合に強力な酸化剤として作用し，反応後は Mn^{2+} に変化する。液性が中性から塩基性の場合は MnO_2 の沈殿が生じる。

問題では塩基性溶液中の反応なので，

$$MnO_4^- + 2H_2O + 3e^- \longrightarrow MnO_2 + 4OH^-$$

という変化が起きることになる。したがって，係数 b は3，係数 a は2となる。酸化数の変化で見ると，Mnの酸化数が＋7から＋4に変化するので，$b = 3$，電荷の総和は等しいことから，$(-1) + (-3) = -2a$ で $a = 2$ と求まる。

なお，この液性が酸性の場合なら，

$$MnO_4^- + 8H^+ + 5e^- \longrightarrow Mn^{2+} + 4H_2O$$

という反応が起きることになる。水溶液の液性による違いに注意が必要だ。

答【14】③

3 物質の状態

【15】 気体の状態方程式は次の式で表される。

$$PV = nRT$$

ある気体のモル質量を M〔g/mol〕とすると，その気体 w〔g〕の物質量 n は $n = \frac{w}{M}$〔mol〕なので，状態方程式は $PV = \frac{w}{M}RT$ となる。これを変形すれば，$P = \frac{wRT}{V} \times \frac{1}{M}$ であり，問題では酸素とメタンは同じ温度で体積と質量が等しいという前提なので，$\frac{wRT}{V}$ は一定の値ということになる。そこで $\frac{wRT}{V}$ を K とおくと，$p = K \times \frac{1}{M}$ と書ける。この M はモル質量だが，分子量（こちらに単位はない）と同じ値である。酸素の圧力である $p_{酸素}$ は $K \times \frac{1}{32}$，メタンの圧力である $p_{メタン}$ は $K \times \frac{1}{16}$ となるので，$\frac{p_{酸素}}{p_{メタン}} = \frac{K \times \frac{1}{32}}{K \times \frac{1}{16}} = 0.50$ と計算できる。

答【15】③

【16】 上に示した $PV = \frac{w}{M}RT$ を変形して $T = \frac{pV}{wR} \times M$ として考えると，酸素とメタンの体積と質量が等しいという条件なので，$\frac{pV}{wR}$ は一定の値ということになる。そこで $\frac{pV}{wR}$ を K' とおくと，$T = K' \times M$ と書ける。酸素の温度である $T_{酸素}$ は $K' \times 32$，メタンの温度である $T_{メタン}$ は $K' \times 16$ なので，

$$\frac{T_{酸素}}{T_{メタン}} = \frac{K \times 32}{K \times 16} = 2.0$$

と計算できる。

答【16】⑥

【17】 密閉容器中の蒸気圧のふるまいに関する問題。密閉容器中の液体がすべて気体になると仮定したときの圧力が，その温度のときの飽和蒸気圧に達すると，蒸気は過飽和となって凝縮する。

問題では8.3Lの容積の容器にネオンとベンゼンがそれぞれ0.10mol入っていて，温度は27℃という前提があるので，問題ページのベンゼンの蒸気圧曲線の図を見ると，27℃のときのベンゼンの飽和蒸気圧は1.4×10^4Paであることが読み取れる。そこで27℃でのベンゼンの分圧が1.4×10^4Paであるとして，気体の状態方程式$PV=nRT$にあてはめると，

$$n=\frac{pV}{RT}$$，すなわち，

$$n=\frac{1.4\times10^4\times8.3}{8.3\times10^3\times300}\fallingdotseq0.047〔\mathrm{mol}〕$$

となる（27℃は絶対温度で300K）。

容器に入れたベンゼンの物質量は0.10molであり，0.047molはこれよりも少ないので，0.047molののベンゼンが気体になっていることになる。

答【17】①

【18】【17】と同様に，ベンゼンの飽和蒸気圧曲線の図を参照して，77℃のときの飽和蒸気圧が9.1×10^4Paであることを確認しておく。77℃でベンゼンがすべて気体になっているとすると，ベンゼンの分圧は次のように示せる。

$$1.0\times10^5\times\frac{0.10}{0.10+0.10}=5.0\times10^4〔\mathrm{Pa}〕$$

この値は77℃のときの飽和蒸気圧（9.1×10^4Pa）に比べて小さいので，77℃ではベンゼンがすべて気体になっていることになる。

これを一定の圧力のもとで冷却していくのだからベンゼンの分圧は5.0×10^4Paのままである。ベンゼンの飽和蒸気圧曲線の図の5.0×10^4Paの縦軸目盛りをたどり，蒸気圧曲線と交わるところの横軸目盛り（温度）を読めば，それが液滴が生じ始める温度ということになる。解答群のなかで最も近い値は60℃であり，これが答となる。

答【18】④

【19】 27℃のときのベンゼンの分圧が1.4×10^4Paなので，ネオンの分圧は，

$$1.0\times10^5-1.4\times10^4=8.6\times10^4〔\mathrm{Pa}〕$$

とわかる。分圧の比と物質量の比（モル比）は一致するので，1.4×10^4〔Pa〕を8.6×10^4〔Pa〕で割り，最初に入れた物質量はどちらも0.10molなので，さらに0.10を掛ければ気体のベンゼンの物質量が計算できる。気体のベンゼンの物質量をxとすれば，

$$x=\frac{1.4\times10^4}{8.6\times10^4}\times0.10$$

このxに最も近い解答群の数字は0.016となる。

答【19】②

【20】 硝酸カリウムが温度60℃で水100gに110g溶けるという条件が述べられている。つまり100gの水に硝酸カリウムが溶けた状態でいられるのは110gだけで，溶けていられない硝酸カリウムが析出する。

160gから110gを引けば，析出した硝酸カリウムの質量が得られる。

つまり，160－110＝50〔g〕となる。

答【20】④

【21】 硝酸カリウムの飽和水溶液とあるので，水100gに対して硝酸カリウムが110g溶けている。

析出する硝酸カリウムの質量は，$\frac{110}{100}\times20=22$〔g〕。

答【21】④

【22】 凝固点降下と溶質の分子量の関係を問う問題。凝固点とは固体と液体が共存する温度のことで，純溶媒と比較して溶液の凝固点が低くなる現象を凝固点降下という（逆に溶液の沸点が高くなる現象が沸点上昇）。凝固点降下度は溶液の質量モル濃度＝$\frac{\text{溶質の物質量〔mol〕}}{\text{溶媒の質量〔kg〕}}$に比例するので，凝固点降下度を$\Delta t$〔K〕，質量モル濃度を$m$〔mol/kg〕，比例定数を$k_f$〔K・kg/mol〕とおくと，$\Delta t=k_f m$と示される。

水100gにグルコースを4.50g溶かした水溶液

の凝固点降下度は0.465K なので，次のように示せる。

$$0.465 = k_f \times \frac{4.50}{180} \times \frac{1000}{100} \quad \cdots\cdots(1)$$

一方の非電解質のモル質量を算出するために，同様の式を立てる。非電解質のモル質量を M とすれば，次のようになる。

$$0.930 = k_f \times \frac{3.00}{M} \times \frac{1000}{100} \quad \cdots\cdots(2)$$

(1)式÷(2)式により，

$$\frac{0.465}{0.930} = \frac{\frac{4.50}{180}}{\frac{3.00}{M}}$$

これで M を計算すると，$M=60$〔g/mol〕が導ける。

答【22】①

4 物質の変化と平衡

【23】 酸化反応とは対象物質が電子を失うことをいう。各電極でそのような反応が生じるかどうかを考えてみる。各電極の反応は次のようになる。

電極 A（陰極） $Cu^{2+} + 2e^- \longrightarrow Cu$
電極 B（陽極） $Cu \longrightarrow Cu^{2+} + 2e^-$
電極 C（正極） $PbO_2 + 4H^+ + SO_4^{2-} + 2e^-$
$\longrightarrow PbSO_4 + 2H_2O$
電極 D（負極） $Pb + SO_4^{2-}$
$\longrightarrow PbSO_4 + 2e^-$

これらから，電極の物質で電子を失っているのは電極Bと電極Dであることがわかる。酸化反応が生じる電極はBとDである。

答【23】⑥

【24】 【23】のイオン反応式から，質量が減っているのは，$Cu \longrightarrow Cu^{2+} + 2e^-$ の反応が生じる電極Bだけである。他の電極はすべて質量が増えている。

答【24】②

【25】 【23】の電極Bの質量の減少量は，イオン反応式の係数比から算出できる。

$Cu \longrightarrow Cu^{2+} + 2e^-$
(1mol)　　　(2mol)

電子2mol が流れると，Cu が1mol 減少するということなので，問題文にあるように流れた電子の物質量が 2.00×10^{-2}〔mol〕である場合，原子量が63.5である Cu の質量の減少量は次のように計算できる。

$$\frac{2.00 \times 10^{-2} \times 63.5}{2} = 0.635〔g〕$$

答【25】③

【26】 化学平衡の法則（質量作用の法則）では，$aA + bB \rightleftarrows cC + dD$（$a,b,c,d$ は係数）で表される可逆反応が温度が一定のとき平衡状態にある場合，生成物の濃度の積と反応物の濃度の積の比は一定であり，次の式で示される。

$$\frac{[C]^c[D]^d}{[A]^a[B]^b} = \frac{k_1}{k_2} = K$$

（k_1，k_2は反応速度定数，K は平衡定数）

K の値が大きいほど，平衡状態での生成物の濃度が反応物の濃度に比べて大きい。これを問題文の条件に当てはめていく。

まず，H_2，I_2，2HI のそれぞれの物質量が反応前からどのように変化しているかを考える。

	H_2	I_2 $\rightleftarrows$	2HI
反応前	2.00mol	2.00mol	0mol
変化量	−1.60mol	−1.60mol	+3.20mol
平衡時	0.40mol	0.40mol	3.20mol

容器の容積を V とすると，

$$\frac{[HI]^2}{[H_2][I_2]} = \frac{\left(\frac{3.2}{V}\right)^2}{\left(\frac{0.40}{V}\right)^2} = 64$$

となるので，$K=64$とわかる。

答【26】④

【27】 【26】の状態からピストンを動かして容器の容積が2倍となったときのヨウ化水素 HI の物質量を計算する。H_2の反応量を x〔mol〕として，物質量の変化を考える。

	H_2	I_2 ⇄	2HI
反応前	2.00mol	2.00mol	0mol
変化量	$-x$〔mol〕	$-x$〔mol〕	$+2x$〔mol〕
平衡時	$(2.00-x)$〔mol〕	$(2.00-x)$〔mol〕	$2x$〔mol〕

【26】 と同様に平衡定数Kを求めると次のようになる。

$$K=\frac{\left(\frac{2x}{2V}\right)^2}{\left(\frac{2.00-x}{2V}\right)^2}=64$$

この式を変形していくと,

$60x^2-256x+256=0$

$15x^2-64x+64=0$

$15x^2-24x-40x+64=0$

$3x(5x-8)-8(5x-8)=0$

$(3x-8)(5x-8)=0$

別々の式に分解して,

$3x-8=0 \quad 5x-8=0$

$x=\frac{8}{3},\ \frac{8}{5}$

xは2.00〔mol〕よりも少ないはずなので, $x=\frac{8}{5}$ $=1.6$〔mol〕となる。

したがって, ピストンを動かし容積を2倍にして放置したときのHIの物質量は$1.6\times2=3.2$〔mol〕である。

答**【27】**⑤

【28】 酢酸のような弱酸は水に溶かしても一部しか電離せず, 電離したイオンと未電離の分子との間で電離平衡が成り立つ。その平衡定数が電離定数(K_a)である。pK_aは酸解離定数で, 問題文にあるように$pK_a=-\log_{10}K_a$である。また, $[H^+]=\sqrt{CK_a}$ (Cはモル濃度)であると示されているので, これに代入すると$[H^+]=\sqrt{C\times10^{-pK_a}}$であることがわかる。

答**【28】**①

【29】 pHは水素イオン指数のことで, 水素イオン濃度の逆数の対数で表される数値である。$pK_a=-\log_{10}K_a$, 変形すると, $-pK_a=\log_{10}K_a$, $10^{-pK_a}=K_a$であり, その値は4.56であると示されているので, 次のように考えればよい。

$$\begin{aligned}pH&=-\log_{10}[H^+]\\&=-\log_{10}\sqrt{C\times10^{-pK_a}}\\&=-\log_{10}\sqrt{0.10\times10^{-4.56}}\\&=-\frac{1}{2}\log_{10}10^{-5.56}\\&=-\frac{1}{2}\times(-5.56)\\&=2.78\end{aligned}$$

解答群でこの値に最も近いのは2.8となる。

答**【29】**③

5 無機物質

【30】 二酸化硫黄(SO_2)は, 無色の, 水溶性の気体で, 刺激臭がある。硫化水素(H_2S)は, 無色の, 水に溶けやすい気体で, 腐敗した卵に似た強い腐卵臭がある。問題文の記述で誤りを含むものは(a)となる。

答**【30】**①

【31】 ハロゲンとは, 周期表の17族に属するフッ素(F), 塩素(Cl), 臭素(Br), ヨウ素(I), アスタチン(At)のことを指す。

フッ化水素酸(フッ酸)はガラスも溶かすような危険な物質であるが, 水溶液中では他の酸と同じように解離する。他のハロゲン化水素酸は強酸となるのだが, フッ化水素酸は水素結合により電離度が小さく弱酸となる。

他の記述は正しいので, フッ化水素酸が強酸であるとする(e)が誤りを含むものとなる。

答**【31】**⑤

【32】 リン(P)の同素体に赤リンと黄リンがあるが, 黄リンは猛毒で, 空気中で自然発火するので水中で保管される。十酸化四リンP_4O_{10}は高い吸湿性があり, 強力な乾燥剤として用いられる。

答**【32】**④

【33】【34】【35】【36】 金属イオンの系統分離に関する問題。6種のイオンが含まれた水溶液に7つの操作を加えて沈殿物を生じさせていく。

《操作Ⅰ》

希塩酸(HCl)を加える。Cl^-と反応するのはAg^+で，AgClの白色沈殿が生じる。

その他のイオンはろ液aに含まれる。

《操作Ⅱ》

沈殿AのAgClに過剰のアンモニア（NH_3）水を加える。

次の反応が生じる。

$$AgCl + 2NH_3 \longrightarrow [Ag(NH_3)_2]^+ + Cl^-$$

反応後は無色の水溶液となる（**【33】**の問題のうち，水溶液アの色は無色）。

《操作Ⅲ》

ろ液aに硫化水素（H_2S）を通じる。

ろ液aにはAg^+以外の5種のイオンが含まれている。これに硫化水素（H_2S）を通じると，操作Ⅰで溶液が酸性になっているので，沈殿が生じるのはCu^{2+}となる。

これとS^{2-}が反応して，CuSの沈殿が生じる（沈殿B）。ろ液bにはFe^{2+}，Na^+，Al^{3+}，Ba^{2+}が含まれる。鉄（Ⅲ）イオンは硫化水素で還元されるため，鉄（Ⅱ）イオンになる。

《操作Ⅳ》

希硝酸（HNO_3）を加えて溶解させた後，過剰のアンモニア（NH_3）水を加える。

CuSは希硝酸で溶解してCu^{2+}となり，過剰のアンモニア水を加えると，次の反応を生じる。

$$Cu^{2+} + 4NH_3 \longrightarrow [Cu(NH_3)_4]^{2+}$$

$[Cu(NH_3)_4]^{2+}$は深青色なので，水溶液イの色は深青色となる（**【33】**の問題のうち，水溶液イの色は深青色）。

答**【33】**②

《操作Ⅴ》

ろ液bを煮沸した後，希硝酸を加え，過剰のアンモニア水を加える。

煮沸によりH_2Sが出ていく。その後，希硝酸を加えるとFe^{2+}が酸化されてFe^{3+}に変わる。次に過剰のアンモニア水を加えると水溶液は弱塩基性になり，Fe^{3+}は$Fe(OH)_3$になって沈殿する。同様にAl^{3+}も$Al(OH)_3$になって沈殿する（沈殿C）。ろ液cにはNa^+，Ba^+が含まれる。

《操作Ⅵ》

沈殿Cを塩酸（HCl）で溶解した後，過剰の水酸化ナトリウム（NaOH）水溶液を加える。

$Fe(OH)_3$と$Al(OH)_3$は塩酸によってFe^{3+}とAl^{3+}に戻る。次に過剰の水酸化ナトリウム水溶液を加えると，両性金属（酸と塩基の両方に反応する金属）でないFeは$Fe(OH)_3$となって沈殿する（沈殿D）。両性金属であるAlは$[Al(OH)_4]^-$となり，ろ液dに含まれる。

【34】は沈殿Dの色は何かという問題だ。$Fe(OH)_3$の沈殿の色は赤褐色である。

答**【34】**⑤

《操作Ⅶ》

ろ液cに対して炭酸アンモニウム（$(NH_4)_2CO_3$）水溶液を加える。

ろ液cにはNa^+とBa^{2+}が含まれている。これに炭酸アンモニウム水溶液を加えると，Ba^{2+}とCO_3^{2-}が反応して$BaCO_3$になって沈殿する（沈殿E）。Na^+は沈殿しないので，ろ液eに含まれる。

【35】ではBa^{2+}が分離した段階のことをたずねているので，沈殿Dが答になる。

答**【35】**④

【36】ではNa^+が分離した段階のことをたずねているので，ろ液eが答となる。

答**【36】**⑥

化　学　　正解と配点

（60分，100点満点）

問題番号		正　解	配　点
1	【1】	④	2
	【2】	⑥	3
	【3】	⑧	3
	【4】	③	3
	【5】	①	3
	【6】	⑤	3
	【7】	①	3
2	【8】	⑤	2
	【9】	②	3
	【10】	③	3
	【11】	⑥	3
	【12】	④	3
	【13】	②	3
	【14】	③	3
3	【15】	③	2
	【16】	⑥	2
	【17】	①	3
	【18】	④	3
	【19】	②	3
	【20】	④	2
	【21】	④	2
	【22】	①	3

問題番号		正　解	配　点
4	【23】	⑥	3
	【24】	②	3
	【25】	③	3
	【26】	④	3
	【27】	⑤	3
	【28】	①	2
	【29】	③	3
5	【30】	①	3
	【31】	⑤	3
	【32】	④	2
	【33】	②	3
	【34】	⑤	3
	【35】	④	3
	【36】	⑥	3

令和4年度　生　物　解答と解説

1　腎臓の構造とはたらき

【1】【2】　腎臓は腹腔の背側に1対あるにぎりこぶし大の器官で，片側で100万個以上の腎単位（ネフロン）が含まれ，腎動脈，腎静脈の他輸尿管とつながっている。腎臓は皮質と髄質，腎うからなる。腎小体（マルピーギ小体）と細尿管（腎細管）からなる多数のネフロン（腎単位）のはたらきによって尿がつくられる。ネフロンは腎小体（マルピーギ小体）と腎細管（細尿管）からなり，皮質には腎小体が，髄質には細尿管がU字形（ヘンレのループ）となり集合管につながる。腎小体は毛細血管が毛糸玉のようになった糸球体と，それを取り巻いて老廃物を含んだ血液がろ過されて生成される原尿を受けとるボーマンのうからなる。

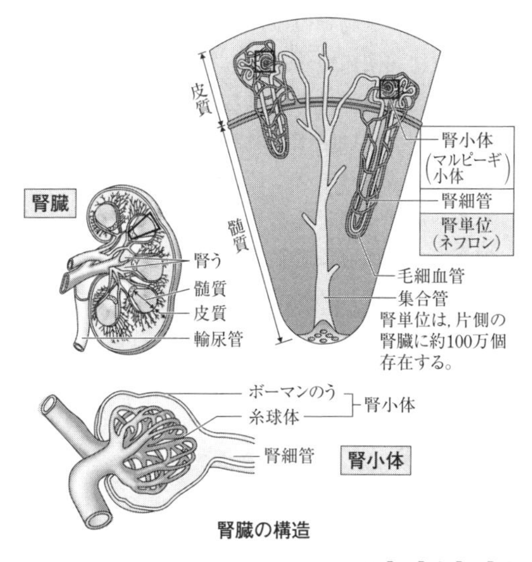

腎臓の構造

答【1】④【2】①

【3】　腎動脈から送り込まれた血液は，糸球体でろ過され，血球やタンパク質などを除く血しょう成分のほとんどがボーマンのうへこしだされて原尿となる。分子量の大きいタンパク質や負に電荷するタンパク質は，糸球体の毛細血管の血管壁を透過できずろ過されない。左右の腎臓で生成された尿は集合管から腎うへ，腎うから輸尿管をへてぼうこうへ蓄えられる。

答【3】③

【4】　問題文の色素の粒は大きく血管から出ることはない。よって黒くなる部分は糸球体と毛細血管となる。

答【4】⑦

【5】　ボーマンのうへろ過された原尿は，腎細管を通る間にグルコース，アミノ酸，無機塩類や水分など必要な成分は毛細血管内に再吸収される。グルコースは原尿にろ過されるが100％再吸収されるため正常な場合尿中の濃度は0となる。腎細管を通った原尿は集合管へ送られ，ここでさらに集合管に作用するホルモンであるバソプレシンのはたらきで水分の多くが再吸収される。バソプレシンは間脳視床下部から脳下垂体後葉に続く神経分泌細胞で合成，分泌される。バソプレシンは血管平滑筋に局在する受容体に作用し，血圧を上昇させるはたらきもある。

答【5】⑤

2　血液の循環

【6】　①動脈は静脈に比べ血管壁の筋肉が発達し，心臓から押し出される血液の高い圧力に耐えられる。血管の弁は静脈とリンパ管にあり，動脈にはない。②毛細血管のすき間から出ていくことができる血球は白血球で，赤血球は毛細血管を出ない。③血管の筋肉は平滑筋であるが，動脈の血管壁を構成する筋肉は静脈に比べると厚い。④血液の流れについては，心臓から出た血液は戻るまでに約30秒，大動脈の血液の速度は毎秒約50cm，大静脈は毎秒約25cmで動脈のほうが速い。⑤赤血球はリンパ管には入らず，リンパ液には白血球が多く含まれる。リンパ管は鎖骨下静脈に合流している。

答【6】③

【7】　ヒトの心臓は2心房2心室。心臓のはたら

きによる血液の循環は，右心房→右心室→肺循環→左心房→左心室→体循環（全身）→右心房へと戻る。毛細血管は一層の内皮のみからなる。

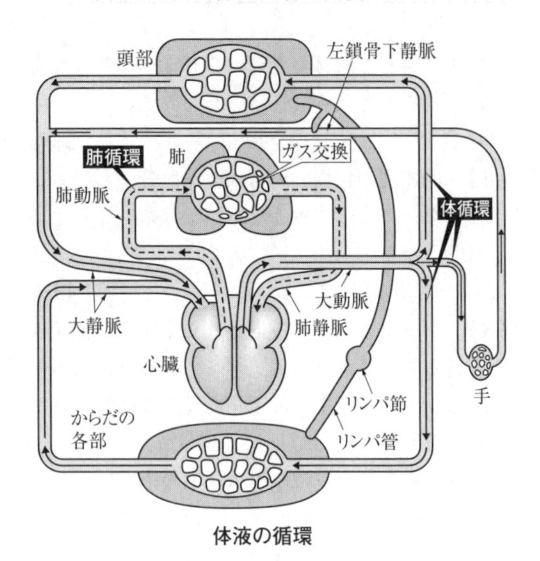

体液の循環

答【7】①

【8】 激しい運動には多量のATPが必要とされる。そのため細胞呼吸が活発に行われる（呼吸促進）と，呼吸基質が分解され細胞内に生じた二酸化炭素は，血しょう中に溶け込み，その大部分が赤血球に入り炭酸（H_2CO_3）になる。炭酸は炭酸水素イオン（HCO_3^-）と水素イオン（H^+）に解離したのち，HCO_3^-は血しょうに出て炭酸水素ナトリウム（$NaHCO_3$）となり，H^+はヘモグロビンと結合して肺までもどる。肺胞では逆の反応を経て，二酸化炭素は気体となって放出される。血液中の二酸化炭素濃度が高まると，延髄がそれを感知して交感神経をはたらかせ，心臓の拍動を促進させる。心臓の拍動は，右心房にあるペースメーカーが起点となり，ここで生じた興奮が左右の心房と心室を規則的に収縮させることによって起こる。この興奮の伝達経路を刺激伝導系と呼ぶ。心臓の拍動の促進・抑制は延髄によって調節される。

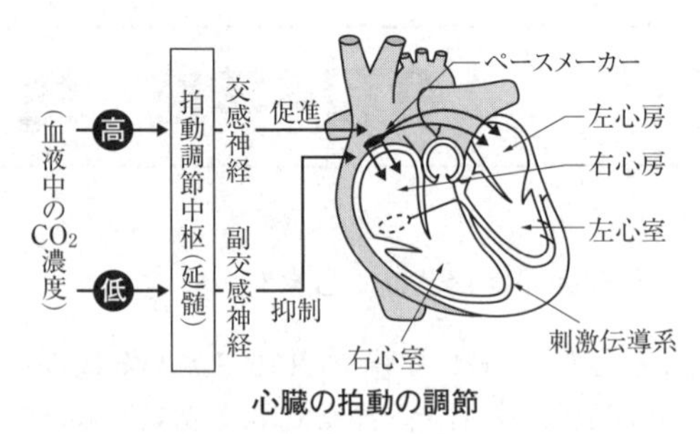

心臓の拍動の調節

答【8】⑤

【9】 尿の生成過程において，血液中の老廃物である尿素は腎動脈から腎静脈に流れる際に最も多く除かれることになる。尿素の濃度が最も低いのは腎臓を出る血液である（腎静脈）。グルコース，アミノ酸などの栄養分は小腸の毛細血管へと吸収され，肝門脈によって肝臓へ運ばれる。※肝臓を出る時に血糖量は調整される（0.1％の血糖となる）。

答【9】⑥

【10】 血管名は心臓から流れ出る血液を組織へ送る血管が動脈，心臓に戻る血液を送る血管は静脈，セキツイ動物の血管系は動脈と静脈を毛細血管で結ぶ閉鎖血管系である。酸素を多く含んだ鮮紅色の血液は動脈血と呼ばれ，含まれる酸素の量が少ない暗赤色の血液は静脈血と呼ばれる。赤血球のヘモグロビンは酸素と結合すると酸素ヘモグロビンとなり，酸素ヘモグロビンの割合の多い血液は動脈血となる。静脈血で間違いやすいのは，肺循環（肺動脈の血液）で，肺以外の組織を経て心臓に戻る血管の静脈の血液はすべて静脈血である。

答【10】②

3 免疫

【11】 免疫には，骨髄，胸腺，ひ臓，リンパ節，消化管などの器官が関与する。NK細胞は自然免疫にはたらく細胞でウイルスに感染した細胞やがん細胞を攻撃する。キラーT細胞も抗原と型の合うものが選ばれるが，B細胞の分裂，形質細胞への分化を促進するのはヘルパーT細胞である。

免疫にかかわる細胞

好中球	白血球中で最も多数存在する。食作用を行う。
樹状細胞	食作用によって取り込んだ抗原の情報をヘルパーT細胞に提示する。
マクロファージ	食作用を行い，体内に侵入した異物を排除する。
リンパ球	細胞質が少なく，大きな核をもつ。
T細胞	胸腺で分化し，獲得免疫ではたらく。
ヘルパーT細胞	B細胞や自然免疫細胞を活性化する。
キラーT細胞	感染細胞などを直接攻撃して破壊する。
B細胞	抗体を産生する。骨髄で分化し，獲得免疫ではたらく。
ナチュラルキラー(NK)細胞	自然免疫ではたらき，感染細胞などを単独で攻撃して排除する。

答【11】④

【12】　B細胞，T細胞は共に骨髄の造血幹細胞に由来する。B細胞は骨髄で分化するのに対して，T細胞は胸腺で分化する。B細胞のBは骨髄(Bone marrow)の頭文字，T細胞のTは胸腺(Thymus)の頭文字。

答【12】②

【13】　B細胞，T細胞ともに記憶細胞が存在する。B細胞では，同じ抗原が再び侵入してきたときには，記憶細胞は速やかに増殖し，一度目より迅速に，そして多量に抗体を産生する(二次応答)。

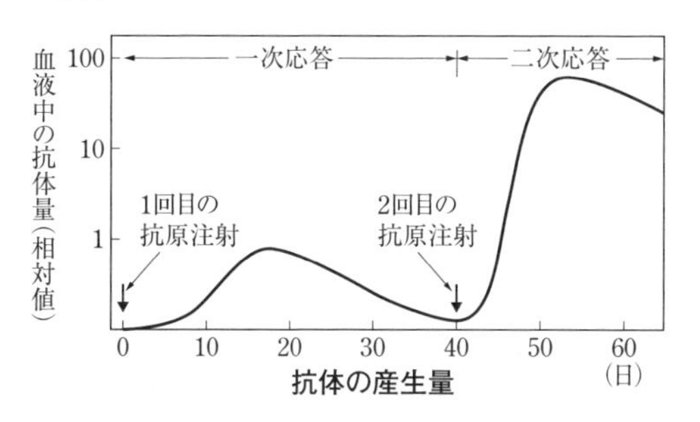

抗体の産生量

答【13】①

【14】【15】　本問の実験の手法はオクタロニー法(寒天内二重拡散法)と呼ばれるものである。抗原と抗体が寒天内を拡散し，出合ったところで抗原抗体複合物からなる沈降線が形成される。ウサギの体内にウシ(他種)の血清アルブミン(BSA)を注射することで，ウサギの免疫反応である抗体産生が起こる。ウサギから採血した血清にはBSAに対する抗体が含まれる。Ⓐは BSA 溶液(抗原)，Ⓑにはウシ血清(血清アルブミンを含む)，Ⓒは抗血清，Ⓓは非免疫血清の条件。血液Ⓑにもウシ血清アルブミンが含まれているので，ⓒのほかⓑにも沈降線が形成される。

また，生まれつき抗体を持っているとすれば，ⓓに沈降線が形成されることになる。また，抗体が自分自身の血清アルブミンと反応するのであれば，ⓔに沈降線が形成されることになる。

抗体は，免疫グロブリンと呼ばれるY字形のタンパク質でできており，B細胞によってつくられる。抗体は抗原と特異的に結合し，抗原抗体複合体を形成するがこの反応は抗原抗体反応と呼ばれる。

個々の抗体は，それぞれ特定の抗原にしか結合できないが，抗体全体では膨大な種類(10^9～10^{10})の抗体がつくられる。抗原は可変部と特異的に結合する。

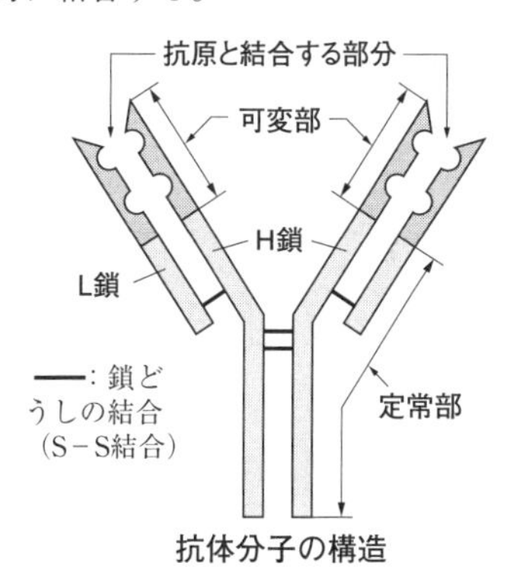

抗体分子の構造

答【14】⑦【15】⑧

4　発生

【16】　フォークトの予定胚域図は，動物極側は外胚葉で，アは予定神経域で神経板から神経管へと分化していく。植物極側のウが内胚葉で，腸管や消化管に分化する。

答【16】⑥

【17】【18】　原口背唇部は予定神経域を裏打ちする形で，中胚葉となり神経誘導を起こす。また原口背唇部は，図のイの予定脊索部付近である。

答【17】②【18】⑤

【19】 イモリでは，原口の反対側に口ができる(後口動物)。神経版，神経管がつくられる側が背側となる。背中A，腹部C，頭部D，肛門（尾部）B。

答【19】⑧

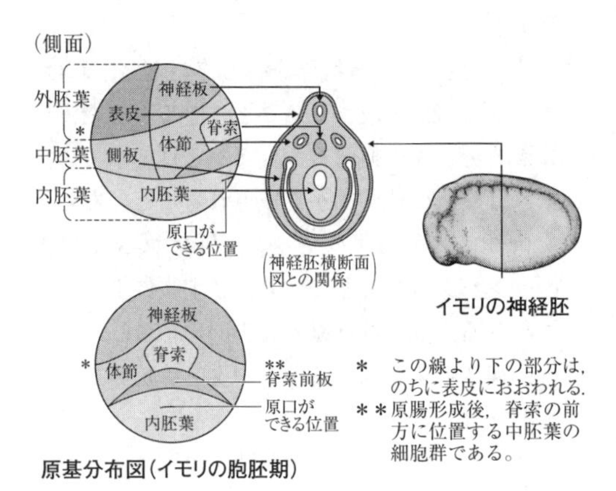

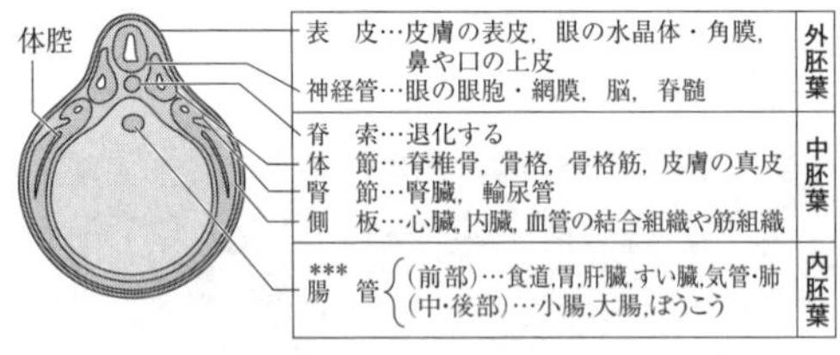

***胃や小腸などには,中胚葉に由来する筋肉などの組織も含まれる。

【20】 水晶体は表皮が肥厚，陥入，透明化することによって形成される。水晶体は形成体として，表皮を角膜に誘導する。角膜も色素を失い透明

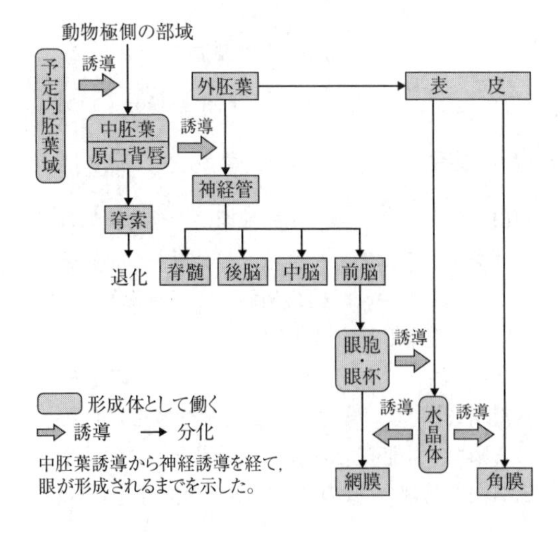

になる。水晶体は外胚葉由来で角膜を誘導。

答【20】①

5 呼吸

【21】 呼吸の過程は，解糖系，クエン酸回路，電子伝達系の３段階で進む。第一段階の解糖系は発酵と共通の過程で，脱水素酵素による脱水素反応が進行しグルコース１分子につきATPを２分子生成する。解糖系の反応式は次のとおり。

$C_6H_{12}O_6 + 2NAD^+ \longrightarrow 2C_3H_4O_3$（ピルビン酸）$+ 2NADH + 2H^+ +$ エネルギー（2ATP）

第二段階（クエン酸回路）において，ピルビン酸はC_2化合物（活性酢酸）を経て回路反応の反応物としてクエン酸合成反応へと進む。クエン酸はさらに脱水素と脱炭酸反応により段階的に分解される。

これらの反応過程でピルビン酸は完全に分解され，二酸化炭素とH^+やe^-を生じることになる。H^+とe^-は，電子受容体であるNAD^+やFADに受け渡され，$NADH$や$FADH_2$となる。このクエン酸回路では放出されたエネルギーを用いて，グルコース１分子につきATPが２分子合成される。クエン酸回路の反応は次のように表される。

$2C_3H_4O_3 + 6H_2O + 8NAD^+ + 2FAD \longrightarrow$
$6CO_2 + 8NADH + 8H^+ + 2FADH_2 +$
エネルギー（2ATP）

第三段階（電子伝達系）では解糖系とクエン酸回路で生じた$NADH$や$FADH_2$はミトコンドリア内膜にある電子伝達系に運ばれる。電子伝達系では，$NADH$と$FADH_2$などからH^+とe^-が放出され，e^-は内膜にあるシトクロム系を次々に伝達される。このe^-の移動に伴ってマトリックスのH^+が内膜と外膜の間に輸送される。このH^+は，内膜にあるATP合成酵素を通ってマトリックスに拡散する。

このとき，グルコース１分子当たり最大34分子のATPを合成する。最終段階でe^-は酸素に受け渡され水ができる。電子伝達系を通じて蓄積されたエネルギーでATPを合成する反応を酸化的リン酸化という。

$10NADH + 10H^+ + 2FADH_2 + 6O_2 \longrightarrow$

$12H_2O + 10NAD^+ + 2FAD +$ エネルギー

(最大34ATP)

1分子の NAD^+ から1分子のNADHができるので $d=8$ である。1分子のFADから1分子の $FADH_2$ ができるので，$c=2$ である。

$2C_3H_4O_3 + bH_2O + 8NAD^+ + 2FAD \longrightarrow$

$6CO_2 + 8NADH + 8H^+ + 2FADH_2 + 2ATP$

酸素原子の数の和が反応式の左右で等しいことから，$2 \times 3 + b \times 1 = 6 \times 2$

したがって $b=6$ となる。

答【21】③

【22】 解糖系の最終産物はピルビン酸である。クエン酸回路で最初につくられる有機酸はクエン酸，最後につくられるのはオキサロ酢酸である(オキサロ酢酸と活性酢酸よりクエン酸生成)。

答【22】⑤

【23】 電子伝達系では，解糖系やクエン酸回路でつくられたNADHと $FADH_2$ が電子と水素イオンを放出する。水素（H^+）が酸素と結合して水となる。

答【23】④

【24】 反応ⅠのATPのでき方は基質レベルのリン酸化と呼ばれる。反応ⅢのATPのでき方は酸化的リン酸化と呼ばれ，多量のATPがつくられる。1分子のグルコースを呼吸基質とした場合のATPについては，解糖系では2分子，クエン酸回路2分子，電子伝達系34分子の計38分子。

答【24】②

【25】 反応Ⅰの解糖系は細胞質基質で，反応Ⅱのクエン酸回路はミトコンドリアのマトリックスで，反応Ⅲの電子伝達系はミトコンドリアの内膜で行われる。

答【25】⑥

6 アルコール発酵

キューネ発酵管は盲管部に発酵で発生した二酸化炭素が得られる。

【26】 酵母菌は酸素の存在下であってもなくても代謝を行うことができる。酸素存在下では好気呼吸によって糖を完全に分解する。酸素が不足する場合はアルコール発酵を行う。酸素が存在するときは，発酵は抑制され呼吸が盛んになり，この現象はパスツール効果と呼ばれる。

アルコール発酵は次の3つの段階反応からなる。

① $C_6H_{12}O_6 + 2NAD^+$

$\longrightarrow 2C_3H_4O_3 + 2NADH + 2H^+ + 2ATP$

② $2C_3H_4O_3$

$\longrightarrow 2CH_3CHO$(アセトアルデヒド)$+ 2CO_2$

③ $2CH_3CHO + 2NADH + 2H^+$

$\longrightarrow 2C_2H_5OH + 2NAD^+$

乳酸発酵の化学反応式は次のようになる。グルコースからの乳酸生成においては二酸化炭素は発生せず，1分子のグルコースが消費される際に生成されるATP量はアルコール発酵と同じ解糖系（2分子）のみである。

$C_6H_{12}O_6 \longrightarrow 2C_3H_6O_3 + 2ATP$

答【26】⑥

【27】 アルコール発酵では，呼吸における解糖系と同じ過程を経る。ピルビン酸から CO_2 が外れてアセトアルデヒドが生じ，アセトアルデヒドがNADHによって還元されエタノールが生成される。

答【27】④

【28】 操作Ⅰでは，アルコール発酵を起こす酵素群の活性が20℃よりも37℃（最適温度）にしたことで高まる。そのため気体の発生量は増加する。操作Ⅱでは，アルコール発酵を起こす酵素群の濃度が高まるので気体の発生量は増加する(単位時間の速度は高くなるが，最終的な二酸化炭素の発生量は変わらない)。

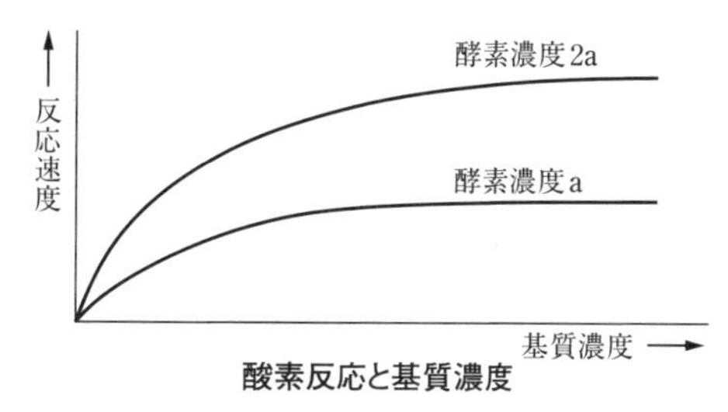

酸素反応と基質濃度

答【28】⑤

【29】 水酸化ナトリウムは二酸化炭素吸収剤とし

て実験に用いられる。

答【29】③

【30】 酸素呼吸における吸収する酸素の体積（モル）と，放出する二酸化炭素の体積（モル）は等しい。酵母が放出した77mgの二酸化炭素は，呼吸とアルコール発酵によるものである。アルコール発酵によって放出された二酸化炭素の質量を求めるためには，呼吸によって放出された二酸化炭素の質量を求めて，それを77mgから引けばよい。呼吸の化学反応式は次のようになる。

$C_6H_{12}O_6 + 6O_2 + 6H_2O$

$\longrightarrow 6CO_2 + 12H_2O$

吸収した酸素分子の質量と放出した二酸化炭素の分子の質量の比は，酸素の分子量と二酸化炭素の分子量の比に等しい。したがって放出した二酸化炭素の質量をx〔mg〕とすると，次の式が成り立つ。

$33.6 : x = 32 : 44$

$x = 46.2$〔mg〕

これを77mgから引くと

$77 - 46.2 = 30.8$〔mg〕

答【30】③

7 遺伝情報

【31】 mRNAからリボソームでのタンパク質合成は翻訳。転写はDNAの情報がmRNAに写される過程で，リソソームは内部に消化酵素を含みオートファージに関わる細胞小器官である。

答【31】⑤

【32】 図の配列はセンス鎖なので，mRNAはLの配列のTをUに変えた配列となる。読み取りは後ろからで，アはイソロイシン，イはグルタミン，ウはアラニン，エはメチオニン，オはチロシンを指定する。

答【32】③

【33】 イは1番目のCがTに変わることにより終止コドンとなる。オは3番目のCがAまたはGに変わることにより終止コドンになる。

答【33】⑦

【34】 GCの次に何がきても，指定するアミノ酸はアラニンとなる。

答【34】③

【35】 タンパク質では，アミノ酸どうしはアミノ基とカルボキシ基とのペプチド結合で，1分子の水が取れる結合でつながる。水の分子量は18なので，求めるアミノ酸の平均分子量は

$$\frac{41872 + 18 \times 374}{375} \fallingdotseq 130$$

答【35】④

8 窒素同化

【36】 亜硝酸菌はアンモニウムイオンを酸化し，硝酸菌は亜硝酸イオンを酸化する。両者ともその際に生じるエネルギーを用いて炭酸同化を行う（化学合成）。

答【36】④

【37】【38】

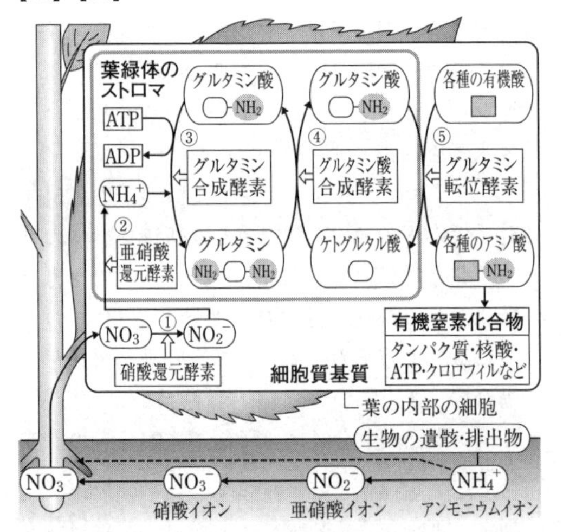

アミノ酸Xがグルタミン酸で，グルタミン酸はNH_4^+と反応することにより，グルタミンとなる。αケトグルタル酸は，呼吸の際にミトコンドリアで行われるクエン酸回路でつくられる有機酸である。

答【37】②【38】①

【39】 グルタミンはアミノ酸で，アミノ酸X（グルタミン酸）と共にアミノ基を少なくとも1つもつ。グルタミンは側鎖にアミノ基を含み，1分子がアミノ基を2つもつ。

答【39】⑥

【40】 ATPはアデニンの部分に窒素を含む有機窒素化合物である。スクロース，セルロース，デンプンは糖類であり，構成元素はC・H・Oのみである。クエン酸はピルビン酸（$C_3H_4O_3$）から，C・H・Oが取り去られたり，加わったりしてできたものであり，構成元素はC・H・Oのみである（$C_6H_8O_7$）。

答【40】④

9 日本のバイオーム

【41】 コメツガは針葉樹林を形成する種であるが，ハイマツは高山帯の低木林を形成する針葉樹である。ハイマツは地面をはうように伸びるため，その名がついた。Bは落葉広葉樹（ブナ・ナラ），Cは常緑針葉樹（コメツガ・シラビソ），高山植物はハイマツ。落葉樹のバイオームは夏緑樹林に分類されている。

答【41】①

【42】 標高2500m以上の高山帯では，低温と強風により森林は形成されない（森林限界）。Aは丘陵帯。

答【42】⑥

【43】 ミズナラとブナは夏緑樹林の代表例である。他，カエデ，トチノキなどがある。Aは照葉樹林（カシ・シイ），Bは夏緑樹林，Cは本州中部なので常緑針葉樹。

答【43】⑤

【44】 沖縄から九州南端までは亜熱帯多雨林の分布域に入り，亜熱帯に特有のアコウ，ガジュマルなどが見られる。しかし優占種はスダジイ，ウラジロガシなどの照葉樹林（常緑広葉樹）である。

答【44】④

【45】 気温は標高が100m高くなるごとに，0.5℃低くなる。温暖化で平均気温が5℃上昇するとき，それぞれのバイオームの境界は1000m上昇する。BとCの境界が1000m上昇して標高2700mになる。したがって，標高2600m付近のバイオームはBとなると考えられる。植生は気温と降水量の影響を受けて成立する。相観によって，森林，草原，高原などに分類され年間降水量と温かさの指数を含めた年平均気温によって，日本の水平分布は図のように分類される。

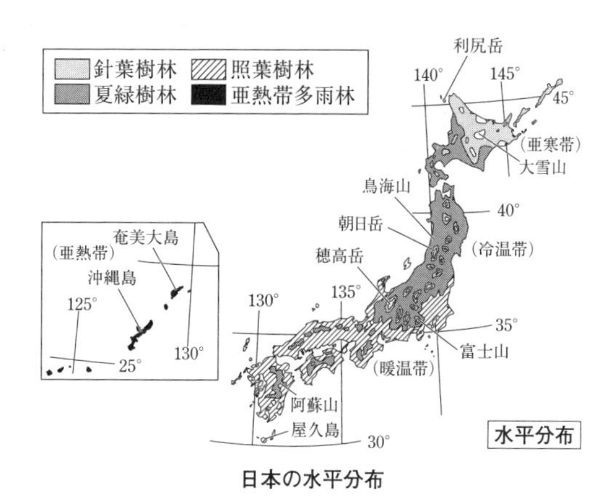

日本の水平分布

日本に見られないステップはサバンナより年平均気温が低い地域に形成される。草原で乾燥に強い木本がまばらに生えるのはサバンナである。砂漠にはサボテンやトウダイグサのように乾燥に適応した植物群集が見られる。また，チークは雨緑樹林の例として，硬葉樹林の樹種の例にはオリーブ，コルクガシ，ユーカリなどがある。

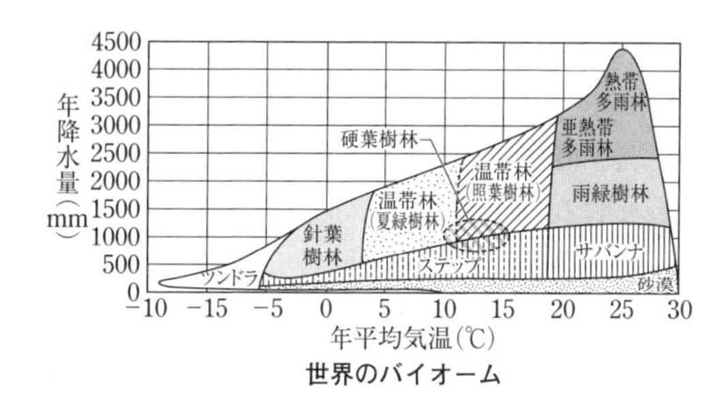

世界のバイオーム

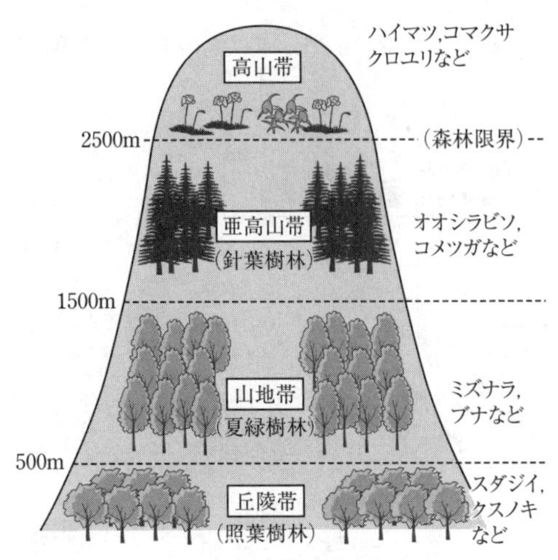

日本の本州中部の垂直分布

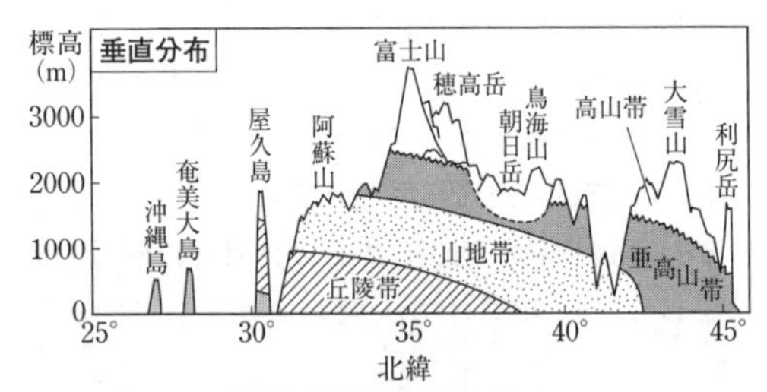

日本の本州中部の垂直分布

針葉樹林は平均気温が－5℃～4℃の地域で見られる。日本は，全体的に降水量は十分であるので，高山など一部を除いて森林が成立する。垂直分布は高い順から高山帯，亜高山帯，山地帯，丘陵帯となる。標高2500m以上の高山帯は，森林限界を超え高山植物のお花畑のほかに低木のハイマツなどが見られる。高緯度地方では，年平均気温が低くなるため分布域の境界線は低くなる。

答【45】②

生　物　　正解と配点

（60分，100点満点）

問題番号		正　解	配　点
1	【1】	④	2
	【2】	①	2
	【3】	③	2
	【4】	⑦	3
	【5】	⑤	2
2	【6】	③	2
	【7】	①	2
	【8】	⑤	2
	【9】	⑥	3
	【10】	②	2
3	【11】	④	2
	【12】	②	2
	【13】	①	2
	【14】	⑦	2
	【15】	⑧	3
4	【16】	⑥	2
	【17】	②	2
	【18】	⑤	2
	【19】	⑧	3
	【20】	①	2
5	【21】	③	3
	【22】	⑤	3
	【23】	④	2
	【24】	②	2
	【25】	⑥	2

問題番号		正　解	配　点
6	【26】	⑥	2
	【27】	④	2
	【28】	⑤	2
	【29】	③	2
	【30】	③	3
7	【31】	⑤	2
	【32】	③	2
	【33】	⑦	3
	【34】	③	2
	【35】	④	2
8	【36】	④	3
	【37】	②	2
	【38】	①	2
	【39】	⑥	2
	【40】	④	2
9	【41】	①	3
	【42】	⑥	2
	【43】	⑤	2
	【44】	④	2
	【45】	②	2

令和5年度

基礎学力到達度テスト
問題と詳解

令和5年度　物　理

Ⅰ　**次の文章⑴～⑸の空欄【１】～【５】にあてはまる最も適当なものを，解答群から選べ。ただし，同じものを何度選んでもよい。**

⑴　一直線上をある初速度で運動していた物体が，一定の加速度で減速して静止した。物体の速さ y と物体が減速を始めてからの経過時間 x の関係を表すグラフは【１】である。

⑵　一直線上で，一定の大きさの力を加えて力の向きに物体を移動させたとき，この力が物体にした仕事 y と移動距離 x の関係を表すグラフは【２】である。

⑶　真空中に正の点電荷A，点電荷Aから距離 x の点に正の点電荷Bがある。点電荷Bのもつ静電気力による位置エネルギー y と距離 x の関係は【３】である。ただし，静電気力による位置エネルギーの基準を無限遠とする。

【１】～【３】の解答群

①

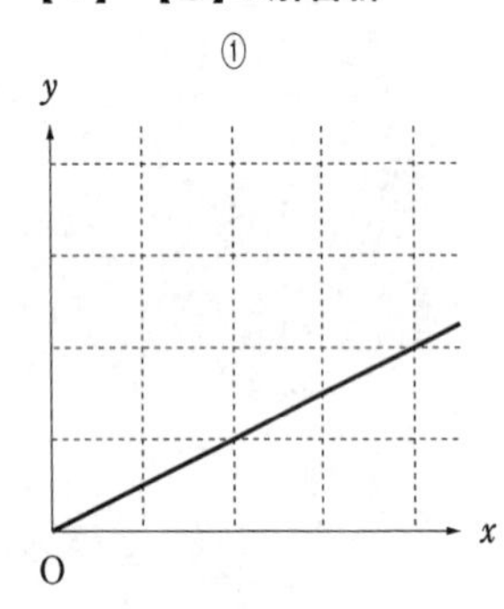

②

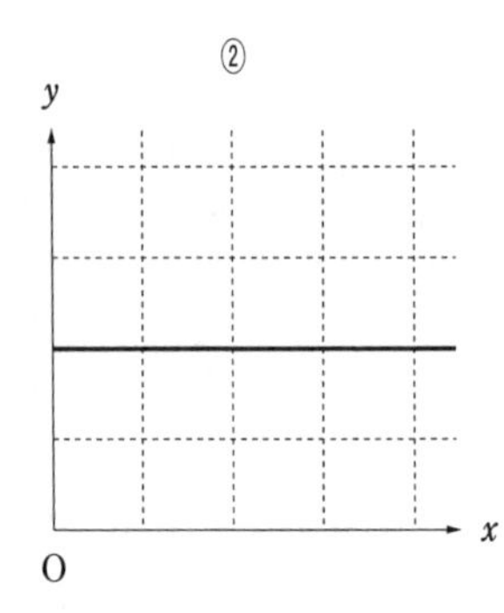

③

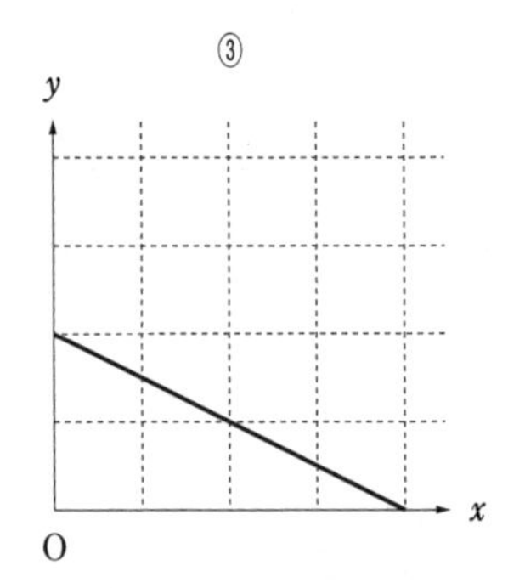

④

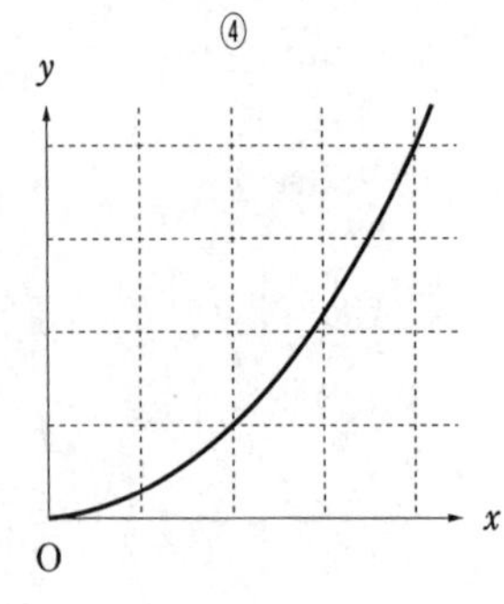

⑤

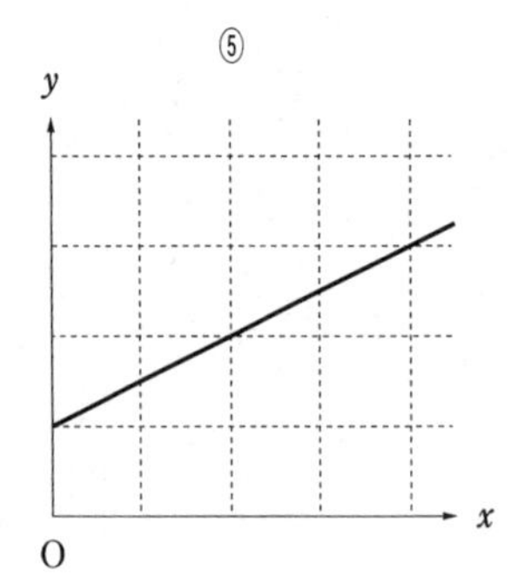

⑥

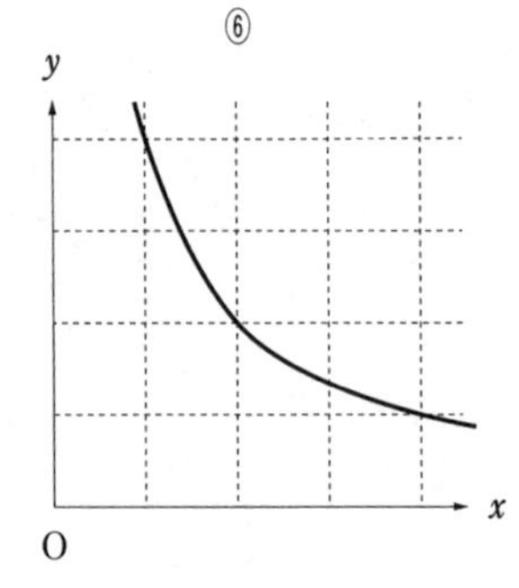

(4)　真空中を進行するレーザー光線が，絶対屈折率$\sqrt{2}$の媒質に入射した。媒質中を進行するレーザー光の速さは，真空中を進行するレーザー光の速さの【4】倍である。

(5)　長さl，断面積Sの一様な太さのニクロム線Aがある。このニクロム線と材質が同じで，長さ$\frac{l}{2}$，断面積$2S$の一様な太さのニクロム線Bの抵抗値は，ニクロム線Aの抵抗値の【5】倍である。

【4】，【5】の解答群

① $\frac{1}{8}$　② $\frac{1}{4}$　③ $\frac{\sqrt{2}}{4}$　④ $\frac{1}{2}$　⑤ $\frac{\sqrt{2}}{2}$

⑥ $\sqrt{2}$　⑦ 2　⑧ $2\sqrt{2}$　⑨ 4　⓪ 8

2 **次の文章の空欄【6】〜【10】にあてはまる最も適当なものを，解答群から選べ。ただし，同じものを何度選んでもよい。**

図1のように，斜面と水平面と半径rの半円筒面をなめらかにつなげたレールがあり，レールに沿って質量mの小球を滑らせる。重力加速度の大きさをgとし，摩擦や空気抵抗の影響はないものとする。

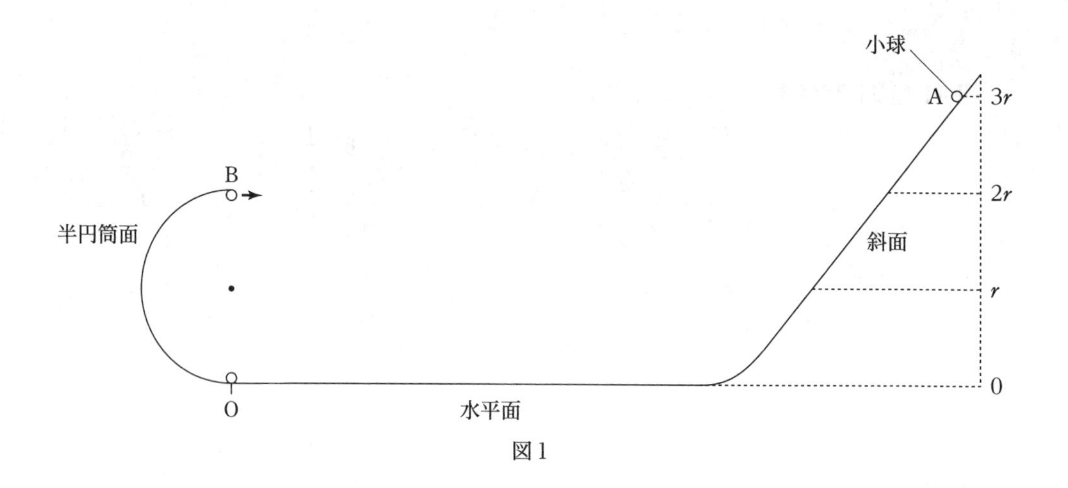

図1

水平面からの高さが$3r$である斜面上の点Aで小球を静かに放すと，小球は斜面と水平面に沿って運動し，水平面と同じ高さにある半円筒面の最下点である点Oを速さ【6】$\times\sqrt{gr}$で通過した。小球が点Oを通過した直後に小球が受ける垂直抗力の大きさは【7】$\times mg$である。

その後，小球は半円筒面の最上点である点Bから速さ【8】$\times\sqrt{gr}$で水平に投射され，斜面と衝突することなく水平面上に到達した。小球が点Bから投射されてから水平面上に到達するまでの時間は【9】$\times\sqrt{\dfrac{r}{g}}$で，小球の到達点は点Oから【10】$\times r$離れている。

【6】〜【10】の解答群

① $\sqrt{2}$　② $\sqrt{3}$　③ 2　④ $\sqrt{6}$　⑤ $2\sqrt{2}$
⑥ $2\sqrt{3}$　⑦ 4　⑧ $3\sqrt{2}$　⑨ 5　⓪ 7

3 次の文章の空欄【11】～【15】にあてはまる最も適当なものを，解答群から選べ。ただし，同じものを何度選んでもよい。

図１のように，重さ $2w$〔N〕のおもりＰと重さ w〔N〕のおもりＱをひもでつり下げた長さ６ｍの棒を，棒が水平になるようにＡさんとＢさんが担(かつ)いでいる。Ａさんが棒を支える力は，鉛直上向きに棒の左端から１ｍの点で作用している。Ｂさんが棒を支える力は，鉛直上向きに棒の右端から２ｍの点で作用している。ひもと棒の重さは無視できるものとする。Ａさんが棒を支える力の大きさを F_A〔N〕，Ｂさんが棒を支える力の大きさを F_B〔N〕とすると，力のつり合いより，$F_A+F_B=$【11】$\times w$〔N〕である。Ｂさんが支えている点のまわりの力のモーメントのつり合いより，$F_A=$【12】$\times w$〔N〕である。

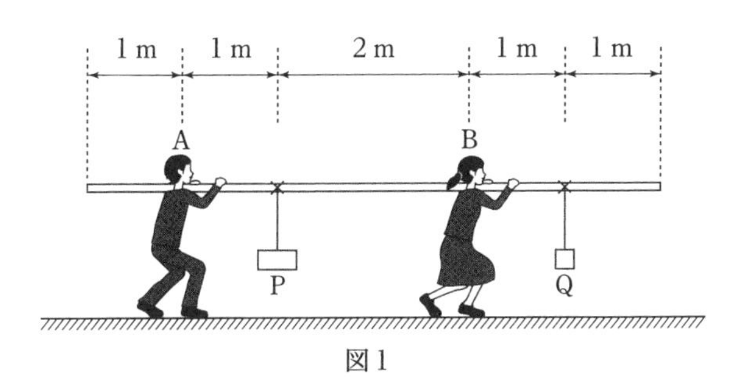

図1

ＡさんとＢさんはゆっくりと歩いて，図２のように，坂道の途中で立ち止まった。このときにＡさんが棒を支える力の大きさを F_A'〔N〕，Ｂさんが棒を支える力の大きさを F_B'〔N〕とすると，F_A と F_A'，F_B と F_B' の大小関係は【13】となる。このときも，Ａさん，Ｂさんが棒を支える力は，ともに鉛直上向きであるとする。

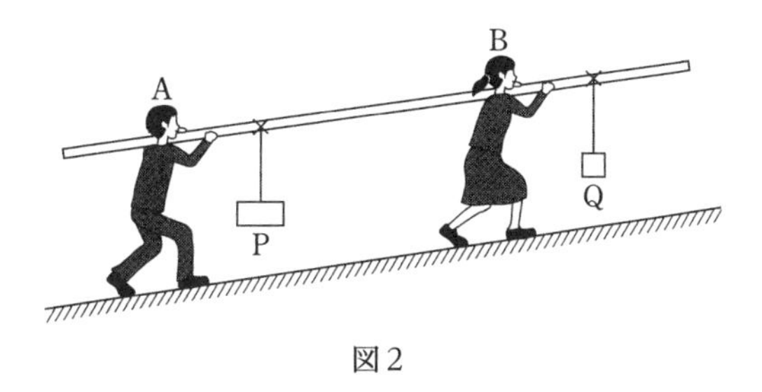

図2

しばらくすると，図３のように，Ｂさんは棒の右端Ｒを壁に置いたままどこかへ行ってしまった。このとき，棒が水平になるようにＡさんが棒を支える力の大きさは【14】$\times w$〔N〕である。

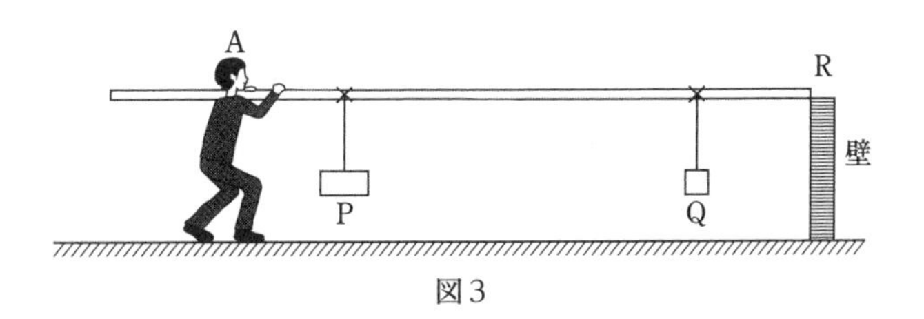

図3

おもりP，Qをつり下げた棒を，図4のように，棒が水平になるようにAさん1人で棒を支える点は，棒の右端Rから【15】mの位置にある。

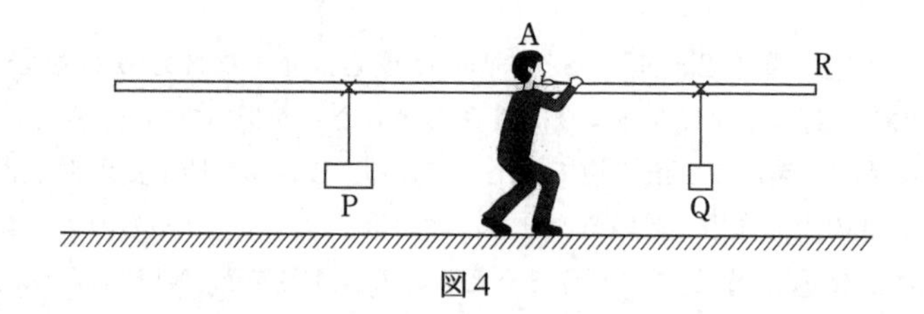

図4

【11】，【12】，【14】，【15】の解答群

① 0	② 1	③ $\frac{6}{5}$	④ $\frac{5}{4}$	⑤ $\frac{4}{3}$
⑥ $\frac{5}{3}$	⑦ $\frac{7}{4}$	⑧ $\frac{9}{5}$	⑨ 2	⓪ 3

【13】の解答群

① $F_A > F_A'$, $F_B > F_B'$　　② $F_A > F_A'$, $F_B = F_B'$

③ $F_A > F_A'$, $F_B < F_B'$　　④ $F_A < F_A'$, $F_B > F_B'$

⑤ $F_A < F_A'$, $F_B = F_B'$　　⑥ $F_A < F_A'$, $F_B < F_B'$

⑦ $F_A = F_A'$, $F_B > F_B'$　　⑧ $F_A = F_A'$, $F_B = F_B'$

⑨ $F_A = F_A'$, $F_B < F_B'$

4 **次の文章の空欄【16】～【20】にあてはまる最も適当なものを，解答群から選べ。ただし，同じものを何度選んでもよい。**

図1のように，大気圧 p_0〔Pa〕，気温 T_0〔K〕の地上で，ゴンドラをつけた気球を上げる準備をしている。気球の体積は常に V〔m^3〕で変形しない。気球の底には穴が空いていて，気球内部の空気の圧力は，常に大気圧と等しい。気球内部の空気の温度は，最初は T_0〔K〕である。空気のモル質量(1 mol あたりの質量)を M〔kg/mol〕，気体定数を R〔J/(mol·K)〕とし，空気を2原子分子の理想気体と考える。

図1の気球内部の空気の物質量 n_0〔mol〕は，理想気体の状態方程式より，$n_0 =$ **【16】**〔mol〕である。また，気球内部の空気の質量 m_0〔kg〕は，$m_0 =$ **【17】** $\times M$〔kg〕である。

図2のように，気球内部の空気を加熱し，気球内部の空気の温度が T_1〔K〕になったとき，気球内部の空気の物質量 n_1〔mol〕は，$n_1 =$ **【18】** $\times n_0$〔mol〕である。よって，図1から図2の状態になる間に気球内部から気球外部へ移動した空気の質量は **【19】** $\times m_0$〔kg〕である。また，n〔mol〕，T〔K〕の2原子分子の理想気体の内部エネルギー U〔J〕は，$U = \frac{5}{2}nRT$〔J〕なので，図1から図2の状態になる間の気球内部の空気の内部エネルギーの増加は **【20】** $\times n_0RT_0$〔J〕である。

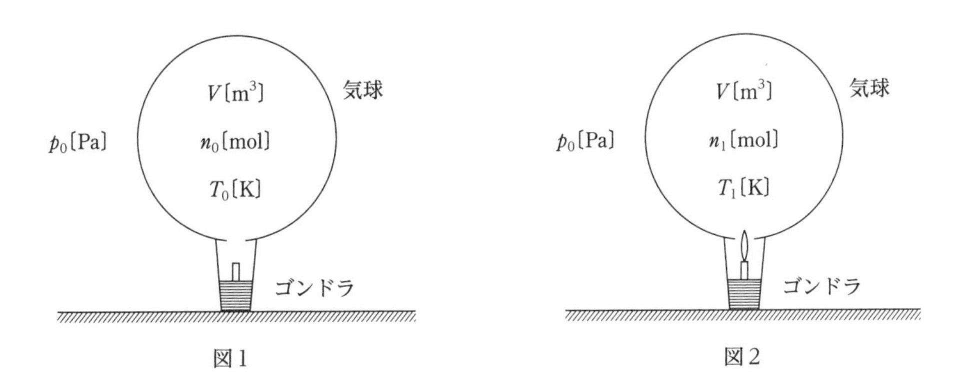

図1　　　　図2

【16】の解答群

① $\dfrac{p_0R}{T_0V}$　② $\dfrac{p_0T_0}{RV}$　③ $\dfrac{p_0V}{RT_0}$　④ $\dfrac{p_0}{RT_0V}$　⑤ $\dfrac{p_0RV}{T_0}$

⑥ $\dfrac{T_0V}{p_0R}$　⑦ $\dfrac{RV}{p_0T_0}$　⑧ $\dfrac{RT_0}{p_0V}$　⑨ $\dfrac{RT_0V}{p_0}$　⓪ $\dfrac{T_0}{p_0RV}$

【17】の解答群

① $\dfrac{1}{{n_0}^3}$　② $\dfrac{1}{{n_0}^2}$　③ $\dfrac{1}{n_0}$　④ $\dfrac{1}{\sqrt{n_0}}$

⑤ $\sqrt{n_0}$　⑥ n_0　⑦ ${n_0}^2$　⑧ ${n_0}^3$

【18】，【19】の解答群

① $\dfrac{T_0}{T_1}$　② $\dfrac{T_0-T_1}{T_1}$　③ $\dfrac{T_1-T_0}{T_1}$　④ $\dfrac{T_0-T_1}{T_0}$　⑤ $\dfrac{T_1-T_0}{T_0}$

⑥ $\dfrac{T_1}{T_0}$　⑦ $\dfrac{T_1}{T_0-T_1}$　⑧ $\dfrac{T_1}{T_1-T_0}$　⑨ $\dfrac{T_0}{T_0-T_1}$　⓪ $\dfrac{T_0}{T_1-T_0}$

【20】の解答群

① 0　② $\dfrac{1}{2}$　③ 1　④ $\dfrac{3}{2}$　⑤ 2　⑥ $\dfrac{5}{2}$　⑦ 3　⑧ $\dfrac{7}{2}$

5 次の文章〔A〕，〔B〕の空欄【21】～【27】にあてはまる最も適当なものを，解答群から選べ。ただし，同じものを何度選んでもよい。

〔A〕 図1のように，目盛りのついたガラス円筒管と水だめをゴム管でつないだ装置がある。管口近くで振動数 800 Hz のおんさを鳴らしながら，水だめを静かに上下させて音が大きく聞こえる水面の位置を調べた。音が大きく聞こえるのは，気柱がおんさに【21】するからであり，管口から水面までの距離が 10.0 cm，31.5 cm，53.0 cm のときに音が大きく聞こえた。このことから，この音波の波長は【22】cm，音速は【23】m/s である。

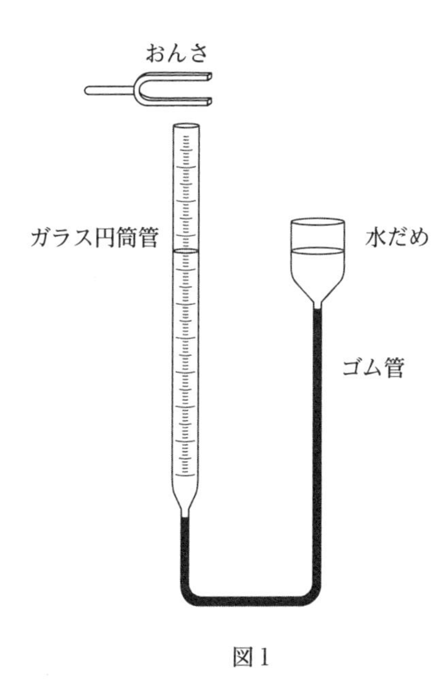

図1

【21】の解答群

① うなり　② 回折　③ 共鳴　④ 屈折　⑤ 音色　⑥ 反射

【22】の解答群

① 9.0　② 10.0　③ 18.0　④ 21.5　⑤ 36.0
⑥ 40.0　⑦ 43.0　⑧ 52.0　⑨ 61.0　⓪ 64.5

【23】の解答群

① 340　② 341　③ 342　④ 343　⑤ 344
⑥ 345　⑦ 346　⑧ 347　⑨ 348　⓪ 349

〔B〕 水深が一定の静かな水面の点Oで振動している振動数f_0〔Hz〕の波源があり，水面に波面が現れている。図2はある瞬間の波面の様子で，実線は波の山を表す。点Oも波の山である。点Oから出た波が点Aに届くまでの所要時間をt〔s〕とすると，$f_0=$【24】$\times\dfrac{1}{t}$〔Hz〕である。

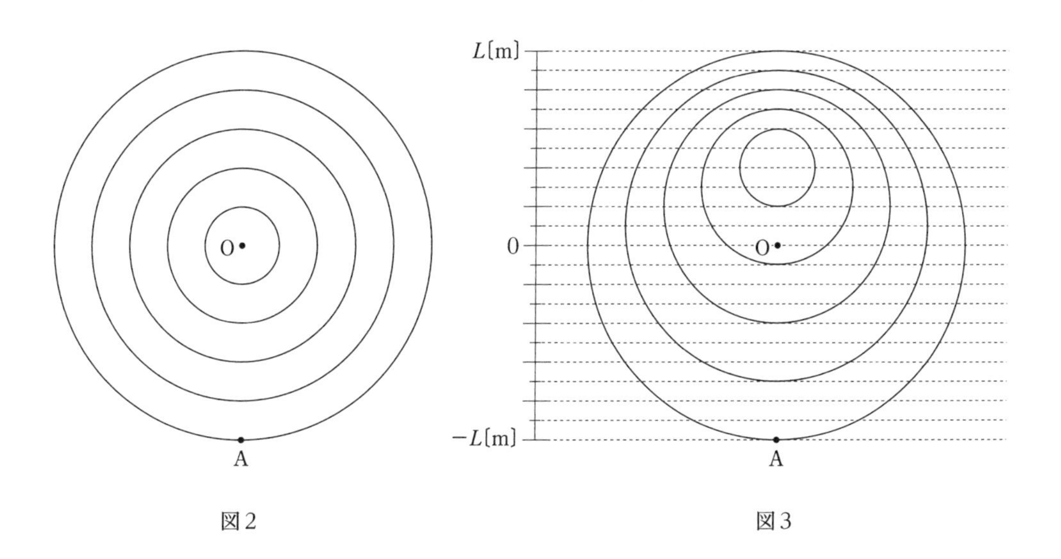

図2　　図3

しばらくすると，波源がある方向に一定の速さで移動し，図3のような波面が現れた。図3の実線は波の山を表し，図3の左端にある目盛りを用いて図3の点Aに伝わる波の波長を読み取ると【25】$\times L$〔m〕であるから，点Aにおける波の振動数は【26】$\times\dfrac{1}{t}$〔Hz〕である。これはf_0〔Hz〕と異なる値で，ドップラー効果によるものである。ドップラー効果の関係式から，図3の波源が移動する速さ【27】$\times\dfrac{L}{t}$〔m/s〕が得られる。この値は，図3の左端にある目盛りから読み取ることもできる。

【24】～【27】の解答群

① $\dfrac{1}{4}$　② $\dfrac{3}{10}$　③ $\dfrac{2}{5}$　④ $\dfrac{1}{2}$　⑤ 2

⑥ $\dfrac{5}{2}$　⑦ 3　⑧ $\dfrac{10}{3}$　⑨ 4　⓪ 5

6 次の文章〔A〕，〔B〕の空欄【28】～【34】にあてはまる最も適当なものを，解答群から選べ。ただし，同じものを何度選んでもよい。

〔A〕 図1のように，起電力60 Vの電池，抵抗値12 Ωの抵抗R_1，抵抗値12 Ωの抵抗R_2，抵抗値24 Ωの抵抗R_3を配線した電気回路がある。BC間のR_2とR_3の合成抵抗は【28】Ωであるから，AB間を流れる電流は【29】Aである。また，抵抗R_2の消費電力は【30】×10 Wである。ただし，電池の内部抵抗および導線の抵抗は無視できるものとする。

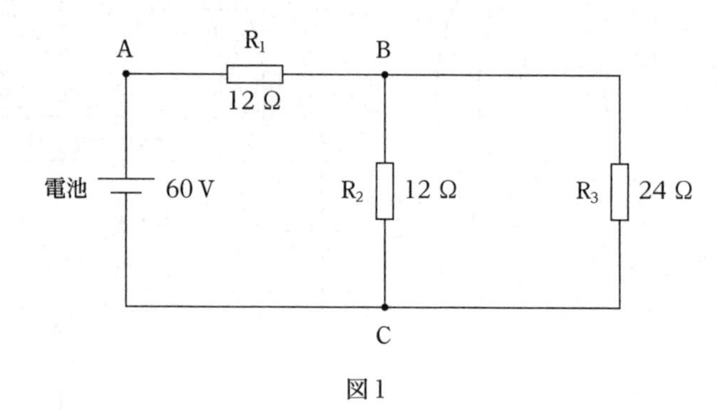

図1

【28】～【30】の解答群

① 1.0　② 1.2　③ 2.0　④ 2.4　⑤ 3.0
⑥ 3.6　⑦ 4.8　⑧ 6.0　⑨ 7.2　⓪ 8.0

〔B〕 真空中に薄い極板A，Bをもつ電気容量Cの平行板コンデンサーがある。極板A，Bは同じ面積の正方形で，極板の角を揃(そろ)えるように間隔dで向かい合っている。dは極板の大きさに比べて十分に小さく，極板周囲の電場(電界)の乱れはないものとする。

図2のように，この平行板コンデンサーに起電力V_0の電池，抵抗R，スイッチSをつなぎ，極板Bを接地する。極板A，Bの中心をそれぞれ点P，Qとする。

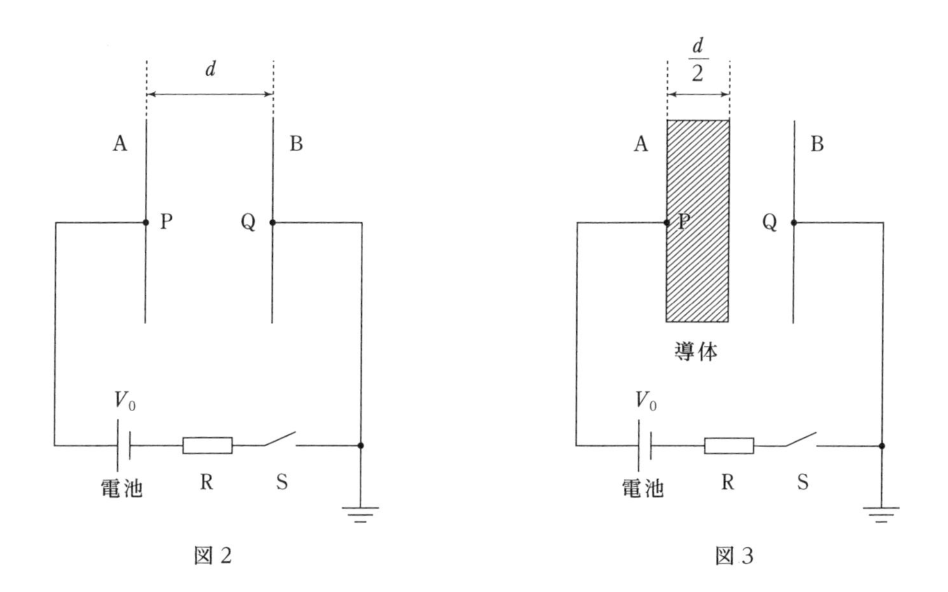

図2　　　図3

図2の回路のスイッチSを閉じ，十分に時間が経過してからスイッチSを開いた。この状態の点Pと点Qの中点における電場(電界)の強さをE_0とする。

この状態から，図3のように，極板A，Bと同じ面積の正方形で厚さが$\frac{d}{2}$の導体を挿入した。図3における極板A，B間の電気容量は【31】×Cで，蓄えられている静電エネルギーは【32】×CV_0^2である。このとき，点Pと点Qを結ぶ線分上における，電位Vを表すグラフは【33】，電場(電界)の強さEを表すグラフは【34】である。

【31】,【32】の解答群

① 0	② $\frac{1}{16}$	③ $\frac{1}{8}$	④ $\frac{1}{4}$	⑤ $\frac{1}{2}$
⑥ 1	⑦ 2	⑧ 4	⑨ 8	⓪ 16

【33】の解答群

①
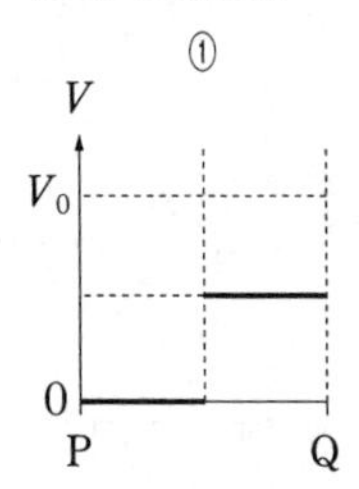

②
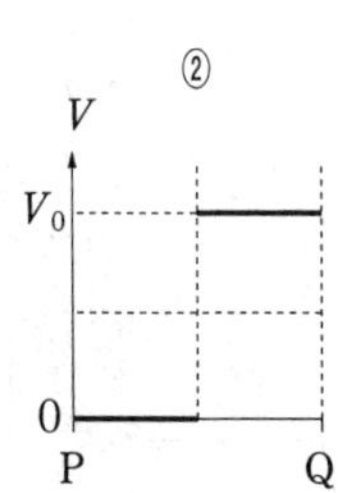

③
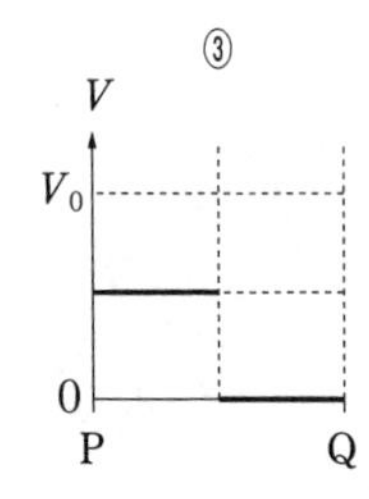

④
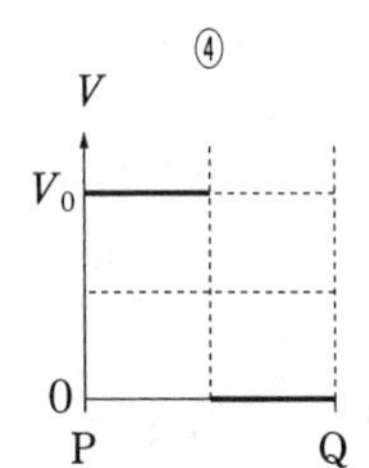

⑤
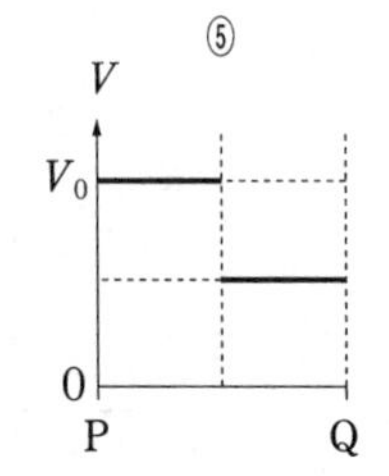

⑥
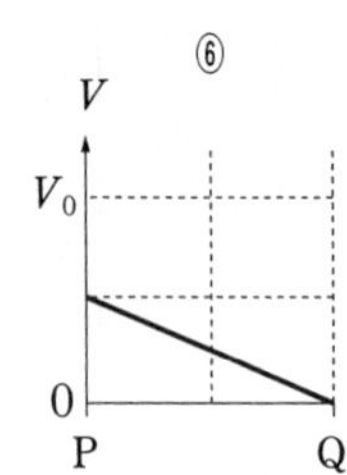

⑦
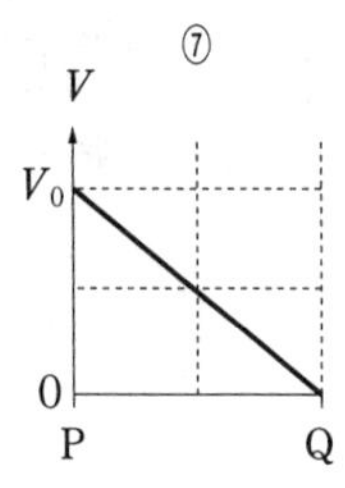

⑧
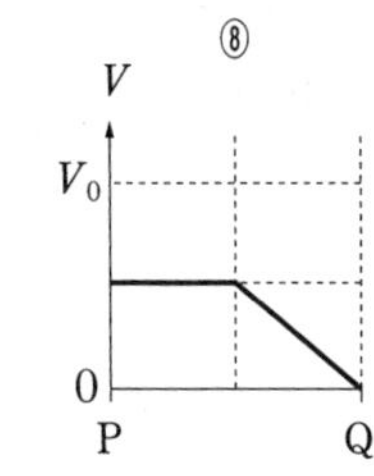

⑨
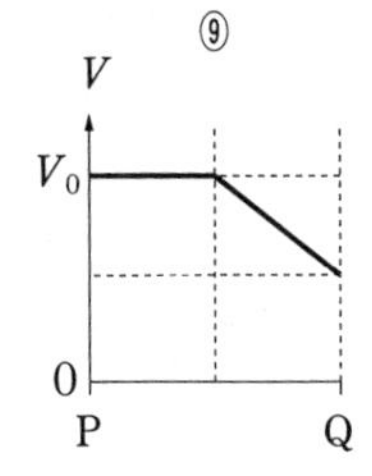

⓪
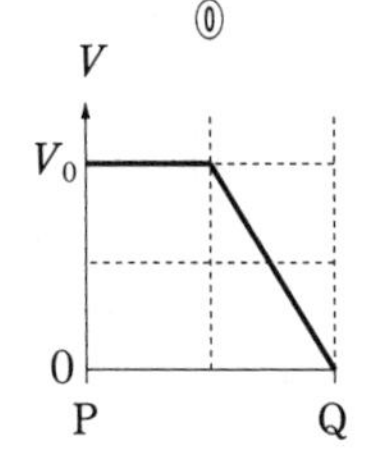

【34】の解答群

①
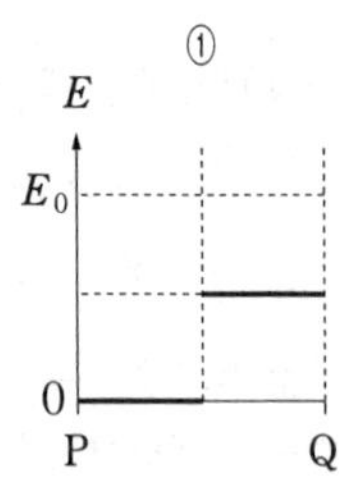

②
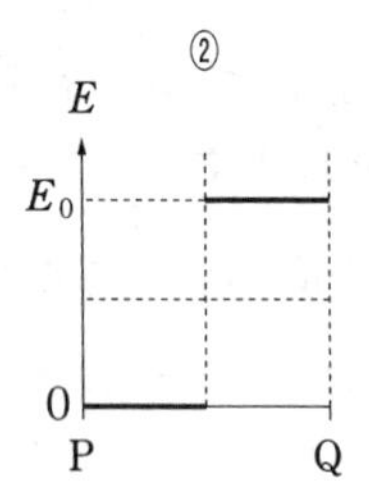

③
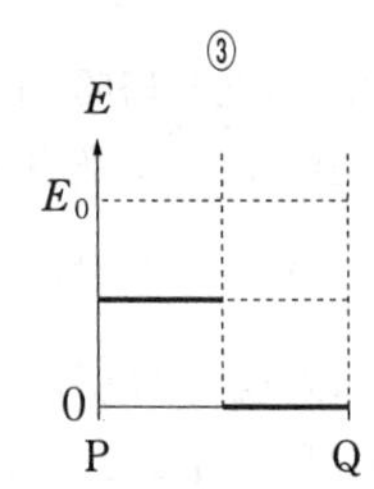

④
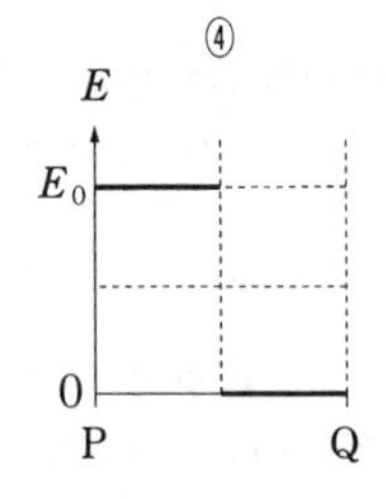

⑤
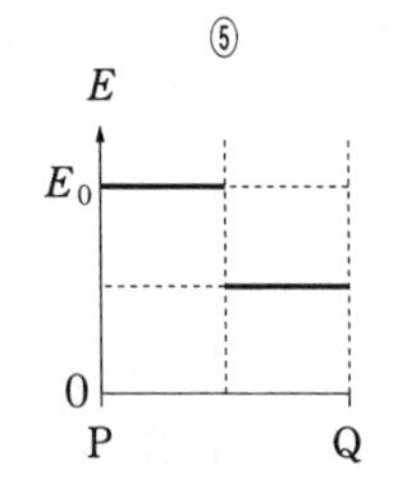

⑥
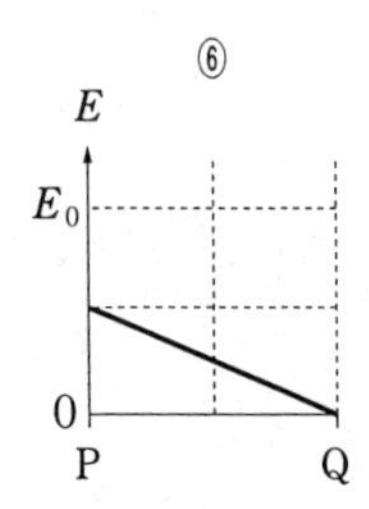

⑦
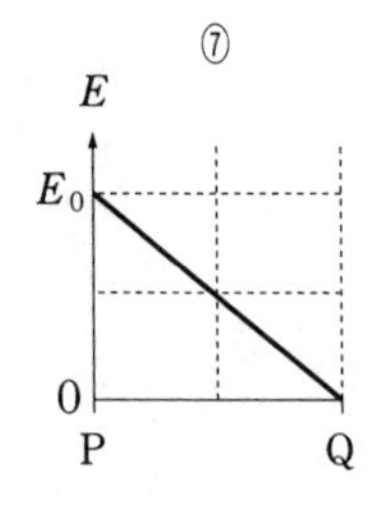

⑧
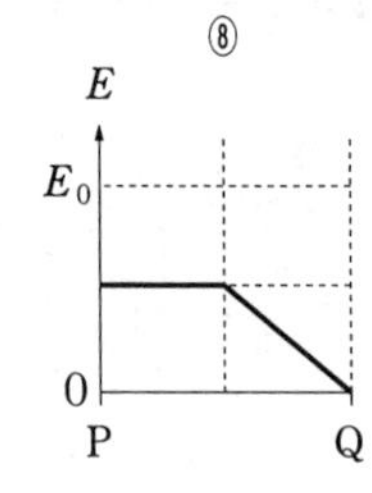

⑨
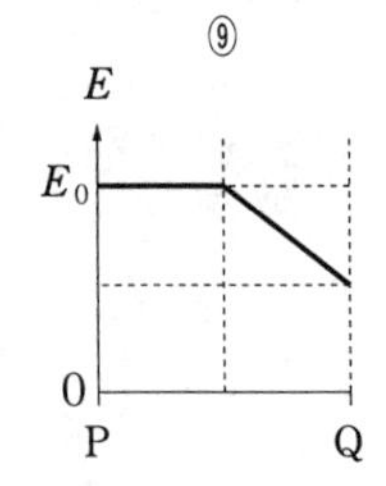

⓪
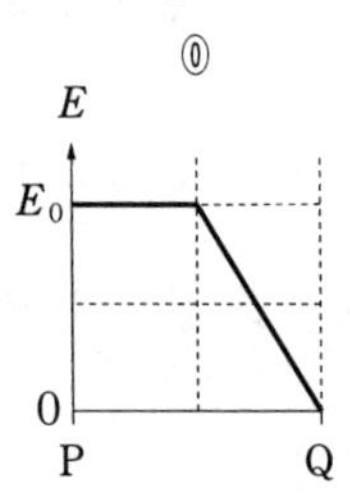

令和5年度　化　学

Ⅰ　物質の構成に関する以下の問いに答えよ。

〔A〕 次の表は，元素の周期表から第2周期と第3周期を抜き出したものである。この表に関する下の(1)～(3)の文中の【1】～【3】に最も適するものを，それぞれの解答群の中から1つずつ選べ。

	1	2	13	14	15	16	17	18
2	Li	Be	B	C	N	O	F	Ne
3	Na	Mg	Al	Si	P	S	Cl	Ar

(1) 次の(a)～(e)のイオンのうち，イオン半径が最も小さいものは【1】である。

(a) Al^{3+}　(b) F^{-}　(c) Mg^{2+}　(d) Na^{+}　(e) O^{2-}

【1】の解答群

① (a)　② (b)　③ (c)　④ (d)　⑤ (e)

(2) 第2周期の次の(a)～(e)の元素のうち，原子の原子半径が最も小さいものは【2】である。

(a) Li　(b) Be　(c) B　(d) N　(e) F

【2】の解答群

① (a)　② (b)　③ (c)　④ (d)　⑤ (e)

(3) 第2周期の元素(Li ～ Ne)のうち，金属元素は【3】個ある。

【3】の解答群

① 0　② 1　③ 2　④ 3　⑤ 4
⑥ 5　⑦ 6　⑧ 7　⑨ 8

〔B〕 次の(4)~(7)の文中の【4】~【7】に最も適するものを，それぞれの解答群の中から1つずつ選べ。

(4) 次の(a)~(e)のうち，**同位体の関係でも同素体の関係でもないもの**は【4】である。

(a) 水銀と銀　　(b) 酸素とオゾン
(c) 黒鉛とダイヤモンド　　(d) $^{16}_{8}O$ と $^{18}_{8}O$
(e) 水素と重水素

【4】の解答群
① (a)　② (b)　③ (c)　④ (d)　⑤ (e)

(5) 次の(a)~(f)の原子またはイオンのうち，中性子の数と電子の数が等しいものは【5】つある。

(a) $^{18}_{8}O^{2-}$　(b) $^{25}_{12}Mg^{2+}$　(c) $^{32}_{16}S$
(d) $^{35}_{17}Cl^{-}$　(e) $^{40}_{18}Ar$　(f) $^{42}_{20}Ca^{2+}$

【5】の解答群
① 1　② 2　③ 3　④ 4　⑤ 5　⑥ 6

(6) 次の(a)~(e)の分子のうち，極性分子の組み合わせは【6】である。なお，電気陰性度は大きい順に O>Cl>N>C>H である。

(a) Cl_2　(b) CO_2　(c) NH_3　(d) CCl_4　(e) CH_3Cl

【6】の解答群
① (a)と(b)　② (a)と(c)　③ (a)と(d)　④ (a)と(e)　⑤ (b)と(c)
⑥ (b)と(d)　⑦ (b)と(e)　⑧ (c)と(d)　⑨ (c)と(e)　⓪ (d)と(e)

(7) 次の(a)~(e)の分子またはイオンのうち，8個の電子が共有結合に使われているものの組み合わせは【7】である。

(a) H_3O^+　(b) HCN　(c) N_2　(d) Cl_2　(e) CO_2

【7】の解答群
① (a)と(b)　② (a)と(c)　③ (a)と(d)　④ (a)と(e)　⑤ (b)と(c)
⑥ (b)と(d)　⑦ (b)と(e)　⑧ (c)と(d)　⑨ (c)と(e)　⓪ (d)と(e)

2 物質の変化に関する以下の問いに答えよ。

次の(1)~(4)の文中の【8】~【14】に最も適するものを，それぞれの解答群の中から1つずつ選べ。

(1) 次の(a)～(c)の物質を，質量が大きい順に並べたものは【8】である。ただし，原子量は H=1.0，N=14，O=16，アボガドロ定数を 6.0×10^{23}/mol，0℃，1.013×10^{5} Pa(標準状態)における気体のモル体積を 22.4 L/mol とする。

(a) 1.5×10^{23} 個の窒素分子 N_2
(b) 質量パーセント濃度が 10 %の水酸化ナトリウム水溶液 30 g 中の水 H_2O
(c) 0℃，1.013×10^{5} Pa(標準状態)で 11.2 L の酸素 O_2

【8】の解答群

① (a) ＞ (b) ＞ (c)　② (a) ＞ (c) ＞ (b)　③ (b) ＞ (a) ＞ (c)
④ (b) ＞ (c) ＞ (a)　⑤ (c) ＞ (a) ＞ (b)　⑥ (c) ＞ (b) ＞ (a)

(2) メタン CH_4 およびエチレン C_2H_4 が完全燃焼するときの化学反応式は，それぞれ次のように表される。

$$CH_4 + 2O_2 \longrightarrow CO_2 + 2H_2O$$

$$C_2H_4 + 3O_2 \longrightarrow 2CO_2 + 2H_2O$$

メタン CH_4 とエチレン C_2H_4 の混合気体を完全燃焼させたところ，二酸化炭素 22.0 g と水 14.4 g が生成した。

混合気体中のメタンの物質量を x〔mol〕，エチレンの物質量を y〔mol〕として，生成した二酸化炭素の物質量を x と y を用いて表すと，【9】〔mol〕となる。

【9】と生成した二酸化炭素の質量 22.0 g の関係から，方程式が得られる。同様に，生成した水の質量を x と y を用いて表した方程式が得られる。これらを連立させて解くと，混合気体中のメタンの質量は【10】g であることがわかる。また，反応前の混合気体の平均分子量は【11】である。

ただし，原子量は H＝1.0，C＝12，O＝16 とする。

【9】の解答群

① $x-y$　② $y-x$　③ $x+y$
④ $x+2y$　⑤ $2x+y$　⑥ $2x+2y$

【10】の解答群

① 1.2　② 2.4　③ 4.8　④ 5.6　⑤ 7.2　⑥ 9.6

【11】の解答群

① 17　② 19　③ 21　④ 22　⑤ 24　⑥ 26

(3) 次の反応における酸化剤，還元剤の組み合わせとして正しいものは【12】である。

$$H_2O_2 + 2KI + H_2SO_4 \longrightarrow K_2SO_4 + I_2 + 2H_2O$$

【12】の解答群

	酸化剤	還元剤
①	H_2O_2	KI
②	H_2O_2	H_2SO_4
③	KI	H_2O_2
④	KI	H_2SO_4
⑤	H_2SO_4	H_2O_2
⑥	H_2SO_4	KI

(4) 硫酸で酸性にした，過マンガン酸カリウム水溶液と硫酸鉄(Ⅱ)水溶液は，次のような酸化還元反応を起こす。

$$MnO_4^- + a\ Fe^{2+} + b\ H^+ \longrightarrow Mn^{2+} + c\ Fe^{3+} + d\ H_2O$$

a の値は**【13】**である。また，この反応で，1.58 g の過マンガン酸カリウムによって生成する硫酸鉄(Ⅲ)は**【14】** g である。ただし，$Fe_2(SO_4)_3$ の式量を 400，$KMnO_4$ の式量を 158 とする。

【13】の解答群

① 1　② 2　③ 3　④ 4　⑤ 5　⑥ 6

【14】の解答群

① 5.00　② 10.0　③ 15.0　④ 20.0　⑤ 25.0　⑥ 30.0

3 **物質の状態に関する以下の問いに答えよ。**

〔A〕 ある金属元素の単体の結晶構造は，常温では単位格子の一辺の長さが a〔cm〕の体心立方格子(図1)で，温度を上げると，単位格子の一辺の長さが b〔cm〕の面心立方格子(図2)となる。次の(1)，(2)の文中の【15】～【19】に最も適するものを，それぞれの解答群の中から1つずつ選べ。ただし，結晶構造や温度が変化しても原子半径は変わらないものとする。また，原子を球とみなし，最近接する原子は互いに接しているものとする。

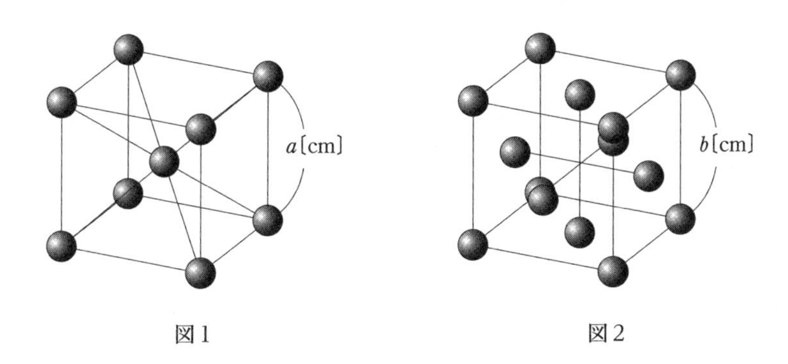

図1　　　　図2

(1) 体心立方格子の単位格子中には，2個の原子が含まれ，面心立方格子の単位格子中には【15】個の原子が含まれる。また，1つの原子に最も近いところにある原子の数(配位数)は，体心立方格子で8，面心立方格子で【16】である。

【15】の解答群

① 2　② 3　③ 4　④ 6　⑤ 8　⑥ 14

【16】の解答群

① 4　② 6　③ 8　④ 10　⑤ 12　⑥ 14

(2) 原子の半径を r〔cm〕とすると，a は【17】，b は【18】で表される。また，面心立方格子の結晶の密度〔g/cm^3〕と体心立方格子の結晶の密度〔g/cm^3〕の比の値 $\dfrac{\text{面心立方格子の結晶の密度}}{\text{体心立方格子の結晶の密度}}$ は【19】である。

【17】の解答群

① $\dfrac{2\sqrt{3}}{3}r$　② $\sqrt{2}r$　③ $\sqrt{3}r$

④ $\dfrac{4\sqrt{2}}{3}r$　⑤ $\dfrac{4\sqrt{3}}{3}r$　⑥ $\dfrac{4\sqrt{6}}{3}r$

【18】の解答群

① $\sqrt{2}r$　② $\sqrt{3}r$　③ $2\sqrt{2}r$

④ $\dfrac{4\sqrt{3}}{3}r$　⑤ $\dfrac{5\sqrt{2}}{3}r$　⑥ $\dfrac{4\sqrt{6}}{5}r$

【19】の解答群

① $\dfrac{4\sqrt{6}}{15}$　② $\dfrac{\sqrt{6}}{3}$　③ $\dfrac{3\sqrt{6}}{8}$

④ $\dfrac{4\sqrt{6}}{9}$　⑤ $\dfrac{\sqrt{6}}{2}$　⑥ $\dfrac{5\sqrt{6}}{8}$

〔B〕 次の(3), (4)の文中の【20】, 【21】に最も適するものを，それぞれの解答群の中から１つずつ選べ。

(3) 次の(a)～(c)の水溶液を，凝固点降下度の大きい順に並べたものは【20】である。ただし，電解質は水溶液中で完全に電離しているものとする。

(a) 水 2000 g に尿素 CH_4N_2O(分子量 60) 3.00 g を溶かした水溶液
(b) 水 1000 g にグルコース $C_6H_{12}O_6$(分子量 180) 18.0 g を溶かした水溶液
(c) 水 4000 g に塩化ナトリウム NaCl(式量 58.5) 5.85 g を溶かした水溶液

【20】の解答群

① (a) ＞ (b) ＞ (c)　② (a) ＞ (c) ＞ (b)　③ (b) ＞ (a) ＞ (c)
④ (b) ＞ (c) ＞ (a)　⑤ (c) ＞ (a) ＞ (b)　⑥ (c) ＞ (b) ＞ (a)

(4) 次の(a)～(c)の気体を，密度の大きい順に並べたものは【21】である。

(a) 温度 100 K, 圧力 1.0×10^5 Pa の水素 H_2(分子量 2.0)
(b) 温度 200 K, 圧力 2.0×10^5 Pa のヘリウム He(分子量 4.0)
(c) 温度 320 K, 圧力 1.0×10^5 Pa のメタン CH_4(分子量 16)

【21】の解答群

① (a) ＞ (b) ＞ (c)　② (a) ＞ (c) ＞ (b)　③ (b) ＞ (a) ＞ (c)
④ (b) ＞ (c) ＞ (a)　⑤ (c) ＞ (a) ＞ (b)　⑥ (c) ＞ (b) ＞ (a)

4 物質の変化と平衡に関する以下の問いに答えよ。

次の(1), (2)の文中の【22】~【28】に最も適するものを，それぞれの解答群の中から1つずつ選べ。

(1) 硫酸銅(Ⅱ)水溶液に，白金板を電極として，一定の電流 I〔A〕を t〔s〕間流したところ，陰極上に銅が m〔g〕析出した。このとき陽極では【22】，電子1個がもつ電気量は【23】〔C〕である。ただし，アボガドロ定数を N〔/mol〕，銅の原子量を M とし，電流を流した後の水溶液中に Cu^{2+} が残っていたものとする。

【22】の解答群

① SO_4^{2-} が酸化されて SO_2 が発生し
② SO_4^{2-} が還元されて SO_2 が発生し
③ H_2O が酸化されて O_2 が発生し
④ H_2O が還元されて H_2 が発生し
⑤ 白金が酸化され
⑥ 白金が還元され

【23】の解答群

① $\dfrac{2mN}{ItM}$　② $\dfrac{mN}{ItM}$　③ $\dfrac{It}{mMN}$
④ $\dfrac{It}{2mMN}$　⑤ $\dfrac{ItM}{mN}$　⑥ $\dfrac{ItM}{2mN}$

(2) アンモニアは水溶液中でその一部が電離して，次のような電離平衡が成り立っている。

$$NH_3 + H_2O \rightleftarrows NH_4^+ + OH^-$$

アンモニアの希薄水溶液では，水は溶媒として多量に存在するので，水の濃度$[H_2O]$は一定とみなせる。上の反応式の平衡定数をKとすると，$K[H_2O]$は電離定数K_bとよばれ，K_b=**【24】**となる。アンモニア水のモル濃度をc〔mol/L〕，アンモニア水中のアンモニアの電離度をαとすると，電離度αは1に比べて十分に小さく，$1-\alpha \fallingdotseq 1$とみなせるので，$K_b$=**【25】**となる。また，$[OH^-]=c\alpha$より，$[OH^-]$=**【26】**となる。

$K_b=2.3\times10^{-5}$ mol/L，水のイオン積$K_w=1.0\times10^{-14}$ mol^2/L^{2}のとき，0.10 mol/Lのアンモニア水のpHはpH=**【27】**，0.23 mol/Lのアンモニア水中のアンモニアの電離度αはα=**【28】**となる。ただし，$\log_{10} 2.3=0.36$とする。

【24】の解答群

① $\dfrac{[NH_4^+][OH^-]}{[NH_3]}$　② $\dfrac{[NH_3]}{[NH_4^+][OH^-]}$　③ $\dfrac{[NH_3][OH^-]}{[NH_4^+]}$

④ $\dfrac{[NH_4^+]}{[NH_3][OH^-]}$　⑤ $\dfrac{[NH_4^+][NH_3]}{[OH^-]}$　⑥ $\dfrac{[OH^-]}{[NH_4^+][NH_3]}$

【25】の解答群

① $c\alpha$　② $c\alpha^2$　③ $\sqrt{c\alpha}$

④ $\sqrt{c\alpha^2}$　⑤ $\sqrt{\dfrac{c}{\alpha}}$　⑥ $\sqrt{\dfrac{c}{\alpha^2}}$

【26】の解答群

① cK_b　② $cK_b^{\ 2}$　③ $\sqrt{cK_b}$

④ $\sqrt{cK_b^{\ 2}}$　⑤ $\sqrt{\dfrac{c}{K_b}}$　⑥ $\sqrt{\dfrac{c}{K_b^{\ 2}}}$

【27】の解答群

① 11.2　② 11.5　③ 11.8

④ 12.0　⑤ 12.4　⑥ 12.6

【28】の解答群

① 5.0×10^{-3}　② 1.0×10^{-2}　③ 1.4×10^{-2}

④ 1.8×10^{-2}　⑤ 2.2×10^{-2}　⑥ 2.5×10^{-2}

5 無機物質に関する以下の問いに答えよ。

次の(1)~(7)の文中の【29】~【35】に最も適するものを，それぞれの解答群の中から1つずつ選べ。

(1) 次の図は，実験室における乾燥した塩素の製法を示している。酸化マンガン(Ⅳ)の役割，洗気びん中の物質A，Bおよび気体の捕集法の組み合わせとして正しいものは【29】である。

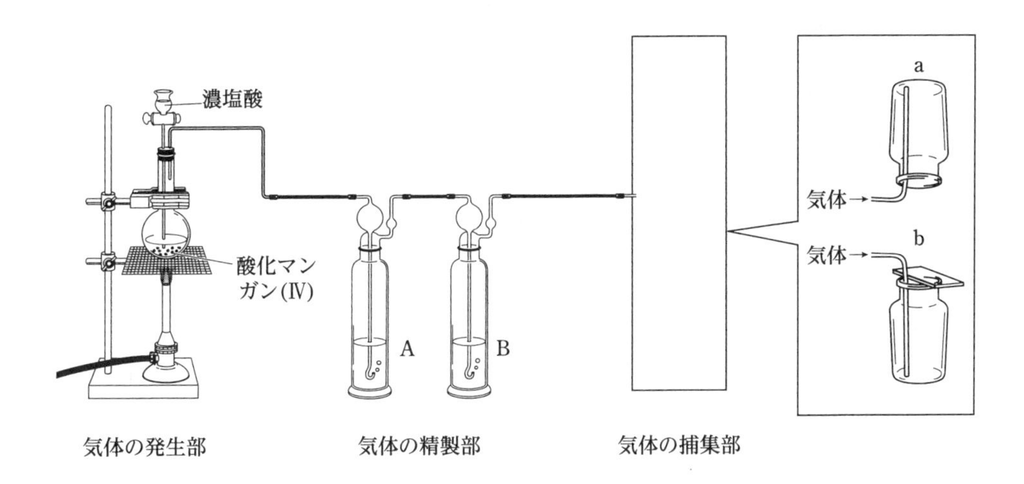

【29】の解答群

	酸化マンガン(Ⅳ)の役割	洗気びん A	洗気びん B	捕集法
①	触媒	水	濃硫酸	a
②	触媒	水	濃硫酸	b
③	触媒	濃硫酸	水	a
④	触媒	濃硫酸	水	b
⑤	酸化剤	水	濃硫酸	a
⑥	酸化剤	水	濃硫酸	b
⑦	酸化剤	濃硫酸	水	a
⑧	酸化剤	濃硫酸	水	b

(2) 常温・常圧における塩素の単体または水素化合物に関する次の(a)~(e)の記述のうち，**誤りを含むもの**は**【30】**である。

(a) 塩化水素の水溶液は，ガラスの主成分である二酸化ケイ素を溶かす。
(b) 塩化水素は，無色の刺激臭の気体で水によく溶け，その水溶液は強酸性を示す。
(c) 塩素は水に少し溶け，その水溶液は漂白剤や殺菌剤に用いられる。
(d) 塩素を臭化カリウム水溶液に吹き込むと，塩化カリウムと臭素を生じる。
(e) 塩素は黄緑色の気体である。

【30】の解答群

① (a)　② (b)　③ (c)　④ (d)　⑤ (e)

(3) 次の(a)~(e)の記述のうち，**誤りを含むものの組み合わせ**は**【31】**である。

(a) $Ca(HCO_3)_2$ の水溶液を加熱すると，$CaCO_3$ の沈殿が生成する。
(b) $NaHCO_3$ の粉末を加熱すると，CO_2 が発生する。
(c) NaCl の飽和水溶液に NH_3 を十分に吹き込み，さらに CO_2 を吹き込むと，$NaHCO_3$ の沈殿が生成する。
(d) Na_2CO_3 の水溶液は塩基性を示し，$NaHCO_3$ の水溶液は弱酸性を示す。
(e) Na_2CO_3 の水溶液に HCl を加えると，H_2 が発生する。

【31】の解答群

① (a)と(b)　② (a)と(c)　③ (a)と(d)　④ (a)と(e)　⑤ (b)と(c)
⑥ (b)と(d)　⑦ (b)と(e)　⑧ (c)と(d)　⑨ (c)と(e)　⓪ (d)と(e)

(4) 次の A，B の反応に関連する濃硫酸の性質の組み合わせとして正しいものは**【32】**である。

A ギ酸に濃硫酸を加えて加熱すると，一酸化炭素が発生する。
B 塩化ナトリウムに濃硫酸を加えて加熱すると，塩化水素が発生する。

【32】の解答群

	A	B
①	不揮発性	脱水作用
②	不揮発性	強酸性
③	強酸性	酸化作用
④	強酸性	不揮発性
⑤	脱水作用	還元作用
⑥	脱水作用	不揮発性

(5) 3種類の塩 KCl, K_2SO_4, K_2CO_3 の溶けた水溶液がある。次の図の操作Ⅰ～Ⅲを行って，この水溶液に含まれる陰イオンを分離できた。沈殿 a ～ c として分離できたそれぞれの陰イオンの組み合わせは【33】である。

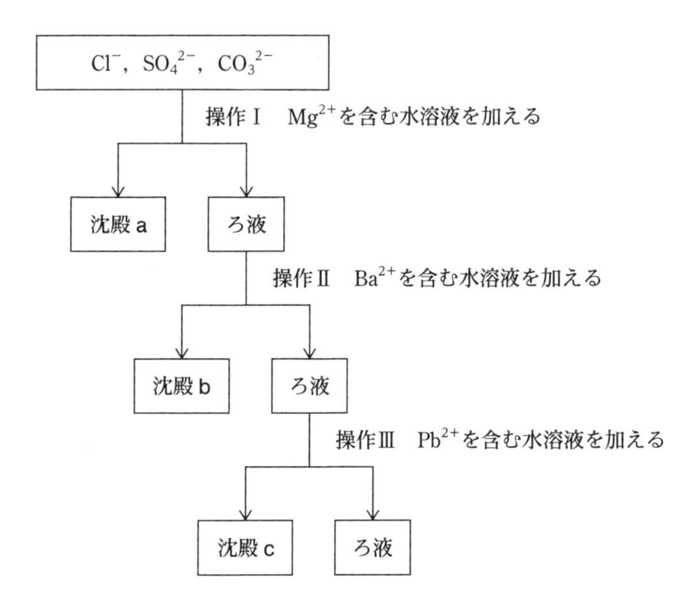

【33】の解答群

	分離できた陰イオン		
	沈殿 a	沈殿 b	沈殿 c
①	Cl^-	SO_4^{2-}	CO_3^{2-}
②	Cl^-	CO_3^{2-}	SO_4^{2-}
③	CO_3^{2-}	Cl^-	SO_4^{2-}
④	CO_3^{2-}	SO_4^{2-}	Cl^-
⑤	SO_4^{2-}	Cl^-	CO_3^{2-}
⑥	SO_4^{2-}	CO_3^{2-}	Cl^-

(6) 次の(a)~(e)の2種類の金属イオンを含む水溶液と沈殿生成の操作の組み合わせのうち，一方の金属イオンのみを沈殿させて分離できるものは【34】である。

	2種類の金属イオン	沈殿生成の操作
(a)	Pb^{2+} と Cu^{2+}	酸性の水溶液に硫化水素ガスを通じる。
(b)	Ag^{+} と Pb^{2+}	希塩酸を加える。
(c)	Ag^{+} と Fe^{3+}	過剰の水酸化ナトリウム水溶液を加える。
(d)	Cu^{2+} と Zn^{2+}	過剰のアンモニア水を加える。
(e)	Ca^{2+} と Zn^{2+}	弱塩基性の水溶液に硫化水素ガスを通じる。

【34】の解答群

① (a)　② (b)　③ (c)　④ (d)　⑤ (e)

(7) 次の(a)~(f)のイオンのうち，少量のアンモニア水によっても少量の水酸化ナトリウム水溶液によっても沈殿を生じ，その沈殿が過剰のアンモニア水によっても過剰の水酸化ナトリウム水溶液によっても溶けるものは【35】である。

(a) Fe^{3+}　(b) Zn^{2+}　(c) Ba^{2+}
(d) Ca^{2+}　(e) Pb^{2+}　(f) Al^{3+}

【35】の解答群

① (a)　② (b)　③ (c)
④ (d)　⑤ (e)　⑥ (f)

令和5年度　生　物

Ⅰ　体内環境の維持に関する次の文を読み，【1】～【5】の問いについて最も適当なものを，それぞれの下に記したもののうちから1つずつ選べ。

ヒトの体温は，ほぼ一定に保たれている。それは内分泌系と自律神経系の協調した働きによる。体温が低下した場合，寒冷刺激が［ア］に伝えられ，自律神経系の［イ］が優位となる。その作用により皮膚では血管の［ウ］，立毛筋の［エ］が促進される。a<u>［イ］は心臓，副腎にも分布している</u>。このとき，内分泌系ではb<u>発熱量を増加させることにつながる，さまざまなホルモン</u>の分泌が促される。一方，体温が上昇した場合は，上記の働きが［オ］，自律神経系の働きにより発汗が［カ］される。

【1】　文中の［ア］，［イ］にあてはまる語の組み合わせはどれか。

	ア	イ
①	肝臓	交感神経
②	肝臓	副交感神経
③	脳下垂体前葉	交感神経
④	脳下垂体前葉	副交感神経
⑤	間脳の視床下部	交感神経
⑥	間脳の視床下部	副交感神経

【2】　文中の［ウ］，［エ］にあてはまる語の組み合わせはどれか。

	ウ	エ
①	収縮	収縮
②	収縮	弛緩
③	弛緩	収縮
④	弛緩	弛緩

【3】 文中の オ ， カ にあてはまる語の組み合わせはどれか。

	オ	カ
①	維持され	抑制
②	維持され	促進
③	さらに強まり	抑制
④	さらに強まり	促進
⑤	弱まり	抑制
⑥	弱まり	促進

【4】 下線部aについて， イ の作用により，どのような変化が見られるか。

① 心臓の拍動は促進され，副腎髄質からは鉱質コルチコイドの分泌が促される。
② 心臓の拍動は促進され，副腎髄質からは糖質コルチコイドの分泌が促される。
③ 心臓の拍動は促進され，副腎髄質からはアドレナリンの分泌が促される。
④ 心臓の拍動は抑制され，副腎髄質からは鉱質コルチコイドの分泌が促される。
⑤ 心臓の拍動は抑制され，副腎髄質からは糖質コルチコイドの分泌が促される。
⑥ 心臓の拍動は抑制され，副腎髄質からはアドレナリンの分泌が促される。

【5】 下線部bにあてはまらないものはどれか。

① バソプレシン　　② 甲状腺刺激ホルモン
③ 副腎皮質刺激ホルモン　　④ チロキシン

2 光合成に関する次の文を読み，【6】～【10】の問いについて最も適当なものを，それぞれの下に記したもののうちから1つずつ選べ。

光合成は，大きく次のA～Dの反応に分けることができる。

A　光化学系Ⅰ　　　　B　光化学系Ⅱ
C　電子伝達系　　　　D　カルビン・ベンソン回路

光化学系では同化色素である$_a$クロロフィルがエネルギーを吸収することによって反応が起こる。Dは二酸化炭素を固定する反応であり，次のような過程を経る。6分子の二酸化炭素が［ア］分子のC_5物質である［イ］と反応し，12分子のC_3物質となる。この反応を促進する酵素はルビスコとよばれる。

植物以外では，シアノバクテリアや$_b$緑色硫黄細菌，紅色硫黄細菌なども光合成を行う。

【6】 下線部aに関連して，太陽光をプリズムに通すと，次の図のようなスペクトルが見られる。図中のウ～キのうちから，クロロフィルがよく吸収する光を選んだ組み合わせはどれか。

紫	藍	青	緑	黄	橙	赤
	ウ		エ	オ	カ	キ

①　ウ・オ　　②　ウ・キ　　③　エ・オ
④　エ・キ　　⑤　オ・キ　　⑥　カ・キ

【7】 A～Dのうちから，葉緑体のチラコイドで起こるものを過不足なく選んだものはどれか。

①　A　　②　B　　③　C　　④　D
⑤　A・B　　⑥　C・D　　⑦　A・B・C

【8】 A～Dのうちから，水が分解される過程とATPが消費される過程をそれぞれ選んだ組み合わせはどれか。

	水が分解される過程	ATPが消費される過程
①	A	B
②	A	C
③	A	D
④	B	A
⑤	B	C
⑥	B	D

【9】 文中の ア ， イ にあてはまる数や語の組み合わせはどれか。

	ア	イ
①	3	グリセルアルデヒドリン酸(GAP)
②	3	リブロースビスリン酸(RuBP)
③	3	ホスホグリセリン酸(PGA)
④	6	グリセルアルデヒドリン酸(GAP)
⑤	6	リブロースビスリン酸(RuBP)
⑥	6	ホスホグリセリン酸(PGA)
⑦	12	グリセルアルデヒドリン酸(GAP)
⑧	12	リブロースビスリン酸(RuBP)
⑨	12	ホスホグリセリン酸(PGA)

【10】 下線部bの細菌に関する記述として正しいものはどれか。

① 亜硝酸菌はこれらの光合成を行う細菌の一種である。
② クロロフィルaをもつ。
③ 光合成では，酸素は発生しない。
④ 光合成の材料に二酸化炭素を用いないものがある。
⑤ 光エネルギーを用いず，無機物を酸化して得られるエネルギーを用いるものがある。

3 **DNA の複製に関する次の文を読み，【11】～【15】の問いについて最も適当なものを，それぞれの下に記したもののうちから１つずつ選べ。**

次の図は，DNA の複製の様子の一部を示したものである。DNA の複製は，複製起点(複製開始点)とよばれる領域から，DNA のらせん構造がほどけて両側に進んでいく。図中の矢印は複製起点であり，A ～ D は，新たにつくられているヌクレオチド鎖を示している。DNA の複製様式は半保存的複製とよばれ，メセルソンとスタールの実験によってしくみが明らかになった。その実験は ^{15}N(重窒素)を用いたもので，実験方法は次のとおり。まず窒素源に ^{15}N のみを加えた培地中で大腸菌を何度も分裂させ，DNA 中の窒素がすべて ^{15}N の大腸菌を得る(第０世代)。それを ^{15}N を含まず ^{14}N を含む培地で分裂させ，世代ごとの大腸菌を得る。それぞれの大腸菌から DNA を分離し，遠心分離機にかけて重さを比較する。

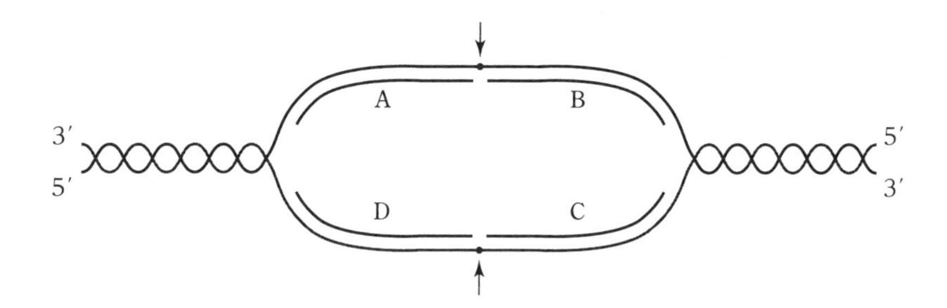

【11】 図中の A ～ D のうちから，リーディング鎖を選んだ組み合わせはどれか。

① A・B　② A・C　③ A・D
④ B・C　⑤ B・D　⑥ C・D

【12】 大腸菌の細胞内に含まれる次の物質のうち，DNA の複製に**関与しない**ものはどれか。

① DNA リガーゼ　② DNA ポリメラーゼ
③ DNA ヘリカーゼ　④ 制限酵素

【13】 DNA の糖，塩基，リン酸のうちから，窒素(N)が含まれているものを過不足なく選んだものはどれか。

① 糖　② 塩基　③ リン酸　④ 糖・塩基
⑤ 糖・リン酸　⑥ 塩基・リン酸　⑦ 糖・塩基・リン酸

【14】 下線部の第０世代を ^{14}N の培地で分裂させると，第３世代では ^{15}N を含まない DNA をもつ大腸菌は全体の何％になるか。

① 12.5 ％　② 25 ％　③ 50 ％　④ 60 ％　⑤ 75 ％

【15】 DNAを大量に複製する方法としてPCR法がある。PCR法では人工的に合成したプライマーを用いる。プライマーに関する記述として正しいものはどれか。

① PCR法で用いるプライマーは1本のヌクレオチド鎖である。生きている細胞内でもプライマーはつくられる。

② PCR法で用いるプライマーは2本鎖のDNAである。生きている細胞内でもプライマーはつくられる。

③ PCR法で用いるプライマーは1本のポリペプチドである。生きている細胞内でもプライマーはつくられる。

④ PCR法で用いるプライマーは1本のヌクレオチド鎖である。生きている細胞内ではプライマーはつくられない。

⑤ PCR法で用いるプライマーは2本鎖のDNAである。生きている細胞内ではプライマーはつくられない。

⑥ PCR法で用いるプライマーは1本のポリペプチドである。生きている細胞内ではプライマーはつくられない。

4 免疫に関する次の文を読み，【16】～【20】の問いについて最も適当なものを，それぞれの下に記したもののうちから１つずつ選べ。

ある人が，指からわずかに出血した。血液は次第に固まり，それをスライドガラスに付着させ，カバーガラスをかけて顕微鏡で観察した。試料の中央には多くの$_{a}$赤血球が$_{b}$血しょう中にあり，その中に仮足を伸ばして動いている赤血球より少し大きな細胞が見られた。これは$_{c}$白血球に分類される。試料の縁では赤血球が重なっており，そこには多くの繊維が見られた。この繊維の主成分は［ア］である。この繊維がつくられるために働く血球は［イ］である。

【16】 下線部ａの赤血球の特徴を，次のウ～カのうちから過不足なく選んだものはどれか。

ウ　球状である。　　　　エ　円盤状である。
オ　中央がへこんでいる。　カ　核をもつ。

① ウ・オ　② ウ・カ　③ ウ・オ・カ
④ エ　⑤ エ・オ　⑥ エ・カ

【17】 下線部ａの赤血球がつくられる場所と壊される場所の組み合わせはどれか。

	つくられる場所	壊される場所
①	肝臓	ひ臓・骨髄
②	肝臓・ひ臓	骨髄
③	肝臓・骨髄	ひ臓
④	ひ臓	肝臓・骨髄
⑤	ひ臓・骨髄	肝臓
⑥	骨髄	肝臓・ひ臓

【18】 下線部ｂの血しょうには抗体が含まれている。抗体は免疫グロブリンというタンパク質で，次の図のように長いＨ鎖２本と短いＬ鎖２本からなる。分子中の２本のＨ鎖，２本のＬ鎖はそれぞれ同一である。われわれのからだは，膨大な種類の抗体をつくり出している。抗体をつくる細胞は１種類の抗体のみを合成し，分泌する。抗体をつくる細胞では，その成熟過程で遺伝子が選ばれる，いわゆる遺伝子の再構成が行われる。Ｈ鎖にはV，D，J，C領域が，Ｌ鎖にはV，J，C領域があり，それぞれの遺伝子の種類は次の表のとおりである。Ｌ鎖にはL_1，L_2の２つのグループがあり，それぞれのグループ内でのみ遺伝子が再構成され，２つのグループに属する遺伝子に共通するものはないものとする。

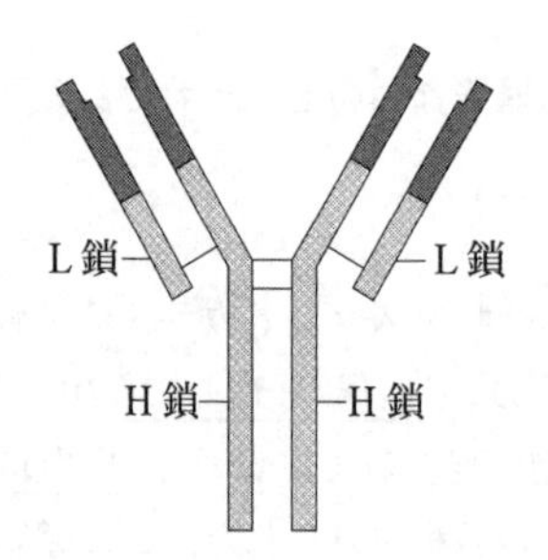

	V	D	J	C
H 鎖	51	27	6	1
L_1 鎖	40	なし	5	1
L_2 鎖	29	なし	4	1

ヒトの抗体をつくる細胞は，計算上何種類の免疫グロブリンをつくることができるか。ただし，遺伝子の再構成は，相同染色体の一方のみで行われ，もう一方の染色体では抗体遺伝子の発現は抑えられているものとする。

① 2.6×10^5 種類　② 3.6×10^5 種類　③ 1.6×10^6 種類
④ 2.6×10^6 種類　⑤ 3.6×10^6 種類　⑥ 1.6×10^7 種類

【19】 下線部 c の白血球に関する記述として**間違っているもの**はどれか。
① リンパ球を含む。
② 自然免疫には関与しない。
③ 核をもつ。
④ ＮＫ細胞を含む。
⑤ 樹状細胞を含む。
⑥ 毛細血管から組織に移動できる。

【20】 文中の ア ， イ にあてはまる語の組み合わせはどれか。

	ア	イ
①	ケラチン	赤血球
②	ケラチン	白血球
③	ケラチン	血小板
④	フィブリン	赤血球
⑤	フィブリン	白血球
⑥	フィブリン	血小板

5 減数分裂に関する次の文を読み，【21】～【25】の問いについて最も適当なものを，それぞれの下に記したもののうちから１つずつ選べ。

次の図は，ある生物の減数分裂中の２種の細胞 A，B を模式的に示したものである。ただし，細胞 A，B の倍率は同じではない。

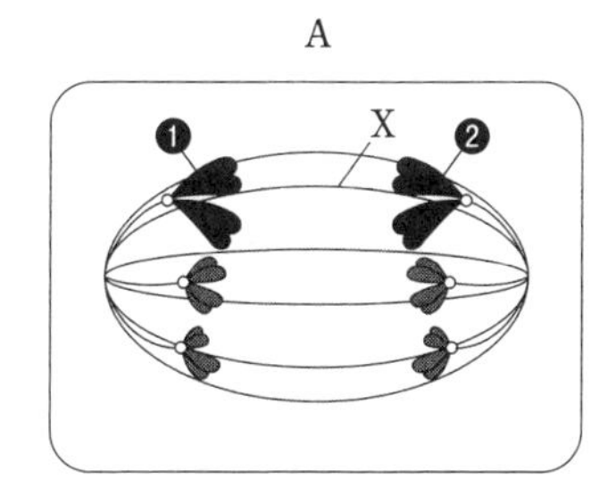

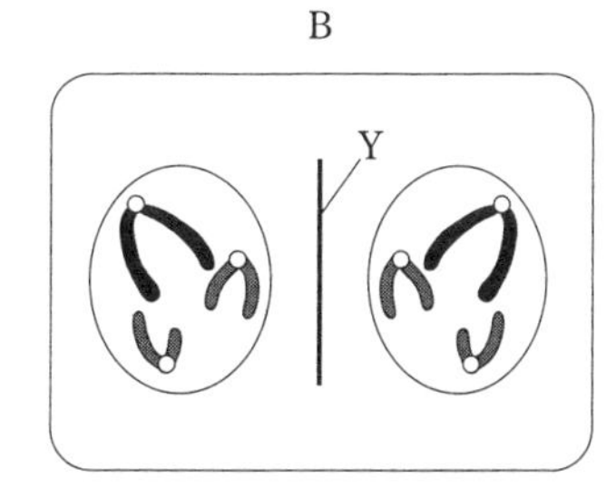

細胞 A は減数分裂第［ア］分裂の［イ］期にある。図中の細胞 A の❶と❷のように，同じ大きさと形の対をなす染色体は［ウ］とよばれる。この生物は，細胞 B 中に構造物 Y があることから［エ］であることがわかる。構造物 X は染色体に付着し，染色体を二分して両極に引っ張る。また，この図より，この生物の体細胞の染色体数は $2n=$［オ］と表せる。構造物 X を構成するタンパク質は［カ］であり，そのモータータンパク質は［キ］である。

【21】 文中の［ア］，［イ］にあてはまる語の組み合わせはどれか。

	①	②	③	④	⑤	⑥	⑦	⑧
ア	一	一	一	一	二	二	二	二
イ	前	中	後	終	前	中	後	終

【22】 文中の［ウ］～［オ］にあてはまる語や数の組み合わせはどれか。

	ウ	エ	オ
①	相同染色体	植物	3
②	相同染色体	植物	6
③	相同染色体	動物	3
④	相同染色体	動物	6
⑤	二価染色体	植物	3
⑥	二価染色体	植物	6
⑦	二価染色体	動物	3
⑧	二価染色体	動物	6

【23】 文中の カ , キ にあてはまる語の組み合わせはどれか。

	カ	キ
①	チューブリン	ダイニン，キネシン
②	チューブリン	ダイニン，ミオシン
③	チューブリン	キネシン，ミオシン
④	アクチン	ダイニン，キネシン
⑤	アクチン	ダイニン，ミオシン
⑥	アクチン	キネシン，ミオシン

【24】 細胞A，Bの細胞あたりのDNA量に関する記述として正しいものはどれか。

① 細胞AのDNA量は，細胞BのDNA量と等しい。

② 細胞AのDNA量は，細胞BのDNA量の$\frac{1}{4}$倍である。

③ 細胞AのDNA量は，細胞BのDNA量の$\frac{1}{2}$倍である。

④ 細胞AのDNA量は，細胞BのDNA量の2倍である。

⑤ 細胞AのDNA量は，細胞BのDNA量の4倍である。

【25】 次のa～dのうちから，減数分裂に関する記述として正しいものを選んだ組み合わせはどれか。

a 被子植物では葯(やく)と胚珠で行われる。

b 動物の配偶子形成では，精原細胞が減数分裂第一分裂を行い，一次精母細胞となる。

c 動物の配偶子形成では，二次卵母細胞から第一極体が生じる。

d 動物の配偶子形成では，1つの一次卵母細胞から卵は1つ生じる。

① a・b　　② a・c　　③ a・d

④ b・c　　⑤ b・d　　⑥ c・d

6 生態系に関する次の文を読み，【26】～【30】の問いについて最も適当なものを，それぞれの下に記したもののうちから１つずつ選べ。

図１は生態系における炭素の流れを，図２は生態系におけるエネルギーの流れを示している。図中のＰは生産者，C_1 は一次消費者，C_2 は二次消費者を表す。図２中のＰは［ ア ］エネルギーを取り入れ，有機物中の［ イ ］エネルギーに変えている。e は［ ウ ］エネルギーの流れを，f は［ エ ］エネルギーの流れをそれぞれ示している。

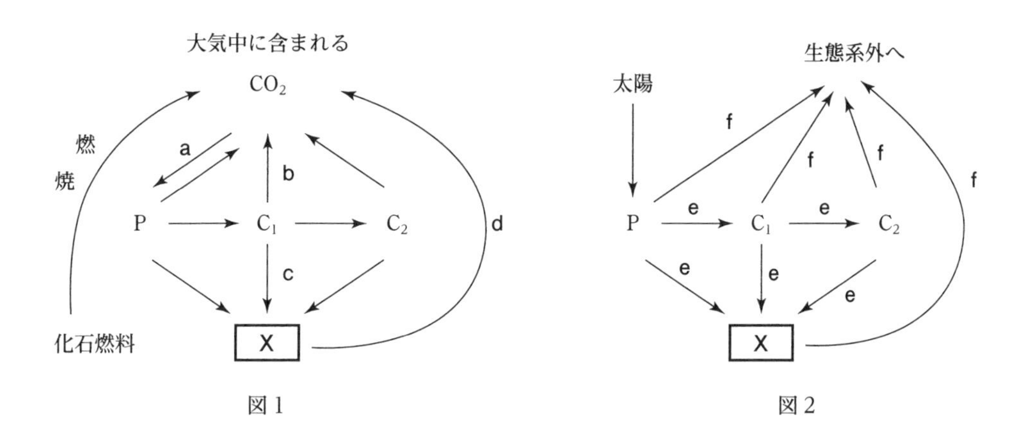

図１　　　　図２

【26】 図１中の a ～ d のうちから，呼吸にあたるものを過不足なく選んだものはどれか。

① a　② b　③ c　④ d
⑤ a，b　⑥ b，d　⑦ c，d

【27】 次のオ～ケの生物のうちから，図１，２中の X に属さないものを選んだ組み合わせはどれか。

オ　ネンジュモ　　カ　シイタケ　　キ　アオカビ
ク　大腸菌　　ケ　硝酸菌

① オ・カ　② オ・キ　③ オ・ク　④ オ・ケ　⑤ カ・キ
⑥ カ・ク　⑦ カ・ケ　⑧ キ・ク　⑨ キ・ケ　⓪ ク・ケ

【28】 文中の ア , イ にあてはまる語の組み合わせはどれか。

	ア	イ
①	化学	熱
②	化学	光
③	熱	化学
④	熱	光
⑤	光	化学
⑥	光	熱

【29】 文中の ウ , エ にあてはまる語の組み合わせはどれか。

	ウ	エ
①	化学	熱
②	化学	光
③	熱	化学
④	熱	光
⑤	光	化学
⑥	光	熱

【30】 生体を構成しているタンパク質，核酸，脂質のうちから，炭素を含むものを過不足なく選んだものはどれか。

① タンパク質　② 核酸　③ 脂質
④ タンパク質・核酸　⑤ タンパク質・脂質　⑥ 核酸・脂質
⑦ タンパク質・核酸・脂質

7 **遺伝情報の発現に関する次の文を読み，【31】～【34】の問いについて最も適当なものを，それぞれの下に記したもののうちから１つずつ選べ。【35】の問いについては，最も適当なものを【34】の問いの下に記したもののうちから１つ選べ。**

遺伝子の本体であるDNAは，ヌクレオチドを構成単位とし，それがつながったヌクレオチド鎖が２本結合したものである。１本のヌクレオチド鎖においては，ヌクレオチドとヌクレオチドは［ア］で結合している。２本のヌクレオチド鎖は［イ］向きに平行に並び，塩基どうしで結合している。２本鎖全体は二重らせん構造をとっている。遺伝子の発現は，mRNAの合成およびタンパク質の合成という形で行われる。それらの過程では，まずDNAの遺伝子の部分の二重らせんがほどけ，片方の鎖を鋳型にしてmRNAが合成される(転写)。タンパク質の合成の場合にはmRNAの情報に基づいて細胞内のアミノ酸が次々に結合し，タンパク質が合成される(翻訳)。細胞分裂の際には，分裂に先立ってDNAの複製が行われる。複製の際には，ごくまれに遺伝子突然変異が起こる。

【31】 文中の［ア］，［イ］にあてはまる語の組み合わせはどれか。

	ア	イ
①	塩基とリン酸	同じ
②	塩基とリン酸	逆
③	塩基と糖	同じ
④	塩基と糖	逆
⑤	糖とリン酸	同じ
⑥	糖とリン酸	逆

【32】 あるDNAの一方のヌクレオチド鎖のA，C，G，Tの割合がそれぞれa％，c％，g％，t％（$a+c+g+t=100$）であったとすると，DNA全体のAの割合(％)はどのように表されるか。

① $2a$　② $a+c$　③ $a+g$　④ $a+t$

⑤ $\frac{a+c}{2}$　⑥ $\frac{a+g}{2}$　⑦ $\frac{a+t}{2}$　⑧ a

【33】 次の図は，アミノ酸400個からなるタンパク質Pの遺伝子の一部，およびその遺伝子の転写，翻訳を示したものである。ただし，遺伝暗号は左から読み取られるものとする。

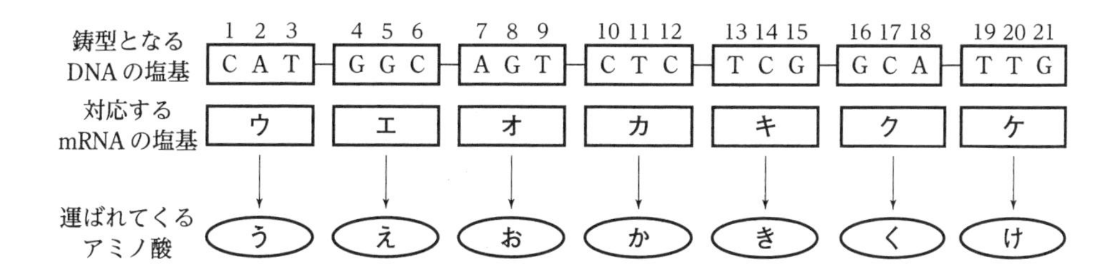

図中の**う**は200番目のアミノ酸を，**け**は206番目のアミノ酸を示し，**ウ**～**ケ**は**う**～**け**のそれぞれのコドンを示す。コドン**ウ**～**ケ**から指定されるアミノ酸は何種類か。下の**遺伝暗号表**を用いて考えること。

① 3種類　② 4種類　③ 5種類　④ 6種類　⑤ 7種類

【34】 下線部の遺伝子突然変異に関して，**【33】**の図のDNAの8番目のGがCに置き換わったとき，つくられるタンパク質Pはどのようになるか。下の**遺伝暗号表**を用いて考えること。

① 合成されるPのアミノ酸配列，アミノ酸の数には変化は見られない。
② 合成されるPのアミノ酸配列は1か所異なるが，アミノ酸の数には変化は見られない。
③ 202番目のアミノ酸以降のアミノ酸配列に大きな変化が見られるが，アミノ酸の総数に変化は見られない。
④ 204番目のアミノ酸以降のアミノ酸配列に大きな変化が見られるが，アミノ酸の総数に変化は見られない。
⑤ アミノ酸201個からなるポリペプチド鎖が合成される。
⑥ アミノ酸202個からなるポリペプチド鎖が合成される。
⑦ アミノ酸203個からなるポリペプチド鎖が合成される。
⑧ アミノ酸204個からなるポリペプチド鎖が合成される。
⑨ アミノ酸205個からなるポリペプチド鎖が合成される。

【35】 下線部に関して，**【33】**の図のDNAの13番目と14番目の間にTが挿入されたとき，つくられるタンパク質Pはどのようになるか。**【34】**の選択肢から選べ。下の**遺伝暗号表**を用いて考えること。

遺伝暗号表

1番目の塩基	2番目の塩基 U	C	A	G	3番目の塩基
U	UUU フェニルアラニン	UCU セリン	UAU チロシン	UGU システイン	U
	UUC	UCC	UAC	UGC	C
	UUA ロイシン	UCA	UAA （終止）	UGA（終止）	A
	UUG	UCG	UAG	UGG トリプトファン	G
C	CUU ロイシン	CCU プロリン	CAU ヒスチジン	CGU アルギニン	U
	CUC	CCC	CAC	CGC	C
	CUA	CCA	CAA グルタミン	CGA	A
	CUG	CCG	CAG	CGG	G
A	AUU イソロイシン	ACU トレオニン	AAU アスパラギン	AGU セリン	U
	AUC	ACC	AAC	AGC	C
	AUA	ACA	AAA リシン	AGA アルギニン	A
	AUG メチオニン(開始)	ACG	AAG	AGG	G
G	GUU バリン	GCU アラニン	GAU アスパラギン酸	GGU グリシン	U
	GUC	GCC	GAC	GGC	C
	GUA	GCA	GAA グルタミン酸	GGA	A
	GUG	GCG	GAG	GGG	G

8　植生の遷移に関する次の文を読み，【36】～【40】の問いについて最も適当なものを，それぞれの下に記したもののうちから１つずつ選べ。

次の図は，伊豆大島における火山活動によって生じた溶岩原の分布の一部を示し，図中の地域A～Dは，それぞれ下に示す年に溶岩に覆われた(噴火の噴出物により推定)。

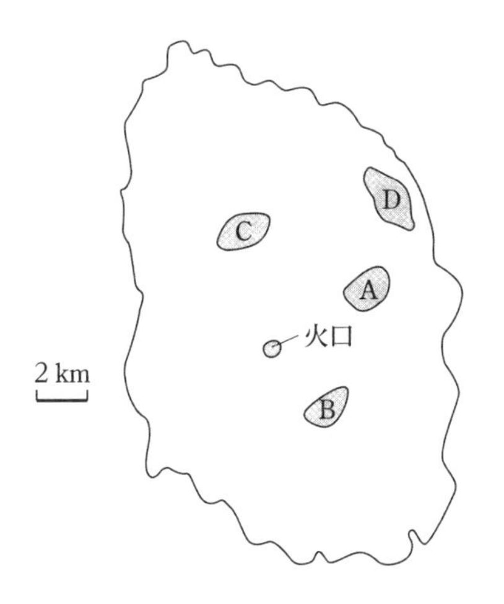

地域A　1950年　　　　地域B　1778年
地域C　684年　　　　地域D　約4000年前

それぞれに生息している代表的な植物を２つずつ挙げると次のようになる。地域ア，イ，ウは地域A，C，Dのいずれかである。

地域ア　ヤブツバキ，オオシマザクラ　　　地域B　オオバヤシャブシ，ハコネウツギ
地域イ　スダジイ，タブノキ　　　　　　　地域ウ　ススキ，イタドリ

【36】　地域ア，イ，ウにあてはまる地域A，C，Dの組み合わせはどれか。

	ア	イ	ウ
①	A	C	D
②	A	D	C
③	C	A	D
④	C	D	A
⑤	D	A	C
⑥	D	C	A

【37】 地域 A ～ D に見られる遷移として正しいものはどれか。

① 一次遷移の乾性遷移

② 一次遷移の湿性遷移

③ 二次遷移の乾性遷移

④ 二次遷移の湿性遷移

【38】 地域 D に形成されるバイオームは，日本の水平分布ではおもにどの地域に見られるか。

① 沖縄を含む緯度 25°～ 30°の地域

② 四国を含む緯度 30°～ 35°の地域

③ 東北地方を含む緯度 35°～ 40°の地域

④ 北海道を含む緯度 40°～ 45°の地域

【39】 【38】で選んだ地域で優占する可能性のある樹木はどれか。

① アラカシ・ブナ　② アラカシ・シラビソ　③ アラカシ・クスノキ

④ クスノキ・シラビソ　⑤ クスノキ・ブナ　⑥ シラビソ・ブナ

【40】 遷移の初期には，根に窒素固定細菌を共生させている木本が見られることがある。窒素固定に関する記述として正しいものはどれか。

① 空気中の窒素分子をアンモニウムイオンに変える。

② 空気中の窒素分子を硝酸イオンに変える。

③ 空気中の窒素分子からアミノ酸をつくる。

④ 土中のアンモニウムイオンを亜硝酸イオンに変える。

⑤ 土中の亜硝酸イオンを硝酸イオンに変える。

⑥ 土中のアンモニウムイオンからアミノ酸をつくる。

9

タンパク質の構造・酵素に関する次の文を読み，【41】～【45】の問いについて最も適当なものを，それぞれの下に記したもののうちから１つずつ選べ。

生命活動の主役はタンパク質である。タンパク質は20種類のアミノ酸がDNAの情報によって多数結合したものである。そのアミノ酸配列はタンパク質の［ア］次構造とよばれる。タンパク質の中には複数のポリペプチドが合わさって機能するものがある。たとえばヘモグロビンは［イ］つのポリペプチドが集まって機能する。これはタンパク質の［ウ］次構造とよばれる。<u>タンパク質には，特定の細胞・組織に多量に含まれるものがある。</u>

酵素の本体はタンパク質である。次の図は，同じ基質に作用する一定濃度の酵素Xと酵素Yに，異なる濃度の基質を作用させたときの反応速度を示したものである。ただし，濃度は単位体積あたりの粒子の数とする。また，反応速度の最大値 V の $\frac{1}{2}$ の速度を示す基質濃度は K_m 値とよばれ，酵素Xの K_m 値を K_{mX}，酵素Yの K_m 値を K_{mY} とする。

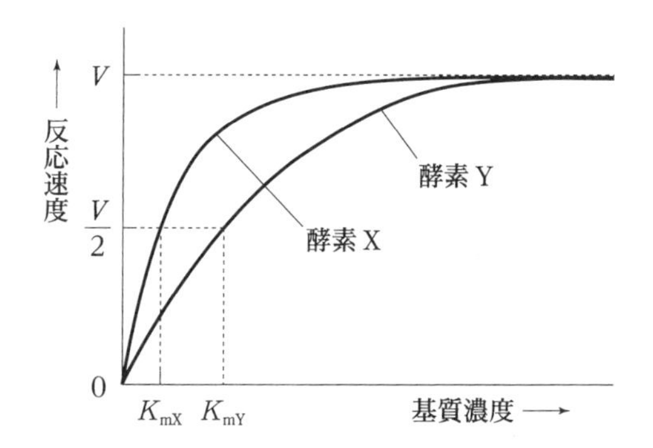

【41】 文中の［ア］～［ウ］にあてはまる数の組み合わせはどれか。

	①	②	③	④	⑤	⑥	⑦	⑧
ア	一	一	一	一	二	二	二	二
イ	2	2	4	4	2	2	4	4
ウ	三	四	三	四	三	四	三	四

【42】 ポリペプチドどうしはジスルフィド結合(S－S結合)によって結びついている場合がある。それはポリペプチド中のどのアミノ酸どうしの結合か。

① アスパラギン酸　② アスパラギン　③ セリン
④ システイン　⑤ ロイシン

【43】 下線部に関して，細胞・組織とそこに多量に含まれるタンパク質の組み合わせとして**間違っているもの**はどれか。

	細胞・組織	タンパク質
①	目の水晶体(レンズ)	クリスタリン
②	肝細胞	インスリン
③	筋肉	ミオシン
④	赤血球	ヘモグロビン

【44】 基質濃度を上げていくと，やがてグラフは水平になる。その理由として正しいものはどれか。

① すべての基質が反応生成物になるため。

② 反応における活性化エネルギーが最大に達するため。

③ 反応エネルギーが最大に達するため。

④ すべての基質が酵素－基質複合体になっている状態のため。

⑤ すべての酵素が酵素－基質複合体になっている状態のため。

【45】 次のⅠ，Ⅱの問いについて，正しいものの組み合わせはどれか。ただし，反応速度は，酵素と基質が結合して，酵素－基質複合体を形成する頻度によって決まるものとする。

Ⅰ 酵素Xの濃度を $\frac{1}{2}$ にするとき，K_{mX} の値はどのようになるか。

Ⅱ 酵素X，Yのうち，基質と酵素－基質複合体を形成しやすいのはどちらか。

	Ⅰ	Ⅱ
①	大きくなる。	X
②	大きくなる。	Y
③	変わらない。	X
④	変わらない。	Y
⑤	小さくなる。	X
⑥	小さくなる。	Y

令和5年度　物　理　解答と解説

1　さまざまな物理現象

【1】 等加速度直線運動の速度の大きさと加速度の大きさの関係式 $v=v_0+at$, 直線上を一定の加速度で進む物体の運動であり，初速度の大きさが v_0, 加速度の大きさ a で等加速度直線運動する物体の時刻 t における速度の大きさ v は，上記の通り表せる。

そこで，問で与えられている通り，物体の速さを y, 物体が減速を始めてからの経過時間を x とし，減速するために加速度の大きさ a がマイナスであることに留意して表すと，$y=v_0-ax$ となる。さらにこの問での定数をそれぞれ a と b でくくると，$y=b-ax=-ax+b$ と表せる。よって傾きがマイナスであり，かつ切片をもつ一次関数のグラフは③となる。

答【1】③

【2】 仕事 $W=Fx$, 物体に一定の大きさ F の力を加え，力の向きに距離 x 移動させたとき，力が物体にした仕事 W は，上記の通り表せる。

そこで，問で与えられている通り，力が物体にした仕事を y, 移動距離を x で表すと，$y=Fx$ となる。さらにこの問での定数を a でくくると，$y=ax$ と表せる。よって原点を通る1次関数のグラフは①となる。

答【2】①

【3】 電荷がもつ静電気力による位置エネルギー $U=k\dfrac{Qq}{r}$, それぞれの点電荷がもつ電気量の大きさを Q, q とし，クーロンの法則の比例定数を k, それぞれの点電荷間の距離を r とすると，電荷がもつ静電気力による位置エネルギー U は，上記の通り表せる。

そこで，問で与えられている通り，点電荷 B のもつ静電気力による位置エネルギーを y, 点電荷 A から点電荷 B の距離を x で表すと，$y=k\dfrac{Qq}{x}$ となる。

さらにこの問での定数を a でくくると，$y=\dfrac{a}{x}$ と表せる。よって反比例のグラフは⑥となる。

答【3】⑥

【4】 光の屈折の関係 $\dfrac{n_2}{n_1}=\dfrac{v_1}{v_2}$, 媒質Ⅰの絶対屈折率を n_1, 媒質Ⅱの絶対屈折率を n_2 とし，媒質Ⅰの光の速さを v_1, 媒質Ⅱの光の速さを v_2 とすると，上記の通り表せる。

さて，真空中を進行するレーザー光線のレーザー光の速さと，絶対屈折率 $\sqrt{2}$ の媒質中を進行するレーザー光の速さを比較するために，絶対屈折率と光の速さの関係を考える。まず，真空中のレーザー光の速さを v_1, 絶対屈折率 $\sqrt{2}$ の媒質中のレーザー光の速さを v_2 とする。次に真空中の絶対屈折率が1であることに留意すると，上式 $\dfrac{n_2}{n_1}=\dfrac{v_1}{v_2}$ のうち $n_1=1$ が与えられ，かつ絶対屈折率 $\sqrt{2}$ の媒質中では $n_2=\sqrt{2}$ が与えられるため，それぞれを代入すると，$\dfrac{n_2}{n_1}=\dfrac{\sqrt{2}}{1}=\dfrac{v_1}{v_2}$ と表せる。よって，整理すると $v_2=\dfrac{1}{\sqrt{2}}v_1=\dfrac{\sqrt{2}}{2}v_1$ と表せるため，絶対屈折率 $\sqrt{2}$ の媒質中を進行するレーザー光の速さ v_2 は，真空中を進行するレーザー光の速さ v_1 の $\dfrac{\sqrt{2}}{2}$ 倍と求まる。

答【4】⑤

【5】 電気抵抗と抵抗率の関係 $R=\rho\dfrac{L}{S}$, 物質の抵抗 R は抵抗率を ρ とし，その長さ L に比例し，断面積 S に反比例するため，上記の通り表せる。

さて，ニクロム線Aとニクロム線Bの抵抗値を比較するために，長さ l, 断面積 S の一様な太さのニクロム線Aの抵抗と抵抗率の関係と，長さ$\frac{l}{2}$，断面積$2S$の一様な太さのニクロム線Bの抵抗と抵抗率の関係の2式を，ニクロム線の材質が同じ，すなわち抵抗率ρが同じであることに留意して立てる。ニクロム線Aの抵抗R_Aと抵抗率の関係は$R_A=\rho\frac{l}{S}$と表せる。次にニクロム線Bの抵抗R_Bと抵抗率の関係は$R_B=\rho\frac{\frac{l}{2}}{2S}=\rho\frac{l}{4S}$と表せる。よってこの2式を連立させると，$R_B=\frac{1}{4}R_A$と表せるため，ニクロム線Bの抵抗値$R_B$は，ニクロム線Aの抵抗値$R_A$の$\frac{1}{4}$倍と求まる。

答【5】②

答【1】③【2】①【3】⑥
【4】⑤【5】②

[2] 力学的エネルギーと円運動に関する問題

【6】 小球の水平面と同じ高さにある半円筒面の最下点である点Oでの速さを求めるために，位置エネルギー，運動エネルギーおよび力学的エネルギーの保存の法則について考える。位置エネルギーUは，物体の質量をm，重力加速度の大きさをg，物体の高さをhとすると，$U=mgh$と表せる。次に運動エネルギーKは，物体の速さをvとすると，$K=\frac{1}{2}mv^2$と表せる。さらに，力学的エネルギーEは，位置エネルギーUと運動エネルギーKの和であり，かつ保存されるためこれらは，$E=K+U$と表せる。

さて，水平面からの高さが$3r$である点Aでの力学的エネルギーは，小球がはじめ静止していることに留意すると，$E_A=K+U=0+mg\times 3r=3mgr$と表せる。次に水平面と同じ高さにある半円筒面の最下点である点Oでの力学的エネルギーは，点Oの高さが$h=0$であることに留意し，点Oでの速さをv_0とすると，$E_O=K+U=\frac{1}{2}mv_0^2+0=\frac{1}{2}mv_0^2$と表せる。かつ，この点Aと点Oの力学的エネルギーは保存されるため，点Oでの速さv_0は，$3mgr=\frac{1}{2}mv_0^2$より，整理すると，$v_0=\sqrt{6}\times\sqrt{gr}$と求まる。

答【6】④

【7】 小球が点Oを通過した直後に小球が受ける垂直抗力の大きさを求めるために，運動方程式と向心力について考える。物体に生じる加速度の大きさaは，受ける力Fに比例し，物体の質量mに反比例するため，$ma=F$と表せる。また，円運動をする物体は，常に円の中心に向かう向心力を受ける。その向心力の大きさFは，円運動の半径をr，角速度をω，速さをvとすると，$F=ma=mr\omega^2=m\frac{v^2}{r}$と表せる。

さて，点Oを通過した直後の小球は下図のような2力がはたらく。

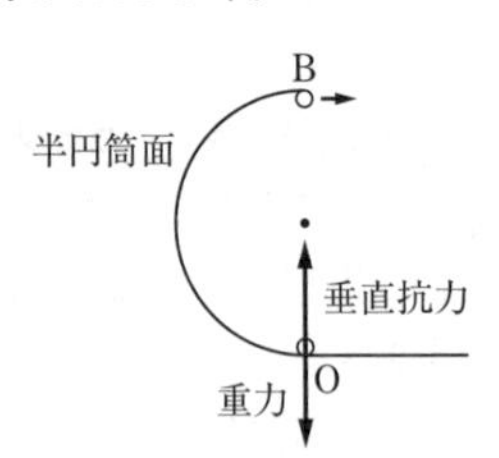

また，円運動を行う際は円の中心に向かう向心力があるため，向心加速度を下図のように円の中心方向に仮定し，円運動における小球の運動方程式を立てる。

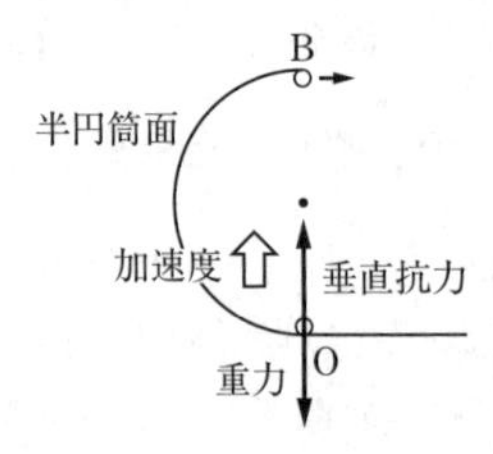

垂直抗力をN，点Oでの速さをv_0とし，半円筒面の半径がrであることに留意すると，小球の運動方程式は，$ma=m\frac{v_0^2}{r}=N-mg$と表せる。よって，【6】より$v_0=\sqrt{6gr}$を上式に代

入すると，$m\dfrac{(\sqrt{6gr})^2}{r}=N-mg$ となるため，整理すると小球が受ける垂直抗力の大きさは，$N=7\times mg$ と求まる。

答【７】⓪

【８】 半円筒面の最上点である点Ｂでの速さを求めるために,【６】と同様に力学的エネルギーの保存の法則について考える。

さて，【６】と同様に点Ａでの力学的エネルギーは，$E_A=3mgr$ と表せる。次に，点Ｂでの力学的エネルギーは，点Ｂでの速さを v_B とし，半円筒面の半径が r であることに留意すると，$E_B=K+U=\dfrac{1}{2}mv_B{}^2+2mgr$ と表せる。よって，【６】と同様に点Ｂと点Ａの力学的エネルギーは保存されるため，点Ｂでの速さ v_B は，$3mgr=\dfrac{1}{2}mv_B{}^2+2mgr$ より，整理すると，$v_B=\sqrt{2}\times\sqrt{gr}$ と求まる。

答【８】①

【９】 小球が点Ｂから投射されてから水平面上に到達するまでの時間を求めるために，水平投射と自由落下の落下距離と落下時間の関係について考える。水平投射は x 軸の等速度直線運動と y 軸の自由落下を合成した運動となる。また，自由落下では，落下距離を y，重力加速度の大きさを g，落下時間を t とすると，これらは $y=\dfrac{1}{2}gt^2$ と表せる。

さて，半円筒面である点Ｂから投射された小球は水平投射する。水平投射は上記の通り，y 軸では自由落下の運動を行うため，落下距離が $2r$ であることに留意し，上式 $y=\dfrac{1}{2}gt^2$ に代入すると，$2r=\dfrac{1}{2}gt^2$ と表せる。よって，整理すると小球が点Ｂから投射されてから水平面上に到達するまでの時間は，$t=2\times\sqrt{\dfrac{r}{g}}$ と求まる。

答【９】③

【10】 点Ｏから小球の到達点までの距離を求めるために，【９】と同様に水平投射と，新たに等速度直線運動について考える。水平投射の x 軸の運動は等速度直線運動である。また，等速度直線運動では，運動距離を x，速さを v，運動時間を t とすると，$x=vt$ と表せる。

さて，半円筒面である点Ｂから投射された小球は水平投射する間に，x 軸に対して等速度直線運動を行う。よって，水平投射を行う時間が【９】より，$t=2\sqrt{\dfrac{r}{g}}$ であることと，点Ｂでの水平投射の初速度の大きさが【８】より $v_B=\sqrt{2gr}$ であることに留意し，上式 $x=vt$ に代入すると,$x=\sqrt{2gr}\times 2\sqrt{\dfrac{r}{g}}$ と表せる。よって，整理すると点Ｏから小球の到達点までの距離は，$x=2\sqrt{2}\times r$ と求まる。

答【10】⑤

答【６】④【７】⓪【８】①

【９】③【10】⑤

３ 力のモーメントに関する問題

【11】 力のつり合いより，Ａさんが棒を支える力の大きさ F_A〔N〕とＢさんが棒を支える力の大きさ F_B〔N〕の合力 F_A+F_B〔N〕を求めるために，力のつり合いについて考える。物体が力を受けていても，その物体が静止しているとき，力はつり合っているという。力がつり合う条件は，物体が受ける力の合力が０〔N〕になることである。

さて，棒には下図のような４力がはたらく。

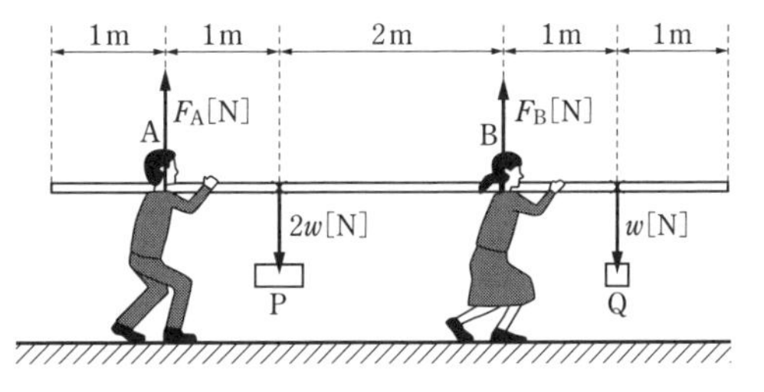

棒は静止しているため，棒が受ける上記の４力の合力は０〔N〕となる。よって，鉛直上向きを正，鉛直下向きを負として，力のつり合いの

式を立てると，$F_A+F_B-2w-w=0$〔N〕と表せる。よって，整理するとAさんが棒を支える力の大きさF_A〔N〕とBさんが棒を支える力の大きさF_B〔N〕の合力F_A+F_B〔N〕は，$F_A+F_B=3\times w$〔N〕と求まる。

答【11】⓪

【12】　Bさんが支えている点のまわりの力のモーメントのつり合いより，Aさんが棒を支える力の大きさF_A〔N〕を求めるために，力のモーメントとそのつり合いについて考える。力のモーメントとは物体を回転させる力のはたらきである。力の大きさをF〔N〕，回転軸上の点から作用線におろした垂線の長さ（うでの長さ）をL〔m〕とすると，力のモーメントM〔N·m〕は，$M=FL$〔N·m〕と表せる。また，力のモーメントのつり合いは力のつり合いと同様で，力のモーメントがつり合う条件は，物体が受ける力のモーメントの合計が0〔N·m〕になることである。

さて，Bさんが支えている点のまわりの力のモーメントのつり合いを考えるため，回転軸をBさんとする。よって，Bさんが棒を支える力の大きさF_Bは回転軸にはたらくことになり，回転させることができなくなるため，下図のような3力のモーメントについて考える。

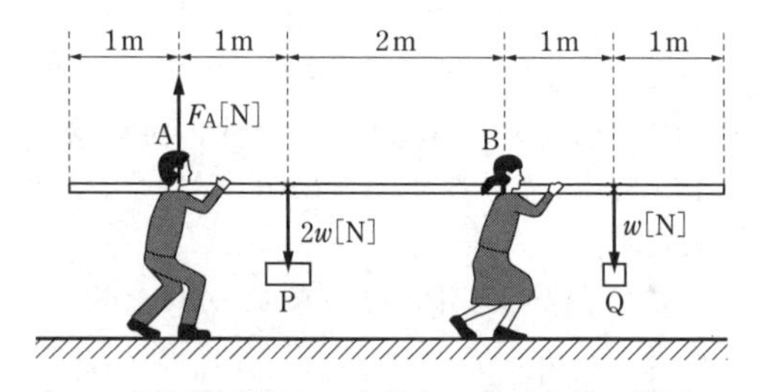

Bさんが支えている点からそれぞれの力までの距離と，力のモーメントが反時計回りを正，時計回りを負とすることに留意して，Bさんが支えている点のまわりの力のモーメントのつり合いの式を立てると，$-(F_A\times 3)+(2w\times 2)-(w\times 1)=0$〔N·m〕と表せる。よって，整理するとAさんが棒を支える力の大きさF_A〔N〕は，$F_A=1\times w$〔N〕と求まる。

答【12】②

【13】　坂道での，Aさんが棒を支える力の大きさF_A'〔N〕とBさんが棒を支える力の大きさF_B'〔N〕の，F_A〔N〕とF_B〔N〕の大小関係を求めるために，【12】と同様に力のモーメントとそのつり合いについて考える。

さて，問題文を見ると，Aさん，Bさんが棒を支える力は，ともに鉛直上向きであるとする…ということに留意すると棒には下図のような4力がはたらく。

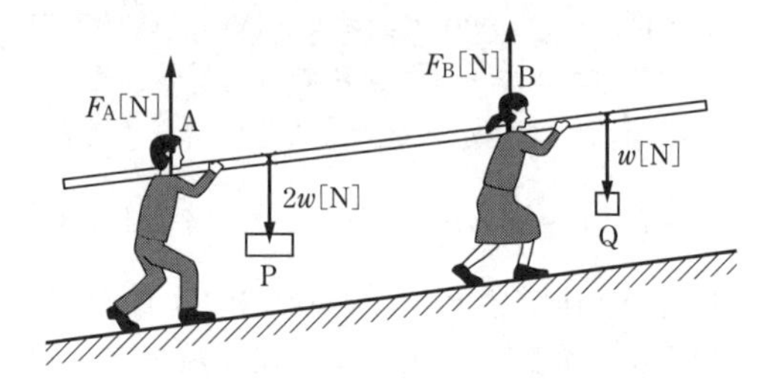

そこで，F_A〔N〕とF_A'〔N〕の大小関係を比較するために，まずはBさんが支えている点のまわりの力のモーメントのつり合いを考える。【12】と同様に回転軸をBさんとすると，下図のような3力のモーメントについて考える。

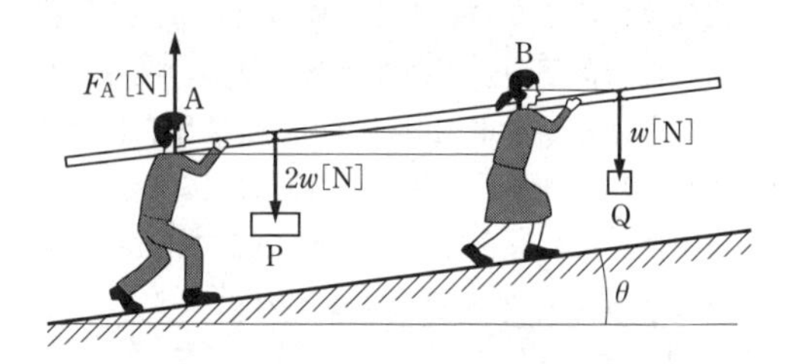

Bさんが支えている点からそれぞれの力までの垂線の長さ（うでの長さ）がそれぞれの距離の$\cos\theta$であることに留意して，Bさんが支えている点のまわりの力のモーメントのつり合いの式を立てると，$-(F_A'\times 3\cos\theta)+(2w\times 2\cos\theta)-(w\times 1\cos\theta)=0$〔N·m〕と表せる。よって，整理すると，$F_A'=w$〔N〕と求まるため，$F_A$〔N〕と$F_A'$〔N〕の大小関係は，$F_A=F_A'$と求まる。

次に，F_B〔N〕とF_B'〔N〕の大小関係を比較するために，F_B〔N〕を求める。【11】より，$F_A+F_B=3w$〔N〕に【12】より，$F_A=w$〔N〕を代入すると，F_B〔N〕は，$F_B=2w$〔N〕と求まる。

さらに，F_B'〔N〕を求めるために，A さんが支えている点のまわりの力のモーメントのつり合いを考える。回転軸を A さんとすると，下図のような 3 力のモーメントについて考える。

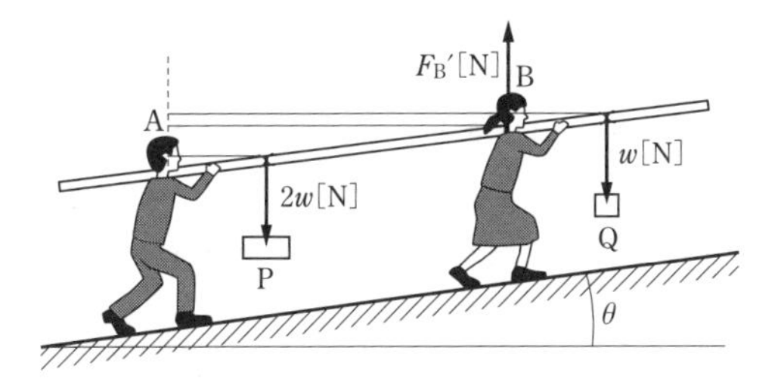

先ほどと同様に A さんが支えている点からそれぞれの力までの垂線の長さ（うでの長さ）がそれぞれの距離の $\cos\theta$ であることに留意して，A さんが支えている点のまわりの力のモーメントのつり合いの式を立てると，$-(2w\times 1\cos\theta)+(F_B'\times 3\cos\theta)-(w\times 4\cos\theta)=0$〔N·m〕と表せる。よって，整理すると，$F_B'=2w$〔N〕と求まるため，$F_B$〔N〕と F_B'〔N〕の大小関係は，$F_B=F_B'$ と求まる。

答【13】⑧

【14】 棒の右端 R を壁に置いたまま，棒が水平になるように A さんが棒を支えるときの力の大きさを求めるために，【12】と同様に力のモーメントとそのつり合いについて考える。

さて，棒には下図のような 4 力がはたらく。

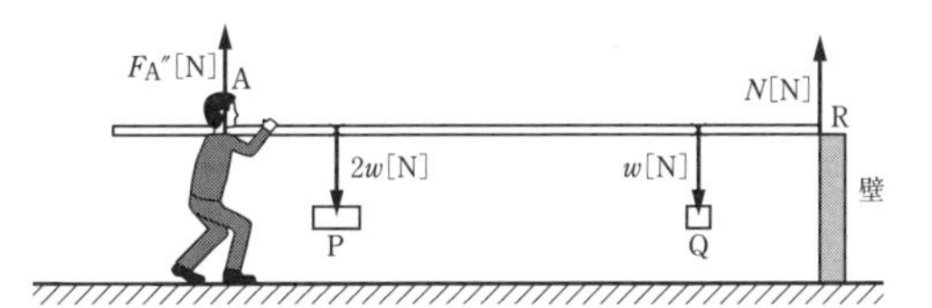

次に，棒の右端 R の垂直抗力 N〔N〕が未知数であるため，回転軸を棒の右端 R とし，下図のような 3 力のモーメントについて考える。

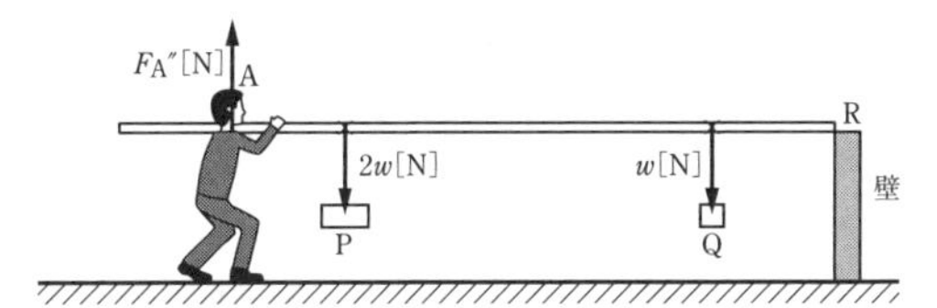

棒の右端 R からそれぞれの力までの距離に留意して，棒の右端 R のまわりの力のモーメントのつり合いの式を立てると，$-(F_A''\times 5)+(2w\times 4)+(w\times 1)=0$〔N·m〕と表せる。よって，整理すると A さんが棒を支えるときの力の大きさ F_A''〔N〕は，$F_A''=\dfrac{9}{5}\times w$〔N〕と求まる。

答【14】⑧

【15】 おもり P，Q をつり下げた棒を，棒が水平になるように A さん 1 人で棒を支える点の棒の右端 R からの距離を求めるために，【11】と同様に力のつり合いについて，また【12】と同様に力のモーメントとそのつり合いについて考える。

さて，棒には下図のような 3 力がはたらく。

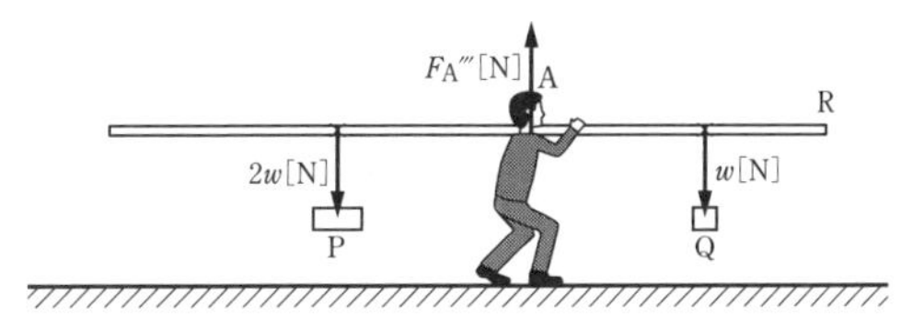

次に，この 3 力の力のつり合いについて考える。【11】と同様に，棒は静止しているため，棒が受ける上記の 3 力の合力は 0〔N〕となる。よって，鉛直上向きを正，鉛直下向きを負として，力のつり合いの式を立てると，$F_A'''-2w-w=0$〔N〕と表せる。よって，整理すると A さんが棒を支える力の大きさ F_A'''〔N〕は，$F_A'''=3w$〔N〕と求まる。

さらに，この 3 力の力のモーメントのつり合いについて考える。問題文を見ると，A さん 1 人で棒を支える点は，棒の右端 R から…とあるため，【14】と同様に棒の右端 R を回転軸とし，かつ棒の右端 R から A さんまでの距離を x〔m〕として，棒の右端 R のまわりの力のモーメントのつり合いの式を立てると，$(2w\times 4)-(F_A'''\times x)+(w\times 1)=0$〔N·m〕と表せる。また上式 $F_A'''=3w$〔N〕を代入すると，$(2w\times 4)-(3w\times x)+(w\times 1)=0$〔N·m〕と表せるため，棒の右端 R から A さんまでの距離 x〔m〕は，$x=3$〔m〕と求まる。

別解

棒の右端 R から A さんまでの距離を求めるために，平行で同じ向きの 2 力の合成について考える。並行で同じ向きの2力の合力の位置は，2力の作用点間を，力の大きさの逆比に内分する点である。

さて，改めて棒にはたらく3力は下図の通りである。

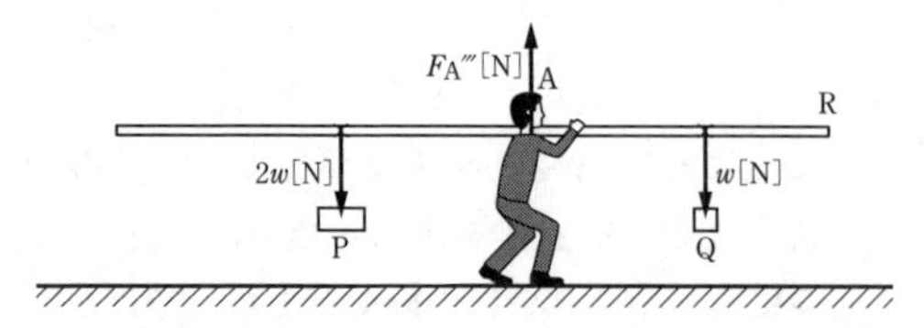

上図の通り，おもりPの重さは2w〔N〕であり，おもりQの重さはw〔N〕である。よって，この2力の合力の位置は，力の大きさの逆比に内分する点であるため，PA：AQ＝w：2w＝1：2となる。そこで，この合力の大きさと位置に力をつり合わせるためにF_A'''〔N〕が必要であることと，PQ間が3〔m〕であることに留意すると，おもりPとAさんの距離は1〔m〕であり，おもりQとAさんの距離が2〔m〕であることがわかる。また，棒の右端RからおもりQまでの距離が1〔m〕であることに留意すると，棒の右端RからAさんまでの距離は，2＋1＝3〔m〕と求まる。

答【15】⓪

答【11】⓪【12】②【13】⑧

【14】⑧【15】⓪

4 気球に関する問題

【16】 気球内部の空気の物質量n_0〔mol〕を求めるために，理想気体の状態方程式について考える。理想気体の圧力をp〔Pa〕，体積をV〔m^3〕，物質量をn〔mol〕，気体定数をR〔J/(mol·K)〕，絶対温度をT〔K〕とすると，これらは$pV=nRT$と表せる。

さて，問題文を見ると，大気圧p_0〔Pa〕，気温T_0〔K〕の地上で，ゴンドラをつけた気球を上げる準備をしている。気球の体積は常にV〔m^3〕で変形しない。気球の底には穴が空いていて，気球内部の空気の圧力は，常に大気圧と等しい。気球内部の空気の温度は，最初はT_0〔K〕である…ということに留意すると，気球内部の空気の理想気体の状態方程式は，上式$pV=nRT$に代入すると，$p_0V=n_0RT_0$と表せる。よって，整理すると気球内部の空気の物質量n_0〔mol〕は，$n_0=\dfrac{p_0V}{RT_0}$〔mol〕と求まる。

答【16】③

【17】 気球内部の空気の質量m_0〔kg〕を求めるために，モル質量について考える。モル質量とは1〔mol〕あたりの質量であり，単位は〔kg/mol〕である。

さて，問題文を見ると，空気のモル質量（1〔mol〕あたりの質量）をM〔kg/mol〕…とあり，かつ気球内部の空気の物質量n_0〔mol〕…とある。よって，この2点に留意すると，気球内部の空気の質量m_0〔kg〕は，$m_0=M\times n_0=n_0\times M$〔kg〕と求まる。

答【17】⑥

【18】 気球内部の空気の物質量n_1〔mol〕を求めるために，【16】と同様に理想気体の状態方程式について考える。

さて，問題文を見ると，気球内部の空気を加熱し，気球内部の空気の温度がT_1〔K〕になったとき…とある。同じく【16】と同様に，大気圧p_0〔Pa〕で気球内部の空気の圧力は，常に大気圧と等しいことと，気球の体積は常にV〔m^3〕で変形しないこととに留意すると，気球内部の空気の理想気体の状態方程式は，$p_0V=n_1RT_1$と表せる。また，気球内部の空気の物質量n_1〔mol〕をn_0〔mol〕で表すために，上式$p_0V=n_1RT_1$に，【16】より$p_0V=n_0RT_0$を代入すると，$n_0RT_0=n_1RT_1$と表せる。よって，気球内部の空気の物質量n_1〔mol〕は，$n_1=\dfrac{T_0}{T_1}\times n_0$〔mol〕と求まる。

答【18】①

【19】 気球内部から気球外部へ移動した空気の質量を求めるために，気体の温度と体積の関係について考える。一般的に，定積の容器内の気体の温度を上昇させると，温度上昇に伴い気体の体積は増加するため，入り切れなくなった気体は容器外部に移動していく。なお，この原理で

容器外部の空気の質量より容器内部の空気の質量を軽くし，これを浮力として上昇していくのが気球である。

さて，上記原理より【17】の気球内部の空気の質量 m_0〔kg〕のほうが，気球内部の空気の温度を上昇させたときの空気の質量 m_1〔kg〕より重いことがわかる。気球外部へ移動した空気の質量とは，この両質量の差となるため，気球内部から気球外部へ移動した空気の質量は，m_0-m_1〔kg〕と表せる。

また，【17】より，$m_0=n_0M$〔kg〕であるため，気球内部の空気の温度を上昇させたときの空気の質量 m_1〔kg〕も，【18】の気球内部の空気の物質量 n_1〔mol〕を用いると，$m_1=n_1M$〔kg〕と表せる。よって，この2式を，上式 m_0-m_1〔kg〕に代入すると，$n_0M-n_1M=(n_0-n_1)M$〔kg〕と表せる。さらに，【18】より，$n_1=\dfrac{T_0}{T_1}n_0$〔mol〕を上式（n_0-n_1）M〔kg〕に代入すると，

$$\left(n_0-\frac{T_0}{T_1}n_0\right)M=\left(1-\frac{T_0}{T_1}\right)n_0M$$
$$=\frac{T_1-T_0}{T_1}n_0M〔kg〕$$

と表せる。よって，改めて上式 $m_0=n_0M$〔kg〕を代入すると，気球内部から気球外部へ移動した空気の質量は，$\dfrac{T_1-T_0}{T_1}\times m_0$〔kg〕と求まる。

答【19】③

【20】 気球内部の空気の内部エネルギーの増加を求めるために，気体の内部エネルギーについて考える。一般的に n〔mol〕の1個の原子からなる分子，単原子分子からなる理想気体の内部エネルギー U〔J〕は，温度を T〔K〕，気体定数を R〔J/(mol·K)〕とすると，$U=\dfrac{3}{2}nRT$〔J〕と表せる。また，問題文を見ると，2原子分子の理想気体の内部エネルギーは $U=\dfrac{5}{2}nRT$〔J〕なので…とある。

さて，気球内部の空気の温度が T_0〔K〕のとき，物質量が n_0〔mol〕であることに留意すると，気球内部の空気の内部エネルギー U_0〔J〕は $U_0=\dfrac{5}{2}n_0RT_0$〔J〕と表せる。同様に気球内部の空気の温度が T_1〔K〕のとき，物質量が n_1〔mol〕であることに留意すると，気球内部の空気の内部エネルギー U_1〔J〕は $U_1=\dfrac{5}{2}n_1RT_1$〔J〕と表せる。また，この2つの内部エネルギーの増加量を求めるために，状態変化の順番が U_0〔J〕から U_1〔J〕に変化したことに留意すると，気球内部の空気の内部エネルギーの増加量 ΔU〔J〕は，$\Delta U=\dfrac{5}{2}n_1RT_1-\dfrac{5}{2}n_0RT_0$〔J〕と表せる。そこで，【18】より，$n_1=\dfrac{T_0}{T_1}n_0$〔mol〕を代入すると，$\Delta U=\dfrac{5}{2}\times\dfrac{T_0}{T_1}n_0\times RT_1-\dfrac{5}{2}n_0RT_0$〔J〕となるため，整理すると気球内部の空気の内部エネルギーの増加は，$\Delta U=\dfrac{5}{2}n_0RT_0-\dfrac{5}{2}n_0RT_0=0$〔J〕と求まる。

別解

内部エネルギーの増加を求めるために，気体の内部エネルギーと理想気体の状態方程式について考える。

さて，気球内部の空気の温度が T_0〔K〕のとき内部エネルギー U_0〔J〕は $U_0=\dfrac{5}{2}n_0RT_0$〔J〕と表せる。また，【16】より，理想気体の状態方程式は $p_0V=n_0RT_0$ であるために，上式 $U_0=\dfrac{5}{2}n_0RT_0$〔J〕に代入すると，$U_0=\dfrac{5}{2}p_0V$〔J〕と表せる。同様に気球内部の空気の温度が T_1〔K〕のとき内部エネルギー U_1〔J〕は $U_1=\dfrac{5}{2}n_1RT_1$〔J〕と表せる。また，【18】より，理想気体の状態方程式は $p_0V=n_1RT_1$ であるために，上式 $U_1=\dfrac{5}{2}n_1RT_1$〔J〕に代入すると，$U_1=\dfrac{5}{2}p_0V$〔J〕と表せる。よって，気球内部の空気の内部エネルギー

の増加量ΔU〔J〕は，$\Delta U = U_1 - U_0 = \frac{5}{2}p_0V - \frac{5}{2}p_0V = 0$〔J〕と求まる。

答【20】①

答【16】③【17】⑥【18】①

【19】③【20】①

5　〔A〕気柱共鳴管に関する問題
〔B〕ドップラー効果に関する問題

【21】　気柱における現象を求めるために，閉管の気柱の振動と共鳴について考える。閉管における気柱の振動では，閉口端（固定端）が節，開口端付近（自由端）が腹となる定常波が生じる。また，物体は，固有振動数に等しい周期的な力を受けると，大きく振動する。この現象を共鳴という。

さて，問題文を見ると，おんさを鳴らしながら，水だめを静かに上下させて音が大きく聞こえる水面の位置を調べた。音が大きく聞こえるのは…とある。よって，このとき上記の通り気柱の中では閉口端（固定端）が節，開口端付近（自由端）が腹となる定常波が生じている状態であり，その結果，空気が大きく振動しているため，気柱における現象は共鳴であると求まる。

答【21】③

【22】　音波の波長を求めるために，**【21】**と同様に閉管の気柱の振動と，新たに開口端補正について考える。開口端にできる定常波の腹は，厳密には，開口端よりも少し外側にある。管の端から定常波の腹の位置までの距離を開口端補正という。この値は波長に関係しない。

さて，問題文を見ると，管口から水面までの距離が10〔cm〕，31.5〔cm〕，53〔cm〕のときに音が大きく聞こえた…とある。よって，管口から水面までの距離が10〔cm〕のときの気柱の中の振動は，下図の通りの基本振動となる。

この図からもわかる通り，閉管の基本振動では，波長をλ〔cm〕，管口から水面までの距離をl〔cm〕とすると，ほぼ$l = \frac{1}{4}\lambda$〔cm〕となる。しかし上記開口端補正があるため，正確な$\frac{1}{4}\lambda$〔cm〕ではない。次に，管口から水面までの距離が31.5〔cm〕のときの気柱の中の振動は，下図の通りの３倍振動となる。

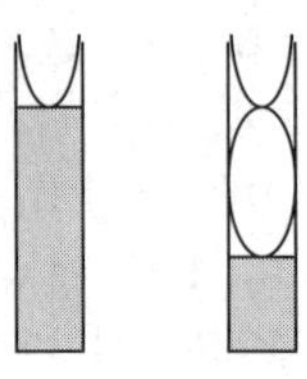

上図からもわかる通り，閉管の３倍振動では，波長をλ〔cm〕，管口から水面までの距離をl〔cm〕とすると，ほぼ$l = \frac{3}{4}\lambda$〔cm〕となる。しかし上記開口端補正があるため，正確な$\frac{3}{4}\lambda$〔cm〕ではない。そこで，３倍振動のうち，開口端補正のあるほぼ$\frac{1}{4}\lambda$〔cm〕を除いた，$\frac{1}{2}\lambda$〔cm〕に注目する。上図からもわかる通り，この$\frac{1}{2}\lambda$〔cm〕は正確な$\frac{1}{2}\lambda$〔cm〕である。つまり，基本振動と３倍振動の距離の差が$\frac{1}{2}\lambda$〔cm〕であるため，$31.5 - 10 = 21.5 = \frac{1}{2}\lambda$〔cm〕と表せる。よって，整理すると音波の波長は，$\lambda = 43.0$〔cm〕と求まる。

答【22】⑦

【23】　音速を求めるために，音速と振動数と波長の関係について考える。音速V〔m/s〕は，振動数をf〔Hz〕，波長をλ〔m〕とすると，$V = f\lambda$〔m/s〕と表せる。

さて，おんさの振動数が800〔Hz〕であることと，**【22】**より音波の波長が$\lambda = 43.0$〔cm〕$= 0.43$〔m〕であることに留意し，上式$V = f\lambda$〔m/s〕に代入すると，$V = 800 \times 0.43$〔m/s〕と表せる。よっ

て，整理すると音速は，$V=344$〔m/s〕と求まる。

答【23】⑤

【24】　波源の振動数f_0〔Hz〕を求めるために，周期と振動数の関係について考える。周期T〔s〕は，振動数をf〔Hz〕とすると，$T=\frac{1}{f}$〔s〕と表せる。

さて，問題文を見ると，実線は波の山を表す。点Oも波の山である。点Oから出た波が点Aに届くまでの所要時間をt〔s〕とすると…とある。そこで，点Oから点Aまでの波の振動を下図より確認する。

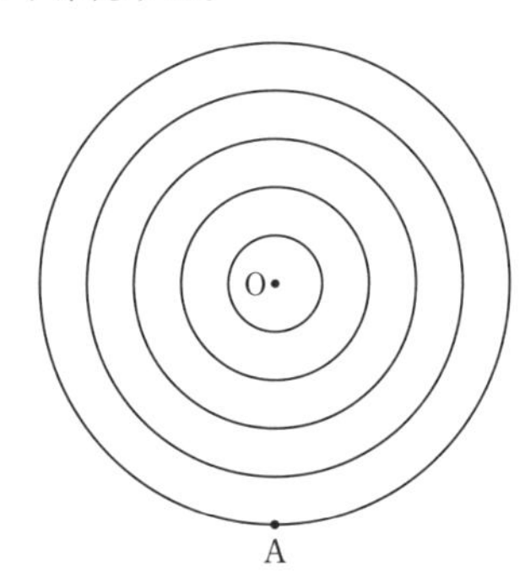

問題文より，点Oが波の山であり，かつ実線も波の山であるため，t〔s〕間に点Oから点Aまで進む波の振動は5回確認できる。また，周期T〔s〕とは波が1回振動するのにかかる時間のため，t〔s〕間の振動5回と周期を比で表すと，T〔s〕：1回$=t$〔s〕：5回と表せるため，波源の周期T〔s〕は，$T=\frac{t}{5}$〔s〕と求まる。よって，この周期を上式$T=\frac{1}{f}$〔s〕に代入すると，$\frac{t}{5}=\frac{1}{f}$〔s〕と表せるため，整理すると波源の振動数f_0〔Hz〕は，$f_0=5\times\frac{1}{t}$〔Hz〕と求まる。

答【24】⓪

【25】　目盛りを用いて点Aに伝わる波の波長を求めるために，ドップラー効果について考える。ドップラー効果とは，波源や観測者が動くことで，波源の振動数と異なる振動数の音が観測される現象である。

さて，問題文を見ると，波源がある方向に一定の速さで移動し…とある。そこで，下図の目盛りより，波長を読み取る。

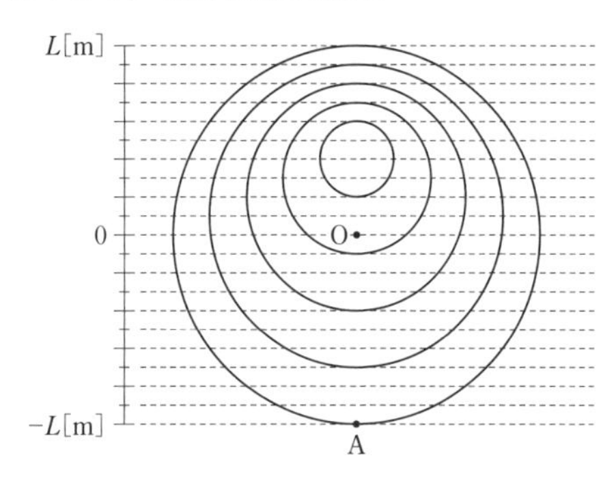

上図より，点Oの目盛りが0〔m〕であり，点Aの目盛りが$-L$〔m〕であることがわかる。さらに，0〔m〕から$-L$〔m〕までの間に，目盛りが10個あることから，1目盛りの距離は，$\frac{1}{10}L$〔m〕であることが確認できる。また，点Oから点Aに1目盛り進んだ点から，等間隔で3目盛りずつ，波の山が現れている。よって，点Aに伝わる波の波長は，$\frac{3}{10}\times L$〔m〕と求まる。

答【25】②

【26】　点Aにおける波の振動数を求めるために，【23】と同様に速さと振動数と波長の関係について考える。

さて，【25】より，点Aに伝わる波の波長は，$\frac{3}{10}L$〔m〕と求まっているため，【23】と同様に$V=f\lambda$〔m/s〕より，波の振動数を求めていく。そこで，波の速さについて考える。問題文を見ると，点Oから出た波が点Aに届くまでの所要時間をt〔s〕とすると…とある。よって，所要時間t〔s〕間に距離L〔m〕だけ離れた点Aに波は到達することから，波の速さV〔m/s〕は，$V=\frac{L}{t}$〔m/s〕と表せる。よって，上式$V=f\lambda$〔m/s〕に，$V=\frac{L}{t}$〔m/s〕と波長$\frac{3}{10}L$〔m〕をそれぞれ代入すると，$\frac{L}{t}=f\times\frac{3}{10}L$〔m/s〕と表せる。つまり，整理すると点Aにおける波の振動数は，$f=\frac{10}{3}\times\frac{1}{t}$〔Hz〕と求まる。

答【26】⑧

【27】 波源が移動する速さを求めるために，音源が遠ざかり，観測者が静止しているドップラー効果について考える。音源が移動すると波長が変化する。波の速さをV〔m/s〕，波源の振動数をf〔Hz〕，波源の速さを$v_{源}$〔m/s〕とする。波源が時間t〔s〕の間に遠ざかると，その間に観測者に向かって送り出されたft個の波は，距離（$V+v_{源}$）〔m〕の中に含まれる。観測者が観測する波長λ'〔m〕は，$V=f\lambda$〔m/s〕より，$\lambda'=\frac{V+v_{源}}{f}$〔m〕と表せ，かつ振動数$f'$〔Hz〕は，波源から観測者に向かう向きを正として，$f'=\frac{V}{V+v_{源}}f$〔Hz〕と表せる。

さて，上式$f'=\frac{V}{V+v_{源}}f$〔Hz〕を用いて，波源が移動する速さを求めるために，【26】より，点Aにおける波の振動数$f=\frac{10}{3}\times\frac{1}{t}$〔Hz〕と，【24】より，波源の振動数$f_0=5\frac{1}{t}$〔Hz〕を代入すると，$\frac{10}{3}\times\frac{1}{t}=\frac{V}{V+v_{源}}\times5\frac{1}{t}$〔Hz〕と表せる。よって，整理すると$v_{源}=\frac{1}{2}V$〔m/s〕と表せる。そこで，【26】より，$V=\frac{L}{t}$〔m/s〕を改めて代入すると，波源が移動する速さは，$v_{源}=\frac{1}{2}\times\frac{L}{t}$〔m/s〕と求まる。

別解

波源が移動する速さを求めるために，図を読み取ることによって波源の運動のようすを理解する。

さて，波源の動きは下図の通りである。

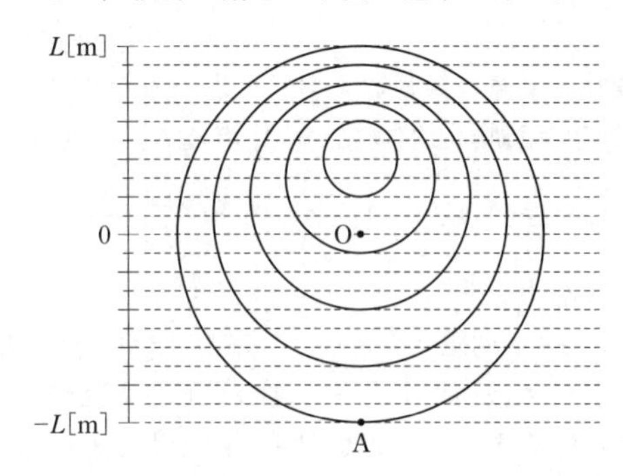

よって，円の中心が上部へずれていることから円の中心にある波源も上部へ移動していることがわかる。さらに，【25】より，点A（位置$-L$〔m〕)に伝わる波の波長が，$\frac{3}{10}L$〔m〕であったように，点A（位置$-L$〔m〕）とは逆側（位置L〔m〕）の波長を確認すると，波長は，$\frac{1}{10}L$〔m〕であることが確認できる。よって，波源は上図の一番小さい円の中を1：3とする，下図の点O′にあることが推察できる。

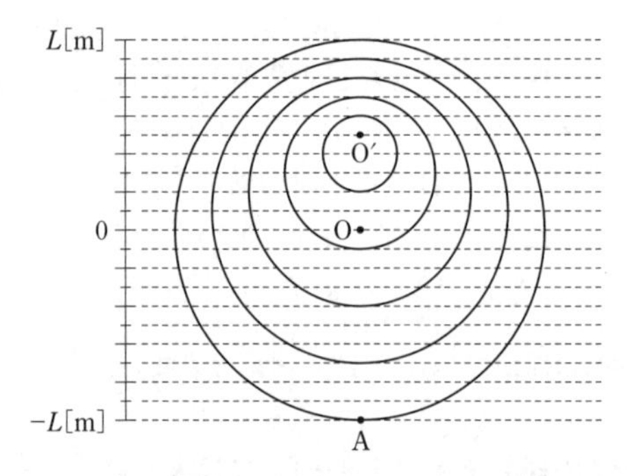

また，問題文を見ると，点Oから出た波が点Aに届くまでの所要時間をt〔s〕とすると…とある。つまり，点Oが点O′に移動するまでの時間がt〔s〕であることと，点Oから点O′までが5目盛りであるため，距離は$\frac{5}{10}L$〔m〕であることに考慮すると，波源が移動する速さ$v_{源}$〔m/s〕は，$v_{源}=\frac{\frac{5}{10}L}{t}$〔m/s〕と表すことができる。よって，整理すると波源が移動する速さは，

$v_{源}=\frac{1}{2}\times\frac{L}{t}$〔m/s〕と求まる。

答【27】④

答【21】③【22】⑦【23】⑤【24】⓪

【25】②【26】⑧【27】④

6 〔A〕抵抗の回路に関する問題 〔B〕コンデンサーに関する問題

【28】 BC 間の R₂と R₃の合成抵抗を求めるために，抵抗の接続のうち，並列接続の合成抵抗について考える。並列接続の合成抵抗 $R_{合}$〔Ω〕は，それぞれの抵抗を R_1〔Ω〕，R_2〔Ω〕とすると，これらは$\frac{1}{R_{合}}=\frac{1}{R_1}+\frac{1}{R_2}$と表せる。

さて，BC 間の抵抗 $R_2=12$〔Ω〕であることと，抵抗 $R_3=24$〔Ω〕であることに留意して，上式$\frac{1}{R_{合}}=\frac{1}{R_1}+\frac{1}{R_2}$に代入すると，$\frac{1}{R_{合}}=\frac{1}{12}+\frac{1}{24}$と表すことができる。よって，整理すると BC 間の R_2と R_3の合成抵抗は，$R_{合}=8.0$〔Ω〕と求まる。

答【28】⓪

【29】 AB 間を流れる電流を求めるために，抵抗の接続のうち，直列接続の合成抵抗とオームの法則について考える。直列接続の合成抵抗 $R_{合}$〔Ω〕は，それぞれの抵抗を R_1〔Ω〕，R_2〔Ω〕とすると，これらは $R_{合}=R_1+R_2$と表せる。また，抵抗 R〔Ω〕の導体を流れる電流が I〔A〕のとき，導体の両端の電圧 V〔V〕は，$V=RI$〔V〕と表せる。

さて，【28】より，BC 間に 2 個あった抵抗は合成抵抗を求めることで $R_{合}=8.0$〔Ω〕の 1 個の抵抗とみなせるようになった。よって，回路は AB 間の 1 個の抵抗と BC 間の 1 個の抵抗の直列接続とみなせる。そこで，回路の抵抗をすべて合成抵抗でまとめる。上式 $R_{合}=R_1+R_2$に，AC 間の抵抗 $R_1=12$〔Ω〕と BC 間の合成抵抗 $R_{合}=8.0$〔Ω〕を代入すると，$R_{合}=12+8=20$〔Ω〕と求まる。次に，AB 間は回路が枝分かれしていないため，回路の抵抗をすべてまとめた合成抵抗に流れる電流と同じ大きさの電流が流れることを確認する。なお，回路の抵抗をすべてまとめた合成抵抗に加わる電圧は起電力60〔V〕の電池であることに留意して，上式 $V=RI$〔V〕に，回路の抵抗をすべてまとめた合成抵抗 $R_{合}=20$〔Ω〕とともに代入すると，$60=20\times I$〔V〕と表せる。よって，整理すると AB 間を流れる電流は，$I=3.0$〔A〕と求まる。

答【29】⑤

【30】 抵抗 R₂の消費電力を求めるために，電力とオームの法則について考える。電力 P〔W〕は，電流を I〔A〕，電圧を V〔V〕，抵抗を R〔Ω〕とし，オームの法則も活用すると，$P=VI=RI^2=\frac{V^2}{R}$〔W〕と表せる。

さて，抵抗 R₂の消費電力を求めるために，抵抗 R₂に加わる電圧を求める。そのためにまず，抵抗 R₁に加わる電圧をオームの法則より求める。抵抗 R₁の抵抗値が $R_1=12$〔Ω〕であることと，【29】より AB 間の抵抗 R₁を流れる電流が $I=3.0$〔A〕であることに留意し，オームの法則 $V=RI$〔V〕に代入すると，$V=12\times3=36$〔V〕と求まる。これを用いて，抵抗 R₂に加わる電圧を求める。まず抵抗 R₂がある BC 間は並列接続であるため，抵抗 R₂と R₃に加わる電圧は等しい。よって，電池の起電力が60〔V〕であることと，抵抗 R₁に加わる電圧が $V=36$〔V〕であることに留意すると，抵抗 R₂に加わる電圧は，$V=60-36=24$〔V〕と求まる。ここで，抵抗 R₂の抵抗が $R_2=12$〔Ω〕であることに留意して，上式 $P=\frac{V^2}{R}$〔W〕に，$V=24$〔V〕とともに代入すると，$P=\frac{24^2}{12}$〔W〕と表せる。よって，整理すると抵抗 R₂の消費電力は，$P=48=4.8\times10$〔W〕と求まる。

答【30】⑦

【31】 極板 A，B と同じ面積の正方形で厚さが$\frac{d}{2}$の導体を挿入したときの，極板 A，B 間の電気容量を求めるために，平行板コンデンサーについて考える。極板間が真空のコンデンサーの電気容量 C は，極板の面積を S，極板の間隔を d，

真空の誘電率を ε_0とすると，これらは，$C=\varepsilon_0\dfrac{S}{d}$と表せる。

さて，問題文を見ると，真空中に薄い極板 A，Bをもつ電気容量 C の平行板コンデンサーがある。極板 A，B は同じ面積の正方形で，極板の角を揃えるように間隔 d で向かい合っている…とある。そこで，極板 A，B の面積を S，真空の誘電率を ε_0とすると，この平行板コンデンサーの電気容量は，$C=\varepsilon_0\dfrac{S}{d}$と表せる。次に，極板 A，B と同じ面積の正方形で厚さが$\dfrac{d}{2}$の導体を挿入したときの，極板 A，B 間の電気容量を考える。まず，平行板コンデンサー内の電場は一様であることを確認する。また，電場の中に導体を置くと，導体内部の自由電子は，電場から静電気力を受け，電場の向きと逆向きに移動して，導体の一方の表面に分布する。その結果，電子が分布した表面は負，もう一方の表面は正に帯電し，導体内部に，外部の電場とは逆向きの電場が生じる。このとき，自由電子は，導体内部の電場が 0 となるまで，すなわち，導体内部の電位差がなくなるまで移動し続けるため，自由電子の移動が完了したときには，導体内部の電場は 0 となり，導体全体が等電位となる。よって，平行板コンデンサー内に導体を入れると，導体内の電場は 0 になり，かつ等電位となるため，導体分の空間をコンデンサーの空間として考える必要がなくなる。要するには，極板 A，B 間の平行板コンデンサーの間隔が$\dfrac{d}{2}$になったとして考えるということである。そこで，これを考慮すると，導体を挿入したときの電気容量 C' は，$C'=\varepsilon_0\dfrac{S}{\frac{d}{2}}=\varepsilon_0\dfrac{2S}{d}$と表せる。よって，この式に上式 $C=\varepsilon_0\dfrac{S}{d}$を代入すると，$C'=2C$ と表せるため，極板 A，B と同じ面積の正方形で厚さが$\dfrac{d}{2}$の導体を挿入したときの，極板 A, B 間の電気容量は，$C'=2\times C$ と求まる。

答【31】⑦

【32】導体挿入後の極板 A，B に蓄えられている静電エネルギーを求めるために，電気容量と静電エネルギーについて考える。コンデンサーに蓄えられる電気量 Q は，電気容量を C とすると，極板間の電位差 V に比例し，$Q=CV$ と表せる。また，コンデンサーが蓄える静電エネルギー U は，電気容量の公式も用いると，$U=\dfrac{1}{2}QV=\dfrac{1}{2}CV^2=\dfrac{Q^2}{2C}$と表せる。

さて，上式 $U=\dfrac{1}{2}CV^2$より，極板 A，B に蓄えられている静電エネルギーを求めるため，【31】より，導体挿入後の極板 A，B 間の電気容量が，$C'=2C$ であることを確認する。次に，導体挿入後の極板 A，B 間の電位差を求める。問題文を見ると，十分に時間が経過してからスイッチ S を開いた…とある。よって，コンデンサーに蓄えられた電気量は保存されるため，極板間に導体を挿入する前後で変化しない。よって，上式 $Q=CV$ より，$C'=2C$ を代入すると，$Q=C'\times\dfrac{1}{2}V$ と表せるため，導体挿入後の極板 A，B 間の電位差 V' は，$V'=\dfrac{1}{2}V_0$と表せる。そこで，【31】より，$C'=2C$ であることと，導体挿入後の極板 A，B 間の電位差 V' が，$V'=\dfrac{1}{2}V_0$であることに留意し，上式 $U=\dfrac{1}{2}CV^2$にそれぞれ代入すると，$U=\dfrac{1}{2}\times 2C\times\left(\dfrac{1}{2}V_0\right)^2$と表せる。つまり，整理すると導体挿入後の極板 A，B に蓄えられている静電エネルギーは，$U=\dfrac{1}{4}\times CV_0{}^2$と求まる。

答【32】④

【33】 点Pと点Qを結ぶ線分上における電位Vを表すグラフを求めるために,【31】と同様に一様な電場内の導体のふるまいとコンデンサー内の電位について考える。電池の起電力をVとし,一般的なコンデンサーに接続すると,コンデンサーの両端の電位差はVとなる。一般的には電池のプラスの端子に接続された極板をVとし,マイナスの端子に接続された極板を0とする。また,この電位差Vはコンデンサーの極板間の距離に比例し,プラス端子に接続された極板から減少していく。

さて,点Pと点Qを結ぶ線分上における電位Vを表すグラフを求めるため,コンデンサー内の状況を確認する。まず,点P(極板A)から距離$\frac{d}{2}$までは導体が挿入されている。よって【31】より,導体内の電位は等電位となることを確認する。次にコンデンサー内の電位について考える。【32】より,導体挿入後の極板A,B間の電位差V'は,$V' = \frac{1}{2}V_0$であることも確認する。以上を踏まえると,点P(極板A)の電位は$\frac{1}{2}V_0$であることが確認できる。また,点P(極板A)から距離$\frac{d}{2}$までは等電位であるために電位は$\frac{1}{2}V_0$であることが確認できる。さらに,点P(極板A)から距離$\frac{d}{2}$進んだ点から点Q(極板B)までは距離に比例し,点Q(極板B)で0(これは極板Bがアースしているからである)になるまで減少していく。よって,以上を満たす,点Pと点Qを結ぶ線分上における電位Vを表すグラフは⑧と求まる。

答【33】⑧

【34】 点Pと点Qを結ぶ線分上における電場(電界)の強さEを表すグラフを求めるために,【31】と同様に一様な電場内の導体のふるまいと,新たに電場と電位差の関係とコンデンサー内の電場について考える。強さEの一様な電場の中で,距離dだけ離れた2点間の電位差がVであるとき,これらは$V=Ed$と表せる。また,【31】より,平行板コンデンサー内の電場は一様である。

さて,点Pと点Qを結ぶ線分上における電場(電界)の強さEを表すグラフを求めるため,コンデンサー内の状況を確認する。まず,【33】と同様に点P(極板A)から距離$\frac{d}{2}$までは導体が挿入されている。よって【31】より,導体内部の電場は0となることを確認する。次にコンデンサー内の電場について考える。問題文を見ると,点Pと点Qの中点における電場(電界)の強さをE_0とする…とある。そこで,導体挿入前の電場の強さはE_0であり,かつそのときの極板A,Bの間隔がd,電位差がV_0であることを確認する。また,【31】より,導体挿入後の極板A,B間の平行板コンデンサーの間隔は$\frac{d}{2}$として考える。また【32】より,導体挿入後の極板A,B間の電位差V'は,$V' = \frac{1}{2}V_0$であるため,導体挿入後の極板A,B間の電場の強さE'は,上式$V=Ed$にそれぞれを代入すると,$\frac{1}{2}V_0 = E' \times \frac{d}{2}$より,$E' = \frac{V_0}{d} = E_0$と求まる。以上を踏まえると,点P(極板A)から距離$\frac{d}{2}$までの電場(電界)の強さは0であることが確認できる。さらに,点P(極板A)から距離$\frac{d}{2}$進んだ点から点Q(極板B)までは,電場(電界)の強さは一定であり,かつ電場の強さE'は,$E' = E_0$であることが確認できる。よって,以上を満たす,点Pと点Qを結ぶ線分上における電場(電界)の強さEを表すグラフは②と求まる。

答【34】②

答【28】⓪【29】⑤【30】⑦
【31】⑦【32】④【33】⑧【34】②

物　理　　　正解と配点

（60分，100点満点）

問題番号		正　解	配　点
1	【1】	③	3
	【2】	①	3
	【3】	⑥	3
	【4】	⑤	3
	【5】	②	3
2	【6】	④	3
	【7】	⓪	3
	【8】	①	3
	【9】	③	3
	【10】	⑤	3
3	【11】	⓪	3
	【12】	②	3
	【13】	⑧	3
	【14】	⑧	3
	【15】	⓪	3
4	【16】	③	3
	【17】	⑥	3
	【18】	①	3
	【19】	③	3
	【20】	①	3

問題番号		正　解	配　点
5	【21】	③	2
	【22】	⑦	3
	【23】	⑤	3
	【24】	⓪	3
	【25】	②	3
	【26】	⑧	3
	【27】	④	3
6	【28】	⓪	2
	【29】	⑤	3
	【30】	⑦	3
	【31】	⑦	3
	【32】	④	3
	【33】	⑧	3
	【34】	②	3

令和5年度　化　学　解答と解説

1　物質の構成

【1】 (a)〜(e)はいずれも Ne 型の電子配置をとるイオンである。同じ電子配置の場合，陽子の数（原子番号）が多いほど原子核が最外殻電子を中心に強く引き寄せ，半径が小さくなる。

答【1】①

【2】 同じ周期の元素では最外殻が同じである。貴ガスを除く元素では，この場合も【1】と同様に，陽子の数（原子番号）が多いほど原子核が最外殻電子を中心に強く引き寄せ，半径が小さくなる。

答【2】⑤

【3】 ページ下の図1は周期表のうち第1〜第4周期までを抜き出したものである。このうち灰色に塗られた元素が金属元素であり，第2周期では Li と Be が該当する。

答【3】③

【4】 同位体とは，同じ元素の原子だが中性子数が異なるものどうしの関係をいう。また，同素体とは，同じ元素でできた単体だが異なる物質どうしの関係をいう。(b)と(c)は同素体の関係であり，(d)と(e)は同位体の関係である。

答【4】①

【5】 原子 X が $^{a}_{b}X$ と表記されるとき，

a：質量数＝陽子の数＋中性子の数

b：原子番号＝陽子の数＝電子の数

を表す。よって中性子の数は質量数から原子番号を引いたもの，すなわち a－b で表される。

また，陽イオンは原子状態から電子が減ったものであり，陰イオンは原子状態から電子が増えたものである。よって，

(a)　$^{18}_{8}O^{2-}$　中性子数：18－8＝10　電子数：8＋2＝10

(b)　$^{25}_{12}Mg^{2+}$　中性子数：25－12＝13　電子数：12－2＝10

(c)　$^{32}_{16}S$　中性子数：32－16＝16　電子数：16

(d)　$^{35}_{17}Cl^{-}$　中性子数：35－17＝18　電子数：17＋1＝18

(e)　$^{42}_{18}Ar$　中性子数：42－18＝24　電子数：18

(f)　$^{42}_{20}Ca^{2+}$　中性子数：42－20＝22　電子数：20－2＝18

よって(a)，(c)，(d)の3つ。

答【5】③

【6】 電気陰性度とは，共有結合において共有電子対を引き寄せる力の強さを表したものである。そのため，電気陰性度が異なる原子どうしの間の共有結合では，電気陰性度が大きいほうの原子に共有電子対が引き寄せられる。これにより2原子間に電荷の偏りが生じる。これを極性という。そして分子全体で見たときに，各共有結合の極性が打ち消されずに残る分子を極性分子，打ち消されて極性が残らない分子を無極性分子という。

周期＼族	1	2	3	4	5	6	7	8	9	10	11	12	13	14	15	16	17	18
1	H																	He
2	Li	Be											B	C	N	O	F	Ne
3	Na	Mg											Al	Si	P	S	Cl	Ar
4	K	Ca	Sc	Ti	V	Cr	Mn	Fe	Co	Ni	Cu	Zn	Ga	Ge	As	Se	Br	Kr

図1　周期表（一部）

(a)のCl_2は同じ原子どうしの単結合なので無極性分子である。(b)のCO_2と(d)のCCl_4は，各結合において極性はあるものの，分子全体で見ると極性が打ち消されるため無極性分子である。(c)のNH_3と(e)のCH_3Clは，各結合に極性があり，それらが下図のように分子全体で見ても打ち消されずに残るため極性分子である。

答【6】⑨

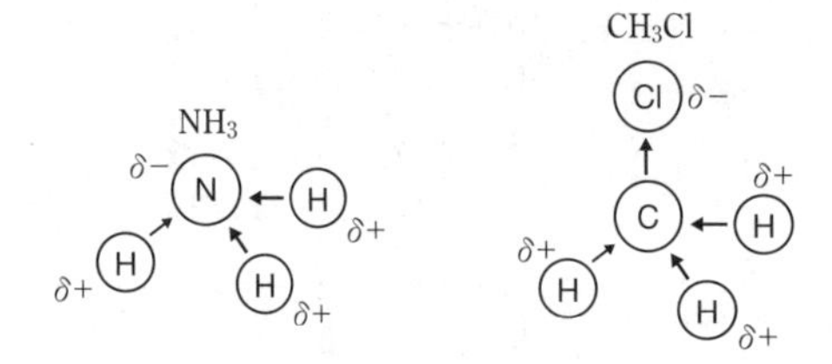

【7】 それぞれの電子式は次のようになる。

(a) $\left[\mathrm{H:\ddot{O}:H}\right]^+$（下に H） (b) H:C⋮⋮N:

(c) :N⋮⋮N: (d) :C̈l:C̈l: (e) Ö::C::Ö

共有結合に使われている電子の数は(a)が6個，(b)が8個，(c)が6個，(d)が2個，(e)が8個である。

答【7】⑦

2 物質の変化

【8】

(a) 物質量は$\dfrac{1.5\times10^{23}}{6.0\times10^{23}〔/\mathrm{mol}〕}=0.25〔\mathrm{mol}〕$

分子量は$N_2=28$より，

$0.25〔\mathrm{mol}〕\times28〔\mathrm{g/mol}〕=7.0〔\mathrm{g}〕$

(b) $30〔\mathrm{g}〕\times0.9=27〔\mathrm{g}〕$

(c) 物質量は$\dfrac{11.2〔\mathrm{L}〕)}{22.4〔\mathrm{L/mol}〕}=0.50〔\mathrm{mol}〕$

分子量は$O_2=32$より，

$0.50〔\mathrm{mol}〕\times32〔\mathrm{g/mol}〕=16〔\mathrm{g}〕$

よって，質量が大きい順に(b)＞(c)＞(a)

答【8】④

【9】【10】 各反応の反応式と物質の変化量を以下に示す。

$$\begin{array}{ccccccc} CH_4 & + & 2O_2 & \longrightarrow & CO_2 & + & 2H_2O \\ x〔\mathrm{mol}〕 & & 2x〔\mathrm{mol}〕 & & x〔\mathrm{mol}〕 & & 2x〔\mathrm{mol}〕 \\ C_2H_4 & + & 3O_2 & \longrightarrow & 2CO_2 & + & 2H_2O \\ y〔\mathrm{mol}〕 & & 3y〔\mathrm{mol}〕 & & 2y〔\mathrm{mol}〕 & & 2y〔\mathrm{mol}〕 \end{array}$$

これより，生成したCO_2の物質量は$(x+2y)$〔mol〕であることがわかる。

また，生成したH_2Oの物質量は$(2x+2y)$〔mol〕であり，分子量は$CO_2=44$，$H_2O=18$であることから，CO_2とH_2Oの生成量をxとyで表すと

$$\begin{cases}(x+2y)\times44=22.0\\(2x+2y)\times18=14.4\end{cases}$$

となり，これを解くと

$x=0.30〔\mathrm{mol}〕$，　$y=0.10〔\mathrm{mol}〕$

よって，メタンの質量は分子量が$CH_4=16$より

$0.30〔\mathrm{mol}〕\times16〔\mathrm{g/mol}〕=4.8〔\mathrm{g}〕$

答【9】④【10】③

【11】 混合気体の平均分子量は，成分気体の分子量にモル分率をかけたものの和で表される。すなわち，2種類の気体A，Bからなる混合気体の平均分子量は，Aの分子量をM_A，Bの分子量をM_B，Aの物質量をn_A，Bの物質量をn_Bとすると

$$M_A\times\frac{n_A}{n_A+n_B}+M_B\times\frac{n_B}{n_A+n_B}$$

で表される。

分子量は$CH_4=16$，$C_2H_4=28$なので，平均分子量は

$$16\times\frac{0.30}{0.30+0.10}+28\times\frac{0.10}{0.30+0.10}=19$$

答【11】②

【12】 反応において酸化数が変化した原子の酸化数を示すと，以下のようになる。

$$H_2\underset{-1}{\underline{O}}_2+2K\underset{-1}{\underline{I}}+H_2SO_4$$
$$\longrightarrow K_2SO_4+\underset{0}{\underline{I}}_2+2H_2\underset{-2}{\underline{O}}$$

よって，H_2O_2のO原子は酸化数が$-1\rightarrow-2$と減っているため，H_2O_2は酸化剤である。一方，KIのI原子は酸化数が$-1\rightarrow0$と増えているた

め，KI は還元剤である。

なお，酸化剤，還元剤それぞれの半反応式は以下の通りである。

$$\begin{cases} H_2O_2 + 2H^+ + 2e^- \longrightarrow 2H_2O \\ 2I^- \longrightarrow I_2 + 2e^- \end{cases}$$

答【12】①

【13】 この反応では，過マンガン酸カリウム中の過マンガン酸イオン MnO_4^- が酸化剤としてはたらき，硫酸鉄(II)中の鉄(II)イオン Fe^{2+} が還元剤としてはたらいている。それぞれの半反応式を以下に示す。

$$\begin{cases} MnO_4^- + 8H^+ + \textcircled{5e^-} \longrightarrow Mn^{2+} + 4H_2O \quad \cdots\cdots① \\ Fe^{2+} \longrightarrow Fe^{3+} + \textcircled{e^-} \quad \cdots\cdots② \end{cases}$$

酸化剤と還元剤の間で e^- の授受を過不足なく行うためには e^- の数(係数)を揃えればよい。式①＋(式②×5) より，

$$MnO_4^- + 8H^+ + 5Fe^{2+} \longrightarrow Mn^{2+} + 5Fe^{3+} + 4H_2O$$

となる。よって $a=5$

答【13】⑤

【14】 上記の反応式より，1 mol の MnO_4^- から 5 mol の Fe^{3+} が生成する。ここで，それぞれのイオンを物質にもどすと，

$$MnO_4^- \longrightarrow KMnO_4$$

$$5Fe^{3+} \longrightarrow \frac{5}{2} Fe_2(SO_4)_3$$

であるため，1 mol の $KMnO_4$ から $\frac{5}{2}$ mol の $Fe_2(SO_4)_3$ が生成することがわかる。よって，

$$\frac{1.58〔g〕}{158〔g/mol〕} \times \frac{5}{2} \times 400〔g/mol〕 = 10.0〔g〕$$

答【14】②

3 物質の状態

【15】 体心立方格子と面心立方格子の模型図をそれぞれ以下に示す。

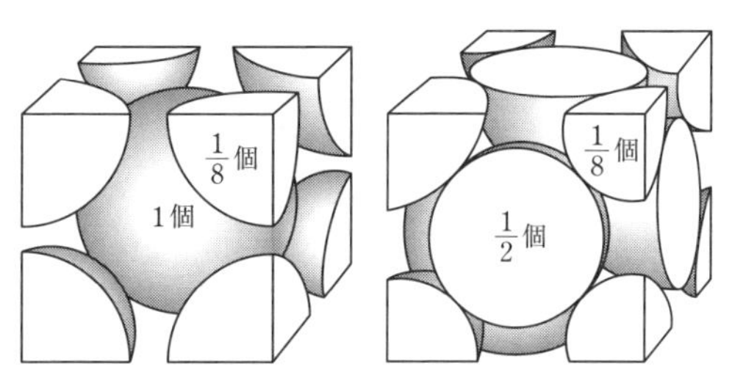

体心立方格子　　面心立方格子

体心立方格子では単位格子の内部に 1 個，頂点に $\frac{1}{8}$ 個の原子があるので，合わせて $1+\frac{1}{8}\times 8 = 2$〔個〕の原子が含まれる。一方，面心立方格子では単位格子の面の中心に $\frac{1}{2}$ 個，頂点に $\frac{1}{8}$ 個の原子があるので，合わせて $\frac{1}{2}\times 6+\frac{1}{8}\times 8=4$〔個〕の原子が含まれる。

答【15】③

【16】 体心立方格子では，単位格子の内部にある原子に対して 8 箇所の頂点の原子が接しているため，配位数は 8 である。一方，面心立方格子では，単位格子を 2 つ横にして並べると下図のようになり，図中の●の原子に対して12個の原子が最も近い距離にあり接している。そのため配位数は12となる。

答【16】⑤

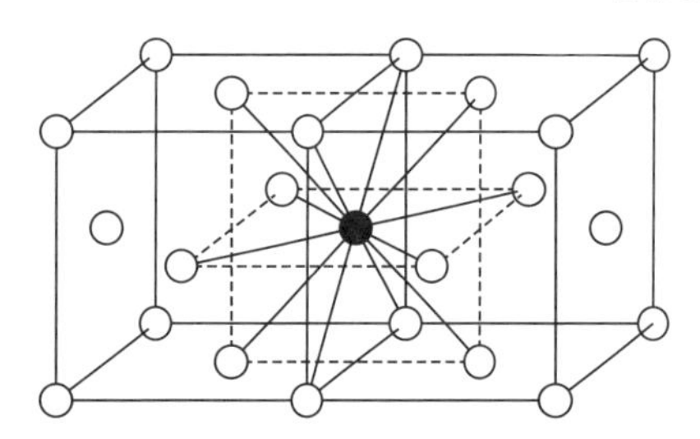

【17】 体心立方格子では次の図の AB を，単位格子の一辺の長さ a〔cm〕で表すと $\sqrt{3}a$〔cm〕となり，原子半径 r〔cm〕で表すと $4r$〔cm〕となる。

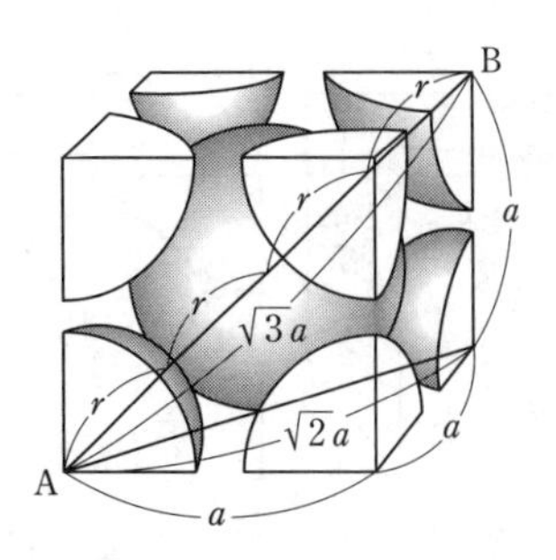

よって，$4r=\sqrt{3}a$　より　$a=\dfrac{4\sqrt{3}}{3}r$

答【17】⑤

【18】　面心立方格子では次の図の CD を，単位格子の一辺の長さ b〔cm〕で表すと$\sqrt{2}b$〔cm〕となり，原子半径 r〔cm〕で表すと$4r$〔cm〕となる。

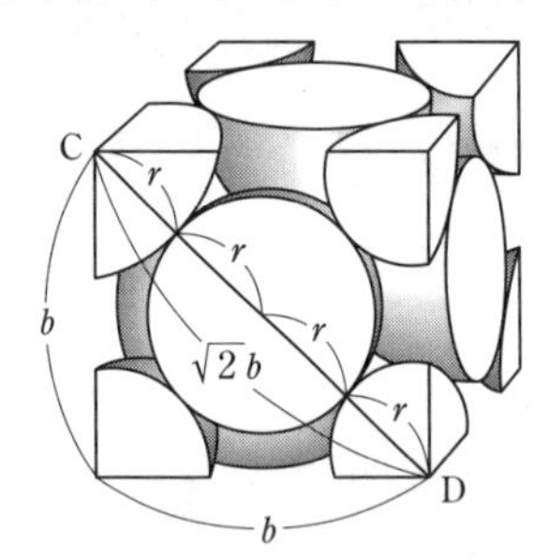

よって，$4r=\sqrt{2}b$　より　$b=2\sqrt{2}r$

答【18】③

【19】　原子１個の質量を m〔g〕とすると，体心立方格子では，

質量：$2m$〔g〕

体積：$a^3=\left(\dfrac{4\sqrt{3}}{3}r\right)^3$〔$cm^3$〕

面心立方格子では，

質量：$4m$〔g〕　　体積：$b^3=(2\sqrt{2}r)^3$〔cm^3〕

となる。よって，

$$\frac{\text{面心立方格子の結晶の密度}}{\text{体心立方格子の結晶の密度}}=\frac{\dfrac{4m}{(2\sqrt{2}r)^3}}{\dfrac{2m}{\left(\dfrac{4\sqrt{3}}{3}r\right)^3}}$$

$$=\frac{4\sqrt{6}}{9}$$

答【19】④

【20】　不揮発性の溶質が溶けた溶液では，凝固点が純溶媒と比べて低くなる。この現象を凝固点降下という。このとき，凝固点降下度（凝固点の変化量）Δt〔℃〕は溶液中に存在する溶質粒子の質量モル濃度に比例し，以下の式で表される。

$$\Delta t=K_f\cdot m$$

Δt：凝固点降下度〔℃〕

K_f：モル凝固点降下〔(℃・kg)/mol〕

m：溶質粒子の質量モル濃度〔mol/kg〕

ここで，質量モル濃度とは溶媒1 kg あたりに溶ける溶質の物質量を表す。

$$\text{質量モル濃度 } m\text{〔mol/kg〕}=\frac{\text{溶質の物質量〔mol〕}}{\text{溶媒の質量〔kg〕}}$$

(a)　尿素の物質量は$\dfrac{3.00\text{〔g〕}}{60\text{〔g/mol〕}}=0.050$〔mol〕であり，これが水2000g＝2 kg に溶けているので，質量モル濃度は$\dfrac{0.050\text{〔mol〕}}{2\text{〔kg〕}}=0.025$〔mol/kg〕

(b)　同様に，グルコース$\dfrac{18.0\text{〔g〕}}{180\text{〔g/mol〕}}=0.10$〔mol〕が水1000 g＝1 kg に溶けているので，質量モル濃度は$\dfrac{0.10\text{〔mol〕}}{1\text{〔kg〕}}=0.10$〔mol/kg〕

(c)　塩化ナトリウムは$\dfrac{5.85\text{〔g〕}}{58.5\text{〔g/mol〕}}=0.10$〔mol〕だが，電解質であり $NaCl \rightarrow Na^+ + Cl^-$ と電離するので，水中では溶質粒子の数が増える。今回の溶質粒子の物質量は0.10〔mol〕×2＝0.20〔mol〕である。これが4000 g＝4 kg に溶けているので，質量モル濃度は$\dfrac{0.20\text{〔mol〕}}{4\text{〔kg〕}}=0.050$〔mol/kg〕

よって，凝固点降下度が大きい順に並べると(b)＞(c)＞(a)　となる。

答【20】④

【21】　理想気体においては以下の式が成り立つ。

$$PV=nRT$$

P：気体の圧力〔Pa〕　V：気体の体積〔L〕
n：気体の物質量〔mol〕　T：絶対温度〔K〕
R：気体定数〔Pa・L/(K・mol)〕

これを理想気体の状態方程式という。また，気体の分子量をM，質量をw〔g〕とすると，

$$n=\frac{w}{M}\quad より\quad PV=\frac{w}{M}RT$$

となり，気体の密度$\frac{w}{V}$〔g/L〕より$\frac{w}{V}=\frac{PM}{RT}$

となる。(a)〜(c)の$\frac{PM}{RT}$を比較すると，

(a)　$\frac{1.0\times10^5\cdot2.0}{R\cdot100}=\frac{2.0\times10^3}{R}$

(b)　$\frac{2.0\times10^5\cdot4.0}{R\cdot200}=\frac{4.0\times10^3}{R}$

(c)　$\frac{1.0\times10^5\cdot16}{R\cdot320}=\frac{5.0\times10^3}{R}$

よって，密度が大きい順に　(c)＞(b)＞(a)

答【21】⑥

4　物質の変化と平衡

【22】　電気分解では，陰極でe$^-$を受け取る還元反応，陽極でe$^-$を放出する酸化反応が起きる。両電極で起きる反応は以下の通り。

陰極：$Cu^{2+}+2e^- \longrightarrow Cu$

陽極：$2H_2O \longrightarrow O_2+4H^++4e^-$

すなわち，陰極では溶液中のCu^{2+}が還元されてCuが生成し，陽極ではH_2Oが酸化されてO_2が発生する。

答【22】③

【23】　電池や電気分解において，I〔A〕の電流をt〔s〕流したとき，電気量はIt〔C〕となる。

陰極の反応式より，銅1 molが生成するときにe$^-$は2 mol流れるので，陰極に析出した銅$\frac{m}{M}$〔mol〕からe$^-$は$2\frac{m}{M}$〔mol〕流れたことがわかり，これはアボガドロ定数Nを用いて$\frac{2mN}{M}$個である。また，このとき流れた電気量がIt〔C〕であることから，以上より電子1個がもつ電気量は

$$\frac{It}{\frac{2mN}{M}}=\frac{ItM}{2mN}〔C〕$$

答【23】⑥

【24】　$NH_3+H_2O \rightleftarrows NH_4^++OH^-$の反応における平衡定数$K$は以下の式で表される。

$$K=\frac{[NH_4^+][OH^-]}{[NH_3][H_2O]}$$

ここで，溶媒である水のモル濃度$[H_2O]$は一定とみなせるため，左辺に移項すると

$$K[H_2O]=K_b=\frac{[NH_4^+][OH^-]}{[NH_3]}$$

となり，電離定数K_bを表す式が得られる。

答【24】①

【25】　NH_3の電離において，NH_3の初濃度をc〔mol/L〕，電離度をαとすると，平衡に至るまでの変化は以下のように表される。

	NH_3	$+H_2O$ $\rightleftarrows$	NH_4^+	$+$ OH^-
電離前	c		0	0
電　離	$-c\alpha$		$+c\alpha$	$+c\alpha$
平衡時	$(1-\alpha)c$		$c\alpha$	$c\alpha$

これを電離定数K_bの式に代入すると，

$$K_b=\frac{[NH_4^+][OH^-]}{[NH_3]}=\frac{c\alpha\times c\alpha}{(1-\alpha)c}=\frac{c\alpha^2}{1-\alpha}$$

となる。ここで，$1-\alpha\fallingdotseq1$とみなせると

$$K_b=\frac{c\alpha^2}{1-\alpha}$$

答【25】②

【26】　$1-\alpha\fallingdotseq1$とみなせるとき，

$$K_b=\frac{c\alpha\times c\alpha}{(1-\alpha)c}\fallingdotseq\frac{(c\alpha)^2}{c}$$

$[OH^-]=c\alpha$なので，$c\alpha=\sqrt{cK_b}$

答【26】③

【27】 $K_b = 2.3\times10^{-5}$〔mol/L〕, $c = 0.10$〔mol/L〕なので，$[OH^-] = \sqrt{cK_b} = \sqrt{0.10\cdot2.3\times10^{-5}}$

$$= \sqrt{2.3\times10^{-6}}$$

$$= \sqrt{2.3}\times10^{-3}\text{〔mol/L〕}$$

水のイオン積 $K_w = [H^+][OH^-]$ なので，

$$[H^+] = \frac{K_w}{[OH^-]} = \frac{1.0\times10^{-14}}{\sqrt{2.3}\times10^{-3}}$$

$$= \frac{1}{\sqrt{2.3}}\times10^{-11}$$

$$= 2.3^{-\frac{1}{2}}\times10^{-11}\text{〔mol/L〕}$$

よって，$pH = -\log_{10}[H^+]$

$$= -\log_{10}(2.3^{-\frac{1}{2}}\times10^{-11})$$

$$= 11 + \frac{1}{2}\log_{10}2.3$$

$$= 11 + \frac{1}{2}\times0.36$$

$$= 11.18 \fallingdotseq 11.2$$

答【27】①

【28】 $[OH^-] = c\alpha = \sqrt{cK_b}$ より，

$$\alpha = \sqrt{\frac{K_b}{c}} = \sqrt{\frac{2.3\times10^{-5}}{0.23}}$$

$$= \sqrt{1.0\times10^{-4}} = 1.0\times10^{-2}$$

答【28】②

5 無機物質

【29】 酸化マンガン(Ⅳ) MnO_2 と濃塩酸 HCl の反応により塩素 Cl_2 が発生する反応は以下の反応式で表される。

$$MnO_2 + 4HCl \longrightarrow MnCl_2 + 2H_2O + Cl_2$$

この反応において，MnO_2 は酸化剤として，HCl は還元剤としてはたらいている。

また，実験によって丸底フラスコから出てくる気体は Cl_2 だけではなく，未反応の HCl や加熱によって蒸気として出てくる H_2O も含まれる。そのため，これら不純物を除去する必要がある。

気体の精製部ではまず洗気びんAに水が入れられ，HCl を除去する。これは HCl が水に溶けやすい気体であるという性質を利用している。なお，Cl_2 は水にわずかしか溶けないため大部分が溶けずに洗気びんAを通過する。次に洗気びんBに濃硫酸が入れられ，H_2O を除去する。これは濃硫酸の性質である吸湿性を利用したものである。こうして最終的に Cl_2 だけが実験装置から出てくる。

最後に，Cl_2 は空気よりも重い気体であることを利用して，下方置換により捕集する。

(注) 洗気びんAとBの中身を逆にしてしまうと，洗気びんAで H_2O を除去したはずが，洗気びんBで HCl が水に溶けときの溶解熱で溶液から水が蒸発してしまい，結果的に実験装置からは Cl_2 と H_2O が出てきてしまう。

答【29】⑥

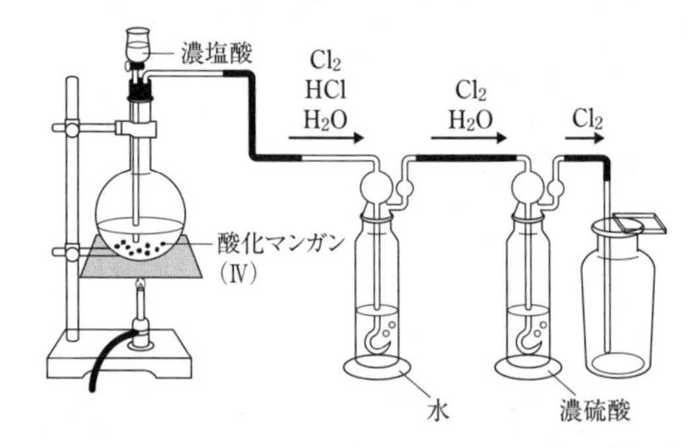

【30】 (a) 誤り。塩化水素はガラスを溶かすことができない。ガラスを溶かすことができるのはフッ化水素 HF の水溶液（フッ化水素酸）である。

(b) 正しい。塩化水素は無色で刺激臭をもつ気体であり，水によく溶けて塩酸になる。塩酸は1価の強酸である。

(c) 正しい。塩素は水と以下の反応をすることでわずかに溶ける。

$$Cl_2 + H_2O \rightleftarrows HCl + HClO$$

このときに生じる次亜塩素酸 $HClO$ は強力な酸化剤であり，ナトリウム塩が漂白剤や殺菌剤として用いられている。

(d) 正しい。ハロゲン単体を酸化力が強い順に並べると $F_2 > Cl_2 > Br_2 > I_2$ となる。そのため，Br^- を含む水溶液に塩素を吹き込むと以下の反応が起きて Br_2 が遊離する。

$$2KBr + Cl_2 \longrightarrow 2KCl + Br_2$$

(e) 正しい。塩素は黄緑色の気体である。

答【30】①

【31】 (a) 正しい。石灰水にCO_2を吹き込むと炭酸カルシウム$CaCO_3$の白色沈殿を生じるが，さらに吹き込み続けると$CaCO_3$が以下の反応により水に可溶な炭酸水素カルシウム$Ca(HCO_3)_2$へと変わり，無色透明の水溶液になる。この反応は可逆反応であり，加熱することにより逆反応が進み$CaCO_3$の沈殿が再び現れる。

$$CaCO_3 + CO_2 + H_2O \rightleftarrows Ca(HCO_3)_2$$

(b) 正しい。炭酸水素ナトリウム$NaHCO_3$を加熱すると，分解してCO_2が発生する。$NaHCO_3$はふくらし粉やベーキングパウダーの成分として利用されており，ホットケーキの生地を焼くと膨らむのはこの反応によるものである。

$$2NaHCO_3 \longrightarrow Na_2CO_3 + H_2O + CO_2$$

(c) 正しい。この反応は炭酸ナトリウムNa_2CO_3の工業的製法であるアンモニアソーダ法（ソルベー法）における第一段階での反応である。

$$NaCl + H_2O + NH_3 + CO_2 \longrightarrow NaHCO_3 + NH_4Cl$$

(d) 誤り。Na_2CO_3は炭酸H_2CO_3(弱酸)と水酸化ナトリウム$NaOH$（強塩基）の中和によって生じる正塩で，その水溶液は塩基性を示し，酸性塩の$NaHCO_3$も塩基性（弱塩基性）を示す。

(e) 誤り。Na_2CO_3をHClと反応させると，以下の中和反応によりCO_2が発生する。

$$Na_2CO_3 + 2HCl \longrightarrow 2NaCl + H_2O + CO_2$$

答【31】⓪

【32】 濃硫酸には酸化作用，脱水作用，吸湿性，不揮発性の4つの性質がある。Aはギ酸分子が脱水されることで一酸化炭素COが生じる反応なので，濃硫酸の脱水作用を利用している。Bは揮発性の酸の塩と不揮発性の酸を反応させることで，揮発性の酸を遊離させる反応であり，濃硫酸の不揮発性を利用している。

A：$HCOOH \longrightarrow H_2O + CO$

B：$NaCl + H_2SO_4 \longrightarrow NaHSO_4 + HCl$

揮発性の酸の塩　不揮発性の酸　　不揮発性の酸の塩　揮発性の酸

答【32】⑥

【33】 各種陰イオンにより沈殿が生じる金属陽イオンは以下の通りである。

Cl^-により沈殿が生じる陽イオン

陽イオン		沈殿	色
Pb^{2+}	→	$PbCl_2$	白色
Ag^+	→	$AgCl$	白色

SO_4^{2-}により沈殿が生じる陽イオン

陽イオン		沈殿	色
Ba^{2+}	→	$BaSO_4$	白色
Pb^{2+}	→	$PbSO_4$	白色
Ca^{2+}	→	$CaSO_4$	白色

CO_3^{2-}により沈殿が生じる陽イオン

陽イオン		沈殿	色
Ba^{2+}	→	$BaCO_3$	白色
Pb^{2+}	→	$PbCO_3$	白色
Mg^{2+}	→	$MgCO_3$	白色
Ca^{2+}	→	$CaCO_3$	白色

以上より，操作ⅠでMg^{2+}が加えられたことで$MgCO_3$の沈殿が，操作ⅡでBa^{2+}が加えられたことで$BaSO_4$の沈殿が，操作ⅢでPb^{2+}が加えられたことで$PbCl_2$の沈殿がそれぞれ生じる。そのため，沈殿aでCO_3^{2-}が，沈殿bでSO_4^{2-}が，沈殿cでCl^-がそれぞれ分離される。

答【33】④

【34】

酸性条件下でS^{2-}により沈殿が生じる陽イオン

陽イオン		沈殿	色
Ag^+	→	Ag_2S	黒色
Cu^{2+}	→	CuS	黒色
Pb^{2+}	→	PbS	黒色
Sn^{2+}	→	SnS	褐色
Cd^{2+}	→	CdS	黄色

塩基性条件下でなければS^{2-}により沈殿が生じない陽イオン

Ni^{2+}	⟶	NiS	黒色
Fe^{2+}	⟶	FeS	黒色
Zn^{2+}	⟶	ZnS	白色
Mn^{2+}	⟶	MnS	淡赤色

少量のNaOHで沈殿し，過剰のNaOHでは沈殿が溶解する陽イオン

Al^{3+} ⟶ $Al(OH)_3$ ⟶ $[Al(OH)_4]^-$ 無色
Zn^{2+} ⟶ $Zn(OH)_2$ ⟶ $[Zn(OH)_4]^{2-}$ 無色
Sn^{2+} ⟶ $Sn(OH)_2$ ⟶ $[Sn(OH)_4]^{2-}$ 無色
Pb^{2+} ⟶ $Pb(OH)_2$ ⟶ $[Pb(OH)_4]^{2-}$ 無色

少量のNH_3で沈殿し，過剰のNH_3では沈殿が溶解する陽イオン

Ag^+ → Ag_2O → $[Ag(NH_3)_2]^+$ 無色
Cu^{2+} → $Cu(OH)_2$ → $[Cu(NH_3)_4]^{2+}$ 深青色
Zn^{2+} → $Zn(OH)_2$ → $[Zn(NH_3)_4]^{2+}$ 無色

(a) Pb^{2+}からは硫化鉛(Ⅱ) PbSの黒色沈殿が，Cu^{2+}からは硫化銅(Ⅱ) CuSの黒色沈殿がそれぞれ生じる。
(b) Ag^+からは塩化銀(Ⅰ) AgClの白色沈殿が，Pb^{2+}からは塩化鉛(Ⅱ) $PbCl_2$の白色沈殿がそれぞれ生じる。
(c) Ag^+からは酸化銀(Ⅰ) Ag_2Oの褐色沈殿が，Fe^{3+}からは水酸化鉄(Ⅲ)の赤褐色沈殿がそれぞれ生じる。
(d) Cu^{2+}からはテトラアンミン銅(Ⅱ)イオン$[Cu(NH_3)_4]^{2+}$の深青色溶液が，Zn^{2+}からはテトラアンミン亜鉛(Ⅱ)イオン$[Zn(NH_3)_4]^{2+}$の無色溶液がそれぞれ生じる。
(e) Ca^{2+}からは沈殿が生じないが，Zn^{2+}からは硫化亜鉛ZnSの白色沈殿が生じるため，分離ができる。

答【34】⑤

【35】(a) Fe^{3+}は少量のアンモニア水によっても少量の水酸化ナトリウム水溶液によっても水酸化鉄(Ⅲ)の沈殿を生じる。この沈殿は過剰のアンモニア水によっても過剰の水酸化ナトリウム水溶液によっても溶解しない。
(b) Zn^{2+}は少量のアンモニア水によっても少量の水酸化ナトリウム水溶液によっても水酸化亜鉛$Zn(OH)_2$の沈殿を生じる。この沈殿は過剰のアンモニア水によって溶解してテトラアンミン亜鉛(Ⅱ)イオン$[Zn(NH_3)_4]^{2+}$になり，過剰の水酸化ナトリウム水溶液によっても溶解してテトラヒドロキシド亜鉛(Ⅱ)酸イオン$[Zn(OH)_4]^{2-}$になる。
(c) Ba^{2+}は少量のアンモニア水によっても少量の水酸化ナトリウム水溶液によっても沈殿を生じない。
(d) Ca^{2+}は少量のアンモニア水によっても少量の水酸化ナトリウム水溶液によっても沈殿を生じない。
(e) Pb^{2+}は少量のアンモニア水によっても少量の水酸化ナトリウム水溶液によっても水酸化鉛(Ⅱ) $Pb(OH)_2$の沈殿を生じる。この沈殿は過剰のアンモニア水では溶解しないが，過剰の水酸化ナトリウム水溶液によって溶解して，テトラヒドロキシド鉛(Ⅱ)酸イオン$[Pb(OH)_4]^{2-}$になる。
(f) Al^{3+}は少量のアンモニア水によっても少量の水酸化ナトリウム水溶液によっても水酸化アルミニウム$Al(OH)_3$の沈殿を生じる。この沈殿は過剰のアンモニア水では溶解しないが，過剰の水酸化ナトリウム水溶液によって溶解してテトラヒドロキシドアルミン酸イオン$[Al(OH)_4]^-$になる。

答【35】②

化　学　　　正解と配点

（60分，100点満点）

問題番号		正　　解	配　　点
1	【1】	①	3
	【2】	⑤	3
	【3】	③	3
	【4】	①	2
	【5】	③	3
	【6】	⑨	3
	【7】	⑦	3
2	【8】	④	3
	【9】	④	2
	【10】	③	3
	【11】	②	3
	【12】	①	3
	【13】	⑤	3
	【14】	②	3
3	【15】	③	2
	【16】	⑤	3
	【17】	⑤	3
	【18】	③	3
	【19】	④	3
	【20】	④	3
	【21】	⑥	3

問題番号		正　　解	配　　点
4	【22】	③	3
	【23】	⑥	3
	【24】	①	2
	【25】	②	3
	【26】	③	3
	【27】	①	3
	【28】	②	3
5	【29】	⑥	3
	【30】	①	2
	【31】	⓪	3
	【32】	⑥	3
	【33】	④	3
	【34】	⑤	3
	【35】	②	3

令和5年度　生　物　解答と解説

1　体内環境の維持（恒常性）

【1】【2】 哺乳類や鳥類の恒温動物は，体温を一定に保つしくみが発達している。外温の寒冷刺激は間脳の視床下部で感知される。視床下部は自律神経系の中枢であるとともに，内分泌系の上位中枢。脳下垂体は視床下部の支配を受け，他の内分泌腺のホルモン分泌を調節する。寒冷時は毛細血管を収縮させることで放熱量を減らすことができる。また，組織の代謝量を変化させ，発熱量を調節する。

ヒトでは体毛が退化しているので，顕著ではないが，毛を逆立てることで暖かい空気を留めることができる。ヒトの場合は「鳥肌が立つ」状態になる。

自律神経とはたらき	交感神経 （活動的，緊張時，促進的方向） エネルギー消費する方向にはたらく。	副交感神経 （疲労回復的・安静時，抑制的方向） エネルギー蓄積・保持する方向にはたらく。
出る場所	脊髄（胸髄・腰髄）の腹根	中脳（動眼神経）・延髄（顔面神経・迷走神経）・脊髄の仙髄（仙椎神経）
シナプス	中枢から出てすぐに，交感神経幹や器官に達する途中の神経節（腹腔神経節など）でシナプスをつくる。	分布する調節器官の直前でシナプスをつくるものが多く，短いニューロンとつながる。
末端の神経伝達物質	ノルアドレナリン（高体温時の発汗はアセチルコリン）	アセチルコリン

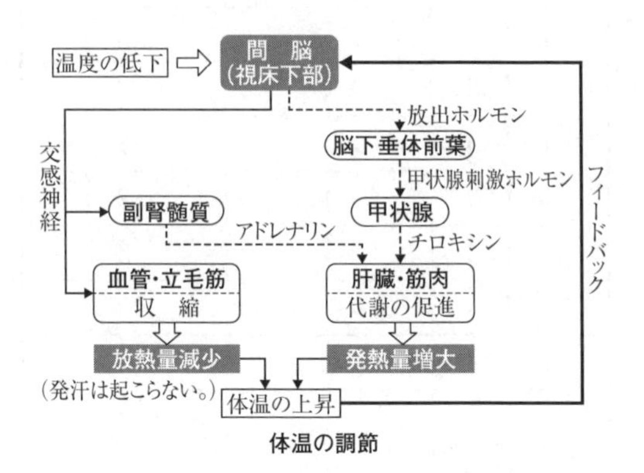

体温の調節

答【1】⑤【2】①

【3】【4】 汗腺には交感神経のみ分布。副交感神経は分布していない。発汗により蒸発熱が奪われ，体温上昇を防ぐ。交感神経は運動中や興奮状態にあるときに優位となる。アドレナリンは副腎髄質から分泌されるホルモンで，グリコーゲンの分解促進による血糖値上昇の他，心臓の拍動の促進・血圧上昇にはららく。血液が温まり，血のめぐりが良くなることによって組織に酸素，栄養分が多く運ばれることになる。

交感神経と副交感神経の拮抗作用

組織，器官	心臓（拍動）	気管支	胃（ぜん動運動）	だ腺	皮膚の汗腺（発汗）	皮膚の血管	立毛筋
交感神経	促進	拡張	抑制	（粘液性）促進	促進	収縮	収縮
副交感神経	抑制	収縮	促進	（しょう液性）促進	—	—	—

答【3】⑥【4】③

【5】 バソプレシンは腎臓における水分の再吸収を促進するホルモンで，発熱量を増加させることには直接関係しない（血圧上昇ホルモンとしてはたらく場合には血管の収縮による血圧上昇に関与する）。甲状腺刺激ホルモンは甲状腺からのチロキシンの分泌を促進させる。チロキシンは代謝促進にはたらく。チロキシンの分泌量

が増加した場合は，視床下部や脳下垂体にフィードバックしてこれらのはたらきを抑制する。副腎皮質刺激ホルモンは，副腎皮質ホルモンの糖質コルチコイドの分泌を促進させる。糖質コルチコイドはタンパク質からの糖の合成促進にはたらき，血糖量は上昇する。

答【5】①

2 光合成

【6】 植物の光合成色素には，クロロフィルaやクロロフィルb，橙色のカロテン，黄色のキサントフィルなどがあり，吸収される光の波長は色素ごとに異なる。クロロフィルは，赤色光(波長650～700nm) と青紫色光(波長400～450nm) を吸収する。クロロフィルは光合成において中心的な役割をもち，分子構造の一部にピロール環が4個集まってできているテトラピロール環にMgを配位した（クロリン）を含む金属錯体である。クロロフィルbはaよりも緑側に吸収スペクトルがよっており，aでは吸収できない光を吸収することができる。

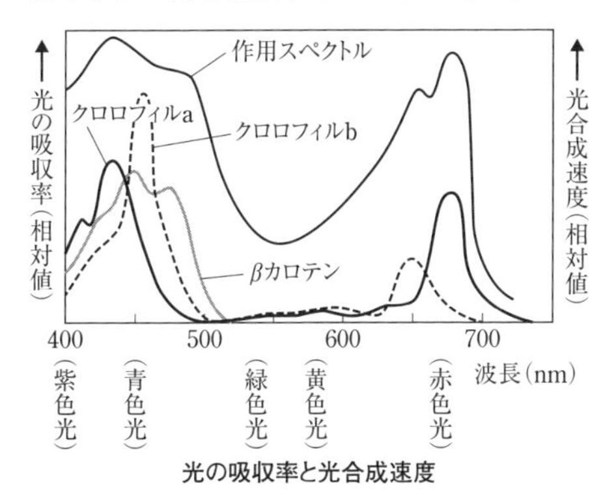

光の吸収率と光合成速度

答【6】②

【7】【8】 光合成の反応のうち，カルビン・ベンソン回路のみ葉緑体のストロマで行われ，それ以外の反応はチラコイドで進む。葉緑体のチラコイド膜には光化学系Ⅰ，光化学系Ⅱと呼ばれる2種類の反応系があり光化学反応，電子伝達，水の分解，ATP合成（膜輸送タンパク質のATP合成酵素が存在）などがみられる。植物では光化学反応Ⅱ，次に光化学反応Ⅰの順で連続し，ATPとNADPHを生産する。光化学反応は光の強さや波長に影響され，短時間で進む。色素によって吸収された光エネルギーは，光化学系の反応中心クロロフィルに伝達され，反応中心クロロフィルは活性化されて還元力が非常に強い状態にあり，電子（e^-）を放出する。放出された電子は電子受容体へ伝達される。

①光化学系Ⅱ

光化学系Ⅱの反応中心のクロロフィルaは680 nmに吸収極大がある（光化学系Ⅰは700 nm)。光化学系Ⅱで作られた高いエネルギーをもった電子（e^-）はH^+の輸送に利用された後，光化学反応Ⅰによって再び励起され，NADPHを還元する。

②電子伝達系

光化学系Ⅱから放出されたe^-はタンパク質などで構成された反応系（電子伝達系）を移動する。これに伴ってH^+がストロマ側からチラコイド内腔へ輸送される。

③光化学系Ⅰ

電子伝達系を経たe^-は光化学系Ⅰへ移動する。e^-を放出した光化学系Ⅱの反応中心クロロフィルは，水の分解で生じたe^-を受け取って還元された状態に戻る。放出された2個のe^-は2個のH^+および2個のNADPH＋と反応してNADPHとH^+を生じる。

水が分解されるのは光化学系Ⅱで，水が分解されて電子が引き抜かれ，酸素とH^+，e^-が発生する。

④ATPの合成（光リン酸化）

i　チラコイド内腔とストロマとの間でH^+の濃度勾配が生じる。

ii　H^+がストロマ側へ拡散するときにチラコイド膜にあるATP合成酵素のはたらきでATPが合成される（光リン酸化)。ATPが消費されるのはカルビン・ベンソン回路で，1分子の二酸化炭素を固定するのに3分子のATPが使われる。

答【7】⑦【8】⑥

【9】カルビン・ベンソン回路

外界（気孔）から取り込んだCO_2は，C_5化合物のリブロースビスリン酸（RuBP）と反応し，2分子のC_3化合物であるホスホグリセリン酸（PGA）となる。PGAはチラコイドからのATPによってリン酸化されて，ビスホスホグリセリン酸になる。さらにH^+により還元されてGAP(グリセルアルデヒドリン酸)になる。GAPのうち，6分の1はフルクトースビスリン酸を経て,最終的にグルコースが生成される。この反応を進める酵素はRuBPカルボキシラーゼ／オキシゲナーゼ（ルビスコ）と呼ばれる。グルコースを生成する残りは，カルビン・ベンソン回路に残り，リブロースリン酸になる。リブロースリン酸はATPのリン酸を受け取りリブロース二リン酸になり再びグルコース合成に用いられる。

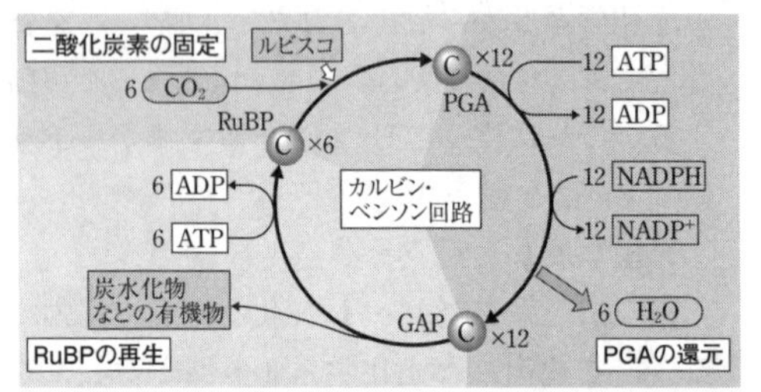

ストロマでの反応（カルビン・ベンソン回路）

光合成の反応式は次の通り。

$$6CO_2 + 12H_2O \rightarrow C_6H_{12}O_6 + 6H_2O + 6O_2$$

アについては炭素の数を考慮する。問題文**イ**の数をxとすると

（二酸化炭素6分子）$+ x \times C_5 = 12 \times C_3$

$6 \times 1 + x \times 5 = 12 \times 3$

よって$x = 6$

リブロースビスリン酸（RuBP）はC_5物質である。

答【9】⑤

【10】 緑色硫黄細菌と紅色硫黄細菌は光合成細菌に分類され炭酸同化の代謝をもつ。①亜硝酸菌は化学合成細菌である。②シアノバクテリアはクロロフィルaをもち，光化学系Ⅰ，Ⅱや電子伝達系も備えており，植物の葉緑体と同じしくみで光合成を行う。③光合成細菌はバクテリオクロロフィルをもち，また，光化学系Ⅰ，Ⅱに似た反応系の一方のみをもつ。酸素の水素供与体として水の代わりに硫化水素（H_2S）や水素（H_2）などからe^-を得る。よって酸素は放出せず，硫黄などを放出する。

紅色硫黄細菌の反応式

$6CO_2 + 12H_2S +$ 光エネルギー → 有機物（$C_6H_{12}O_6$）$+ 6H_2O + 12S$

④光合成は炭酸同化の一種であるため，炭素源に二酸化炭素を用いる。⑤無機物を酸化して得られるエネルギーを用いるのは化学合成細菌である。

答【10】③

3　DNAの複製

【11】 DNAのヌクレオチドの糖に含まれる5つの炭素は，1から5までの番号で呼ばれ，塩基は1番の，リン酸は5番の炭素と結合している糖（デオキシリボース）とリン酸と塩基が結合しており，ヌクレオチドどうしはリン酸と糖で連結しヌクレオチド鎖となる。ヌクレオチド鎖のリン酸側の末端を5′末端といい，結合には5′→3′という方向性がある。DNAは塩基対を形成すると，2本鎖のもう一方のヌクレオチド鎖は3′→5′と逆向きになっている。2本のヌクレオチド鎖は，塩基どうしの水素結合で相補的につながってはしご状となり，これがねじれて二重らせん構造となっている。

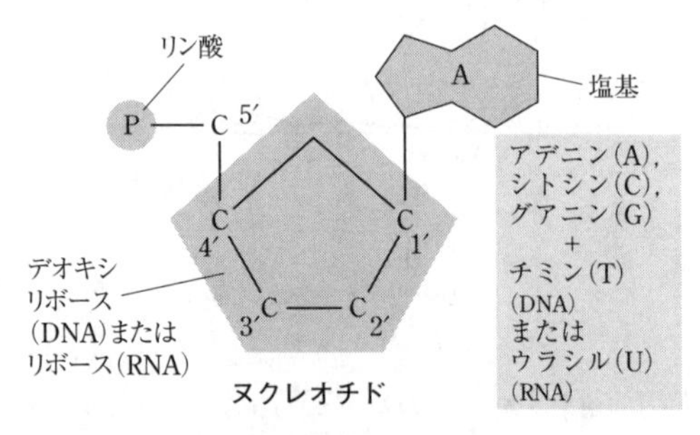

ヌクレオチド

DNAの複製（半保存的複製）のしくみ

① 複製起点領域の塩基間の水素結合がDNAヘリカーゼによって切られて二重らせん構造の一部分がほどけ，1本ずつのヌクレオチド鎖になる。

② それぞれのヌクレオチド鎖の塩基と，相補的な塩基をもつヌクレオチドが結合する。

③ DNAポリメラーゼ（DNA合成酵素）が，

②で結合したヌクレオチドの3′と他のヌクレオチドのリン酸をつなぎ，新たなヌクレオチド鎖が形成される。DNAポリメラーゼのこの性質のため，DNAのヌクレオチド鎖は5′→3′方向へのみ合成される。生体内での複製の開始時には，プライマーと呼ばれる相補的な短いRNAが合成され，これにDNAポリメラーゼが作用してDNA鎖が伸長する。プライマーは最終的には分解され，DNAに置き換えられる。DNAのヌクレオチド鎖は，互いに逆向きに配列するが，DNAポリメラーゼは5′→3′方向という決まった方向でヌクレオチド鎖を伸張する。このため，リーディング鎖はDNAの開裂方向に連続的に合成されるが，ラギング鎖は開裂方向とは逆向きに不連続に合成される。このときつくられる断片的な短いヌクレオチド鎖を，岡崎フラグメントという。岡崎フラグメントは，DNAリガーゼによって連結される。よってリーディング鎖は図のAとCである。B，Dはラギング鎖と呼ばれ，岡崎フラグメントが連結して形成される。

答【11】②

【12】 DNAリガーゼはDNA断片を連結する酵素，DNAポリメラーゼはDNA合成酵素，DNAヘリカーゼは二重らせんをほどく酵素である。制限酵素は遺伝子組み換えの際に用いられるDNAを切断する酵素である。

答【12】④

【13】 ヌクレオチドの中で，窒素を含む部分は塩基のみである。デオキシリボースは5炭糖（$C_5H_{10}O_4$）である。

答【13】②

【14】 メセルソンスタールの実験。

^{15}Nの培地で何代も培養して大腸菌のNをすべて^{15}Nとしそれを親世代（0世代）とする。親世代を^{14}Nを含む培地で1回目の分裂をさせると，すべて中間の重さのDNAとなる。

さらに2回目の分裂をさせると，中間の重さと，^{15}Nを含まない（軽い）DNAの割合は1：1となる$\left(2^2=4のうちの2,\ よって\frac{2}{4}=\frac{1}{2}\right)$

第3世代では中間の重さのDNAは全体の$2^3=8$，$\frac{2}{8}=\frac{1}{4}$となる。よって^{15}Nを含まないDNAは全体の$\frac{3}{4}$となる。

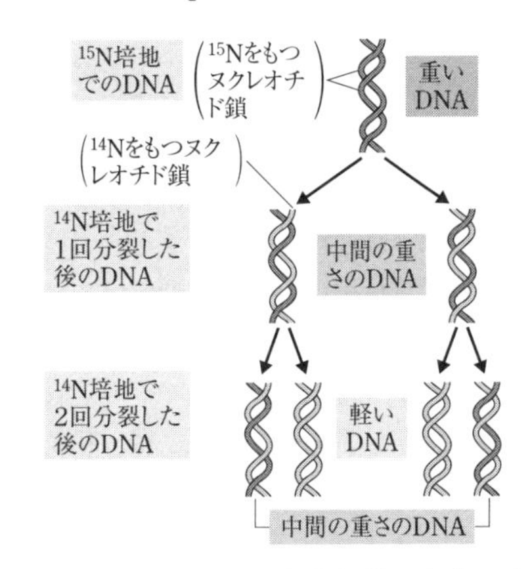

問題文の過程を図で表すと第3世代は次のとおり，^{15}Nを実践で，^{14}Nを破線で示す。

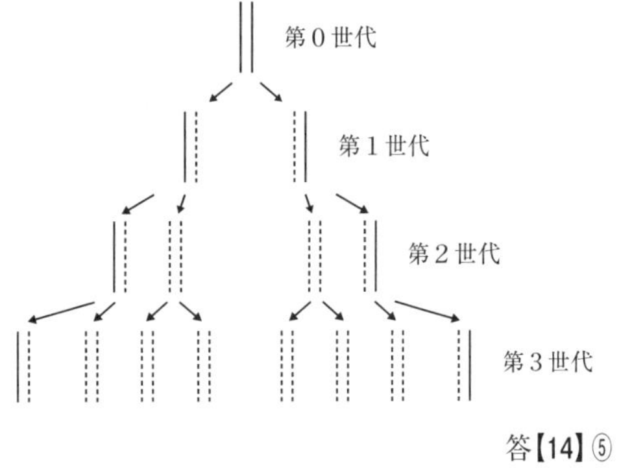

答【14】⑤

【15】 PCR法で用いるプライマーは1本鎖DNAであるが，生体内でのDNA複製の際にはRNAが用いられる。

答【15】①

4 免疫

【16】【17】 脊椎動物の体液は，血管内を流れる血液・細胞の間を流れる組織液，およびリンパ管内を流れるリンパ液に分けられる。血液は細胞成分である血球と液体成分である血しょうとからなる。血球には赤血球，白血球，血小板が

血球の成分

血球	形状	数 /mm^3	形成	破壊場所	働き
赤血球	中凹円盤状，無核，直径約 7 ～8 μm 哺乳類以外は中凸だ円盤状，有核	380万～570万	骨髄	肝臓 ひ臓 （寿命は100～120日）	ヘモグロビンを含み，酸素を運搬。ヘモグロビンはヘム（Fe を含む色素）とグロビン（タンパク質の一種）とからなる。
白血球	不定形，有核，大部分は，直径 6 ～15 μm（リンパ球は 7 ～9 μm）	4000～9000	骨髄	ひ臓	アメーバ運動をする。 食作用で細菌などを殺す。 リンパ球は免疫に関与し，抗体をつくるものもある。
血小板	不定形，無核，直径 2 ～4 μm	15万～40万	骨髄	ひ臓	骨髄の巨大細胞の破片。 血液凝固に関係。

あり，それぞれ独自のはたらきをもつ（上表）。

赤血球は無核細胞。形成は骨髄の造血幹細胞に由来する。また，ミトコンドリアもなく，円盤状で中央がへこんでいるのでその分表面積が増加している。古い赤血球はひ臓，肝臓で壊され，ヘモグロビンはビリルビンとなって排出される

答【16】⑤【17】⑥

【18】 1つの抗体産生細胞（形質細胞）は1種類の抗体を合成する。一次応答において，感染最初につくられる抗体 IgM で，凝集反応を促進する。B 細胞では定常部の遺伝子で組み換えが起こり，定常部の構造が異なる IgG，IgA，IgE が産生されるようになる（クラススイッチ）。体液性免疫にはたらくのは IgG が多い。B 細胞がクラススイッチによってどのクラスの免疫グロブリンを産生するようになるかは，ヘルパー T 細胞の放出するサイトカインの種類によって決まる。

未分化な B 細胞には，可変部の遺伝子断片が多数存在し，V，D，J の 3 領域に分かれて存在している。B 細胞が分化する間に，H 鎖の遺伝子では V，D，J 断片それぞれから，また，L 鎖の遺伝子では H 鎖とは異なる V，J 断片それぞれから 1 つずつ選ばれて連結，再編成される。このしくみは利根川進によって解明された。

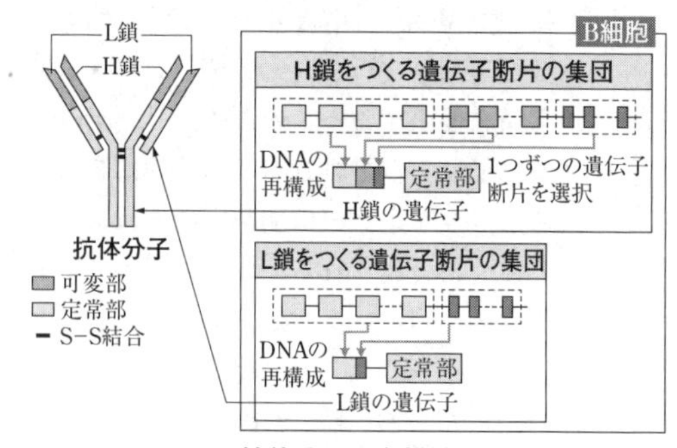

抗体分子の多様性

問題文より抗体分子の可変部の遺伝子が H 鎖の V，D，J，C がそれぞれ表より51，27，6，1また，L_1鎖の V，J，C がそれぞれ40，5，1，L_2 鎖は29，4，1となっている。

造血幹細胞から B 細胞に分化する過程で，抗体（免疫グロブリン）をつくる遺伝子集団か多様な免疫グロブリンがつくられるとすると，H 鎖の遺伝子の組み合わせは，51×27×6×1種類，また L_1 鎖の遺伝子の組み合わせは40×5×1種類となり，L_2 鎖の遺伝子の組み合わせは29×4。よって全体の組み合わせは$51\times27\times6\times(40\times5+29\times4)\fallingdotseq2.6\times10^6$(種類)。

答【18】④

【19】 白血球の中の食細胞（好中球，マクロファージ，樹状細胞など）は自然免疫の主役である。

答【19】②

【20】 フィブリンはその前駆物質であるフィブリノーゲンの分解によって生じる。フィブリンの形成には血小板中の物質が必要である。

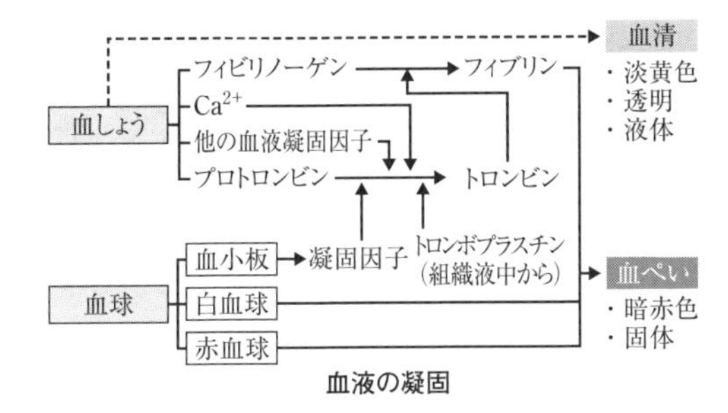

血液の凝固

血液の凝固を抑制するためには，Ca^{2+}を除去するためのクエン酸ナトリウムやシュウ酸カリウムを加えたり，トロンビンのはたらきを阻害するように，低温・ヘパリンを加える・ヒルジンを加える方法がある。フィブリンを取り除く方法には棒でからめ取る物理的な方法もある。

答【20】⑥

5 減数分裂

【21】【22】 動物の配偶子や植物の胞子などの生殖細胞がつくられるときの細胞分裂を減数分裂という。連続して起こる2回の細胞分裂（第一分裂，第二分裂）で，1個の母細胞から4個の娘細胞ができる（動物の卵細胞は1つ）。

ふつう，第一分裂で核相が変化する。

①第一分裂

前期：分散していた染色体はひも状になる。同形・同大の相同染色体が対合し，二価染色体となる。このとき相同染色体間でみられる部分的な交換は乗換えと呼ばれる。

中期：二価染色体が赤道面に並ぶ。紡錘糸は染色体の動原体に付着し紡錘体をつくる。

後期：二価染色体は対合面で分離し，それぞれ両極に移動する。

終期：凝集していた染色体は，形がくずれて間期の状態に戻る。その後，細胞質分裂が起こる。

②第二分裂

体細胞分裂と同じ過程を経て起こる。中期に各染色体が赤道面に並び，後期になると各染色体は接着面で分離し，それぞれ両極に移動する。

減数分裂の結果，1個の母細胞（$2n$）から4個の娘細胞（n）ができ，これらの娘細胞から生殖細胞が形成される。細胞Aは，相同染色体がそれぞれ両極に移動しているから，第一分裂の後期にあるとわかる。構造物Yは細胞板と呼ばれ，それが大きくなって細胞質が二分される。これは植物細胞で生じる現象であり，動物細胞では細胞膜がくびれて細胞質が二分される。細胞Aに相同染色体が2本ずつ3対あることから，この細胞の体細胞中の染色体数は6ということがわかる。

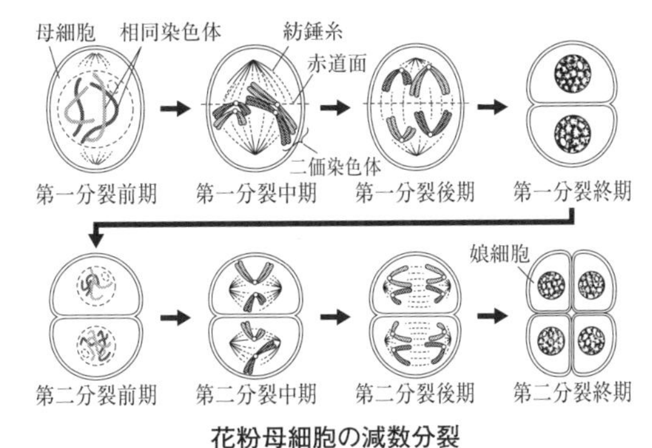

花粉母細胞の減数分裂

答【21】③【22】②

【23】 構造物Xである紡錘糸を構成する微小管は，チューブリンが重合したものである。ミオシンはアクチンのモータータンパク質である。

答【23】①

【24】 間期のS期にDNAの複製が起こり，基準量（体細胞分裂直後のDNA量）の2倍のDNA量になる。第一分裂の終期には，DNA量は半減して基準量と同じになる。第一分裂と第二分裂の間ではDNAが複製されないので，第二分裂終期には，DNA量はさらに半減して基準量の半分になる。細胞あたりのDNA量は，減数分裂前を1とすると，細胞Aでは複製後であるため2となる。細胞Bではその$\frac{1}{2}$となる。細胞あたりのDNA量は，細胞板によって細胞質が二分された瞬間に$\frac{1}{4}$となる。

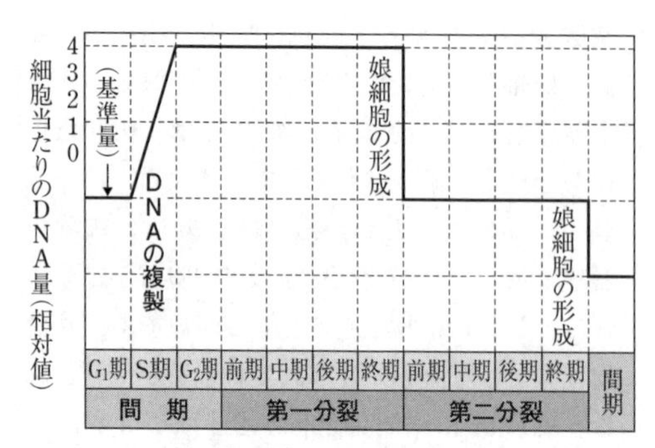

減数分裂におけるDNA量の変化

答【24】④

【25】　精原細胞は体細胞分裂で数を増やす。減数分裂のスタートが一次精母細胞である。第一極体は一次卵母細胞の減数分裂の第一分裂で生じる。

答【25】③

6　生態系

【26】　図の**a**は植物が行う光合成。**d**は菌類，細菌が行う呼吸を示す。

答【26】⑥

【27】　図の**X**は分解者であるが，ネンジュモはシアノバクテリアの一種で光合成を行う。硝酸菌は硝化作用をもつ化学合成細菌で，窒素固化を行う。どちらも生産者である。

答【27】④

【28】【29】　図の**P**は二酸化炭素を取り込んでいるので植物（生産者）で，光合成は光エネルギーを利用して，デンプンなどの有機物をつくる。デンプンなどに含まれるエネルギーは化学エネルギーに分類される。図の**e**は摂食（捕食）による化学エネルギーの移動である。図の**f**は熱エネルギーの移動を示す。生物の代謝に伴い熱が放出される。熱エネルギーは赤外線として地球外（生態系外）に出ていく。

答【28】⑤【29】①

【30】　有機物は炭素を含む。よってタンパク質，核酸，脂質のすべてに炭素は含まれる。

答【30】⑦

7　遺伝情報の発現

【31】【32】　DNAのヌクレチドは，塩基・糖・リン酸からなる。1本のヌクレオチド鎖で，ヌクレオチドどうしは糖とリン酸の間で結合している。2本のヌクレオチド鎖は，一方が5′→3′の向きのとき，もう一方は3′→5′と逆向きに並んでいる。また，塩基対の結合（水素結合）はアデニン（A）にはチミン（T），シトシン（C）にはグアニン（G）という相補的な結合をしている。4種類の塩基の全体を200%とすると，Aの割合は（$a+t$）%である。よってDNA全体のAの割合は

$\frac{a+t}{2}$〔%〕となる。

答【31】⑥【32】⑦

【33】　DNAの塩基配列の遺伝情報からタンパク質が合成されるまでの過程（セントラルドグマ）は転写→スプライシング→翻訳の過程であり，リボソームでは遺伝情報によって運ばれたアミノ酸がペプチド結合しタンパク質が合成される。アミノ酸を指定する塩基配列は3配列で1つのアミノ酸の遺伝情報となっている。転写によってmRNAが合成される際には，相補的な塩基対はAに対してはTではなくウラシル（U）となる。

遺伝暗号表はmRNAの配列の情報である。よって図の**う**はDNAの配列CATを転写した図の**ウ**（GUA）の情報のアミノ酸であると考えるのでバリンとなる。同様に図の**え**はプロリン，図の**お**はセリン，図の**か**はグルタミン酸，図の**き**はセリン，図の**く**はアルギニン，図の**け**はアスパラギンとなる。図の**お**と図の**き**は同じアミノ酸であるので種類は6種類となる。

答【33】④

【34】　8番目のGがCに置き換わるということは転写するRNA（図の**オ**）はUGAとなり，202番目のコドン（図の**オ**）が終止コドンになる。よって201個のアミノ酸からなるポリペプチドになる。

答【34】⑤

【35】 13番目と14番目の間にTが挿入されると15番目にCとなり1つずつ配列がずれていく。よって図の**キ**がAAGとなり図の**き**がリシンとなる。同様に図の**ク**がCCGとなり図の**く**にプロリンが指定されるが，その次の図の**ケ**でUAAとなり終止コドンとなる。よって元のポリペプチド鎖よりアミノ酸が1つ足りないものとなる。

答【35】⑨

8 遷　移

【36】【37】 植生の一次遷移は，裸地からはじまる植生の遷移で，火山活動によってできた溶岩地帯や新島，新しくできた湖沼などを出発点とする。そのうち裸地からはじまる遷移を乾性遷移という。

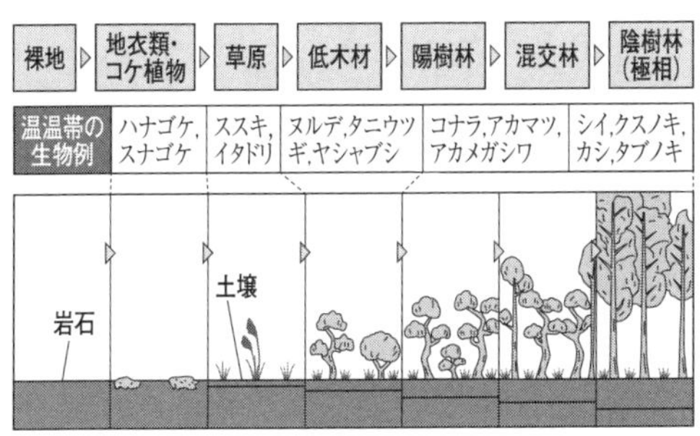

乾性遷移

遷移の初期段階に進入する植物を先駆植物（パイオニア）という。地衣類・コケ植物のほか，風に種子が運ばれやすいススキや，窒素固定細菌を根に共生させることのできるオオバヤシャブシなどが先駆植物であることが多い。遷移が進み最終段階に達してほぼ構成種に変化がみられなくなった植生を極相（クライマックス）という。図の地域Dは火山の噴火後，最も時間が経過しており，スダジイ，タブノキのような陰樹の極相林になっている。

ア～ウの中ではウに生息しているススキやイタドリの草本が最も新しいと考えられる。

二次遷移は，山火事，伐採跡地等から始まる遷移であり，土壌の形成ができていることが多く遷移は速い。湿性遷移は湖沼から始まる遷移である。

答【36】④【37】①

【38】 イのスダジイ・タブノキは常緑広葉樹林（照葉樹林）で，暖温帯気候の気候帯の植生であるので本州の西側に形成される。暖温帯で年降水量が少ない地域ではオリーブなどの硬葉樹林が見られる。沖縄は亜熱帯の気候帯であるので，ガジュマルやヒルギなどの亜熱帯多雨林になる。日本の水平分布は，冷温帯でブナ・ナラ・ケヤキなど関東北部から東北にかけての地域の植生となる。北海道が亜寒帯の気候帯となりエゾマツやトドマツが優占種になる。

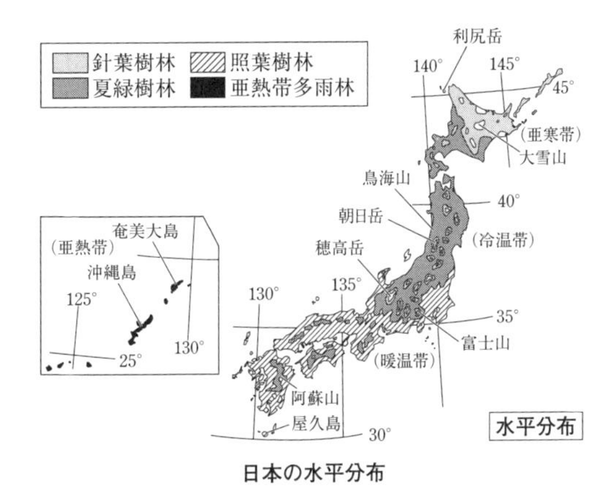

日本の水平分布

答【38】②

【39】 シラビソやコメツガは針葉樹林の優占種で，ブナは夏緑樹林の優占種である。

答【39】③

【40】 根粒菌は空気中の窒素分子をニトロゲナーゼという酵素の働きでアンモニウムイオンに変え，植物に与える。一方，植物は光合成でつくられた糖を根粒菌に与える（相利共生）。

答【40】①

9 タンパク質と酵素

【41】【42】 タンパク質はアミノ酸が多数鎖状に連結している高分子化合物である。インスリンのように直線的な分子構造を一次構造という。立体構造のヘモグロビンは，α鎖からなるサブユニット2つと，β鎖からなるサブユニット2つを合わせて，4つのポリペプチドで構成され，4次構造となっている。ポリペプチドどうしを

連結するジスルフィド結合（S−S結合）は2つのシステインのSH基の間で2つの水素原子が取れることによってできる。この結合で立体構造がらせん状やジグザク構造など複雑になる。

答【41】④【42】④

【43】 目の水晶体はクリスタリン，筋肉タンパク質はミオシンフィラメントとアクチンフィラメントである。ヘモグロビンは赤血球のタンパク質で酸素と結合すると酸素ヘモグロビンとなる。インスリンはすい臓で合成されるホルモンで，血糖量を低下する調節にはたらく。

答【43】②

【44】 生体内の代謝はそのほとんどが酵素反応である。酵素がその作用を及ぼす物質を基質という。タンパク質を主成分とし，基質と結合して触媒作用を示す活性部位（活性中心）がある。酵素は活性部位の立体構造に合致する特定の物質だけに作用する性質がある（基質特異性）。基質と結合し酵素-基質複合体を形成する。酵素-基質複合体の形成後に反応が促進される。反応を終えた酵素は元の立体構造に戻り，再び新たな基質と反応する。酵素濃度が一定の場合は，常にすべての酵素が基質と，酵素-基質複合体を形成している状態になっていると反応速度は一定となる。酵素の量を増やすと，基質と出会う機会が多くなり，単位時間あたりの処理する量が多くなる（基質濃度を増やすと，反応速度は変わらないが生成量は多くなる（酵素の量が反応速度を，基質の量は最終の生成物の量を決める）。

答【44】⑤

【45】 Ⅰ：酵素Xの濃度を$\frac{1}{2}$にすると，次の図のように反応速度も$\frac{1}{2}$になる。このとき反応速度の最大値は$\frac{V}{2}$なので反応速度が$\frac{V}{2}$の$\frac{1}{2}$である$\frac{V}{4}$となるときの基質濃度K_{mX}はもとの値と同じである。

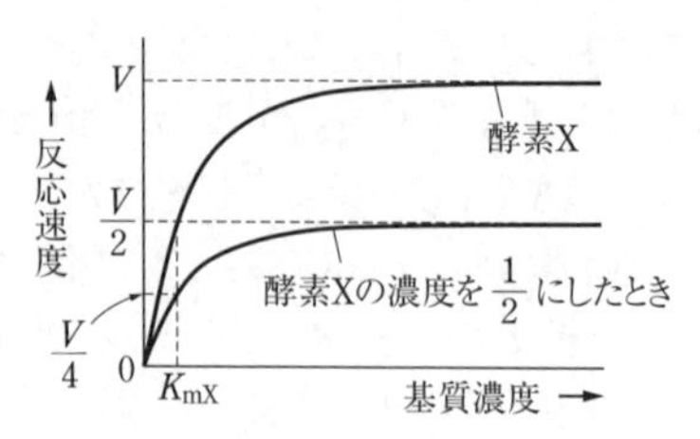

Ⅱ：同じ基質濃度で比べると，酵素Xは酵素Yより反応速度が大きいので，酵素Xは酵素Yより酵素-基質複合体を形成する頻度が高い。したがって，酵素Xは酵素Yよりも基質と酵素-基質複合体を形成しやすい。

答【45】③

生　物　　正解と配点

（60分，100点満点）

問題番号		正　解	配　点
1	【1】	⑤	3
	【2】	①	2
	【3】	⑥	2
	【4】	③	2
	【5】	①	2
2	【6】	②	2
	【7】	⑦	2
	【8】	⑥	2
	【9】	⑤	3
	【10】	③	2
3	【11】	②	3
	【12】	④	2
	【13】	②	2
	【14】	⑤	2
	【15】	①	2
4	【16】	⑤	2
	【17】	⑥	2
	【18】	④	3
	【19】	②	2
	【20】	⑥	2
5	【21】	③	2
	【22】	②	3
	【23】	①	2
	【24】	④	3
	【25】	③	2

問題番号		正　解	配　点
6	【26】	⑥	2
	【27】	④	3
	【28】	⑤	2
	【29】	①	2
	【30】	⑦	2
7	【31】	⑥	2
	【32】	⑦	2
	【33】	④	3
	【34】	⑤	2
	【35】	⑨	2
8	【36】	④	3
	【37】	①	2
	【38】	②	2
	【39】	③	2
	【40】	①	2
9	【41】	④	2
	【42】	④	2
	【43】	②	2
	【44】	⑤	2
	【45】	③	3